中等职业学校教学用书（计算机技术专业）

微型计算机电路基础
（第4版）

王道生　主编

电子工业出版社
Publishing House of Electronics Industry
北京·**BEIJING**

内 容 简 介

本书在《微型计算机电路基础（第3版）》的基础上进行了修订，修改了原书中错误之处。全书分为11章：分电子电路组成基础（第1～2章），模拟电子电路（第3～6章），脉冲与数字电路（第7～10章），综合应用（第11章）。每章末均有本章要点、思考与习题和一些基本实验。

本书内容丰富，叙述简明扼要。在对器件和电路的分析中，侧重基础知识、基本概念和基本分析方法的介绍，淡化其内部结构原理，忽略烦琐的分析和复杂的数学推导，着重讲清电路、芯片的功能和应用。

本书可作为中等职业学校计算机技术专业教材，也可作为电子信息类相关专业的教材，本书还配有电子教学参考资料包，详见前言。

图书在版编目（CIP）数据

微型计算机电路基础 / 王道生主编. —4 版. —北京：电子工业出版社，2017. 12
ISBN 978-7-121-33208-1

Ⅰ. ①微…　Ⅱ. ①王…　Ⅲ. ①微型计算机－电子电路－中等专业学校－教材　Ⅳ. ①TP361

中国版本图书馆 CIP 数据核字（2017）第 303702 号

策划编辑：柴　灿
责任编辑：关雅莉
印　　刷：三河市鑫金马印装有限公司
装　　订：三河市鑫金马印装有限公司
出版发行：电子工业出版社
　　　　　北京市海淀区万寿路 173 信箱　邮编 100036
开　　本：787×1 092　　1/16　印张：19.75　字数：505.6 千字
版　　次：1996 年 9 月第 1 版
　　　　　2017 年 12 月第 4 版
印　　次：2024 年 2 月第 10 次印刷
定　　价：39.80 元

凡购买电子工业出版社的图书，如有缺损问题，请向购买书店调换。若书店售缺，请与本社发行部联系。
联系电话：（010）88254888，88258888。
质量投诉请发邮件至 zlts@phei.com.cn，盗版侵权举报请发邮件至 dbqq@phei.com.cn。
本书咨询联系方式：（010）88254617，luomn@phei.com.cn。

前　言

　　本教材自从 1992 年出版发行以来，已发行了几十万册，受到广大读者的厚爱，对我国的电子信息类中等职业技术教育做出了应有的贡献，为此编者感到十分欣慰。在 21 世纪已经到来，微电子技术、计算机及信息技术飞速发展的今天，本书迎来第 4 版的问世。

　　本书内容分为四部分：第 1 部分电子电路组成基础（第 1 章、第 2 章），是电子技术的基础篇，它讲述电子技术的基础知识和电子电路的构成，是学习后面各章的基础。第 2 部分模拟电子电路（第 3～第 6 章），讲述模拟电子电路的基本知识，其中包括基本放大电路、放大电路性能的提高方法、直流放大器和集成运算放大器、直流稳压电源。第 3 部分脉冲与数字电路（第 7～第 10 章），分别讲述脉冲与数字电路基本知识、逻辑代数及逻辑门、组合逻辑电路和时序逻辑电路。第 4 部分综合应用（第 11 章），讲述在网络时代具有重要价值的"调制解调器"的相关知识。

　　第 4 版的编写原则仍然是"淡化细节、着重整体、注意基础、强调实用"。众所周知，电子技术虽然飞速发展，但其基础知识部分仍然保持相对稳定。

　　为了配合书中相关内容的学习，提高学生的学习兴趣，在大多数章中编写了"小词典"和"小知识"。小词典重点介绍对电子学发展做出了巨大贡献的伟大学者，这样可以鼓励年轻一代学习这些伟大先驱者的刻苦钻研、严谨治学的精神。"小知识"则配合相关章节的内容，以"科学小品"的风格，拓宽在教材正文中不可能展开来讲的一些有趣而实用的知识，借以扩大学生的知识视野，激发学生的学习兴趣。我们希望，这些点点滴滴的"小词典""小知识"，能有利于提高广大读者学习电子技术的兴趣。

　　本教材的主要特点是注重基本物理概念，忽略烦琐的分析和数学推导，尽量避免复杂的计算。重点在于讲清电路、芯片的功能和应用，不过多地去研究其内部的结构原理。每章后面均有思考与习题，共有三种类型：（一）适配题；（二）判断题；（三）综合题。适配题和判断题可以帮助学生复习思考，以便进一步弄懂本章的基本概念；综合题则可以提高学生的综合能力（判断、分析和适量的计算）。此外，通过每章后面所安排的一些基本实验（只有第 1、11 章未安排实验），既可以增强学生的感性知识，以巩固课堂所学的理论，还能提高学生的学习兴趣和动手能力。本次修订，对以前的实验部分也作了必要的补充：新增加了用最简单的电工（电子）仪表（万用表）来测量各种电子元件和器件的内容。经验证明，这些看似简单、实际非常有用的"小知识、小经验"对实际工作却很有价值。我们认为，凡是有条件的学校，这些实验均应当做（或适当选择一些）。必须强调指出，学习电子技术，不做实验是不可能学好的。

　　总之，本教材旨在使学生通过一定时间的学习，能够掌握微型计算机电路（模拟电路、脉冲和数字电路，以及各种综合性单元电路）的物理概念、工作原理和基本的使用技巧；同时学会使用检测仪器、仪表的基本方法，掌握一定的实验技能；并且能够初步学会合理地选择和使用有关芯片，能分析判断电路的简单故障。

　　本书在修订和编写过程中，除了利用了编者多年在教学、生产和科研中所积累的点滴经验之外，还参考了不同年代出版的许多中外文献，同时还利用了不少发表在互联网上的最新的相关资料。主要的参考文献列于书后，但由于篇幅所限，不能将所有参考过的文献的作者姓名一一加以列出。对于所有这些中外作者（列出的和未列出的），编者谨向他们表示衷心的感谢。

本书的修订工作，由沈阳理工大学信息科学和工程学院的王道生教授完成。

尽管本书编者尽了最大的努力，克服了许多困难，但编者深知自己才疏学浅，知识有限，书中肯定存在着许多缺点和错误，盼望广大师生和读者及诸位专家学者不吝指正，编者预先表示诚挚的谢意。

为了方便教师教学，本书还配有电子教学参考资料包（电子版），请有此需要的教师登录华信教育资源网（http://www.hxedu.com.cn）下载，或与电子工业出版社联系（E-mail: ve@phei.com.cn），我们将免费提供。

编 者

2017 年 10 月

目 录

第1章 绪论 ································ （1）
1.1 电子技术和信息社会 ············ （1）
1.1.1 概述 ··························· （1）
1.1.2 电子学（技术）的分类 ······· （1）
1.1.3 电子技术发展的简要回顾 ··· （3）
1.2 电子电路的功能 ················ （7）
1.2.1 电子电路的基础——放大
作用 ························· （7）
1.2.2 放大器的本质 ··············· （7）
1.2.3 电子电路的作用 ············· （8）
本章要点 ····························· （8）
思考与习题 ··························· （9）

第2章 电子电路的构成 ············ （11）
2.1 半导体的基本知识 ············ （11）
2.1.1 导体、绝缘体和半导体 ······ （11）
2.1.2 半导体的类型及导电特点 ··· （12）
2.1.3 PN 结及其单向导电性 ··· （14）
2.2 晶体二极管 ····················· （15）
2.2.1 晶体二极管的结构和分类 ··· （15）
2.2.2 晶体二极管的伏安特性 ····· （17）
2.2.3 晶体二极管的主要参数 ····· （18）
2.2.4 晶体二极管的主要用途 ····· （18）
2.2.5 晶体二极管使用时的注意
事项 ························· （19）
2.3 双极型晶体三极管 ············· （19）
2.3.1 双极型晶体三极管的结构和
分类 ························· （20）
2.3.2 晶体三极管的放大原理 ····· （22）
2.3.3 晶体三极管的特性曲线 ····· （24）
2.3.4 晶体三极管的主要参数 ····· （26）
2.3.5 晶体三极管使用时的注意
事项 ························· （29）
2.4 场效应晶体管 ················· （30）
2.4.1 增强型 MOS FET 的结构与工作
原理 ·························· （31）

2.4.2 场效应晶体管的主要
参数 ····················· （34）
2.4.3 场效应晶体管与双极型晶体管
的比较 ···················· （35）
2.5 发光二极管和光耦合器 ········ （36）
2.5.1 发光二极管 ················· （36）
2.5.2 光耦合器 ··················· （37）
本章要点 ···························· （40）
思考与习题 ·························· （41）
2.6 实验 ···························· （42）
2.6.1 二极管的特性测试 ········· （43）
2.6.2 三极管的特性测试 ········· （45）
2.6.3 光耦合器的特性测试 ········ （50）

第3章 基本放大电路 ············ （53）
3.1 共射极基本放大电路的组成 ··· （53）
3.1.1 放大电路的基本概念 ······· （53）
3.1.2 对放大器的基本要求 ······· （53）
3.1.3 共射极基本放大电路的组成
原则 ························· （55）
3.1.4 放大电路的静态工作点 ····· （55）
3.1.5 放大电路的主要性能指标···· （56）
3.2 基本放大电路的分析方法 ····· （59）
3.2.1 直流通路和交流通路 ······· （59）
3.2.2 静态工作点及估算公式 ····· （59）
3.2.3 三极管的微变等效电路 ····· （60）
3.3 基本放大电路的其他形式 ····· （62）
3.3.1 静态工作点稳定电路 ······· （62）
3.3.2 共基极基本放大电路 ······· （64）
3.3.3 共集电极基本放大电路 ····· （64）
3.3.4 三种基本放大电路性能的
比较 ························· （65）
3.4 场效应管基本放大电路 ········ （66）
3.4.1 场效应管的直流偏置电路 ··· （66）
3.4.2 场效应管微变等效电路分
析法 ························· （67）

本章要点 …………………………… （68）

思考与习题 ………………………… （69）

3.5 实验 …………………………… （71）

　　晶体管共射极放大器偏置电路的分析与

　　测试 …………………………… （71）

第4章　放大电路性能的提高方法 …… （74）

4.1 多级放大电路 ………………… （74）

　　4.1.1 多级放大电路的耦合方式 … （74）

　　4.1.2 多级放大电路的电压放大倍数、输

　　　　　入电阻和输出电阻 ……… （76）

4.2 放大电路的频率响应 ………… （76）

　　4.2.1 频率响应的基本概念 …… （76）

　　4.2.2 影响通频带宽度的主要

　　　　　因素 ………………… （78）

　　4.2.3 多级放大电路的频率响应 … （78）

4.3 放大电路中的反馈 …………… （78）

　　4.3.1 反馈的基本概念 ……… （78）

　　4.3.2 反馈的分类和判别 …… （79）

　　4.3.3 反馈放大器的四种基本

　　　　　类型 ………………… （81）

4.4 负反馈对放大器性能的影响 …… （82）

　　4.4.1 负反馈对放大倍数的影响 … （82）

　　4.4.2 负反馈对输入电阻及输出电阻

　　　　　的影响 ……………… （83）

　　4.4.3 负反馈对非线性失真的

　　　　　影响 ………………… （84）

　　4.4.4 负反馈对频率特性的影响 … （85）

　　4.4.5 负反馈问题小结 ……… （85）

本章要点 …………………………… （87）

思考与习题 ………………………… （88）

4.5 实验 …………………………… （89）

　　4.5.1 阻容耦合两级放大器的焊接与

　　　　　调试 ………………… （89）

　　4.5.2 负反馈放大器特性研究与参量

　　　　　测试 ………………… （91）

第5章　直流放大器和集成运算放

　　　　大器 ………………… （95）

5.1 直流放大器及其特点 ………… （95）

5.2 差动放大器 …………………… （96）

　　5.2.1 差模输入信号与差模放大

倍数 ………………………… （96）

　　5.2.2 共模输入信号与共模放大

　　　　　倍数 ………………… （97）

　　5.2.3 共模抑制比 …………… （97）

5.3 集成运算放大器 ……………… （98）

　　5.3.1 运放的构成及特点 …… （98）

　　5.3.2 运放的符号 …………… （99）

　　5.3.3 运放的主要技术指标 …… （99）

　　5.3.4 运放的类型及封装 …… （101）

　　5.3.5 常用集成运算放大器简介 … （102）

　　5.3.6 集成运算放大器应用时的注意

　　　　　事项 ………………… （104）

　　5.3.7 理想运算放大器及基本

　　　　　性能 ………………… （104）

5.4 集成运放的应用 ……………… （106）

　　5.4.1 比例运算放大电路 …… （106）

　　5.4.2 算术运算电路 ………… （107）

　　5.4.3 积分电路 ……………… （108）

　　5.4.4 比较器电路 …………… （109）

　　5.4.5 运放应用中的几个具体

　　　　　问题 ………………… （109）

本章要点 …………………………… （111）

思考与习题 ………………………… （111）

5.5 实验 …………………………… （112）

　　5.5.1 运放输出极性的测试 …… （113）

　　5.5.2 闭环直流电压增益

　　　　　（反相输入） …………… （114）

　　5.5.3 闭环直流电压增益

　　　　　（同相输入） …………… （115）

　　5.5.4 失调电压调零 ………… （116）

第6章　直流稳压电源 …………… （117）

6.1 整流与滤波电路 ……………… （118）

　　6.1.1 整流电路 ……………… （118）

　　6.1.2 滤波电路 ……………… （123）

6.2 硅稳压管稳压电路 …………… （126）

　　6.2.1 硅稳压管的特性和参数 … （126）

　　6.2.2 硅稳压管稳压电路 …… （127）

6.3 串联型晶体管稳压电路 ……… （127）

　　6.3.1 电路方框图 …………… （127）

6.3.2 电路的组成与稳压原理 ······（128）
6.3.3 提高稳压电路性能的
措施 ······（129）
6.3.4 过流保护电路 ······（130）
6.4 集成稳压电源 ······（131）
6.4.1 概述 ······（132）
6.4.2 集成稳压器的常用参数 ·····（132）
6.4.3 集成稳压器的分类 ······（132）
6.4.4 集成稳压器应用时的注意
事项 ······（133）
6.4.5 常用集成稳压器介绍 ·····（133）
6.5 开关型稳压电源 ······（136）
6.5.1 传统的串联型稳压电源存在的
问题 ······（136）
6.5.2 开关型稳压电源的组成和工作
原理 ······（137）
6.6 微型计算机电源简介 ······（139）
6.6.1 概述 ······（139）
6.6.2 几种常见的 PC 类电源的
原理 ······（140）
6.6.3 使用 PC 类电源时的注意
事项 ······（142）
6.7 不间断电源系统（UPS） ······（143）
6.7.1 概述 ······（143）
6.7.2 UPS 电源产品分类 ······（144）
6.7.3 UPS 电源购买须知 ······（146）
本章要点 ······（148）
思考与习题 ······（148）
6.8 实验 ······（150）
6.8.1 整流与滤波电路特性的
观测 ······（150）
6.8.2 稳压电源的焊接与调试 ·····（151）

第 7 章 脉冲与数字电路基本知识 ······（154）
7.1 脉冲与数字电路概述 ······（154）
7.1.1 脉冲与数字电路的特点 ·····（154）
7.1.2 几种常见的脉冲信号
波形 ······（155）
7.1.3 矩形脉冲的主要参数 ·····（155）
7.2 晶体管的开关特性 ······（156）
7.2.1 概述 ······（156）

7.2.2 二极管的开关特性及开关
参数 ······（156）
7.2.3 晶体三极管（双极型）的开关特性
及开关参数 ······（158）
7.3 场效应晶体管的开关特性 ······（161）
7.3.1 N 沟道增强型 MOS FET 的稳态开
关特性 ······（162）
7.3.2 N 沟道增强型 MOS FET 的瞬态开
关特性 ······（162）
7.4 脉冲电路中常用的 RC 电路 ······（163）
7.4.1 RC 微分电路 ······（163）
7.4.2 RC 耦合电路 ······（165）
7.4.3 积分电路 ······（165）
7.4.4 脉冲分压器 ······（166）
7.4.5 脉冲电路中常用的 RC 电路
小结 ······（167）
7.5 限幅电路和钳位电路 ······（168）
7.5.1 限幅电路 ······（168）
7.5.2 钳位电路 ······（171）
7.6 晶体三极管反相器 ······（172）
7.6.1 工作原理 ······（172）
7.6.2 正常工作条件 ······（172）
7.6.3 输出波形及其改善方法 ·····（173）
7.7 脉冲发生器 ······（174）
7.7.1 TTL 与非门多谐振荡器 ·····（174）
7.7.2 带有 RC 电路的环形振
荡器 ······（175）
7.7.3 时基集成电路的应用 ·····（176）
7.8 锯齿波发生器 ······（180）
7.8.1 概述 ······（180）
7.8.2 锯齿波电压发生器 ······（180）
7.8.3 锯齿波电流发生器 ······（182）
7.9 脉冲功率放大器 ······（183）
7.9.1 集电极输出式电感负载脉冲功率
放大器 ······（184）
7.9.2 射极输出式电感负载脉冲功率放
大器 ······（185）
本章要点 ······（186）
思考与习题 ······（187）
7.10 实验 ······（190）

7.10.1 三极管的开关特性········（190）

7.10.2 脉冲单元电路研究········（191）

第8章 逻辑代数及逻辑门········（194）

8.1 概述········（194）

8.1.1 逻辑代数的基本概念······（194）

8.1.2 逻辑电路与逻辑代数的

关系········（195）

8.1.3 门电路简介········（195）

8.2 基本逻辑运算和逻辑门········（197）

8.2.1 "与"运算和"与"门

电路········（197）

8.2.2 "或"运算和"或"门

电路········（198）

8.2.3 "非"运算和"非"门

电路········（199）

8.3 复合逻辑运算和复合逻辑门······（200）

8.3.1 "与非"逻辑运算和"与

非"门········（200）

8.3.2 "或非"逻辑运算和"或

非"门········（201）

8.3.3 "与或非"逻辑运算和"与或

非"门········（202）

8.3.4 "异或""同或"逻辑运算和"异或"

门、"同或"门········（203）

8.4 逻辑函数的表示方法········（204）

8.4.1 逻辑函数表达式········（204）

8.4.2 真值表········（205）

8.4.3 逻辑（电路）图········（205）

8.5 逻辑代数的基本定理和常用

公式········（206）

8.5.1 基本定理········（206）

8.5.2 几个常用公式········（207）

8.6 逻辑函数的化简法········（208）

8.6.1 公式化简法········（208）

8.6.2 卡诺图化简法········（210）

8.7 TTL门电路········（215）

8.7.1 TTL基本门电路（"与非"门）的

结构········（215）

8.7.2 TTL门电路的主要参数·····（216）

8.8 其他功能的TTL门电路········（219）

8.8.1 OC门（集电极开路门）···（219）

8.8.2 TS门（三态门）········（220）

8.9 数字集成电路使用常识········（221）

8.9.1 双极型集成逻辑电路······（221）

8.9.2 TTL逻辑电路········（222）

8.9.3 CMOS逻辑电路········（224）

8.9.4 各类集成门电路的性能

比较········（225）

本章要点········（226）

思考与习题········（226）

8.10 实验········（228）

8.10.1 "与非""非""与""或"门电路

的实现与功能········（228）

8.10.2 "与或非"门、"异或"门的

功能········（230）

第9章 组合逻辑电路········（232）

9.1 编码器········（232）

9.1.1 3位二进制编码器········（232）

9.1.2 二-十进制编码器········（233）

9.2 译码器········（234）

9.2.1 二进制译码器········（235）

9.2.2 二-十进制译码器（BCD码/

十进制）········（238）

9.2.3 数字显示译码器········（241）

9.3 多路转接器与多路分配器········（244）

9.3.1 多路转接器········（244）

9.3.2 多路分配器········（246）

9.4 数码比较器········（248）

9.4.1 1位数码比较器········（248）

9.4.2 多位数码比较器········（248）

9.5 奇偶校验器········（250）

9.5.1 奇偶校验的基本原理······（250）

9.5.2 常用的奇偶校验集成电路

芯片········（250）

9.5.3 奇偶校验器/发生器的

应用········（252）

9.6 加法器········（252）

9.6.1 半加器········（253）

9.6.2 全加器········（253）

9.7 组合逻辑电路的分析········（255）

本章要点 ························· （257）

思考与习题 ······················ （258）

9.8 实验 ························· （259）

   9.8.1 BCD 码–七段译码显

      示器 ······················ （259）

   9.8.2 数码比较器 ··········· （260）

   9.8.3 全加器 ··············· （261）

第 10 章 时序逻辑电路 ······ （263）

10.1 RS 触发器 ················· （263）

   10.1.1 基本 RS 触发器 ······ （263）

   10.1.2 可控 RS 触发器 ······ （265）

   10.1.3 主从 RS 触发器 ······ （266）

10.2 D 触发器 ·················· （267）

   10.2.1 电路结构 ············ （267）

   10.2.2 逻辑功能分析 ········ （268）

   10.2.3 常用 D 触发器的集成芯片

      介绍 ······················ （268）

10.3 JK 触发器 ················· （270）

   10.3.1 电路结构 ············ （270）

   10.3.2 逻辑功能分析 ········ （271）

10.4 T、T′触发器和触发器逻辑功

   能的转换 ··················· （272）

   10.4.1 T 触发器 ············ （272）

   10.4.2 T′触发器 ············ （273）

   10.4.3 触发器逻辑功能的

      转换 ······················ （273）

10.5 寄存器 ···················· （274）

   10.5.1 寄存器的组成和分类 ······ （274）

   10.5.2 代码寄存器 ·········· （274）

   10.5.3 移位寄存器 ·········· （275）

10.6 计数器 ···················· （277）

   10.6.1 同步二进制加法计数器 ··· （278）

   10.6.2 同步二进制减法计数器 ··· （279）

   10.6.3 N 进制计数器 ········ （279）

   10.6.4 同步计数器和异步计数器的性能

      比较 ······················ （281）

   10.6.5 常用的计数器集成电路简介 （283）

本章要点 ························· （284）

思考与习题 ······················ （285）

10.7 实验 ························· （287）

10.7.1 D 触发器 ··············· （287）

10.7.2 JK 触发器 ·············· （288）

10.7.3 移位寄存器 ············· （289）

10.7.4 计数器 ················· （290）

第 11 章 调制解调器 ········ （291）

11.1 电磁波的频谱划分 ········· （291）

11.2 调制解调的概念及种类 ····· （293）

11.3 计算机通信的基本原理 ····· （295）

   11.3.1 计算机通信的基本概念 ··· （295）

   11.3.2 串行通信中的几个问题 ··· （297）

   11.3.3 MODEM 在数据通信中的

      连接 ······················ （300）

本章要点 ························· （301）

思考与习题 ······················ （301）

参考文献 ····················· （303）

第 1 章 绪　　论

1.1　电子技术和信息社会

1.1.1　概述

众所周知，材料、能源和信息是人类社会赖以生存与发展的三大支柱，也是现代科学技术赖以发展的三大基石。目前，人类已经并且正在进入一个崭新的时代——信息时代。如果说，农业社会（或称农业文明）是以直接利用自然界所提供的各种资源、材料为主，工业社会（或称工业文明）是以利用自然界中的各种能源（热能、水力资源、电能等）为其基本特征，那么，信息社会则是以各种各样的先进手段（此手段遍及地面、海洋乃至宇宙空间）来获取、占有、处理和广泛利用各种各样的信息为其主要标志的。在信息社会中，无论个人、团体，还是某个地区甚至一个国家，对信息的需求、占有、处理和传输，具有越来越重要的地位。在信息社会中，信息是最重要的支柱和最重要的产业，它影响着其他两个支柱的健康发展。在这样的社会中，以处理信息为其基本特征的计算机处于中心地位。

计算机是一个高度复杂的电子信息处理装置，它本身就是电子技术和其他相关技术高度发展的产物。计算机的应用已经从最初的单纯科学计算发展到数据处理、工业自动化、军事技术、企业管理、医学诊断等国民经济的各个部门。现在，可以毫不夸张地说，没有计算机就没有现代化；任何一个部门，如果没有以这种或那种形式使用计算机（特别是指微处理器、微控制器和微型计算机）的话，那么该部门的技术水平必定是落后的。而且，应该看到，计算机已不是原来意义下的、以计算为其基本特征的机器了，而是变成了集文字、声音、图片及全活动图像为一体的、功能极其卓越的多媒体个人计算机——MPC（MPC，Multimedia Personal Computer，第一代多媒体个人计算机于 1990 年 11 月发布）；并且，它将是庞大的全球性计算机国际互联网——因特网（Internet）的一个终端分机。

计算机是现代电子科技最有代表性的结晶，但是，计算机还远远不是电子技术的全部，电子技术所包括的范围要广泛得多。我们知道，如果仅有计算机而没有各式各样的、功能极其卓越的其他电子产品，计算机是不可能发挥太大作用的。可以肯定地说，计算机、各种电子装置和通信设备是信息社会的三大基石。那么，电子技术（或简称电子学）究竟包括哪些范围呢？它应当如何分类呢？

1.1.2　电子学（技术）的分类

电子学所涉及的范围极其广泛，发展极为迅速，几乎渗透到人类生活的各个领域中。无线电广播、电视、电报、电话、电传……是电子学的杰出成果；工业生产过程自动化、远动化、工业机器人……也是电子学的卓越成就；超声波扫描诊断术（俗称 B 超）、计算机断层扫描成像术（俗称 CT）、核磁共振成像术（俗称 MRI）等一系列性能超群的医用电子仪器更是近代电子学和医学紧密结合的良好范例。因此，根据其应用领域的不同，电子学大致可分为以下几类。

1．通信电子学（Communication Electronics）

它研究在广播、电视、有线和无线通信中的有关问题，如发送、放大、接收、电磁波的传播、天线工程等，这些都是通信类专业所必须研读的重点内容。但是，随着卫星通信、移动通信的飞速发展，传统的通信技术焕发了青春，因此在研究传统内容的同时，还必须增加相关的新内容。

2．控制电子学（Control Electronics）

它研究在自动控制、自动和远距离测量、计算机等领域中所涉及的问题，如各种信号（交流、直流、小信号……）的放大，各种信号的产生及变换，脉冲、数字及逻辑电路等。按照所处理的信号的性质不同，控制电子学又可划分为两类。

（1）模拟电子学（Analog Electronics）

研究各种连续量（通称"模拟量"）的产生、放大、变换的相关问题。

（2）脉冲及数字电子学（Pulse and Digital Electronics）

研究各种离散量（通称"数字量"）的产生、放大、变换及存储，还要研究各种典型的数字逻辑电路。

控制电子学对从事计算机和自动控制专业的人员具有极为重要的意义，是本书的重点研究对象。

3．动力电子学（Power Electronics）

随着工业自动化技术的发展，越来越多的执行机构（通称伺服机构，如各种直流电机、交流电机、控制电机等）需要直接用电力来驱动，而不是像从前那样需要通过液压马达来驱动（需要专门的液压系统，很不方便），于是，动力电子学（也称"机械电子学"，英文叫做 mechanotronics）应运而生。它研究如何有效地利用各种新型的大功率电子器件（大电流、高耐压的晶体管）来控制伺服机构。

4．强流电子学（High-Current Electronics）

强流电子学也称高能电子学，它是研究如何通过各种无线电物理学和电子学的手段，来瞬时产生超大功率（几十、几百，甚至几千兆瓦）、超高电压（几十、几百千伏）、超强电流（几十、几百，甚至几千安培）的电子束、离子束，以便用来进行高能物理的研究，同时也可对各种材料（特别是金属材料）的表面进行改性（性能改善）研究和处理。各种高能加速器和近年来出现的用于材料表面改性的高能离子束、电子束发生器，均是强流电子学结出的丰硕成果。

5．医用电子学（Medical Electronics）

传统的医用电子学是研究生物体（特别是人体）所产生的各种生物电信号（一般是低频、缓慢变化的微弱信号）的检测、放大、处理及记录的技术。近年来，由于计算机技术和医学的巧妙结合，产生了各种新型的无损检测技术——B超、CT、MRI等。因此，图像扫描、图像采集、图像重组及显示技术已成为医用电子学的重要研究对象。

6. 军事电子学（Military Electronics）

传统的军事电子学包括各种形式的通信（有线通信、无线通信，特别是各种保密通信）、无线电定位和导航。但是，随着科学技术特别是微电子技术的飞速发展，军事电子学包括越来越广阔的内容，诸如，雷达和光电的有源和无源探测技术、移动通信技术、计算机技术、精确导航和定位技术、航空航天测控技术、信息安全保密技术、电子战技术等。近年来在各种局部战争（如 1991 年的海湾战争、2003 年美英发动的伊拉克战争等）中大显身手的"指挥、控制、通信、计算机和信息系统"（国外通称 C^4I 系统），更是军事电子学的重要研究内容。

1.1.3　电子技术发展的简要回顾

1. 电子管时代

不论多么复杂的电子设备，它总是由各种各样的电子元件和器件组成的。从历史上看，第一个最重要的电子器件是电子管。英国物理学家理查森（O.W.Richardson，1879—1959）提出的加热物体发射电子的效应提供了发明电子管的基础。其后英国电气工程学家弗莱明（J.A.Fleming，1849—1945）于 1904 年发明了电子二极管（当时主要用来作检波），美国电子学家德·福雷斯特（Lee De Forest，1873—1961）于 1906 年发明了电子三极管（即真空三极管，当时主要用来作微弱信号的放大）。

从 20 世纪 20 年代到 40 年代（第二次世界大战前），出现了各式电子管——四极管、五极管等，它们的发展主要是配合向高频进军这一方向而研制的。到了 40 年代初期，开始进入微波时代，原来的电子管不能在这样高的频率下工作，于是人们发明了三种微波管——速调管、磁控管和行波管。这三种超高频电子器件的发明，促进了雷达和超高频通信的迅速发展。

2. 晶体管时代

半导体晶体管是 20 世纪 40 年代末（1947 年 12 月）到 20 世纪 50 年代初的划时代的产物，它主要是由美国贝尔实验室的著名学者肖克莱（W.B.Shockley，1910—1989）、巴丁（J.Bardeen，1908—1991）和布拉顿（W.H.Brattain，1902—1987）发明的。它体积小、质量轻、耗电少、寿命长，远胜于电子管。这里顺便指出，电子管与晶体管的工作原理是不同的：电子管是热丝（即阴极）发射电子和电子在真空中的运动，控制电子运动的是电场（在磁控管中是电场和磁场），所以电子管是电压控制器件；晶体管中的载流子不但有电子（负电荷），而且还有空穴（正电荷），载流子的运动不是在真空中而是在固体中，控制电子和空穴运动的不是电场而是基极电流。所以，晶体管是电流控制器件。

场效应管（FET）是另一种半导体管，它与一般晶体管的不同之处是受电场（即电压）控制，这与电子管相似。

3. 集成电路时代

（1）第一块集成电路的出现

最早提出"集成电路"概念的是英国皇家雷达公司的达默。1952 年 5 月，他认为随着晶体管和半导体技术工艺的发展，在一块固体块上的无连线的电子设备即将出现。

经过长达 6 年的艰苦努力和反复试验，终于在 1958 年由美国德克萨斯仪器公司（Texas Instruments）的基尔比（Kilby）和仙童半导体公司（Fairchild Semiconductor）研究开发部的主任诺伊斯（Robert Noyce），把达默的设想变成了现实，他们分别用锗和硅做出了世界上第一块固体电路——集成电路，从此，微电子学的新时代开始了。

（2）大规模和超大规模集成电路的诞生及发展

1971 年，在美国发生了一件让美国人，甚至全世界的人都感到惊叹的事情。这一年在美国的报纸上出现了一个惊人的广告"微电脑浓缩在一块芯片上"，这是美国 Intel 公司的工程师霍夫（Marcian.E.Hoff）和费金（Federico Fagin）研制的有史以来第一块微处理器（它被命名为 Intel 4004），它在一块米粒大小的芯片上集成了 2250 个晶体管。

事情的经过大致是这样的：1969 年 Intel 公司接受日本一家公司（Busicom）的委托，由年轻工程师霍夫设计台式计算器系列所用的整套电路，霍夫仔细研究了日方所提出的方案，发现该方案要求许多昂贵的电路芯片。于是他从根本上改变了日方的设计，提出一个大胆的设想：采用可编程通用计算机的思想，把计算器的全部电路分别做在四个芯片上，即中央处理器、随机存取存储器、只读存储器及寄存器电路。公司的另一名年轻工程师意大利人费金从事电路设计，他在 $4.2 \times 3.2 \ mm^2$ 的硅片上，集成了 2250 个晶体管，首次成功地用一个芯片实现了中央处理器的功能，这就是 4 位微处理器（也叫做 CPU——Central Processing Unit——中央处理器）Intel 4004。中央处理器再加上一片 320 位的随机存取存储器、一片 256 字节的只读存储器和一片 10 位寄存器，通过总线连接就组成了 4 位微型计算机 MCS-4。这就是世界上第一台微型机，1971 年制成，从此揭开了微型机及大规模集成电路发展的帷幕。

继 Intel 4004 之后，Intel 公司于 1972 年年初完成了最初的 8 位微处理器 Intel 8008，改变了按台式机要求的设计，而在 $13.8 \ mm^2$ 的芯片上做出了能执行 45 种指令的处理器。这些早期产品主要采用工艺简单、速度较低的 P 沟道 MOS 电路，人们称之为第一代微处理器。

自 1973 年起出现了采用速度较快的 N 沟道 MOS 技术的 8 位微处理器，人们称之为第二代微处理器。一些有名的产品如：Intel 8080、M6800（Motorola）、Z80（Zilog）、Intel 8085 等。

自 1978 年起出现了 16 位微处理器，它标志着第三代微处理器开始出现。最初开发成功的是 Intel 公司的 Intel 8086，在 $32.9 \ mm^2$ 的芯片上集成了 29000 只晶体管，性能是 Intel 8080 的 10 倍，采用硅栅 H-MOS 工艺。此后 16 位微处理器相继出现，如 Z-8000（Zilog）、Intel 8088（准 16 位微处理器，1979 年）、Intel 80286（1982 年）。

自 1981 年起采用超大规模集成电路的 32 位微处理器开始问世，如 Motorola 68000、Intel 80386（1985 年）、Z80000（Zilog）、贝尔实验室的 MAC-32、Intel 80486（1989 年）等。这些第四代微处理器的集成度大多在 10 万只晶体管以上。

自 1993 年起，Intel 在 80486 大获成功的基础上，推出了全新一代的高性能微处理器 Pentium，开创了第五代微处理器——64 位微处理器的崭新时代。Intel 推出此微处理器后提出商标注册，如果按照以前的惯例，此微处理器应被命名为"Intel 80586"，但按照美国的法律是不能用阿拉伯数字注册商标的，于是 Intel 玩了个花样，用拉丁文的"Pentium"去注册商标。Pentium 中的字头"pent"在拉丁文中就是"五"的意思。Intel 还替它起了一个相当好听的中文名字："奔腾"。Pentium 内部含有高达 310 万只晶体管，单是最初版本的 66MHz 的 Pentium 的运算性能就比 33MHz 的 80486DX 提高了 3 倍多；而 100 MHz 的 Pentium 则比 33MHz 的 80486DX 快了 6~8 倍。从这时起，到 2000 年 Intel 推出 Pentium Ⅳ为止，Intel 将 Pentium 系列微处理器的性能推到了极致，直到 2004 年，Pentium Ⅳ家族的性能几乎已被 Intel 公司提高到了当前科技水平的极限，以至于将来出现的最新一代的微处理器，将不会是延续 Pentium 系列的框架，而将是一种全新的纯 64 位的体系结构。

在近 30 多年的时间里，以微处理器及其相关的外围芯片为代表的大规模及超大规模集成电路，平均两三年就换了一代，其发展之神速是任何技术所无法比拟的。微处理器的发展进程证明了"摩尔定律"的正确性。人们记得，1965 年 Intel 创始人之一的摩尔（G.Moore）在为一次演讲准备素材时，曾将当时已经出现的内存芯片晶体管的数目以图形的方式标到坐标上，令他感到诧异的是，几乎每隔 18 个月到 24 个月，同样大小的集成电路上的晶体管数目就要增加一倍。这条不能被严格证明但又千真万确的"金科玉律"，经过最近 30 多年的检验，始终表现出令人惊异的准确性。今天，摩尔定律一般被表述为："处理器的晶体管数每隔 18 个月增加一倍，而价格则下降一半。"

　　一般认为，最近 30 多年来微处理器的发展史，就是一部 Intel 如何不断创新与发展的历史。当然，除了 Intel 公司以外，为大规模及超大规模集成电路的飞速发展做出重大贡献的公司还有 Motorola（摩托罗拉公司）、AMD（先进微器件公司）、VIA（威盛公司，它曾收购了著名的 CPU 生产厂家 Cyrix 公司）等。为了使读者对近 30 多年来以微处理器为代表的大规模及超大规模集成电路的飞速发展有一个更加清晰、系统的了解，表 1.1 和表 1.2 列出了 Intel 公司的微处理器的各代产品。

表 1.1　1990 年前 Intel 的微处理器一览表

型　号	发布日期	位数（比特 bit）	工作主频（MHz）	特点及说明		
				集成度（晶体管数）	特征尺寸 *（μm）	典型工艺或特点
4004	1971/11/15	4	0.108	2250	10	PMOS
8008	1972/4/1	8	0.2	3500	10	PMOS
8080	1974/4/1	8	2	6000	6	NMOS
8085	1976	8	2.5～5	≈1 万	/	NMOS
8086	1978/6/8	16	5，8，10	2.9 万	3	HMOS
8088	1979/6/1	8(准 16 位)	5，8	2.9 万	3	HMOS
80286	1982/2/1	16	6，10，12.5	13.4 万	1.5	/
80386DX	1985/10/17	32	16，20，25，33	27.5 万	1	/
80386SX	1988/6/16	32	16，20，25，33	27.5 万	1	/
80486DX	1989/4/10	32	25，33，50，75	120 万	1	首次采用 RISC 技术

表 1.2　1990 年后 Intel 的微处理器一览表

型　号	发布日期	位数（比特 bit）	工作主频（MHz）	特点及说明		
				集成度（晶体管数）	特征尺寸（μm）	典型工艺或特点
Pentium	1993/3/22	64	60，66～233	320 万	0.6～0.35	
Pentium Pro	1995/11/1	64	150，166～200	550 万	0.35	
Pentium MMX	1997/1/8	64	166，200	450 万	0.35	MMX 技术
Pentium II	1994/5/7	64	233，266，300	750 万	0.35～0.25	
Pentium II Celeron（赛扬）	1998/4/15	64	266，300，366，400，433，500	750 万	0.25	
Pentium II Xeon（至强）	1998/6/29	64	400，450	750 万	0.25	
Pentium III	1999/2/26	64	450，500，600	950 万	0.25	
Pentium III Xeon（至强）	1999/3/17	64	500，550，1000	950 万	0.25	
Pentium IV（Willamette）	2000/7	64	1.3～2.0GHz	5500 万	0.18	

续表

型　号	发布日期	位数（比特 bit）	工作主频（MHz）	特点及说明		
				集成度（晶体管数）	特征尺寸（μm）	典型工艺或特点
Pentium Ⅳ Xeon（至强）	2002/11	64	3.06GHz	5500 万	0.13	超线程技术（HT）
Pentium Ⅳ（Extreme Edition）	2003/9	64	3.2～3.4 GHz	5500 万	0.13	
Pentium Ⅳ（Prescott）	2004/2/1	64	3.8GHz	5500 万	0.09（90nm）	

* 这里所谓"特征尺寸"，是指在制造大规模及超大规模集成电路时，在各元件之间的连线的宽度。显然，在一定大小（例如 Pentium Ⅳ 所用的硅片的核心面积为 146mm^2）的硅芯片上，集成度要想高，其单个元件的大小及元件之间连线的宽度均必须尽可能得小（或窄）。因此，各元件之间的连线的宽度，常被用来表征大规模及超大规模集成电路的集成度的一个重要指标。不言而喻，集成度越高，其连线宽度也就越窄，制造工艺水平要求也就越高。就目前集成电路的制造工艺水平而论，其连线宽度已达 1μm 以下（Pentium Ⅳ—Prescott 已达 0.09μm，即 90nm），有关专家称，这几乎已达到目前工艺水平的极限了。

4．电子技术的发展时期（代）

由以上所述可以清楚地看出，电子技术是随着某种新型电子器件的发明、不断更新和完善发展而来的，它经历了表 1.3 所展示的四代发展时期。表 1.4 则是 IC 规模的划分。

表 1.3　电子技术的发展时期（代）

代 *	所用器件	评　价
第一代（1906—1950 年）电子管时代	电子管（二极管、三极管、四极管、五极管、复合管等）	体积大，质量重，功耗高，寿命短，可靠性差
第二代（1950—1965 年）晶体管时代	晶体管（晶体二极管、晶体三极管、场效应管）	体积小，质量轻，功耗低，寿命长，可靠性较高
第三代（1965—现在）中、小规模集成电路时代	集成电路（SSI, MSI）	体积更小，质量更轻，功耗更低，寿命更长，可靠性更高
第四代（1971—现在）大规模、超大规模集成电路时代	集成电路（LSI, VLSI）	性能比 SSI、MSI 有更大的提高
第五代（1993—现在）极大规模、巨大规模集成电路时代	集成电路（ULSI, GLSI）	性能比 LSI、VLSI 有更大的提高

* 仅仅是大致的划分

表 1.4　集成电路（IC）规模的划分

规模 \ 特征	小规模集成电路（SSI）	中规模集成电路（MSI）	大规模集成电路（LSI）	超大规模集成电路（VLSI）	极大规模集成电路（ULSI）	巨大规模集成电路（GLSI）
芯片所含元件数	$<10^2$	$10^2\sim10^3$	$10^3\sim10^5$	$10^5\sim10^7$	$10^7\sim10^9$	$>10^9$
芯片所含门数	<10	$10\sim10^2$	$10^2\sim10^4$	$10^4\sim10^6$	$10^6\sim10^8$	$>10^8$
特征尺寸（典型线宽）（μm）	/	/	10～6	5～1	<1	$\leqslant0.1$

这里需要指出，以上年代的划分只是一种大概的划分，不是绝对的。另外要指出的是，进入新一代时，老一代的器件有时还要使用。例如，电子管时代虽然早已过去，但电真空器件并未完全退出历史舞台，在超大功率发射的场合（如广播电台、电视台），还得使用大功率电子管；在高保真度的音响装置（Hi-Fi）中，电子管还有它的用处；特别是在电视机、测量仪器（示波器等）和计算机的显示器中，CRT（阴极射线管）目前还有极广泛的应用。再比如，在使用 LSI、VLSI、ULSI、GLSI 的计算机系统中，还要使用 MSI、SSI 电路，有时甚至还要使用分立元件的晶体管。因此只能说，"物有所值，各尽其用"。

从以上的简述中可以看出，本章以电子器件的发展为线索，力图勾画出电子技术发展的主要脉络。但是，由于电子技术所包含的器件极为复杂，其内容也异常丰富，很可能挂一漏万，有兴趣的读者可以参考其他有关著作。

1.2　电子电路的功能

前面我们概述了电子技术的广泛应用、分类和简要历史。在各式各样的电子设备中，有各种各样的电子电路，这些电路发挥着功能各异的作用。下面以放大器为例，简要说明电子电路的基本功能。

1.2.1　电子电路的基础——放大作用

在电工学中，已经研究过三种主要元件：电阻（R）、电容（C）和电感（自感 L，互感 M），由它们所组成的电路不能叫做"电子电路"，只能叫做"电工电路"，因为该电路无放大作用，这些元件都是无源元件。

如果在 R、C、L 这三个无源元件之外再加上一个有源器件——晶体管，则就组成了一种新型的电路——电子电路。由于晶体管具有放大功能，所以该电路发生了"质"的变化。

例如图 1.1 所示的一个普通扩音机，就是使用电子电路的典型例子。在图中，该电路将进入麦克风中的小声音信号放大，从扬声器中放出。

图 1.1　普通的扩音机框图

此时，从麦克风输出的声音信号的能量非常小，而从扬声器出来的能量则相当大。这里，将某个必要的信号（本例中为声音信号）的能量加以扩大，谓之"放大"，完成此作用的机器称为"放大器"。为了放大信号，需要有源器件，在电子管时代用电子管，在晶体管时代用晶体管，在集成电路时代，则用 IC。这里应注意，IC 仅仅是将晶体管、电阻等元器件缩小体积，"集成"到体积很小的硅片上，但电路的本质并没有变，即分立元件中的电路原理同样适用于 IC。电子电路尽管多种多样，功能又千变万化，但"放大"几乎是所有电子电路的最基本的功能。

1.2.2　放大器的本质

图 1.2 表示出了图 1.1 放大器（扩音机）中的能量关系。麦克风是将声音变换成电能的设备（声-电变换器）。从麦克风输出的小电信号，通过放大电路放大，增大了电信号的能量，然后由扬声器（一种电-声变换器）再将电信号的能量转换为声能而放出。这样，由扬声器放出的声音就被放大了。因此，无论是声音的能量还是经过变换后的电信号能量，通过放大器后确实被放大了。

必须指出的是，如果放大器不加电源，它就不能工作。如图 1.2（a）所示的交流电源供电中，交流电能通过整流电路变换成直流电能供给放大器。放大器也可以由电池等直流供电，如图 1.2（b）所示。这样，供给放大器的直流能量，最后变换成代表声音能量的电信号的能量。也就是说，放大器的作用，是将从外部供给的直流电源的能量，转换成为电信号的能量。

放大是电子电路最基本的作用之一。如放大电路那样，将直流电能转换成为必要的其他形式的电信号能，是电子电路的最终目的。

从图 1.2 中可以看出，在放大器中，从外部供给直流能量，从麦克风提供小的电信号能量。该直流电能通过放大器变换成电信号的能量，其变换效率不可能是 100%。未经变换而剩下的直流电能，则以热能的形式放出外部。如果考虑到在放大电路中包含热能的所有能量的话，就可以明白，放大电路并不违反能量守恒定律。

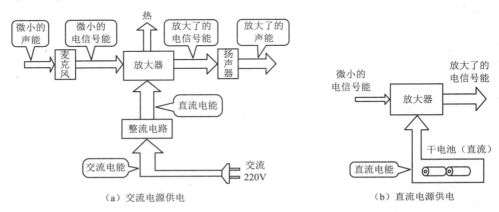

图 1.2　放大器中的能量关系

1.2.3　电子电路的作用

如前所述，控制电子学包括模拟电子电路和脉冲及数字电路两大部分内容。这两部分电路的作用可分别作如下表述。

模拟电子电路的作用是对连续变化的电压（或电流）信号进行放大，这些典型信号为正弦信号、缓变交流信号或直流信号。即除了研究普通低频放大器之外，还要研究有广泛应用的直流运算放大器。此外，还要研究正弦波振荡器和直流电源电路。

脉冲和数字电路的作用是对断续信号（或称"离散信号"）进行产生、变换、放大和存储（或称"寄存"）等，特别要研究对计算机和自动控制系统的构成有重要意义的数字逻辑电路。

本书的第 1 部分（电子电路组成基础，第 1～第 2 章）是电子电路的基础部分；第 2 部分（模拟电子电路，第 3～第 6 章）属于模拟电子学部分；第 3 部分（脉冲与数字电路，第 7～第 10 章）属于脉冲及数字电子学部分；第 4 部分（调制解调器，第 11 章）则是模拟电子电路和脉冲与数字电路的结合。

 本章要点

1. 材料、能源和信息是现代科技的三大支柱。计算机、电子装置和通信设备是信息社会的三大基石。
2. 电子技术（学）可分为通信电子学、控制电子学、动力电子学、强流电子学、医用电子学和军事电子学。控制电子学又可分为模拟电子学和脉冲数字电子学。

3. 电子技术的发展已经经历了五代：电子管时代，晶体管时代，中、小规模 IC 时代，大规模、超大规模 IC 时代，极大规模、巨大规模 IC 时代。

4. 电工学研究 R、C、L 三种无源元件组成的电路，电子学则要研究 R、C、L 再加上各种有源器件（电子管、晶体管、集成电路）的电路。

5. 电子电路的基础是有源器件的放大作用，完成放大作用的电路叫放大器。放大器的作用是将从外部供给的直流电源的能量，转换成为电信号的能量。

6. 放大是电子电路最基本的作用之一。电子电路的最终目的，是将直流电能转换成为必要的、其他各种形态的信号的电能。

思考与习题

（一）自我测验题

将 A 列中的每个表述与 B 列中的最相关的表述适配起来（注意：A 列中的某些项可能有不止一个答案）。

A 列

1. 现代科学技术的三大支柱是

2. 电工学的研究对象是

3. 电子学（技术）的研究对象是

4. 信息社会所依赖的三个基石是

5. 控制电子学可以划分为

6. 电子学（技术）一般可分为

7. 计算机中的电路主要属于哪个研究范围？

8. 收音机、电视机中的电路主要属于哪个研究范围？

9. 高保真度音响设备中的电路主要属于哪个研究范围？

10. "CT" "B" 超等诊断仪器中的电子电路主要属于哪个研究范围？

11. 卫星电视转播系统中的电子电路主要属于哪个研究范围？

B 列

a. 计算机、电子装置和通信设备

b. 通信电子学、控制电子学、动力电子学、强流电子学、医用电子学和军事电子学

c. 模拟电子学和脉冲与数字电子学

d. 由电阻 R、电容 C 和电感 L 所组成的无源电路

e. 由 R、C、L 等再加上有源器件（晶体管等）所组成的电路

f. 材料、能源和信息

g. 通信电子学

h. 控制电子学

i. 通信电子学和控制电子学

j. 医用电子学

（二）判断题（答案仅需给出"是"或"否"）

1. 在计算机的电路中，大量采用 LSI、VLSI、ULSI、GLSI 电路，但也常常用到 MSI 和 SSI，有时甚至要用晶体管分立器件。

2. 在计算机系统中，电真空器件已经完全退出了历史舞台。

3. 放大器放大输入端的信号就意味着放大器可以放大能量。

4. R、C、L 组成的复杂网络构成了电子电路。

5. 放大器的作用是将从外部供给的直流电源的能量，转换成为电信号的能量。

6. 电子电路工作时，需要交流电源供电。

（三）综合题

1．从麦克风输出的代表声音的电信号为 25mW，经过扬声器输出的电声功率为 5W，问此时的功率放大倍数是多少？

2．一个放大器的输入信号为 75mV，其输出信号为 5V，试问其电压放大倍数是多少？

3．一个扩音机消耗的交流电能为 40W，其扬声器发出的不失真电声功率为 5W，试问该扩音机的效率如何（用百分比表示）？

第2章　电子电路的构成

任何电子电路，不论是模拟电子电路还是数字电子电路，都是由无源元件和有源器件构成的。前者包括电阻、电容、电感等，已在先行课程（如电工学等）中作过介绍；后者包括半导体二极管、三极管及集成电路等，将在本章予以阐述。本章从理解电子电路工作原理的角度出发，对这些器件的内部工作原理，将不作过分细究，而把注意力放在它们的外特性方面。

2.1　半导体的基本知识

2.1.1　导体、绝缘体和半导体

我们周围的一切物质，按照导电能力的大小可分为导体、半导体和绝缘体三大类。能导电的叫做导体；不能导电的叫做绝缘体；导电能力介于导体和绝缘体之间的，就叫做半导体。半导体的电导率 σ 在 $10^3 \sim 10^{-9} \Omega^{-1} \cdot cm^{-1}$ 之间（即其电阻率 ρ 在 $10^{-3} \sim 10^9 \Omega \cdot cm$ 之间）。图 2.1 表示出了若干种典型材料的电导率 σ。

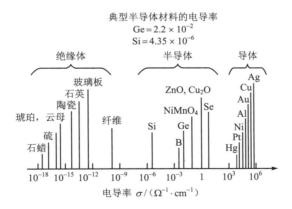

图 2.1　若干种典型材料的电导率（20℃时）

半导体之所以有广泛的用途，就在于其导电性能具有如下两个显著特点。

（1）掺杂性

半导体材料的电阻率受杂质含量的影响极大。例如在硅（Si）中只要含有亿分之一的硼（B），电阻率就会下降到原来的万分之一，而且，如果所含杂质类型不同，导电类型也不同。这就是为什么半导体材料必须首先加以提纯，然后通过严格控制的掺杂，才能制备成合格材料的原因。

（2）敏感性

半导体材料的电阻率受外界条件（如温度、光线等）的影响很大。温度升高或受光照射均可使电阻率迅速下降。这正是半导体可以制成各种热电器件和光电器件的直接原因。

电阻、电阻率和电导率　根据物理学中的有关知识，电阻是物体（特别是导体）的重要电学参数之一。一段导体的电阻是和该导体的材料、大小与形状有关系的。假定一段导体是均匀、等截面的，其横截面积为 S，长度为 l，则其电阻等于：$R = \rho \dfrac{l}{S}$，式中 ρ 是一个仅与导体材料有关的量，叫做材料的电阻率。所以，导体的电阻 R 和它的长度 l 成正比，而和它的横截面积 S 成反比。由此得出：$\rho = R \dfrac{S}{l}$，根据此式可以确定电阻率的单位：R 的单位为欧姆（Ω），横截面积 S 的单位为平方厘米（cm^2），长度 l 的单位为厘米（cm），所以电阻率 ρ 的单位自然就应为"欧姆·厘米"（$\Omega \cdot cm$）。这就是说，我们取这样的材料的电阻率作为电阻率的单位，该材料被制成边长为 1 厘米（cm）的立方体，当电流从该立方体的一面流向对面时，该立方体的电阻为 1 欧姆。

除了电阻率之外，在工程上还常使用电阻率的倒数 $\sigma = \dfrac{1}{\rho}$，该物理量叫做电导率。显然，电导率 σ 的单位为"欧姆$^{-1}$·厘米$^{-1}$"（$\Omega^{-1} \cdot cm^{-1}$）。电阻率或电导率反映一种物体导电本领大小：电阻率越低（或者说电导率越高），那么，物体的导电本领就越强。

应该指出，电阻率 ρ 与导体的温度有关。在通常温度下，几乎所有的金属的电阻率都随温度的变化而呈线性变化（缓慢增高）。但是，对于半导体材料来说，其电阻率随着温度和材料的纯度变化而迅速变化。温度越高，电阻率越低（这一点，正好与金属材料相反）；而材料越纯，电阻率则越高（这一点，也正好与金属材料相反）。拉制单晶前的材料，总希望电阻率越高越好，因为这有利于拉制单晶过程中的准确掺杂。

下面列出的是某些常见材料（主要是金属）的电阻率和电导率（当温度为 20℃时），其他材料（例如绝缘体和半导体）的电导率请参见图 2.1。

材料	ρ（$\Omega \cdot cm$）$\times 10^{-6}$	σ（$\Omega^{-1} \cdot cm^{-1}$）$\times 10^{6}$
Ag（银）	1.62	0.62
Cu（铜）	1.72	0.58
Au（金）	2.42	0.41
Al（铝）	2.82	0.35
黄铜（或磷青铜）	8	0.125
Ni（镍）	7.24	0.138
Fe（铁）	9.8	0.102
Pt（铂）	10.5	0.095
Hg（汞）	95.77	0.0104
石墨	39.2	0.0255

2.1.2　半导体的类型及导电特点

1. 半导体的类型

半导体的材料种类很多，按其化学组成，可分为元素半导体（如锗 Ge、硅 Si 等）和化合物半导体（如砷化镓 GaAs、锑化铟 InSb）；按其是否含有杂质，可分为本征半导体和杂质半导体；按其导电类型可分为 N 型半导体和 P 型半导体；按其载流子的种类，还可分为电子型半导体和离子型半导体等。

2．单晶体和多晶体

世界上的物质，从其内部原子（也可以是分子或离子）的排列情形来看，可以分为晶体和非晶体两大类。晶体的原子排列比较规则，而非晶体的原子排列则完全没有规则，杂乱无章。

晶体又可分为单晶体和多晶体两种。如果整块晶体内的原子按照一定规则排列到底，这样的晶体就称为单晶体；如果整块晶体内的原子虽然也按一定的规则排列，然而却排列不到底（即局部的排列规则整齐，而一个局部和另一个局部之间却没有一定规律），整块晶体实质上是由许多块小的单晶体（晶粒）组成的，这样的晶体就称为多晶体。

单晶体一般都有一定的外形，其物理性质在各个方向上都不相同（即各向异性）；而多晶体和非晶体则相反，一般都没有一定的外形，其物理性质在各个方向上都相同（即各向同性）。

大多数半导体材料都是晶体。但是，只有单晶结构的半导体才适合制作半导体器件。

3．本征半导体

纯净的单晶半导体，既不含有任何杂质，也没有结构上的缺陷，材料呈现它本身固有的特征，因而称为本征半导体。经过严格提纯的半导体（其纯度可以达到"6 个 9"，即 99.9999%，甚至更高）就可认为是本征半导体。

带有一定电量且能在电场力作用下自由运动的粒子称为载流子。物体的导电能力取决于该物体内载流子的浓度和运动速度。半导体中除了自由电子作为载流子之外，还有另一种被称为"空穴"的载流子。自由电子和空穴同时参加导电，这是半导体的重要特点。

在本征半导体中，通过某种方式（热、光、电场、辐射等）激发出一个自由电子，同时便会产生一个空穴，电子和空穴总是成对地产生的，称其为电子空穴对。半导体中产生电子空穴对的过程叫做本征激发。空穴像电子一样也能够运动，不过它的运动方式与自由电子的运动方式完全不同。空穴的运动实质上是填补空位运动的结果。

半导体由于激发而不断产生电子空穴对，那么，电子空穴对是否会越来越多，其浓度是否会越来越大呢？实验表明，在一定的温度下，电子和空穴的浓度都分别保持一个定值。这是因为，半导体中一方面存在着载流子的产生过程，同时还存在着另一个过程，即自由电子在运动中释放能量而填入空穴，使电子空穴对消失的过程。这个过程称为载流子的复合过程。当产生率等于复合率时，载流子的浓度达到动态平衡。载流子的平衡浓度与温度有关。室温下，本征半导体中电子和空穴的平衡浓度很小，所以电导率很低。当温度升高时，载流子浓度迅速增大，电导率也随之增大。

4．N 型半导体和 P 型半导体

本征半导体的导电能力差，用途不广。在实际半导体器件制造中，一般不直接利用本征半导体，而是利用掺杂工艺，在本征半导体中有意加入一定量的杂质，获得一定的导电类型和一定电阻率的半导体。这种人为地掺入了杂质的半导体，称为杂质半导体。

（1）N 型半导体

在本征半导体中加入微量的五价元素（如砷 As、磷 P、锑 Sb 等），可使本征半导体中自由电子的浓度大大增加，形成 N 型半导体。这些杂质叫做施主杂质。

在 N 型半导体中，自由电子的数量比空穴多几个数量级。自由电子称为多数载流子，空穴称为少数载流子。而杂质原子电离后产生的正离子均匀地分布在晶格中，不能自由运动，不是载流子。

N 型半导体加上电压后，产生的电流主要是电子流，如图 2.2（a）所示。

（2）P 型半导体

在本征半导体中加入微量的三价元素（如硼 B、铝 Al、镓 Ga、铟 In 等），可使半导体中的空穴浓度大为增加，形成 P 型半导体。这些杂质叫做受主杂质。

P 型半导体中，空穴是多数载流子，电子是少数载流子。如果外部加上电压，那么载流子的移动主要是带正电荷的空穴运动，形成空穴电流，如图 2.2（b）所示。

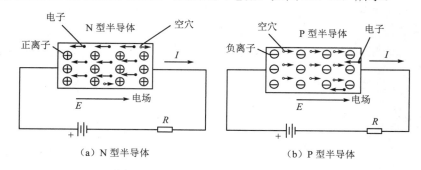

（a）N 型半导体   （b）P 型半导体

图 2.2 N 型、P 型半导体的导电情况

2.1.3 PN 结及其单向导电性

1. PN 结的形成

如果在一块半导体单晶基片上面，经过一些专门的工艺操作（如扩散进去一些杂质），使得这块半导体的一部分呈 P 型导电，另一部分呈 N 型导电，那么，在两个导电区的交界面附近，就会形成一个特殊的区域——PN 结。

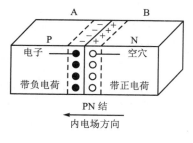

图 2.3 PN 结示意图

在 N 型导电区，电子很多，空穴很少；而在 P 型导电区则正相反，空穴很多，电子很少。因此，由于这两个区域存在着电子和空穴浓度的差别，N 区的电子就会向 P 区渗透扩散，而 P 区的空穴则向 N 区渗透扩散。扩散结果使 N 区中邻近 P 区一边的薄层 B 缺少电子而带正电，P 区中邻近 N 区一边的薄层 A 缺少空穴而带负电，从而形成了一个由 N 区指向 P 区的电场。这两个带电的薄层 A、B 所构成的区域形成"空间电荷区"，该区域就叫做 PN 结（阻挡层），如图 2.3 所示。

扩散开始时，扩散运动占优势。随着扩散的进行，空间电荷区内两侧的正负电荷逐渐增加，因而空间电荷逐渐增多，空间电荷区逐渐加宽，空间电荷形成的内电场逐渐增强。当内电场加强到一定程度时，N 区、P 区中少数载流子在该电场力作用下的定向运动（即载流子的漂移运动）有明显的增强，同时，这两个区域中多数载流子的扩散运动明显减弱。最后，当扩散运动和漂移运动达到平衡时，扩散的载流子数目等于漂移的载流子数目，这时，空间电荷区的宽度不再增加，达到动平衡状态，此时，PN 结就处于相对稳定状态。

2．PN 结的单向导电性

当 PN 结两端加上不同极性的直流电压时，其导电性能将产生很大差异，这就是 PN 结的**单向导电性**。

当 PN 结两端加上正向电压时，PN 结处于导通状态。如图 2.4（a）所示，外加电源正极接 P 型区，负极接 N 型区，这种接法称做正向连接。此时外加电压的电场方向与 PN 结内电场方向相反，故削弱了内电场，从而导致空间电荷区变窄，这有利于扩散运动（多数载流子），而不利于漂移运动（少数载流子）。这样，P 区及 N 区的多数载流子就能顺利地通过 PN 结，同时，外部电源不断地向半导体提供空穴和电子，形成较大的电流，此电流称做正向电流，此时，PN 结呈导通状态。PN 结接正向电压时所呈现的电阻（正向电阻）阻值很小。

当 PN 结两端加上反向电压时，PN 结处于截止状态。如图 2.4（b）所示，外加电源正极接 N 区，负极接 P 区，这种接法称做反向连接。这时，外加电场与内电场方向一致，使内电场加强，阻挡层加宽，阻止多数载流子扩散运动的进行，而有利于少数载流子漂移运动的进行。此时，少数载流子穿过 PN 结而形成的电流称做反向电流，其值远远小于正向电流，此时 PN 结呈截止状态。可见，PN 结接反向电压时呈现新的电阻（称做反向电阻），阻值极大，它远远大于正向电阻。

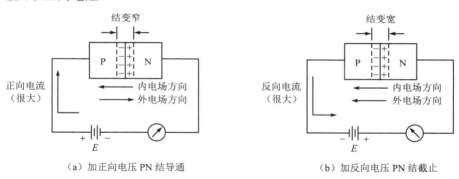

（a）加正向电压 PN 结导通　　　　　　　　（b）加反向电压 PN 结截止

图 2.4　PN 结外加不同方向电压时的情况

PN 结是晶体二极管的基本结构，也是一般半导体器件的核心，许多半导体现象就是在这里发生的。

按材料划分，PN 结可分为单质结和异质结；按工艺划分，PN 结可分为生长结、合金结、扩散结、外延结等；按杂质划分，又可分为突变结、缓变结等，这里就不再详述了。

2.2　晶体二极管

晶体二极管是电子电路中最简单的器件，它虽然没有放大作用，但广泛应用于整流电路、检波电路、限幅电路和逻辑电路中。

2.2.1　晶体二极管的结构和分类

在形成 PN 结的 P 型半导体和 N 型半导体上，分别引出电极引线，并用金属、塑料或玻璃封装后，即构成一个晶体二极管，其外形如图 2.5 所示。它具有两个电极：由 P 型半导体上引出的电极叫正极或阳极，用符号"+"表示；由 N 型半导体上引出的电极叫负极或阴极，用符号"−"表示。总之，二极管是具有单向导电性的两极器件。

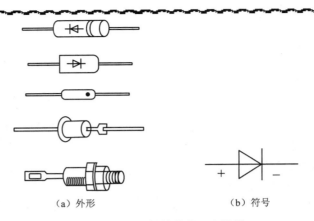

（a）外形　　　　　　　　（b）符号

图 2.5　晶体二极管的外形和符号

二极管有多种类型，如下所示。

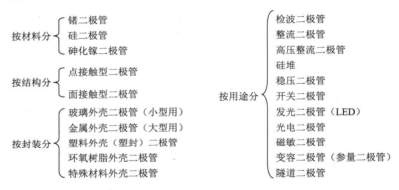

因此，一个具体的管子，在不同的场合往往具有不同的名称，这正是一管多名的原因。

点接触型二极管由于 PN 结的面积很小，所以不能承受高的反向电压和大电流，但由于极间电容很小，故适用于高频信号的检波、微小电流的整流及脉冲电路。

面接触型二极管由于 PN 结面积大，能承受较大的电流，故适用于整流。但因极间电容较大，故不适用于高频电路。

不同类型的晶体二极管均按国家标准命名，其命名法如表 2.1 所示。例如，2AP11：2 表示二极管，A 表示以 N 型锗为基础材料制成，P 为普通管，11 为序号。又如 2CZ11：表示以 N 型硅为基础材料制成，用于整流的二极管。

表 2.1　晶体二极管的型号名称和含义

第一部分（数字）		第二部分（字母）		第三部分（拼音）		第四部分（数字、字母）
电极数目		材料和特性		二极管类型		同类管子的序号
符号	含义	符号	含义	符号	含义	
2	二极管	A	N 型锗	P	普通管	表示在同类型管子中，其性能和参数有区别
		B	P 型锗	Z	整流管	
				L	整流堆	
		C	N 型硅	W	稳压管	
		D	P 型硅	K	开关管	
				C	参量管	

2.2.2 晶体二极管的伏安特性

二极管的伏安特性，是指加到二极管两端的电压与流过二极管的电流之间的关系曲线。根据实验结果可以分别做出锗和硅二极管的伏安特性曲线，如图 2.6 所示。

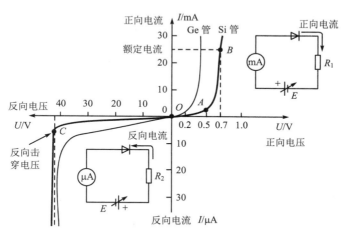

图 2.6 晶体二极管的伏安特性曲线

1. 正向特性

当二极管两端的电压为零时，流过管子的电流也为零，伏安特性曲线从坐标原点开始。这是因为此时只有内电场的作用，扩散和漂移两种运动相等，达到相对平衡。

当二极管接上正向电压时，随着正向电压逐渐增加，电流也逐渐增大。但是，当外加正向电压很小时，由于外电场还不能够克服内电场对扩散运动所造成的阻力，这时正向电流很小，二极管表现出有较大的电阻（特性曲线上的 OA 段），我们把这个基本上处于截止状态的区域称为"死区"。

当加在二极管两端的电压超过一定的数值 U_0 以后（U_0 称为死区电压，其大小与管子的材料及环境温度有关，硅管约为 0.5V，锗管约为 0.2V），内电场被大大削弱，二极管的电阻变得很小，正向电流开始显著增加（图中的曲线 AB 段）。二极管处于正向导通时，其正向压降变化不大，硅管为 0.6～0.7V，锗管为 0.2～0.3V。

2. 反向特性

当二极管两端加上反向电压时，半导体材料中的少数载流子在反向电压的作用下，形成很小的反向电流。反向电流随温度的上升增长很快（呈指数关系）。在同样的温度下，硅管的反向电流比锗管小得多。

 注意

图 2.6 中的正向电流坐标是以毫安（mA）为单位，而反向电流的坐标则是以微安（μA）为单位的。

在特性曲线的 OC 段，外加电压在一定范围内变化，反向电流基本上维持不变，且和反向电压的数值无关。这是因为在一定温度下，一方面，只能产生数量很少的载流子；另一方面，反向电流是由于外加反向电压的作用，通过漂移方式将少数载流子全部吸引过来。这样，在形成反向电流之后，即使反向电压再增大（在一定范围内），内电场再增强，也不能使反向电流增加。因此，反向电流也称为反向饱和电流，它的大小是衡量二极管质量好坏的一个重要标志。反向电流越大，说明二极管单向导电性能越差。硅管的反向电流一般为1微安～几十微安，锗管可达几百微安。

3．反向击穿现象

当反向电压继续增大到一定数值后，反向电流会突然增大，这时二极管失去了单向导电性，这种现象称为反向击穿，如图2.6所示的 C 点。发生击穿现象的原因是，当外加电场足够强时，它能够强制地把原子外层的价电子从共价键拉出来，使载流子数量急剧增加。发生击穿时的电压称为反向击穿电压。二极管反向击穿后，反向电流很大，会导致 PN 结烧坏。

通过以上讨论可以看出，二极管的电阻不是一个常数，它随着外加电压的极性和大小不同而有明显的变化，所以二极管的伏安特性曲线不是一条直线。从这个意义上说，二极管是一个非线性电阻器件。

2.2.3　晶体二极管的主要参数

参数是反映器件性能的质量指标。二极管的参数不仅能表征它的性能，而且也决定了它的用途。各种管子的参数是由制造厂家给出的，使用时可参考有关手册。二极管的主要参数如下所述。

1．最大整流电流 I_F

最大整流电流是指二极管允许通过的最大正向平均电流，是为保证二极管的温升不超过允许值而规定的限制。使用时必须注意，通过二极管的平均电流不能超过这个值，否则将损坏二极管。

2．最高反向工作电压 U_R

二极管反向电压过高时会引起二极管反向击穿，因此要限制反向工作的电压。为确保安全，一般规定最高反向工作电压为反向击穿电压值的一半。

3．反向饱和电流 I_R

反向饱和电流是指管子未击穿时的反向电流值。通常，它是在规定的反向电压值和环境温度下测得的。I_R 越小，说明管子的单向导电性能越好。实际上，二极管反向电流的大小与反向电压多少有些关系，通常半导体器件手册上给出的 I_R，是在最高反向工作电压下的反向电流值。因为反向电流的大小与少数载流子的浓度有关，所以受温度影响很大，大约温度每升高10℃，反向电流增加一倍，使用时应加以注意。

4．最高工作频率 f_{max}

二极管在高频工作时，由于 PN 结的电容效应，单向导电作用退化。最高工作频率就是指二极管的单向导电作用明显退化时的交流信号的频率。

二极管还有一些非主要参数，在此就不一一做介绍了。

2.2.4　晶体二极管的主要用途

1．整流

利用二极管的单向导电性，可将交流变换成直流，这是二极管的整流作用（参见第6章）。

2．制作恒定的电压源

由晶体二极管的伏安特性曲线可知，二极管的正向电压与流过的电流大小无关（硅管约为 0.7V，锗管约为 0.3V），利用此特性，可以将二极管做成电压值变化较小的直流电压源。图 2.7 示出了利用多个二极管串联组成的简易电压源（电源电压不太高时）的情况，如果用电阻串联分压（用电阻代替二极管）以形成相应的电压的话，则该电压将受与其所连接的负载电流变化的影响，即此电压不稳定。

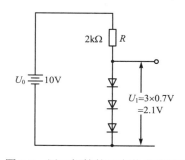

图 2.7 用二极管的正向伏安特性产生电压较低的直流电压源

3．其他用途

二极管的用途还有很多，如在无线电接收设备中用作检波（如收音机、电视机中），在电源电路中用作稳压（齐纳二极管），在脉冲电路中用作限幅和钳位，在数字电路中，用作各种逻辑元件等，这里就不一一列举了。

2.2.5 晶体二极管使用时的注意事项

1．普通二极管

（1）在电路中应按所标明的极性进行连接，切勿颠倒极性使用。

（2）正确地选择型号。在整流电路中，只有同一型号的整流二极管才可串联、并联使用。此时，应视实际情况决定是否需要加入均衡电阻（串联均压、并联均流）。

（3）在电路板中，二极管应避免靠近发热元件，并保证散热良好。

（4）对于整流二极管，为保证其可靠工作，建议其反向电压降低 20% 使用。应防止瞬间或长时间过电压。对于大功率整流二极管，在使用中应结合实际情况加装保护装置（如快速熔断熔断器）。

（5）切勿超过手册中所规定的最大允许电流和电压值。

（6）根据二极管的工作条件，还应考虑其他特性，如截止频率、结电压、开关速度等。

（7）二极管的替换：硅管与锗管不能互相代用。替换上去的二极管，其最高反向工作电压及最大整流电流不应小于被替换管。

2．稳压二极管

（1）可以将任意稳压值的稳压管串联使用，但不得并联使用。

（2）在工作过程中，所用稳压管的电流和功率不得超过极限值。

（3）在电路中，稳压管应工作在反向击穿状态，即工作于稳压区。

（4）稳压管的替换：被替换上去的稳压管的稳压电压额定值，必须与原稳压管的值相同，而最大工作电流则要相等或更大些。

2.3 双极型晶体三极管

晶体三极管是电子电路的关键器件。在模拟电子电路中，它起放大作用，是各种放大器、振荡器的核心器件；在脉冲和数字电路中，它起开关作用，是各种脉冲振荡器、放大器、逻辑门电路和触发器的核心器件。

晶体三极管是一种三端器件，根据其构造的不同，大体上可分为双极型晶体管（Bipolar Junction Transistor，BJT）和场效应晶体管（Field-Effect Transistor，FET）。当只说晶体管时，常常指双极型晶体管。晶体管的分类如图2.8所示。

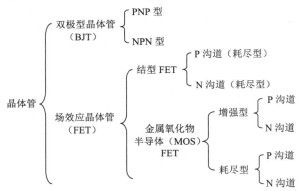

图2.8　晶体管的分类

2.3.1　双极型晶体三极管的结构和分类

双极型晶体三极管（以下简称晶体管）是由两个相距很近的PN结经过一定的工艺制成的一种半导体器件。其中一个PN结叫做发射结，另一个叫做集电结。晶体管有三个区：发射区、基区和集电区，它们各自引出一个电极，分别称为发射极（E）、基极（B）和集电极（C）。双极型晶体管的外形如图2.9所示。

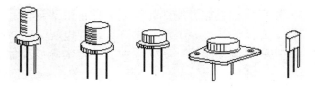

图2.9　双极型晶体管的外形

晶体管的结构有两种形式：一种是PNP型，另一种是NPN型。PNP型是两层P型半导体中间夹着N型半导体，结构上"好像"是两个二极管的阴极相连（这里讲的是"好像"，实际上并不是），NPN型是两层N型半导体中间夹着P型半导体，结构上"好像"是两个二极管阳极相连（见图2.10）。

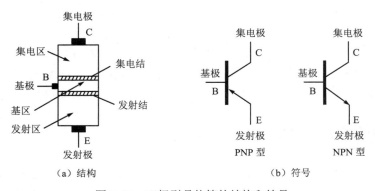

（a）结构　　　　　　　　　　　　　（b）符号

图2.10　双极型晶体管的结构和符号

在三极管的制造过程中，对其内部的三个区域都有一定的要求，简单归纳起来，晶体管具有如下的结构特点：

（1）发射区掺杂浓度高而面积较小，这有利于发射载流子；

（2）集电区掺杂浓度低而面积大，这有利于收集载流子；

（3）基区掺杂浓度极低，厚度极薄，以使载流子在此区域的复合率极低，这有利于获得放大作用。

基于以上特点，可知三极管并不是两个 PN 结的简单组合，它不能用两个二极管代替，一般也不可以将发射极和集电极互换使用。

双极型晶体管有多种分类法，参见图2.11。

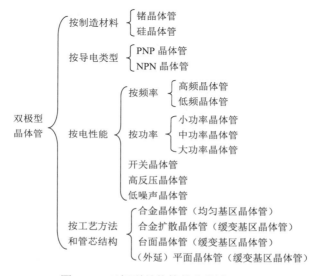

图 2.11　双极型晶体管的分类法

目前国产晶体三极管硅管多为 NPN 型平面管，锗管多为 PNP 型合金管。两种形式的三极管符号的区别是发射极的箭头指向不同，见图2.10（b）。图中发射极的箭头指向表示发射结在正向接法下的电流的真实方向。NPN 型和 PNP 型三极管的工作原理完全一样，只是使用时电源极性连接不同而已。

国产晶体三极管的命名法如表2.2所示。

表2.2　晶体三极管的型号名称和含义

第一部分（数字）		第二部分（字母）		第三部分（拼音）		第四部分（数字及字母）
电极数目		材料和特性		三极管类型		同类管子的序号
符号	含义	符号	含义	符号	含义	
3	晶体三极管	A	PNP 锗	G	高频小功率管	表示在同类型管子中，其性能和参数有区别
		B	NPN 锗	X	低频小功率管	
		C	PNP 硅	A	高频大功率管	
		D	NPN 硅	D	低频大功率管	
				K	开关管	
				T	晶闸管（可控硅整流管）	

注 1. 小功率是指集电极耗散功率 $P_C<1W$，大功率是指 $P_C \geqslant 1W$；

　2. 低频是指工作频率小于 3MHz，高频是指工作频率大于或等于 3 MHz；

　3. 场效应器件、特殊器件、复合管等的型号命名无第一、第二部分。

例如：

3AX21——低频 PNP 型锗小功率三极管；

3DG6——高频 NPN 型硅小功率三极管；

3DD8——低频 NPN 型硅大功率三极管；

3AK8——锗 PNP 型（小功率）开关三极管；

3AD18——低频 PNP 型锗大功率三极管。

2.3.2　晶体三极管的放大原理

1. 三极管放大的外部条件

要使三极管能正常工作，必须在三极管的两个 PN 结上施加适当的直流电压（称为直流偏置）。

（1）要使发射区向基区发射载流子，就必须给发射结施加一个正向偏置电压 E_B。硅管一般为 0.6～0.8V，锗管一般为 0.2～0.3V。

（2）要保证基区传输的载流子能穿过集电区，还应给集电结施加一个反向偏置电压 E_C，通常为几伏到几十伏。

图 2.12 示出了共射极接法[①]的外加偏置电压 E_B、E_C。

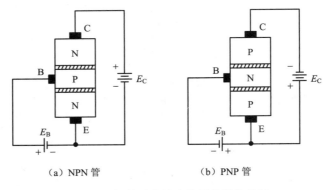

（a）NPN 管　　　　　　　　　　（b）PNP 管

图 2.12　三极管具有放大作用的外部条件

2. 三极管的电流分配关系与放大作用

当三极管处于放大状态时，多数载流子有如下的运动规律。

（1）发射区向基区发射载流子，形成发射极电流 I_E。

（2）载流子在基区中的扩散和复合形成基极电流 I_B。

（3）载流子被集电极收集形成集电极电流 I_C。

三极管内部载流子的运动情况如图 2.13 所示。

图 2.14 所示电路为三极管的电流分配与放大作用的实验电路。在该实验电路中，改变可变电阻 R_b 的阻值，基极电流 I_B、集电极电流 I_C 和发射极电流 I_E 都将发生变化。电流的真实方向标于该图中，测得的电流数据列于表 2.3 中。

---

① 三极管共有三种接法：共射极接法、共基极接法和共集电极接法，这将在后面介绍。共射极接法是最常用的一种接法。

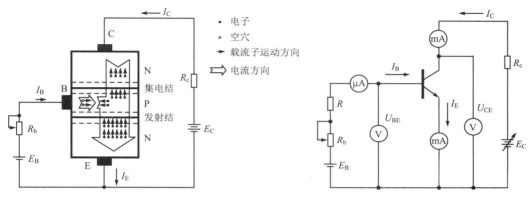

图 2.13　三极管内部载流子运动示意图　　　　　　图 2.14　三极管特性实验电路

表 2.3　三极管电流分配实测数据

实验次数	1	2	3	4	5	6
基极电流 I_B（mA）	0	0.02	0.03	0.04	0.06	0.08
集电极电流 I_C（mA）	0.005	3.20	4.76	6.41	8.90	11.35
发射极电流 I_E（mA）	0.005	3.22	4.79	6.45	8.96	11.43

由表 2.3 的数据可以得到以下几点结论：

（1）三极管三个电极中的电流分配关系为

$$I_E = I_C + I_B \qquad (2.1)$$

（2）I_B 比 I_C 和 I_E 小得多，因此 $I_E \approx I_C$。

直流电流放大系数

$$\overline{\beta} = \frac{I_C}{I_B}\bigg|_{U_{CE}=常数} \qquad (2.2)$$

因此，式（2.1）可改写为

$$I_E = (\overline{\beta} + 1) I_B \qquad (2.3)$$

在不同的 I_C 值时，$\overline{\beta}$ 值也不同。

（3）三极管的共射极交流电流放大系数为

$$\beta = \frac{\Delta I_C}{\Delta I_B}\bigg|_{U_{CE}=常数} \qquad (2.4)$$

在不同的 I_C 值时，β 值也不同。

必须指出，β 与 $\overline{\beta}$ 在意义上虽然不同，但数值较接近，所以，有时可以通过测量 $\overline{\beta}$ 来估计 β 值的大小。

（4）当 $I_B = 0$（基极开路）时，$I_C = I_E = I_{CEO}$，这里 I_{CEO} 称为穿透电流。表 2.3 中，$I_{CEO} = 0.005\text{mA} = 5\mu\text{A}$。

在考虑到穿透电流 I_{CEO} 的情况下，常用的关系式为

$$I_C = \overline{\beta} I_B + I_{CEO} \qquad (2.5)$$

（5）三极管具有电流放大作用。由表2.3可见，一个小的 I_B 的变化，可以换来一个大的 I_C 的变化，从而实现"以小控制大"的目的。电流放大特性是晶体三极管最基本和最重要的特性。

2.3.3　晶体三极管的特性曲线

三极管内部载流子的运动规律反映到外部电路，就是各极电压和电流之间的相互关系，人们常用图形来表示这种关系，这就是三极管的特性曲线。在介绍三极管的特性曲线之前，首先介绍三极管作为放大器使用时的三种连接方式。

1．晶体三极管的连接方式

三极管是个三端器件，有三个引出端 E、B、C，当它用于电路中时，必然有一端作为输入，一端作为输出，剩下的一端作为输入、输出的公共端。根据公共端的不同选择，三极管可以有三种连接方式，或称做三种组态。

（1）共射极连接。基极为输入端，集电极为输出端，发射极为公共端，如图 2.15（a）所示。这是一种最常用的组态。

（2）共基极连接。发射极为输入端，集电极为输出端，基极为公共端，如图2.15（b）所示。

（3）共集电极连接。基极为输入端，发射极为输出端，集电极为公共端，如图2.15（c）所示。

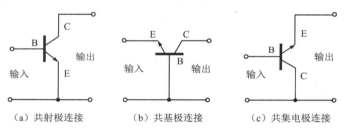

（a）共射极连接　　　　（b）共基极连接　　　　（c）共集电极连接

图 2.15　三极管的三种连接方式

三极管无论按哪一种方式连接，为了保证管子具有放大作用，电路必须满足发射结正偏、集电结反偏的偏置条件。三种接法的三极管电路在实际电路中都有应用，且各有其特点，其中以共射极接法的电路应用最为广泛。并且，晶体管手册上所给出的参数大部分是指共射极连接时的，因此，下面着重介绍共射极电路的输入输出特性曲线。

2．晶体三极管的特性曲线分析

三极管的特性曲线是用来表示三极管各个电极上的电压和电流之间关系的曲线，它反映出三极管的基本性能，是分析放大电路的基本依据。三极管在工作时，有三个电流 I_E、 I_C、 I_B 和三个电压 U_{CE}、 U_{CB}、 U_{BE}。但这六个量并非完全独立。考虑到 $I_E = I_B + I_C$， $U_{CE} = U_{CB} + U_{BE}$，所以，实际上只要了解四个量之间的关系就行了。通常把 I_C、 I_B、 U_{CE} 和 U_{BE} 四个量的关系曲线，称为共射极特性曲线[①]。

---

①　在以后的各章、节中 I、U 分别表示直流电流、电压值（含下角标为英文大写时），正弦电流、电压有效值，直流电流、电压增量值；当下角标为英文小写时，分别表示正弦电流、电压有效值；i、u 分别表示含有直流成分的电流和电压的瞬时值（即总量）。当 i、u 的下角标为英文大写时表示电流、电压的总瞬时值；其下角标为英文小写时表示电流、电压交流分量的瞬时值。

三极管特性曲线可以用晶体管图示仪直接描绘出来，也可以用图 2.14 所示的电路逐点进行测试。

（1）共射极连接时的输入特性曲线

$$I_B = f(U_{BE})\big|_{U_{CE}=常数} \qquad (2.6)$$

这是 I_B 与 B、E 极间电压 U_{BE} 的关系曲线（见图 2.16），此时，C、E 极之间的电压 U_{CE} 为参量。

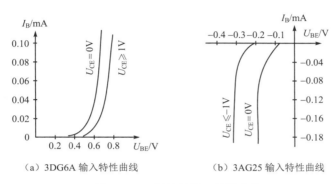

（a）3DG6A 输入特性曲线　　　　　（b）3AG25 输入特性曲线

图 2.16　三极管的输入特性曲线

输入特性曲线有如下特点。

①　当 $U_{CE}=0V$ 时，输入曲线与二极管伏安特性曲线形状一样。当 $U_{CE}\geqslant 1V$（$\leqslant -1V$）时，特性曲线向右（向左）移动了一段距离。这是由于集电极加了反向电压后对基极电流产生影响的结果。

②　存在死区。当 U_{BE} 达到或超过三极管的导通电压时，才会产生基极电流 I_B。

③　特性曲线是非线性的，U_{BE} 的微小变化将导致 I_B 的大幅度变化（这就意味着，应当通过直接控制 I_B 的变化来影响 I_C 的变化，而不应当先控制 U_{BE} 的变化，然后再使 I_B 变化，从而影响 I_C 的变化）。

④　I_B 在很宽范围内变动时，U_{BE} 变化很小，可近似认为是定值。一般地，硅管的 $U_{BE}=0.7V$，锗管的 $U_{BE}=0.3V$。

（2）共射极连接时的输出特性曲线

$$I_C = f(U_{CE})\big|_{I_B=常数} \qquad (2.7)$$

这是集电极电流 I_C 和 C、E 极间电压 U_{CE} 之间的关系曲线。此时，基极电流 I_B 为参量。

输出特性曲线有如下的特点。

①　当 $U_{CE}=0V$ 时，$I_C=0$，即曲线通过坐标原点。

②　当外加电压为某一数值 U_{CE} 时，若 $I_B=0$，则 $I_C=I_{CEO}\approx 0$，即在集电极电路中只有很小的穿透电流 I_{CEO} 通过。

③　若 $I_B=$ 常数，将 U_{CE} 从零开始增加。开始时，I_C 随 U_{CE} 迅速增加；当 U_{CE} 超过一定值（约 1V）后，I_C 不再随 U_{CE} 的增高而明显地增加，曲线趋于平坦。这说明，三极管具有恒流特性。

④　当基极电流 I_B 增加时，相应的 I_C 也增大，即曲线平坦部分向上移动，而且电流 I_C 比

I_B 增大的幅度大得多，这正是三极管的电流放大作用。

⑤ 根据输出特性曲线，可把三极管的工作状态分为三个区域，如图 2.17 所示。

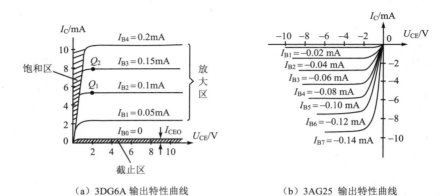

（a）3DG6A 输出特性曲线　　　　　（b）3AG25 输出特性曲线

图 2.17　三极管输出特性曲线

> 截止区。在 $I_B = 0$ 这条曲线以下的区域，称其为截止区。截止区的特点是，晶体管的发射结与集电结都处于零偏置或反向偏置状态。这相当于集电极与发射极之间断路，电流无放大作用。

> 饱和区。在图 2.14 中集电极接有电阻 R_C，如果 $I_B \uparrow \rightarrow I_C \uparrow \rightarrow I_C R_C \uparrow \rightarrow U_{CE} \downarrow$，当 U_{CE} 下降到 $U_{CE} < U_{BE}$ 时，则集电结处于正向偏置（基极电位高于集电极电位）。此后，如果 I_B 再增大，I_C 将增加很小，甚至不再增加。$I_C = \overline{\beta} I_B$ 的关系不再存在，出现了饱和现象，三极管失去放大作用。在特性曲线中，U_{CE} 很小，I_C 随 U_{CE} 增大接近直线上升部分的左侧（含该上升直线的邻近区）称为饱和区。一般规定，当 $U_{CE} < U_{BE}$ 时，认为三极管已经饱和，这时的 U_{CE} 称为饱和压降，记为 U_{CES}。

> 放大区。介于截止区与饱和区之间的区域称为放大区。该区内三极管具有电流放大作用，发射结正向偏置，集电结反向偏置，电流 I_B 对 I_C 有控制作用，满足 $\Delta I_C = \beta \cdot \Delta I_B$ 的关系。

晶体三极管在三种工作状态时，发射结与集电结的偏置情况及在电路中的等效作用，列于表 2.4 中，其具体分析及工作点的设置参见后面的有关章节。

表 2.4　晶体三极管的三种工作状态对比

工作区域 比较项目	放大区	饱和区	截止区
发射结	正偏	正偏	反偏
集电结	反偏	正偏	反偏
在电路中的等效作用	电阻（阻值随工作点而变）	开关（导通状态）	开关（关断状态）
应用范围	放大器	脉冲和数字电路	脉冲和数字电路

2.3.4　晶体三极管的主要参数

三极管的参数是用来表征管子各种性能和适用范围的物理量，是评价三极管优劣、合理选用三极管和设计、调整晶体管电路的基本依据。三极管有如下主要参数。

1．电流放大系数

共射极直流电流放大系数

$$\overline{\beta} = \frac{I_C}{I_B}\Bigg|_{U_{CE}=常数} \qquad （无信号输入） \qquad (2.8)$$

共射极交流电流放大系数

$$\beta = \frac{\Delta I_C}{\Delta I_B}\Bigg|_{U_{CE}=常数} \qquad （有信号输入） \qquad (2.9)$$

$\overline{\beta}$ 与 β 的定义是不同的，但当三极管工作频率不太高时，二者数值近似相等，因此常用 $\overline{\beta}$ 来代替 β。

交流电流放大系数是衡量三极管放大能力的重要指标。β 值太小，则电流放大能力差；β 值太大，则稳定性差。一般 β 值在 20～200 之间为宜。由于制造工艺上的困难，即使是同批生产的三极管，β 值也有很大差异，这也正是为什么晶体管名称的最后一位（即第五位）往往带有 A、B、C、D、E 等的原因。要想准确知道工作时的 β 值，只能通过仪器来测量。

2．极间反向电流

三极管的反向电流直接影响着晶体管电路的工作稳定性和高温下的工作性能，反向电流的大小反映了三极管的质量指标。在应用中需要考虑的反向电流有两个。

（1）集电极‐基极反向饱和电流 I_{CBO}

当发射结开路时，集电结的反向电流就是 I_{CBO}。在一定的温度下，I_{CBO} 基本上是个常数，因此又称做反向饱和电流。

I_{CBO} 的大小是在发射极开路时测定的。

I_{CBO} 受温度的影响很大，在室温下，小功率硅管的 I_{CBO} 值在 1 μA 以下；小功率锗管的 I_{CBO} 值在几微安（μA）至几十微安（μA）之间。

（2）集电极-发射极穿透电流 I_{CEO}

当基极开路时，集电极与发射极之间的反向电流，称做穿透电流 I_{CEO}。I_{CEO} 与 I_{CBO} 之间的关系为

$$I_{CEO} = (1 + \overline{\beta})\, I_{CBO} \qquad (2.10)$$

由于 I_{CBO} 受温度影响大，所以穿透电流 I_{CEO} 受温度的影响更大。显然 I_{CEO}、I_{CBO} 越小的管子其性能越稳定，硅管的温度稳定性比锗管好。

3．极限参数

极限参数表征使用时不宜超过的限度。

（1）集电极最大允许电流 I_{CM}

当三极管的 I_C 增加到一定数值时，放大系数 β 值将显著下降，一般把 β 值下降到正常值的 2/3 时的集电极电流称为集电极最大允许电流 I_{CM}。在使用中，I_C 超过 I_{CM} 并不一定会使管子损坏，但超过太多，则极可能烧坏管子。一般小功率管的 I_{CM} 约数十毫安，大功率管的 I_{CM} 则在数安以上。

（2）集电极-基极击穿电压 BU_{CBO}

这是指发射极开路时，集电极与基极间所能承受的最大反向电压。一般地，$BU_{CBO} >$

BU_{CEO}。

（3）集电极 - 发射极击穿电压 BU_{CEO}

这是指基极开路时，集电极与发射极间所能承受的最大反向电压。在实际工作中，一定要保证集电极电压 $U_{CE} < BU_{CEO}$，否则电路将无法工作，甚至烧坏管子。

（4）集电极最大允许功率损耗 P_{CM}

集电极功率损耗是指集电极电压 U_{CE} 和流经集电极的电流 I_C 的乘积，即

$$P_C = U_{CE} \cdot I_C \tag{2.11}$$

它是三极管内部电力消耗的表征。

功率损耗将引起管子发热、结温上升，最终将烧坏管子。我们将保证管子不被烧坏所能允许的功率损耗称为最大功率损耗 P_{CM}。在实际工作中，要求 $P_C \leqslant P_{CM}$。我国规定 $P_{CM} < 1W$ 的管子为小功率管，$P_{CM} \geqslant 1W$ 的管子为大功率管。

（5）特征频率 f_T

特征频率是指当晶体管在共射极运用时，其电流放大系数 β 下降为 1 时的频率。它表征晶体管具备电流放大能力的频率极限。

【例 2.1】 图 2.17（a）所示是 3DG6A 的输出特性曲线。

（1）从曲线上求 Q_1 点、Q_2 点的 $\overline{\beta}$ 值；

（2）由曲线上的 Q_1 点和 Q_2 点计算 β 值。

解：（1）在 Q_1 点处，$I_B = 0.1 \text{mA}$、$I_C = 5.4 \text{mA}$（近似）；在 Q_2 点处，$I_B = 0.15 \text{mA}$、$I_C = 8 \text{mA}$。由式（2.8）得

$$\overline{\beta}\Big|_{Q_1} = \frac{I_C}{I_B} = \frac{5.4}{0.1} = 54$$

$$\overline{\beta}\Big|_{Q_2} = \frac{I_C}{I_B} = \frac{8}{0.15} \approx 53$$

（2）由 Q_1 和 Q_2 两点得

$$\Delta I_C = 8 \text{mA} - 5.4 \text{mA} = 2.6 \text{mA}$$

$$\Delta I_B = 0.15 \text{mA} - 0.1 \text{mA} = 0.05 \text{mA}$$

由式（2.9）得

$$\beta = \frac{\Delta I_C}{\Delta I_B} = \frac{2.6}{0.05} = 52$$

【例 2.2】 在晶体管放大电路中，当 $I_B = 10 \mu\text{A}$ 时，测得 $I_C = 1.1 \text{mA}$；当 $I_B = 20 \mu\text{A}$ 时，测得 $I_C = 2.0 \text{mA}$。试求晶体管的电流放大系数 β、穿透电流 I_{CEO} 及集电结反向电流 I_{CBO}。

解：由式（2.5）知，$I_C = \overline{\beta} I_{B1} + I_{CEO}$，由此可列出方程组

$$\begin{cases} I_{C1} = \overline{\beta} I_{B1} + I_{CEO} \\ I_{C2} = \overline{\beta} I_{B2} + I_{CEO} \end{cases} \Rightarrow \begin{aligned} 1100 = 10\overline{\beta} + I_{CEO} \\ 2000 = 20\overline{\beta} + I_{CEO} \end{aligned}$$

解方程组得

$$\overline{\beta} = 90, \qquad I_{CEO} = 200 \mu\text{A}$$

由式（2.10）知，$I_{CEO} = (1 + \overline{\beta}) I_{CBO}$，由此可得

$$I_{CBO} = \frac{I_{CEO}}{1 + \overline{\beta}} = \frac{200}{1 + 90} \approx 2.2 (\mu A)$$

再求一下交流电流放大系数 β

$$\beta = \frac{\Delta I_C}{\Delta I_B} = \frac{2000 - 1100}{20 - 10} = \frac{900}{10} = 90$$

在本例中，$\overline{\beta} = \beta$，但二者经常不一定相等。一般情况下，晶体管的直流和交流电流放大系数 $\overline{\beta}$ 和 β 可不加以区别。

2.3.5　晶体三极管使用时的注意事项

（1）加到管子上的电压极性应正确。PNP 管子的发射极对其他两电极应是正电位（即集电极和基极对发射极均是负电位）；而 NPN 管子则应是负电位（即集电极和基极对发射极均是正电位）。

（2）不论静态、动态，还是瞬态（如电路在开启、关闭时），均需防止电流、电压超过最大极限值，也不得有两项或两项以上的参数同时达到极限值。

（3）工作于开关状态的晶体三极管（在脉冲和数字电路中常常是这样），因其 BU_{EBO} 一般较低，所以应考虑在其基极回路中是否加保护电路，以防止其发射结被击穿；如果其集电极负载为感性（当功率晶体管带动继电器去控制某个受控对象时，继电器的工作线圈就是感性负载），则必须加保护线路（如在线圈两端并联续流二极管），以防止线圈的反电动势损坏晶体管。

（4）晶体三极管的选用。此时所要考虑的问题，首先应是采用 PNP 管还是采用 NPN 管，是采用锗（Ge）管还是采用硅（Si）管。如无特殊要求，目前一般都愿意采用 NPN 型硅管（其原因是，硅管与锗管相比较，其参数较优越、工作稳定、较耐高温，价格也较便宜）。所要考虑的主要参数有：P_{CM}、I_{CM}、BU_{CEO}、BU_{EBO}、BU_{CBO}、I_{CEO}、β、f_T。对于三个击穿电压参数来说，BU_{EBO} 数值较低，需要满足要求，特别是当管子在开关电路中工作时更是这样；另外，由于 $BU_{CBO} > BU_{CEO}$，所以只要 BU_{CEO} 满足要求就可以了。当晶体管工作在高频时，一般要求 $f_T = (5 \sim 10) f$，f 为工作频率。当晶体管在开关电路工作时，则应考虑晶体管的开关参数。

（5）晶体管的替换。只要管子的基本参数相同就能替换，性能高的可以替换性能低的。对于低频小功率管，任何型号的高、低频小功率管（只要管子的基本参数相同）都可以替换它。只要 f_T 符合要求，一般就可以代替高频小功率管，$\beta > 20$ 即可。对低频大功率管，一般只要 P_{CM}、I_{CM}、BU_{CEO} 符合要求即可。此外，锗管和硅管一般不能互换。

（6）管子应避免靠近发热元件，减小温度变化和保证管壳散热良好。功率放大管在耗散功率较大时，应附加散热片。

 小知识

<table>
<tr><td align="center">晶体管的发明</td></tr>
</table>

　　晶体管的发明开创了电子技术的崭新时代，这对于电子学乃至整个科学技术都具有划时代的意义。这里简要介绍晶体管的发明历史，这对我们今天掌握晶体管的工作原理和使用晶体管是很有好处的。谈到晶体管的发明，就不能不提到美国著名的贝尔实验室（Bell

Laboratories）。1945 年，贝尔实验室的研究所所长（后来的总裁）凯里（M.J.Kelly）组建了固体物理研究小组，其目的是"获取新的知识，以便能够用于开发全新的、性能优良的元件及器件，用于通信系统"。其中最重要的目标之一是"力求开发一种固体放大器"。该小组中包括了理论和实验物理学家、一位物理化学家和一位电子工程师。与他们合作的还有在该实验室工作的一些冶金学家。这些科学家当时就已经熟知，对于金属和半导体的理论研究已经有许多学者进行过，其中有著名的学者肖克莱（W.B.Shockley）等。

1947 年 12 月，巴丁（J.Bardeen）和布拉顿（W.H.Brattain）进行了如下的实验：他们把两根相距很近的金丝探针置于锗晶体的表面上，发现在"集电极"探针处的电压输出（相对于锗基片）要比"发射极"探针处的输入信号大。他们立即意识到这正是他们要寻找的效应。他们将这只器件用于放大 1kHz 的音频信号，获得了 40 倍的功率增益和 100 倍的电流增益，从而做成了人类梦寐以求的第一个固体放大器（采用点接触型晶体管）。这就是世界上第一只点接触型晶体管发明的简要过程。但是这种晶体管性能不佳、增益低、带宽窄、噪声大，并且器件参数的分散性特大。

肖克莱认识到，此等问题是由金属触点引起的，他建议采用"结式晶体管"（junction transistor），并很快提出了其工作原理。这种新型的器件具有两种极性的载流子同时工作，是一种双极型器件。这两种载流子分别是"电子"（早为人们所熟知）和另一种"奇怪的粒子"（当时人们尚不了解）。测量表明，这种"奇怪的粒子"的极性与电子相反，因此它等价于正电荷。这种粒子被命名为"空穴"（holes）。之所以叫做"空穴"是因为它们代表了晶体中的这样一些位置，这些位置将需要由电子来占据，但目前暂缺。这种器件所施加的电压可以很低（几伏到十几伏），而电流密度却很大。

理论研究表明，为了制作这种晶体管，必须要有超高纯度的单晶材料。大约两年之后，贝尔实验室的学者就成功地制成了高纯锗，稍后又制成了高纯硅（纯度高达十亿分之一，即 10^{-9}），这就允许在其中掺入受控的杂质——"施主"原子（通常为五价元素，如砷 As、磷 P、锑 Sb 等）和"受主"原子（通常为三价元素，如硼 B、铝 Al、镓 Ga、铟 In 等），掺杂浓度仅为一亿分之一，即 10^{-8}。这样一来，对后世影响巨大的双极型晶体管终于诞生了。第一只生长结晶体管出现在 1950 年；合金结晶体管出现在 1951 年。在固体中的放大现象发现之后仅仅三年的 1951 年，晶体管就已经能够成批生产了。

早期从贝尔实验室（后称贝尔系统——Bell System）获得技术生产晶体管的美国公司有：西电公司（Western Electric）、美国无线电公司（RCA, Radio Corporation of America）、西屋电气公司（Westinghouse）和通用电气公司（General Electric）等。

用晶体三极管制成的放大器，其体积只有电子管的 1/200，功耗仅为电子管的 1/10～1/100，寿命却延长了 100～1000 倍，这在电子技术领域中实现了一次意义深远的革命。由于研制成晶体管的卓越贡献，肖克莱、巴丁和布拉顿共同荣获 1956 年的诺贝尔物理学奖。这是诺贝尔奖第一次授予发明一种工程器件的学者。

2.4　场效应晶体管

场效应晶体管（Field-Effect Transistor，FET）是继双极型晶体管之后发展起来的又一种新型半导体器件。它是利用输入电压产生的电场效应来控制输出电流而得名为"场效应晶体管"的。FET 只依靠自由电子或空穴中的一种多数载流子形成电流，所以是一种单极型半导体三极管。

场效应晶体管按结构不同可分为两大类：一类是结型 FET，简称 JFET（Junction FET）；另一类是绝缘栅型 FET，也叫"金属－氧化物－半导体"（Metal-Oxide-Semiconductor）绝缘栅场效应管，简称 MOS FET 或 MOS 管。MOS FET 在集成电路中，特别是在数字电路领域中有着重要而广泛的用途。MOS FET 分增强型和耗尽型两类，本节将着重介绍数字集成电路中常用到的增强型 MOS FET。

在晶体管发明之前，许多人曾研究过"场效应"现象。所谓场效应现象，是指在固体中由所施加的横向电场引起的其中导电率的变化。事实上，双极型晶体管是在研究场效应的过程中发明的。结型场效应晶体管是由肖克莱于 1951 年提出的，但是由于不能获得稳定的表面，所以早期制作此器件的尝试都失败了。随着平面技术的发明及用二氧化硅（SiO₂ ——玻璃，它是一种优质绝缘体）对表面进行钝化，以上问题得以解决。第一只 MOS FET 是由贝尔实验室的 Kahng 和 Atalla 于 1960 年宣布制作成功的。

2.4.1　增强型 MOS FET 的结构与工作原理

1. N 沟道增强型 MOS FET

N 沟道增强型 MOS FET 的结构示意图如图 2.18 所示。其中源区（N^+ 代表 N 型高浓度掺杂区，为了增加导电性）用来提供载流子，引出管脚称为源极 S (Source)（相当于发射极）；漏区（N^+）用来吸收载流子，引出管脚称为漏极 D (Drain)（相当于集电极）；在源区和漏区之间形成绝缘栅，引出管脚称为栅极 G (Gate)（相当于基极）。

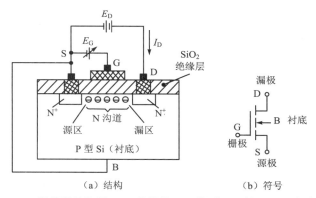

（a）结构　　　　　　　　（b）符号

图 2.18　增强型绝缘栅 FET 的结构、工作原理及符号（N 沟道）

二氧化硅（SiO₂）是良好的绝缘层，除了保护管芯不受外面侵袭之外，还有一个重要的作用，就是在其上用蒸发工艺做出一层金属（常为铝）栅，以便从外面加上电场控制其下方的导电沟道的形成。"金属－氧化物－半导体"（英文简称 MOS）的名称正是由此结构得来的。

为使 MOS 管导通，必须外加适当的偏置电压。图中 E_G 和 E_D 分别称为栅极偏置电压和漏极电源电压。当 $E_D>0$ 而 $E_G=0$ 时，绝缘栅内无电场，漏-源极之间的电流几乎为零，MOS 管处于截止状态。此时，两个 PN 结之间的空间电荷区没有形成任何导电通道。

当 $E_D>0$，$E_G>0$ 且足够大时（即 $E_G>U_T$，U_T = 阈值电压），绝缘栅内形成电场，根据"同性相斥，异性相吸"的原理，此电场排斥 P 型衬底中的空穴而吸引衬底中的自由电子，使得绝缘层和 P 型衬底交界面附近积累较多的电子，形成一个 N 型的薄层。因为它的导电类型与 P 型衬底相反，故称为反型层。反型层在绝缘栅下面将 N 型源区和 N 型漏区连通，此电流通道称为沟道。由于这个沟道是 N 型的，所以称做 N 沟道。在漏极电压 U_{DS} 作用下，形成了由漏极向源极的电流，称其为漏极电流 I_D。这种靠自由电子构成导电沟道的 MOS 管，称为 N 沟道 MOS FET。又由于这种管子在 $E_G=0$ 时截止，只有待栅极电压增强到 $E_G>0$ 且 $E_G \geqslant U_T$ 时，MOS 管才导通，所以称为增强型 MOS 管。

N 沟道增强型 MOS 管的符号如图 2.18（b）所示。图中左侧垂线表示栅极，栅极引线的位置可识别源极和漏极；右侧的垂线表示沟道，用断续线表示 $E_G=0$ 时不存在沟道；衬底（B）上的箭头方向表示衬底和源极、漏极之间 PN 结的正方向（即由 P 指向 N），也隐含着指明沟道的导电类型，即箭头向里表示 N 沟道，箭头向外表示 P 沟道。

2. P 沟道增强型 MOS FET

此种管子的管芯结构与 N 沟道类似，只是衬底、源区和漏区的导电类型，以及所加偏置电压的极性都相应地与 N 沟道的相反，其结构、工作原理及符号如图 2.19 所示，这里不再赘述。

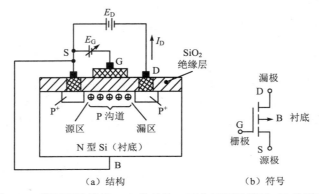

（a）结构　　　　　　　　　　　　（b）符号

图 2.19　增强型绝缘栅 FET 的结构、工作原理及符号（P 沟道）

3. N 沟道增强型 MOS FET 的伏安特性

该 MOS FET 的外加电源的连接法见图 2.18（a）。

（1）I_D-U_{GS} 特性（转移特性）

转移特性曲线如图 2.20（a）所示，该曲线是在 U_{DS} 为某一个固定值的条件下测出的。当 U_{GS} 为负值或小于阈值电压 U_T 时，导电沟道没有形成，$I_D \approx 0$。当 $U_{GS}=U_T$ 时，开始形成沟道；当 U_{GS} 上升时，导电沟道就变宽（得到增强），I_D 也就变大。由于上述原因，所以器件被称为增强型。

（2）I_D-U_{DS} 特性（漏极特性）

漏极特性曲线如图 2.20（b）所示。当 $U_{GS}>U_T$ 时，管子形成导电沟道。若 $U_{DS}=0$，源-漏之间无电压，沟道中无电场的作用，电子无定向运动，即 $I_D=0$，这就是这些曲线通过原点的原因。当 U_{DS} 为正值时，沟道中有电场，电子产生定向运动，成为 I_D。因为电子运动（漂移）速度与电场强度 E 成正比，而 E 又与 U_{DS} 成正比，所以 I_D 将随 U_{DS} 的增加而增加。当 U_{DS} 增加到某一最大值时（$U_{DS}=U_{GS}-U_T$），由于内部形成沟道的特殊机理的作用，再增加 U_{DS} 时，I_D 基本恒定，且不随 U_{DS} 的增加而增加，这就是漏极电流 I_D 的饱和区。

对于不同的 U_{GS} 值，沟道宽度不同，I_D 也不同，所以形成一组特性曲线。

N 沟道增强型 MOS FET 的伏安特性总结如下。

① 在 $U_{GS}>U_T$ 的范围内，I_D 受 U_{GS} 控制，属于电压控制型。

② 当 $U_{GS}<U_T$（含 $U_{GS}\leqslant 0$）时，$I_D=0$。

③ 栅极中不流过电流，即 $I_G=0$，因为栅极与衬底、源极和漏极之间是绝缘的。

④ 当 $U_{DS} \geqslant U_{GS} - U_T$ 时，I_D 与 U_{DS} 基本无关。

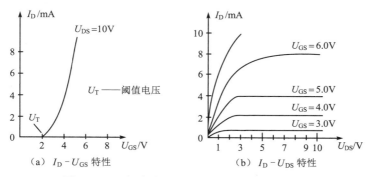

（a）I_D-U_{GS} 特性　　　　　（b）I_D-U_{DS} 特性

图 2.20　N 沟道增强型 MOS FET 的伏安特性

4．其他类型的 FET

绝缘栅 MOS FET 除了用 P 型衬底、N 沟道之外，还可以用 N 型衬底、P 沟道，而且分为增强型和耗尽型。它们的工作原理和前面讲述的完全相同，只不过电源和信号电压的极性要更换。除此之外，还有结型 FET。各种场效应管的分类特性曲线见表 2.5。

表 2.5　场效应晶体三极管的分类特性曲线

结构类型		工作方式	符　号	电压极性		输出特性曲线（I_{DS}-U_{DS} 伏安特性）	转移特性曲线（I_{DS}-U_{GS} 伏安特性）
				U_{GS}	U_{DS}		
结型	N沟道	耗尽型		−	+		
	P沟道			+	−		
MOS型	P沟道	增强型		−	−		
		耗尽型		+、0或−	−		

结构类型	工作方式	符　号	电压极性		输出特性曲线 （I_{DS}-U_{DS} 伏安特性）	转移特性曲线 （I_{DS}-U_{GS} 伏安特性）
			U_{GS}	U_{DS}		
MOS 型	N 沟道	增强型	+	+	（图，$U_{GS}=U_T$，+6V +5V +4V +3V）	（图，U_T——阈值电压）
		耗尽型	一、0 或 +	+	（图，$U_{GS}=U_P$，3V 2V 1V 0V −1V）	（图，U_P——夹断电压）

注：MOS 型右侧符号为简化符号。

2.4.2　场效应晶体管的主要参数

1．直流参数

（1）阈值电压 U_T（Threshold Voltage）（也叫"开启电压"）

在 U_{DS} 为定值的条件下，MOS 管开始导通（开始有电流 I_D）时的栅源电压 U_{GS}。它适用于增强型 MOS FET。

（2）夹断电压 U_P（Pinch-off Voltage）

在 U_{DS} 为定值的条件下，使 I_D 等于一个微小电流（如 1μA、10μA）时，栅极上所加的偏压 U_{GS} 就是夹断电压 U_P。此参数用于结型 FET 和耗尽型 MOS FET。

（3）饱和漏电流 I_{DSS}

在 $U_{GS}=0$ 时，当 $U_{DS}>|U_P|$ 时的沟道电流称为 I_{DSS}。它适合于耗尽型 MOS FET。

（4）直流输入电阻 R_{GS}

栅源之间所加电压与其流过的栅极电流之比。绝缘栅 MOS FET 的 R_{GS} 比结型 FET 大得多，其阻值可高达 $10^{10}\Omega$。

（5）漏-源击穿电压 BU_{DS}

在增加 U_{DS} 的过程中，使 I_D 开始剧增的 U_{DS} 称为漏源击穿电压 BU_{DS}。

（6）栅-源击穿电压 BU_{GS}

➢ 对于结型 FET，反向饱和电流急剧增加时的 U_{GS}，即为栅源击穿电压 BU_{GS}。

➢ 对于绝缘栅 MOS FET，BU_{GS} 是使 SiO₂ 绝缘层击穿时的电压。击穿后会造成短路现象，使管子损坏。

 注意

对于绝缘栅 MOS FET 来说，由于它的输入电阻很大（$10^{10}\Omega$），使得栅极的感应电荷不易释放，而且由于 SiO₂ 薄膜很薄（约为 100nm，即 10^{-7}m），栅极和衬底间的电容量很小，而小容量的电容只要感应少量电荷即可产生高压。所以，虽然 BU_{GS} 的数值可达几十伏，但当绝缘栅 MOS FET 保存或使用不当时，却极易造成管子击穿。这样的事例太多了！有人试图用万用表的欧姆挡测量绝缘栅 MOS FET 的输入电阻，竟没有一个合格的！原来，这种测量方法极不合理，"测一个，坏一个"！

为了避免出现上述事故，关键在于避免栅极悬空，因此在栅-源两极之间必须绝对保持直流通路。储存时，应该使三个电极（D、G、S）短接。在电路中，栅源极间应有直流通路。在焊接时，电烙铁要良好接地（用三芯插头）或者拔下烙铁的电源，避免烙铁因漏电而将管子击穿。在取用时，手腕上最好套上一个接大地的金属箍。

随着科技的进步，在目前新型的 MOS 管中，在其器件内部的绝缘栅和源极之间接了一只齐纳二极管作为保护装置，这样，无论在储存、焊接和使用时，不需要外部短接引线就能保护器件不致因静电感应及电路内部的瞬变过程而造成损坏，给使用者带来方便。

（7）最大允许漏极耗散功率 P_{DM}

FET 导通时，耗散功率 $P_D = U_{DS} \cdot I_D$，其最大允许值称为最大允许漏极耗散功率 P_{DM}。

2. 交流参数（微变参数）

（1）低频跨导 g_m

在 U_{DS} 为固定值的条件下，漏极电流 I_D 的微变量 ΔI_D 和引起这个变化的栅-源电压 U_{GS} 的微变量 ΔU_{GS} 之比，称为跨导。即

$$g_m = \frac{\Delta I_D}{\Delta U_{GS}}\bigg|_{U_{DS}=常数} \tag{2.12}$$

g_m 表征着栅-源电压 U_{GS} 对于漏极电流 I_D 控制能力的大小，也是衡量 FET 器件放大作用的重要参数，单位为 mA/V。此参数可以从转移特性上求得。需要指出的是，g_m 的大小和工作点有关，I_D 越大，g_m 也越大。

（2）输出电阻 r_d

$$r_d = \frac{\Delta U_{DS}}{\Delta I_D}\bigg|_{U_{GS}=常数} \tag{2.13}$$

输出电阻 r_d 说明了 U_{DS} 对 I_D 的影响，是输出特性某一点切线斜率的倒数。在恒流区，I_D 几乎不随 U_{DS} 的变化而变化，所以 r_d 的数值很大，一般在几十千欧到几百千欧之间。

（3）极间电容

三个电极之间存在着极间电容：栅-源电容 C_{GS}、栅-漏电容 C_{GD} 和漏-源电容 C_{DS}。C_{GS} 和 C_{GD} 的值在 1～3pF 之间，C_{DS} 在 0.1～1pF 之间。

（4）低频噪声系数 NF

噪声是由管子内部载流子运动的不规则性引起的。由于它的存在，就使一个放大器即便在没有输入信号时，在其输出端也会出现不规则的电压或电流变化。噪声性能的大小用噪声系数 NF 来表示，单位为分贝（dB）。这个数值越小，表示噪声越小。低频噪声系数是在低频范围内测出的噪声系数。FET 的 NF 约为几个分贝，它比双极型三极管的要小。

2.4.3　场效应晶体管与双极型晶体管的比较

表 2.6 列出了场效应晶体管（FET）与双极型晶体管的比较。

表 2.6　FET 与双极型三极管的比较

比较项目　　管子类型	场效应管（结型、MOS 型）	双极型晶体三极管
导电特点	仅利用多数载流子工作，称其为"单极型器件"	既利用多数载流子，又利用少数载流子工作，称其为"双极型器件"
控制方式	电压控制型	电流控制型
导电类型	N 沟道、P 沟道两类	NPN、PNP 两类
放大参数	跨导 $g_m = 1 \sim 5\text{mA/V}$	$\beta = 50 \sim 200$
输入电阻	很大（$10^8 \sim 10^{12}\Omega$）	小（$10^2 \sim 10^4\Omega$）
噪声	较小	较大
功耗	小（可以很小）	大（不容易很小）
热稳定性	好	差
辐射稳定性	好	差
集成化的难易程度	容易。尤其是 MOS FET，单个元件可以做得极小，因此特别适合于制造大规模及超大规模集成电路	难。因为单个元件所占用的空间较大，所以难以制造集成度高的器件，制造大规模及超大规模集成电路更不可能
制造工艺	简单、成本低	较复杂、成本高

2.5　发光二极管和光耦合器

2.5.1　发光二极管

1．概述

发光二极管（英文为 Light Emission Diode，LED）是电子设备和计算机中常用的指示器件。由于 LED 体积小、工作电压低、工作电流小、发光均匀稳定及寿命长等优点，所以广泛应用于各种电子设备中做指示灯，还可以组合起来做大屏幕显示、快速光源等。

LED 能把电能直接快速地转换成光能，它属于主动发光器件（这与液晶显示器 LCD 这种被动发光器件是不同的）。LED 是用磷化镓（GaP）、磷砷化镓（GaAsP）等材料，经半导体工艺加工而成的。当给它的 PN 结注入一定的正向电流时，它就会发光。发光颜色分别有红、绿、黄、橙等。

LED 的管芯很小，在管芯外面用环氧树脂等透明材料封装，可做成圆形、方形等多种形状和尺寸。

LED 的基本应用电路如图 2.21 所示。图中 E 为电源电压；U_F 为正向工作电压；I_F 为工作电流。

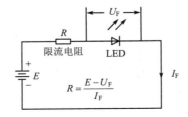

图 2.21　LED 的基本应用电路

LED 在使用时，应注意如下 3 点。

① 正向驱动 LED 发光。交流、直流、脉冲电流均可点亮 LED，交流点亮时，平均电压要低于管子的直流工作电压。反向电压驱动不能点亮管子。

② 发光亮度近似与电流成正比，但电流不能超过极限电流值。

③ 焊接时应用镊子夹住管脚以散热，且不能扳动管脚。用 25W 电烙铁焊接的时间以 1～4s 为宜。

2．主要参数

- 极限功耗 P_M，单位 mW。一般为 50mW。
- 极限工作电流（最大正向电流）I_{FM}，单位 mA。一般不超过 50mA。
- 正向工作电压（正向压降）U_F，单位 V。它与所使用的半导体材料有关，一般在 1.5～2.3V 之间。
- 反向耐压 U_R，单位 V。一般不低于 5V。
- 反向漏电流 I_R，单位 μA。一般不超过 50μA。
- 输出电容 C_O，单位 pF。一般不超过 100pF。

表 2.7 给出了部分常用的 2EF 系列 LED 的主要参数。

表 2.7　部分常用的 2EF 系列 LED 的主要参数

型　号	工作电流	正向电压	最大工作电流	反向耐压	发光颜色
	I_F(mA)	U_F(V)	I_{FM}(mA)	U_R(V)	
2EF401 2EF402	10	1.7	50	≥7	红
2EF411 2EF412	10	1.7	30	≥7	红
2EF441	10	1.7	40	≥7	红
2EF501 2EF502	10	1.7	40	≥7	红
2EF551	10	2	50	≥7	黄绿
2EF601 2EF602	10	2	40	≥7	黄绿
2EF641	10	2	50	≥7	红
2EF811 2EF812	10	2	40	≥7	红
2EF841	10	2	30	≥7	黄

2.5.2　光耦合器

1．概述

光耦合器（Optical Coupler，OC）也叫光电隔离器，简称"光耦"。光耦合器以光为媒介传输电信号，对输入/输出信号具有良好的隔离作用，是近年发展起来的一种新型光电器件。它由三部分组成：光的发射、光的接收及信号放大。输入的电信号驱动 LED（发光二极管），使之发出一定波长的光（通常为红外光）。该光被光检测接收器接收而产生电流，再经过进一步放大后输出。这就完成了电-光-电的转换，从而起到输入/输出之间的隔离作用。由于光耦合器的输入/输出之间互相隔离，电信号传输具有单向性的特点，因而具有良好的电绝缘能力和抗干扰能力。又由于光耦合器输入端属于电流型工作的低阻元件，因而具有很强的共模抑制能力（所谓"共模抑制能力"，是指当输入的两条信号线上具有同样形式的干扰信号——"共模信号"时，电路对它的抑制能力）。所以，光耦合器主要用在当计算机与外界发生信号联系时（如计算机用于工业过程控制时），将计算机主机与外围接口电路的电气连接部分隔离开来，借以提高机器的抗干扰能力。光耦合器也可以用于远程信息传输和计算机远程数字通信中。

光耦合器的主要优点是：信号单向传输、输入/输出端之间完全实现了电气隔离、输出信号对输入端无影响、抗干扰能力强、工作稳定、无机械触点、使用寿命长、效率高等。光耦合器是在 20 世纪 70 年代发展起来的新型器件，在光耦合器发明之前，人们曾采用电磁继电器或变压器来完成两个系统之间、主机与外围设备之间、计算机系统与工业现场之间的电气隔离工作。但是继电器（或变压器）体积大、耗电多、工作不可靠、成本也较高。但自从发明了光耦合器后，这种"电气隔离"的难题得到了完满的解决，因此，光耦合器获得了非常广泛的应用。

2．光耦合器的工作原理

光耦合器可以看做一个电路。图 2.22 示出了光耦合器的两个例子。每个单元均由发光二极管（LED）和某种类型的光敏器件组成，光敏器件有光敏二极管（见图 2.22（a））或光敏三极管（见图 2.22（b））两种形式。在每种情况下，其基本思想是不用直接与输出晶体管进行电气连接，即可将输入信号从输入端传送到输出端。

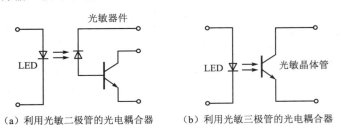

（a）利用光敏二极管的光电耦合器　　　　（b）利用光敏三极管的光电耦合器

图 2.22　光耦合器的工作原理

光耦合器的工作原理是：用于传递信号的光耦发光器件为 LED，当有电流通过 LED 时，便形成一个光源，该光源照射到光敏器件（光敏二极管或三极管）的表面时，使其产生集电极电流。该电流的大小与光照的强弱，亦即流过 LED 的电流大小成正比（如果做得好的话）。从 LED 到输出晶体管的唯一连接是光束（通常是红外光）。光源和受光器（光敏晶体管）均在一个封装内实现。由于将光源用做耦合介质，所以在 LED 的驱动线和光敏晶体管的输入线之间，就不必要有电的连接。发光管（LED）和光敏管之间的耦合电容很小（约 2pF），耐压高（1.5～2.5kV），所以共模抑制比很高。此外，因其输入电阻小（LED 的正向导通电阻约几十欧姆），对高内阻的噪声源相当于被短路，这也是其具有高抗干扰能力的重要原因之一。

事实上，光耦合器是一种由光电控制的电流转移器件。其输出特性与普通双极型晶体管的输出特性相似，因而可以将其作为普通放大器直接构成模拟放大电路；其输入特性则相当于二极管的正向输入特性。

光耦合器的传统应用是对计算机与受控对象之间的开关量（即脉冲与数字信号）进行电隔离，以提高系统的抗干扰能力。但是近年来问世的线性光耦合器能够传输连续变化的模拟信号（电流或电压），从而使其应用领域大大地扩展了（即除了隔离开关型信号以外，还可以用来隔离模拟信号）。例如，美国 CLARE 公司推出的 LOC110 就是著名的线性光耦合器的典型代表。

3．光电耦合器的主要参数

（1）LED 的正向压降 $U_F(V)$（当 I_F 为一定值，例如 $I_F = 10mA$ 时）。

（2）LED 的正向电流 $I_F(mA)$。

（3）电流传输比 CTR (%)（当 I_F 为一定值，例如 $I_F = 10mA$ 时）。

（4）输入级与输出级之间的击穿电压 $U_{ISO}(V)$。

（5）集电极-发射极反向击穿电压 $BU_{CEO}(V)$。

（6）集电极-发射极饱和压降 $U_{CES}(V)$。

（7）上升/下降时间（传送数字信号时）t_r / t_f（μs）。

（8）输出功耗 P_O（mW）。

这里，我们来解释一下电流传输比（CTR）这一最重要的参数，其他参数不言自明。电流传输比 CTR（Current Transfer Ratio）通常由直流电流传输比来表示。当输出电压保持恒定时，它等于输出电流 I_C 与直流输入电流 I_F 的百分比，即

$$CTR = \frac{I_C}{I_F} \times 100\%$$

采用一只光敏三极管的光耦（如 4N26），其 CTR = 20%～30%；而采用达林顿输出管（即复合管）的光耦（如 4N30），其 CTR 可达 100%～500%。CTR 这个参数与晶体管的共射极直流电流放大系数 $\overline{\beta}$ 有某种相似之处。一般来说，CTR 数值较大者为佳。表 2.8 示出了常见的通用光耦合器的主要参数。

表 2.8　常见的通用光耦合器的主要参数

型　号	结　构	正向压降 U_F (V)	反向击穿电压 $BU_{CEO}(V)$	饱和压降 $U_{CES}(V)$	电流传输比 CTR(%)	输入输出间绝缘电压 $U_{ISO}(V)$	上升 / 下降时间 t_r/t_f（μs）
TIL112	晶体管输出，单光耦合器(有基极引线)	1.5	20	0.5	2.0	1500	2.0
TIL114		1.4	30	0.4	8.0	2500	5.0
TIL124		1.4	30	0.4	10	5000	2.0
TIL116		1.5	30	0.4	20	2500	5.0
TIL117		1.4	30	0.4	50	2500	5.0
4N27		1.5	30	0.5	10	1500	2.0
4N26		1.5	30	0.5	20	1500	0.8
4N35		1.5	30	0.3	30	3500	4.0
TIL118	晶体管输出（无基极引线）	1.5	20	0.5	10	1500	2.0

4．光耦合器的结构及封装

常见的光耦合器的结构如图 2.23 所示；其封装形式如图 2.24 所示，一般为双列直插式封装（DIP）。

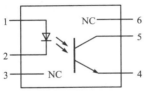
（a）单管光耦合器（无基极引出脚）

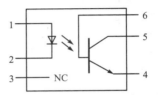
（b）单管光耦合器（有基极引出脚）

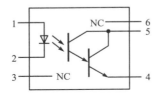
（c）复合管输出（达林顿管）
（无基极引出脚）

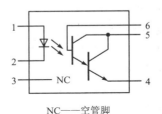
NC——空管脚

（d）复合管输出（达林顿管）
（有基极引出脚）

图 2.23　常见的光耦合器的结构

　　有基极引出脚的光耦合器与无基极引出脚的光耦合器相比，使用起来更灵活，性能更好，动作速度也更快。复合管输出（达林顿管）的光耦合器的主要优点是其电流传输比 CTR 高；其基极有无引出脚的性能差别与单管输出的光耦合器相同。

图 2.24　常见的光耦合器的封装形式

本章要点

　　1．电子电路是由各种各样的元件（电阻、电容、电感、互感）和器件（二极管、三极管、集成电路等）组成的。

　　2．根据导电的程度（电阻率 ρ 或电导率 σ），物质可分为导体、绝缘体和半导体。半导体按导电类型可分为 N 型半导体和 P 型半导体。

　　3．PN 结的最基本性质是单向导电性。PN 结是晶体二极管的基本结构，也是一般半导体器件的核心。

　　4．晶体二极管是具有单向导电性的典型器件，也可以看做一个"非线性电阻"。它正向导通（正向电阻很小，几十欧），反向截止（反向电阻很大，几百千欧以上）。它可做整流、检波之用。

　　5．晶体管可分为双极型和场效应型。双极型有 NPN、PNP 两大类。场效应型分结型和 MOS 型。MOS 型又分为增强型和耗尽型，结型皆为耗尽型。每种又分 N 沟道和 P 沟道。

　　6．双极型晶体管是电流控制型器件，而场效应晶体管则是电压控制型器件。晶体管的基本特性是具有放大作用（对电流或对电压）。

　　7．对双极型晶体管来说，表征放大能力的基本参数，是共射极的电流放大系数 β（或 $\bar{\beta}$）

$$\beta = \frac{\Delta I_C}{\Delta I_B}\bigg|_{U_{CE}=常数} \qquad \left(\bar{\beta} = \frac{I_C}{I_B}\bigg|_{U_{CE}=常数}\right)$$

8. 对场效应晶体管来说，表征放大能力的基本参数，是跨导 g_{m}，

$$g_{\mathrm{m}} = \frac{\Delta I_{\mathrm{D}}}{\Delta U_{\mathrm{GS}}}\bigg|_{U_{\mathrm{DS}}=\,\text{常数}}$$

9. 发光二极管是一种常用的指示器件，当正向通过额定电流时，它就发光（反向不导通，也不可能发光）。发光颜色有红、黄、橙、绿等。

10. 光耦合器（光电隔离器）是一种常用的电隔离器件。它的输入端和输出端之间是电隔离的，信号的传递是靠封装在管壳内的、半导体芯片中的光（可以是可见光，也可以是红外光）来传递的，因此它具有一系列难以替代的优点。

思考与习题

（一）自我测验题

将 A 列中的每个表述与 B 列中的最相关的意义或表述适配起来（注意：A 列中的某些项可能有不止一个答案）。

A 列

1. PN 结的最基本的特性是
2. 晶体二极管的特点是
3. 晶体三极管的特点是
4. 场效应晶体管是
5. 双极型晶体管是
6. 光耦合器的作用是使
7. 双极型晶体三极管的三个电极是
8. 场效应晶体管的三个电极是

B 列

a. 输入端和输出端之间进行电隔离
b. 电流放大作用
c. 电压放大作用
d. 单向导电性
e. 电流控制型器件
f. 电压控制型器件
g. 非线性元件（电阻）
h. 基极（B）、发射极（E）、集电极（C）
i. 栅极（G）、源极（S）、漏极（D）
j. 整流作用

（二）判断题（答案仅需给出"是"或"否"）

1. 二极管仅能通过直流，不能通过交流。

2. 场效应三极管是通过对其栅极进行电压控制而放大输入信号的。

3. 晶体三极管是通过对其基极进行电流控制而放大输入信号的。

4. 每个二极管就是一个 PN 结，因此将两只二极管做适当连接，就可形成 NPN 和 PNP 两种晶体三极管，并且有放大作用。

5. 整流就是将交变电流变成单方向的电流。

6. 二极管是二端器件，三极管是三端器件。

7. 三极管可以放大能量。

（三）综合题

1. 在图 2.25 电路中，VD_1、VD_2、VD_3 是性能完全一样的二极管，试分析各管是导通还是截止（分别对 Si 管和 Ge 管进行分析）。

2. 由理想二极管组成的幅度选择电路如图 2.26 所示。试确定电路的输出电压 U_0。

3. 判断图 2.27 中二极管 VD_1 和 VD_2 的状态，并计算电压 U_0 的数值。

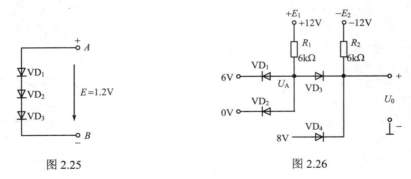

图 2.25   图 2.26

4．图 2.28 给出了小功率 NPN 型硅高频三极管 3DG4 的输出特性曲线。试求 Q_1 点和 Q_2 点处的共射极直流电流放大系数 $\overline{\beta}_{Q_1}$ 和 $\overline{\beta}_{Q_2}$，并求 Q_1、Q_2 点附近的共射极交流电流放大系数 β。

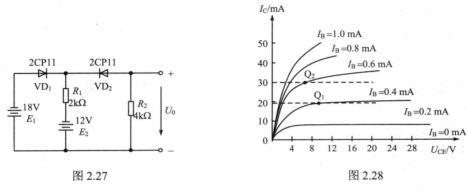

图 2.27   图 2.28

5．图 2.29 给出了某一增强型 MOS FET 的转移特性曲线，试从图上求 Q_1 点处的跨导 g_m（注：图中已给出了 Q_1 点处的跨导三角形）。

6．图 2.30 所示是一个光耦合器的实用连接电路。按照所给参数，当开关 S 闭合时，输入端的发光二极管电路可以正常工作。试求开关闭合和断开时，输出电压 U_0 的值（输出光敏三极管的集-射极饱和压降可以认为近似等于 0V）。

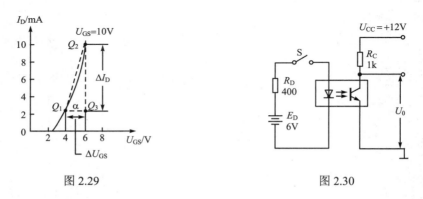

图 2.29   图 2.30

2.6   实验

电子技术是一门建立在实验基础之上的技术科学，它的一切理论都直接或间接地来源于实践。因此，学习电子电路，必须理论和实践并重。光学理论，不亲自动手做实验，是不可能学好电子技术这门课的。

　　本章所安排的实验，是属于基础性器件的实验：二极管、三极管和光耦合器的一般性能的判断和特性测试。这些实验对于进一步理解和掌握本章所学内容和今后的继续学习，都有重要的意义，希望同学们能够给予足够的重视。

　　考虑到万用表是一种极其普通的、经常必备的、物美价廉的仪表，利用它不仅可以完成常规的测量（如电路的通断、电压的有无和大小、电流的有无和大小、电阻的大小等），除此之外，在电子技术中如能巧妙地利用它，还可以完成许多其他类型的测量（有时虽然并不那么精密准确，但的确很实用）。因此，在下面三个实验中，详细地介绍了使用万用表进行测量的许多很有价值的方法，请同学们很好地掌握。

2.6.1　二极管的特性测试

【实验目的】

（1）用万用表测量二极管的好坏、极性及判断管子类型。

（2）测试二极管的伏安特性曲线，加深对二极管特性的理解。

（3）熟悉 JT-1 型图示仪的使用方法。

【实验原理】

1．基本原理

（1）用万用表测量二极管的基本原理

　　晶体二极管是具有明显单向导电性（或非线性伏安特性）的半导体两极器件。由于 PN 结具有单向导电性，所以各种晶体二极管的测量方法基本上是一样的。

　　一般地，小功率锗（Ge）二极管的正向电阻值为 $300\sim500\Omega$，而硅（Si）二极管的正向电阻值约为 $1k\Omega$ 或更大些。锗二极管的反向电阻值约为几十千欧，而硅二极管的反向电阻则在 $500k\Omega$ 以上（大功率二极管的数值要小得多）。总之，正反向电阻的差值越大越好。

　　根据二极管"正向电阻小、反向电阻大"的特点，可判断二极管的极性、好坏和类型（是 Ge 管还是 Si 管）。

（2）二极管好坏和极性判断

　　万用表是从事电气和电子技术工作的人们经常用到的普通测量仪器，它物美价廉，功能多样，很受人们的欢迎。测量普通二极管的好坏可以用指针式万用表的电阻挡来测量，具体方法如下：

　　把万用表拨在欧姆挡（一般用 $R\times100$ 或 $R\times1k$ 挡，不要用 $R\times1$ 挡或 $R\times10\,k$ 挡。这是因为使用 $R\times1$ 挡时电流太大，容易烧坏管子；而 $R\times10\,k$ 挡使用的电压太高，一般为 9V，有的为 15V，如 MF47 型万用表，可能击穿管子），用红表笔（正表笔）接二极管的一端，用黑表笔（负表笔）接二极管的另一端，然后看一下万用表指针停留的位置，记下此时的电阻值；接着，将二极管调个头，再和万用表的两个表笔相接，看一下阻值并加以记录。两次实验中如果一次阻值大，一次阻值小，则说明二极管具有单向导电性，二极管基本上是好的（两次所测出的阻值相差越大，说明二极管性能越好）。此时，对二极管的极性可以这样来判断：显示阻值小的一次与黑表笔（负表笔）所接的一端即是二极管的正极（阳极），另一端则是负极（阴极）。如果两次测量时万用表的指针都摆动得特别大（说明阻值特别小），或者特别小（说明阻值特别大），则说明二极管是坏的。前者是击穿的，后者是断路的。

（3）二极管类型（是锗管还是硅管）判断

　　判断二极管是锗管还是硅管是根据其正向电阻的大小进行的。通常，锗管的正向电阻比硅管的要小。在上述测量中，两次测量所得的电阻小的是正向电阻。如果用万用表 $R \times 100$ 挡所测得二极管的正向电阻在 500Ω～1kΩ 之间，则此二极管应当是锗二极管；如果所测得二极管的正向电阻在几千欧至几十千欧之间，则这只二极管是硅二极管。

（4）晶体二极管的伏安特性（见教材的有关部分）

2．实验线路

（1）用逐点法测量 2AP 二极管正、反向伏安特性的线路，如图 2.31 所示。

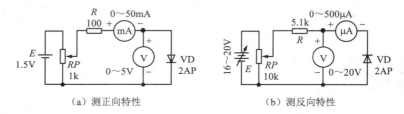

（a）测正向特性　　　　　　　　（b）测反向特性

图 2.31　用逐点法测量 2AP 二极管伏安特性的线路

（2）用 JT-1 型图示仪测试二极管伏安特性的接线法，如图 2.32 所示。

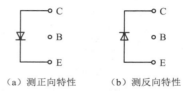

（a）测正向特性　　　（b）测反向特性

图 2.32　用图示仪测试二极管伏安特性接线法

【实验器具】

万用表，JT-1 型晶体管特性图示仪，直流电流表（0～50mA、0～500μA 各一块），直流电压表（0～5V、0～20V 各一块），直流稳压电源（0～20V），二极管（2AP、2CP、2CK 各若干只），电阻（100Ω、5.1kΩ 各一只），电位器（1kΩ、10kΩ 各一只）。

【实验内容与方法】

1．用万用表对二极管进行测量

根据以上"基本原理"中的（1）、（2）和（3）所讲的内容，使用万用表对二极管的好坏、极性、类型（锗管或硅管）进行测量和判断。在进行此项实验时，应选择各种类型的二极管（如 2AP、2AK、2CP、2CK、2CZ 等各若干只，具体要求由教师灵活掌握）分别进行测量，以便获得尽可能多的感性知识和经验。

2．用逐点测量法测 2AP 二极管伏安特性

（1）按图 2.31 接好实验线路。

（2）测正向特性。接通直流稳压电源，调节 RP 阻值，使直流电压表的读数按表 2.9 所列数据逐渐增大，并将直流电流表的相应读数记录在表 2.9 中。

表 2.9　逐点测量二极管正向伏安特性

正向电压（V）	0.1	0.2	0.3	0.4	0.5	0.6	0.7	0.8	0.9	1.0
正向电流（mA）										

（3）测反向特性。接通直流稳压电源，调节 *RP* 阻值使直流电压表的读数按表 2.10 所列数据增大，并将直流电流表的相应读数记录在表 2.10 中。

表 2.10　逐点测量二极管反向伏安特性

反向电压（V）	2	4	6	8	10
反向电流（μA）					

3. 用 JT-1 型图示仪测量 2AP 二极管伏安特性

JT-1 型图示仪的扫描电压只能从零开始，或正电压，或负电压。因此，在用 JT-1 型图示仪测试二极管时，只能将其特性曲线分两段显示。

（1）正向特性的测试

测试前，先将"峰值电压"旋钮调到零，再将 *X*、*Y* 轴坐标零点调到左下角坐标原点，集电极扫描电压极性置于（+），峰值电压范围一般置于 0～20V，*X* 轴集电极电压置于 0.1V/度，按图 2.32（a）接入待测二极管，逐步加大峰值电压，就可以得到正向伏安特性曲线。

（2）反向特性的测试

测试前，同样应先将 *X*、*Y* 轴坐标零点调至屏幕左下角，集电极扫描电压极性置于（+），峰值电压范围一般置于 0～200V，*X* 轴集电极电压置于 20V/度，按图 2.32（b）接入待测二极管，逐步加大峰值电压，就可以得到反向伏安特性曲线。

 注意

无论测正向特性，还是测反向特性，JT-1 型图示仪的功耗限制电阻都不能取得太小，否则将因功耗太大而损坏待测二极管。当不知道应选取多大的功耗限制电阻为宜时，应先选取较大的电阻，然后再逐步减小。

【实验报告要求】

（1）记录各种测量结果，完整填写各实验表。

（2）在坐标纸上分别绘出用逐点测量法与用 JT-1 型图示仪测得的二极管伏安特性曲线。

（3）分析测得的特性曲线与理论是否相符。

（4）对实验中的有关问题加以讨论。

2.6.2　三极管的特性测试

【实验目的】

（1）用万用表测量三极管的好坏，判断三个电极及管子类型。

（2）测试三极管的输入输出特性曲线，加深对三极管特性的理解。

（3）进一步掌握 JT-1 型图示仪的使用方法。

【实验原理】

1. 基本原理

（1）用万用表测量三极管的基本原理

用万用表测量三极管的好坏，判断三个电极及管子类型的依据是：NPN 型晶体三极管的基本构造是，从基极到发射极和从基极到集电极均为 PN 结的正向，即一只 NPN 三极管的结构相当于（注意：仅仅是说"相当于"）两只二极管，阳极靠阳极连接到一起，如图 2.33（a）

所示。而 PNP 型晶体三极管的基本构造是，从基极到发射极和从基极到集电极均为 PN 结的反向，即一只 PNP 三极管的结构相当于（注意：这里也仅仅是说"相当于"）两只二极管，阴极靠阴极连接到一起，如图 2.33（b）所示。

（2）三极管好坏的判断

对于已知型号（可从管壳上的标记得知）和管脚（可从相关的手册得知）的晶体三极管，可以用万用表直接测量其好坏。

➤ 检查三极管的两个 PN 结。以 NPN 三极管为例，首先用万用表的 $R \times 100$ 或 $R \times 1k$ 挡（以下的测量均采用这两挡，其理由同对二极管测试时的说明）测量一下 E-B 之间和 C-B 之间的正向电阻。当用黑表笔（负表笔，下同）接 B 时，用红表笔（正表笔，下同）分别接 E 和 C（见图 2.33（c）），应出现两次电阻值小的情况（正向电阻）。然后将接 B 的黑表笔换成红表笔，再用黑表笔分别接 E 和 C，这时将出现两次电阻值大的情况（反向电阻），如图 2.33（d）所示。如果被测三极管符合以上情况，则说明这只三极管是好的。对于 PNP 三极管，也可以有类似的说明，只需将万用表的正负表笔相应地对调即可。

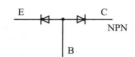

（a）NPN 晶体三极管的等价结构

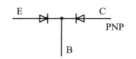

（b）PNP 晶体三极管的等价结构

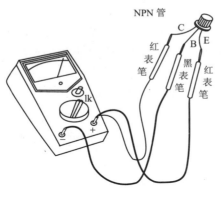

（c）测量 PN 结的正向电阻

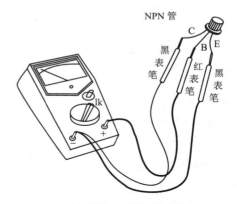

（d）测量 PN 结的反向电阻

图 2.33　测量晶体三极管两个 PN 结好坏的示意图

➤ 检查三极管的穿透电流 I_{CEO}。为方便起见，我们用测量三极管 C、E 之间的反向电阻来代替测量三极管 C、E 之间的穿透电流 I_{CEO}。用万用表的黑表笔接 NPN 三极管的集电极 C，红表笔接发射极 E，此时观察电表的指示数值。一般地，该阻值应大于几千欧，越大越好（越大则说明 I_{CEO} 越小）；越小（越小则说明 I_{CEO} 越大）则说明该三极管稳定性越差。测量方法如图 2.34（a）所示。

➤ 估测三极管的放大性能。依照图 2.34（a）连接之后，观察一下万用表的指示数值（相当于 I_{CEO}）；然后再依照图 2.34（b），在 C 与 B 之间连接一只 $R = 50 \sim 100 k\Omega$ 的电阻，观察指针向右摆动了多少。摆动越大，则说明该管子的放大倍数也越高。有时为了方便，外接电阻 R 也可以用人体电阻来代替，即用手捏住 B 和 C（注意：此时，B 和 C 不能碰在一起）来代替电阻 R。

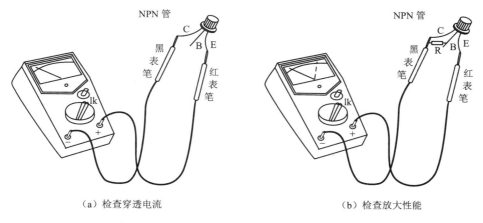

（a）检查穿透电流　　　　　　　　　　　　　（b）检查放大性能

图 2.34　晶体三极管的穿透电流和放大性能的检查

通过以上三步，就可以大致判断出三极管的好坏了。但是，如果预先不知道三极管的型号和管脚，则应该先设法找出三极管的三个电极 E、B、C。

（3）三极管三个电极（E、B、C）的判断，兼判断管子的类型

➤ 先找基极：寻找基极的原理是根据晶体管 PN 结的"正向电阻小、反向电阻大"的特点，可以判断出晶体管的三个引脚中，何者为基极；同时还可以判断管子的类型（是 PNP 型还是 NPN 型）。在使用万用表 $R \times 100$ 或 $R \times 1k$ 挡测试时，可以先假定三根引线中的任意一根引线为"基极"（暂定的基极）。用黑表笔接"基极"，用红表笔分别接触另外两根引线；如果此时所测得的值均为低阻值，则黑表笔所接的就是要找的"基极"，而且是 NPN 型管子，参见图 2.35（a）。为了进一步确认，可再将黑、红表笔对调一下（即红表笔接"基极"，黑表笔分别接另外两根引线），如果此时的读数均为高阻值，那么上述的判断就是正确的。

如果用黑表笔接触"基极"，按照上述方法所测量的结果均为高阻值；然后，用红表笔接触"基极"，用黑表笔接触另外两根引线，所测得的结果均为低阻值，那么，此时所接的"基极"肯定是 PNP 型管子的基极，参见图 2.35（b）。

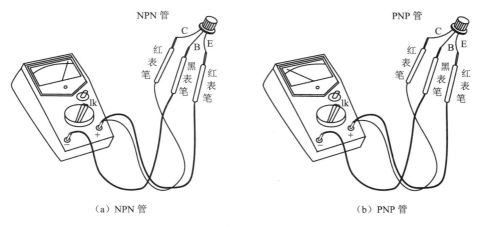

（a）NPN 管　　　　　　　　　　　　　（b）PNP 管

图 2.35　用万用表寻找晶体三极管的基极

如果用上述方法所测得的结果，一个是高阻值，另一个是低阻值，那么，原来假定的"基

极"是错误的。此时，必须另外换一条引线，并假定它为"基极"，然后执行以上步骤，直到满足要求为止。

应用以上方法，总能找到三极管的真正"基极"，并能确定该管子到底是何种类型——是 NPN 型还是 PNP 型。

> 然后判断发射极和集电极：对于 NPN 型管子，可以采用如下判断方法。先假定黑表笔所接的是"集电极"（因为该管脚已经不是基极了，所以，它不是集电极就是发射极），红表笔所接的是"发射极"，将右手的手指蘸点水（令其增加一点导电性），用拇指和食指捏住黑表笔和"集电极"，用中指接触基极（其用意为：通过手指的电阻给三极管的基极施加一个正向偏流，使三极管能够具有一定的放大作用），记下此时的电阻值。在此之后，调换万用表的两个表笔（假定另一引线为"集电极"），再做同样的测试，并记下阻值读数。比较这两次的读数，哪一次阻值较小，说明哪次的假定是正确的，即：该次黑表笔所接触的就是集电极引线（理由说明：众所周知，对于 NPN 型管子，只有当其集电极施加正电压而其基极施加正向偏置时，才具有一定的放大作用。在测量电阻时，万用表的正表笔与其内部电池的负极相连，而其负表笔则与其内部电池的正极相连。仅当负表笔与三极管的集电极相连，并对基极施加正向偏置时，NPN 型三极管才具有一定的放大作用，表现为用万用表所测得的阻值较表笔的另外一种接法时为小）。

对于 PNP 型管子，可以采用类似的方法进行测试。

（4）锗管和硅管的判别

对于 NPN 型晶体三极管，可利用图 2.36（a）所示的电路进行测量。如果所测得的电压降为 0.2～0.3V，即为锗管；如果所测得的电压降为 0.7V 左右，则为硅管。

对于 PNP 型晶体三极管，方法相同，但是电池和电表的极性应与 NPN 型管相反，参见图 2.36（b）。

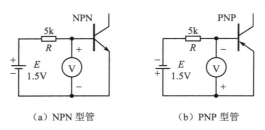

（a）NPN 型管　　　　　　　（b）PNP 型管

图 2.36　晶体管管型判别原理图

（5）三极管的输入输出特性（见教材的有关部分）

2．实验线路图

（1）用逐点法测量晶体三极管共发射极输入/输出特性曲线的实验线路如图 2.37 所示。

（2）用 JT-1 型图示仪测试三极管输入/输出特性接线法如图 2.38 所示。

【实验器具】

JT-1 型晶体管特性图示仪，直流电流表（0～10mA、0～100μA 各一块），直流电压表（0～1V、0～10V 各一块），直流稳压器（3V、9V 各一台），晶体三极管（3AX、3AD、3AK、3AG、3BX、3DG6、3DD、3DK、3CG14 等型号若干只。即锗管和硅管、大功率管和小功率管均要有一些为好），电阻（10kΩ、20kΩ、100kΩ各一只），电位器（470Ω、1MΩ各一只）。

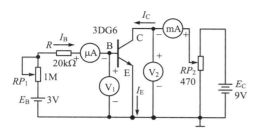

图 2.37　用逐点法测量三极管伏安特性的线路　　图 2.38　用图示仪测试三极管伏安特性接线法

【实验内容与方法】

1. 用万用表对三极管进行测量

根据以上"基本原理"中的（1）、（2）、（3）和（4）所讲的内容，使用万用表对三极管的好坏、三个电极（E、B、C）、管子类型（锗管或硅管）进行测量和判断。在进行此项实验时，应选择各种类型的三极管（如 3AX、3AD、3AK、3AG、3BX、3DG6、3DD、3DK、3CG 等各类晶体管各若干只，具体要求由教师灵活掌握）分别进行测量，以便获得尽可能多的感性知识和经验。

2. 用逐点测量法测 3DG6 特性曲线

（1）按图 2.37 接好实验线路。

（2）测输入特性曲线。调节 RP_1，可使 I_B 变化；调节 RP_2，可使 U_{CE} 变化。分别在 $U_{CE} = 0V$ 和 $U_{CE} = 6V$ 的情况下，给出 I_B 的若干变化值，由 V_1 测出相应的 U_{BE} 值，填入表 2.11 中。

表 2.11　逐点测量三极管输入特性

$U_{CE}(V)$ ＼ $U_{BE}(V)$ ＼ $I_B(\mu A)$	0	2	5	10	20	30	40	50
0								
6								

（3）测输出特性曲线。调节 RP_1 和 RP_2，使 I_B 和 U_{CE} 如表 2.12 所示逐渐变化，测出相应的 I_C 值填入表 2.12 中。

表 2.12　逐点测量三极管输出特性

$I_B(\mu A)$ ＼ $I_C(mA)$ ＼ $U_{CE}(V)$	0	0.5	1	2	4	6	8
0							
20							
40							
60							
80							
100							

3. 用 JT-1 型图示仪测量三极管伏安特性

测试前首先应分清待测管是 NPN 管还是 PNP 管，是共射极接法还是共基极接法，然后

调整好 X、Y 轴的坐标原点和阶梯零点。本实验采用共射极接法的 NPN 管（3DG6）。

（1）测输入特性

将 X、Y 轴的坐标原点调到荧光屏的左下角，并调整好阶梯零点。将各开关置于下列位置：集电极扫描信号的"极性"置于（+）；"峰值电压范围"置于 0～20V；"功耗电阻"置于 1kΩ；X 轴作用的"伏/度"置于基极电压 0.1 伏/度；Y 轴作用的"毫安-伏/度"置于基极电流或基极电压；阶梯信号的"极性"置于（+）；"阶梯作用"置于重复；"阶梯选择"置于毫安/级；"接地选择"置于射极接地。将待测管按图 2.38 接入可变插座，逐步加大"峰值电压"，即可在屏幕上得到输入特性曲线。

（2）测输出特性

将 X、Y 轴坐标原点调到荧光屏的左下角，并调整好阶梯零点。然后将各开关置于下列位置："极性"（集电极）置于（+）；"峰值电压范围"置于 0～20V；"功耗电阻"置于 100Ω～1kΩ；"毫安-伏/度"置于集电极电流（灵敏度根据需要选择）；"伏/度"置于集电极电压（灵敏度根据需要选择）；"接地选择"置于射极接地；"阶梯极性"置于（+）；"阶梯选择"置于毫安/级（灵敏度根据需要选择）。然后将待测管按图 2.38 接入可变插座，逐步加大"峰值电压"，即可在屏幕上得到输出特性曲线。

【实验报告要求】

（1）记录各种测量结果，完整填写各实验表。

（2）在坐标纸上分别绘出用逐点测量法与 JT-1 型图示仪测得的三极管输入/输出特性曲线。

（3）分析测得的输入/输出特性曲线与理论是否相符。

（4）从两种方法测得的输出特性曲线上分别读出 $I_C = 1mA$，$U_{CE} = 6V$ 时的 β 值。

2.6.3　光耦合器的特性测试

【实验目的】

（1）用万用表测量光耦合器，判断光耦好坏。

（2）测试光耦合器输入端发光二极管（LED）的伏安特性。

（3）测试输入端的 LED 对输出晶体三极管的影响。

（4）了解光耦合器的工作原理。

【实验原理】

1．基本原理

（1）光耦合器结构的基本特点

光耦合器由输入端的发光二极管和输出端的光敏三极管组成，它们之间通过光传递信息（"耦合"）。发光二极管的伏安特性与普通二极管没有什么不同，只是当其通过额定的正向电流时，才发光。当正向电流太小时，LED 不发光；当施加反向电压时，LED 不通过电流（单向导电性），因而也不发光。

输出端的光敏三极管与 LED 在一起，通过内部光（可见光或红外线）进行耦合。光敏三极管的集电极、发射极均引出外引线；至于基极，有的引出，有的则不引出。本实验所用的 TIL111 的基极有引线引出管壳外。对基极有引出线的器件，如给其适当的偏流，则对提高光耦合器的高速脉冲响应是有好处的（在低速情况下使用时，基极有无引出线其效果无差别）。

（2）用万用表测量光耦合器，判断其好坏的原理

本实验采用 TIL111 型光耦合器（类似的光耦合器也可以），其管脚接线参见图 2.39。根

据以上所述，光耦合器由发光二极管（LED）和光敏三极管构成，它们之间是电气绝缘的。基于这一点，首先用万用表的 $R×1k$ 挡测光耦的 1,2 脚之间的电阻。如果 $R_正$ 约为几百欧，$R_反$ 约为几十千欧，这就说明光耦合器的 LED 是好的。3 脚是空脚（NC），它不应当与其他任何一脚相连接。1,2 脚与 4,5,6 脚之间的任意一种组合，其阻值都应为∞（这说明输入端与输出端之间是绝缘的）。至于光敏三极管的测量方法，可参见 2.6.2 节"三极管的特性测试"的有关部分。

2．实验线路

（1）用逐点法测量光耦合器 TIL111（如无 TIL111，也可用类似的 TIL112、TIL114、TIL116、TIL117、TIL124 等器件）输入端 LED 的伏安特性曲线的线路，如图 2.39（b）所示。

（2）测试输入端 LED 对输出晶体三极管影响的线路，参见图 2.39。

（3）TIL111 的管脚引出线如图 2.39（a）所示。

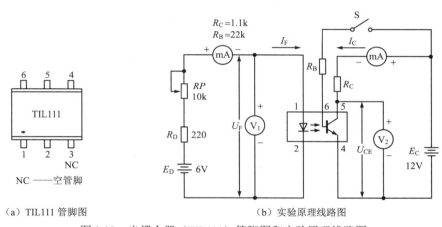

（a）TIL111 管脚图　　　　　　　　（b）实验原理线路图

图 2.39　光耦合器（TIL111）管脚图和实验原理线路图

【实验器具】

万用表（一块），直流电流表（0～50mA 两块）、直流电压表（0～5V、0～20V 各一块），直流稳压电源（0～6V、0～20V）两组独立（两组没有公共地线），电阻器（220Ω、1/8 W，1.1kΩ、1/8W，22kΩ、1/8W 各一只）、电位器（10kΩ、一只），钮子（乒乓）开关各一只。

【实验内容与方法】

1．用万用表对光耦合器进行测量

按照以上"基本原理"中的（1）和（2）项所讲的内容，用万用表检查光耦合器（TIL111 或类似型号）的各管脚，以判断其好坏。

2．用逐点法测量光耦合器（TIL111 或类似型号）输入端 LED 的伏安特性

（1）按图 2.39 所示接好实验线路。

（2）测正向伏安特性。接通直流稳压电源，调节 RP 的阻值，使直流电压表的读数按表 2.13 所列数据逐渐增大，并将直流电流表的相应读数记录在表 2.13 中。

表 2.13　逐点测量 LED 正向伏安特性

正向电压 U_F（V）	0.2	0.4	0.6	0.8	1.0	1.2	1.4	1.6	1.8	2.0
正向电流 I_F（mA）										

3．测试输入端对输出光敏三极管的影响

调节电位器 RP，使 V_1 的指示最小，mA_1 的指示也最小。然后，按表 2.14，逐一给定输入端 LED 的正向电流 I_F，观察并记录输出端光敏晶体管的集电极电流 I_C 和集-射极电压 U_{CE}。做此项实验时，令开关 S 分别处在"接通"和"断开"两个位置。注意，做此项实验时不必顾及 V_1 的值。

【实验报告要求】

（1）记录各种测量结果，完整填写各实验表。

（2）在坐标纸上，按表 2.13，绘出光耦合器输入端 LED 的正向伏安特性曲线。

（3）在坐标纸上，按表 2.14，绘出输入电流变化的波形以及与此相对应的输出电压波形（U_{CE}）及输出电流波形（I_C）。

表 2.14　逐点测量 LED 对输出光敏三极管的影响

I_F (mA)		0.5	1.0	1.5	2.0	2.5	3.0	3.5	4.0	4.5	5.0	7.0	8.0	9.0	10.0
U_{CE}	S 断开														
	S 闭合														
I_C	S 断开														
	S 闭合														

（4）分析 6240 测得的特性曲线与理论是否相符。

（5）就实验中的有关问题（如开关 S 闭合或断开对 U_{CE}、I_C 的影响）进行讨论。

附：光耦合器 TIL111 的特性

➤ 输入端的 LED 为砷化镓二极管，输出端的三极管为硅 NPN 光敏三极管
➤ 对光敏三极管提供基极引出线，可像普通三极管一样加以偏置
➤ 输入/输出端之间绝缘，耐压 1.5 kV（DC）
➤ 双列直插式（DIP）塑料封装
➤ 高速开关：$t_{上升} = 2\mu s$，$t_{下降} = 2\mu s$

极限参数（25℃，自由空气冷却）

➤ 输入对输出端的绝缘电压 ±1.5kV
➤ U_{CB} 70V
➤ U_{CE} 30V
➤ U_{EB} 7V
➤ 输入二极管反向电压 U_R 3V
➤ 输入二极管的连续正向电流 60mA
➤ 连续功率损耗：
　　发光二极管 100mW
　　光敏三极管 150mW
➤ 储存温度范围 −55 ～ 150℃
➤ 引出线温度（距离外壳约 1.6 mm 处） 240℃（10s）

第 3 章 基本放大电路

一个放大器一般是由多个基本放大电路组成的。本章着重讨论由一个双极型半导体三极管构成的基本放大电路的组成原理及性能指标，并简要介绍场效应管基本放大电路的工作原理。

由于集成电路工艺的迅速发展，从实际使用的角度来考虑，人们自然倾向于基本上采用集成电路。但是，到目前为止，任何集成电路均是将一个个分立元器件（二极管、晶体管、电阻、小容量电容等元器件）及其连线，通过微电子学的特殊工艺做到（集成到）半导体芯片（多为硅片）上，所以，分立元器件电路是理解任何集成电路工作原理的基础，我们仍然应该给予足够的重视。

3.1 共射极基本放大电路的组成

3.1.1 放大电路的基本概念

放大电路也称放大器，它是由晶体三极管、直流电源、电阻及电容等元器件组成的电子电路。其主要功能是将微小的电信号转换成较大幅度的电信号，其方框图如图 3.1 所示。

基本放大电路有一个输入端（1-1'）和一个输出端（2-2'），欲放大的微小信号由输入端接入电路；放大后的信号由输出端取出。一般输入端的 1' 和输出端的 2' 是连在一起的，称为放大器的共同端（通称为"地"）。

待放大的信号源 E_s 称为输入信号源，u_i 和 i_i 分别称为输入电压信号和输入电流信号；u_o 和 i_o 分别称为输出

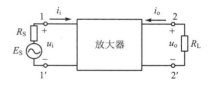

图 3.1 放大器方框图

电压信号和输出电流信号。接收放大器输出信号的器件称为放大器的负载，一般用等效电阻 R_L 表示。输入信号可以是正弦信号也可以是非正弦信号，其频率称为放大器的工作频率。

3.1.2 对放大器的基本要求

在分析放大器之前，有必要首先了解对放大器的基本要求。

1. 足够大的放大倍数

放大倍数通常也叫做增益（通常用"分贝"表示），它是表征放大器放大能力的一项重要指标。放大倍数是指输出信号的变化量与相应输入信号的变化量之比，在实际电路分析中，常被定义为输出信号与输入信号的有效值之比。下面的 U_i、I_i 和 U_o、I_o 分别是输入电压、电流和输出电压、电流的正弦信号的有效值。

放大倍数有 3 种表示方法，即

（1）电压放大倍数 A_u

$$A_\mathrm{u} = \frac{U_\mathrm{o}}{U_\mathrm{i}} \tag{3.1}$$

（2）电流放大倍数 A_i

$$A_\mathrm{i} = \frac{I_\mathrm{o}}{I_\mathrm{i}} \tag{3.2}$$

（3）功率放大倍数 A_p

$$A_\mathrm{p} = \frac{P_\mathrm{o}}{P_\mathrm{i}} \tag{3.3}$$

式中，P_i 和 P_o 分别为输入信号功率和输出信号功率的正弦有效值。

A_u、A_i、A_p 之间的关系为

$$A_\mathrm{p} = \frac{P_\mathrm{o}}{P_\mathrm{i}} = \frac{U_\mathrm{o}}{U_\mathrm{i}}\frac{I_\mathrm{o}}{I_\mathrm{i}} = A_\mathrm{u} A_\mathrm{i} \tag{3.4}$$

为了便于表示和计算，放大器的放大倍数也常用对数的形式来表示，对数的值称为增益，单位为分贝（dB）。

对应放大倍数的三种增益分别为

$$G_\mathrm{u} = 20\lg\frac{U_\mathrm{o}}{U_\mathrm{i}}(\mathrm{dB}) \tag{3.5}$$

$$G_\mathrm{i} = 20\lg\frac{I_\mathrm{o}}{I_\mathrm{i}}(\mathrm{dB}) \tag{3.6}$$

$$G_\mathrm{p} = 10\lg\frac{P_\mathrm{o}}{P_\mathrm{i}}(\mathrm{dB}) \tag{3.7}$$

在计算电路的增益时，若出现负值则表示该电路是衰减电路。

表 3.1 所示是部分放大倍数和分贝的换算表。

表 3.1　放大倍数与分贝数对照简表

A_u（倍）	0.001	0.01	0.1	0.316	0.707	0.891	1	1.414	2
G_u（dB）	−60	−40	−20	−10	−3	−1	0	3	6
A_u（倍）	3.16	5	10	31.6	100	316	1000	10000	100000
G_u（dB）	10	14	20	30	40	50	60	80	100

2．良好的频率特性

通常，输入信号的频率不是单一的，而是在某一较大的频率范围内变化的。放大器对频率特别低和特别高的信号的放大倍数是有差异的，这种现象称为频率特性。理论分析和科学实验均表明，对于任意的输入信号，可以看成由许多频率的正弦信号叠加而成的。由于放大器对各种不同频率的信号其放大倍数不一致，这必然引起输出信号和输入信号的差异，这种现象称为频率失真。频率失真越小，说明放大器的性能越好。

3．较小的非线性失真

三极管是一种非线性器件，由三极管组成的放大器也是一种非线性电路。因此，经放大

器放大后的输出信号，其波形不可能完整地反映输入信号，这种由于放大器的非线性特性而引起的输出信号和输入信号的差异称为非线性失真。非线性失真越小，说明放大器的性能越好。

3.1.3　共射极基本放大电路的组成原则

图 3.2 所示电路为共射极基本放大电路，电路中各元件的作用说明如下。

（1）三极管 V　在电路中担负放大作用，是放大电路的核心元件。

（2）电源 E_C　这是工程上直流电源的简化标志，其含义是标有 $+E_C$ 的端子接直流电源的正端，而直流电源的负端则接电路的共同端（"地"）。电源 E_C 的作用有两个，一个功能是为放大器输出信号提供能量；另一个功能是通过电阻 R_b 和 R_c 给三极

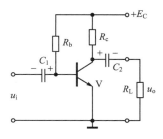

图 3.2　共射极基本放大电路

管的发射结加正向电压、给集电结加反向电压（通过适当调整 R_b 和 R_c 的阻值），使三极管处于放大状态。直流电源一般在几伏到几十伏的范围。

（3）基极偏置电阻 R_b　决定基极直流偏置电流（简称"偏流"）I_B 的大小，以保证三极管处于合适的工作状态。R_b 的阻值一般在几十千欧到几百千欧。

（4）集电极电阻 R_c　将输出电流的变化转换成输出电压的变化，防止输出交流信号被电源短路。R_c 的阻值一般为几千欧。

（5）耦合电容 C_1、C_2　在电路中起"传送交流，隔断直流"的作用。因此也称为"隔直电容"，一般在几微法到几十微法的范围。

（6）负载电阻 R_L　为放大电路输出端的等效负载，经放大后的信号就是输送给它使用的。

待放大的输入信号 u_i 通过电容 C_1 接在三极管的基极和发射极之间，输出信号通过电容 C_2 从三极管的集电极和发射极之间输出；输入、输出信号以发射极为共同端，故称这种电路为共射极放大电路。

在半导体电路中，常把输入电压、输出电压，以及直流电源 E_C 的共同端 0 点称为"地"，用"⊥"表示（实际上该点并不真正接到大地上），并以此为零电位点，电路中各点的电位实际上就是该点与零电位点之间的电压。

需要说明的是，放大器的放大作用，是利用三极管的基极对集电极电流的控制作用来实现的，在输入端加一个能量较小的信号，通过三极管的基极电流去控制流过集电极电路的电流，从而将直流电源 E_C 的能量转化为我们所需要的形式供给负载。也就是说，放大器的放大作用是一种控制作用，即放大器是一种能量控制器件，它是针对变化量而言的。

3.1.4　放大电路的静态工作点

未加输入信号（静态）时，放大电路中三极管的基极、集电极电流和基极-发射极、集电极-发射极之间的电压分别用 I_{BQ}、I_{CQ} 和 U_{BEQ}、U_{CEQ} 表示。当电路参数一定后，这组数值就确定了。在三极管输入、输出特性上体现为一个点，所以习惯上称为静态工作点（用 Q 表示）。

要使三极管不失真地放大输入信号，必须合理地设置静态工作点。

图 3.3（a）所示是把 I_{BQ} 设置为零时的放大电路（称零偏流电路）。这时三极管工作在输入特性的死区附近，当输入信号进入负半周时，$u_{BE} < 0$，发射结反偏，三极管截止，结果使 i_B 和 i_C 的波形产生严重的非线性失真，如图 3.3（b）所示。

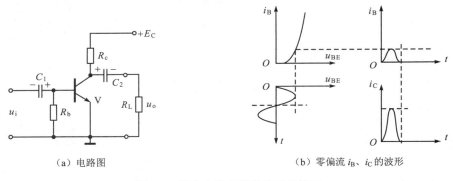

（a）电路图　　　　　　　　　　　　　　　（b）零偏流 i_B、i_C 的波形

图 3.3　放大电路在零偏流时的情况

可见，为了尽可能地减小非线性失真，i_B 不但应该在输入电压的正半周时随着输入电压的增大而增大，而且还必须能在输入电压的负半周时随着输入电压的减小而减小。因此在没加输入电压之前，i_{BQ} 不能为零，图 3.4 所示是把静态工作点设置在输入特性线性部分时的各信号的波形图（电路图见图 3.2）。当输入信号进入负半周时，由于 i_B 的变化仍然在输入特性的线性范围内，所以它的波形基本上是正弦波。如果使 Q 点同时设置在输出特性的放大区，并且当输入信号变化时，Q 点始终在放大区内，则 u_{CE} 和 i_C 的波形基本上也是正弦波，从而减小了电路的非线性失真。

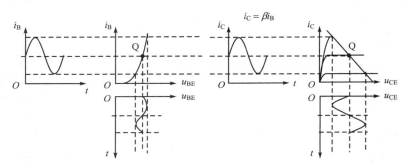

图 3.4　放大电路设置静态工作点时 i_B、i_C 和 u_{CE} 的波形图

3.1.5　放大电路的主要性能指标

放大电路的输入信号是各式各样的，甚至是没有规律的。但是，理论和实验均表明，在一定的条件下，一般的输入信号总可以分解为一系列具有不同频率的正弦信号之和。由于正弦信号容易获得，正弦信号的波形便于观察和测量，因此，放大电路的性能指标是在输入、输出信号为正弦信号的情况下提出的。实验表明，如果一个放大器能够不失真地放大正弦信号，那么，它肯定也能放大其他形式的信号。这就是为什么在有关放大电路的分析中，人们总是采用正弦信号作为输入信号的原因。图 3.5 所示是测试放大电路指标时的示意图。

1. 放大倍数

为了说明放大电路的放大能力，规定输出电压与输入电压的变化量之比为电压放大倍数，用 A_u 表示（因为输入信号和输出信号均为正弦信号，所以输出电压与输入电压的变化量之比 $\dfrac{\Delta U_o}{\Delta U_i}$ 必然等于输出电压和输入电压的正弦有效值之比，即 $\dfrac{U_o}{U_i}$）。即

$$A_\mathrm{u} = \frac{U_\mathrm{o}}{U_\mathrm{i}}$$

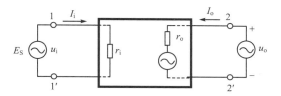

图 3.5　测试放大电路的指标

式中，U_o 和 U_i 分别为输出电压和输入电压的正弦有效值。

又规定输出电流和输入电流的变化量之比为电流放大倍数，即

$$A_\mathrm{i} = \frac{I_\mathrm{o}}{I_\mathrm{i}}$$

式中，I_o 和 I_i 分别为输出电流和输入电流的正弦有效值（之所以用其正弦有效值，理由同上）。

2．输入电阻

当输入信号电压加到放大电路的输入端时，总要产生一个输入电流，把两者的有效值之比称为输入电阻，即

$$r_\mathrm{i} = \frac{U_\mathrm{i}}{I_\mathrm{i}} \tag{3.8}$$

3．输出电阻

将输入信号电压短路（令 $E_S = 0$，但保留信号源内阻），在输出端将负载 R_L 取去，并加一个交流信号 U_o，求出由它所产生的电流 I_o，将两者的比值称为输出电阻，即

$$r_\mathrm{o} = \left. \frac{U_\mathrm{o}}{I_\mathrm{o}} \right|_{\substack{U_\mathrm{i}=0 \\ R_\mathrm{L}=\infty}} \tag{3.9}$$

以上是衡量放大器性能的几个主要指标。除此之外，还有非线性失真、通频带，以及最大输出功率和效率等。这些参数将结合具体情况，在后续章节中另行介绍。

小知识

贝尔、分贝、电平

贝尔（bel）：表示输出功率与输入功率之比的十进制对数，用来衡量放大（或衰减）的数值，其单位为"贝尔"。正数值表示放大，负数值表示衰减。

$$贝尔数 = \lg \frac{P_\mathrm{o}}{P_\mathrm{i}}$$

式中，P_o 为放大器的输出功率，P_i 为放大器的输入功率。

贝尔是一种对数单位。在科学和技术（特别是在电子技术）中，之所以采用"贝尔"

（特别是其导出单位"分贝"）这样的对数单位，基于如下几个理由。

（1）放大器的放大倍数可以很小（例如几倍），也可以很大（例如几百、几千、几万、几十万，或更大）；同样地，衰减器的衰减倍数可以很小（例如几分之一），也可以很大（例如几百分之一、几千分之一、几万分之一、几十万分之一，或更小）。如用对数表示时，其数值位数可以较少。而且，正数值可以表示放大，负数值可以表示衰减，非常方便。

（2）多级放大器的总放大倍数等于各级放大器的放大倍数的乘积。如果用对数表示时，则乘积的运算可以转换为加法的运算，这显然是比较方便的。

（3）实验表明，人的耳朵具有"对数"特性，即：当声音的功率增大十倍时，人们听起来的响度则增加一倍。如果用对数表示时，则听觉的响度将与功率的对数值成正比，即：2贝尔（20分贝）的响度是1贝尔（10分贝）响度的两倍，4贝尔（40分贝）的响度是2贝尔（20分贝）响度的两倍等。

贝尔这个单位在实践中常常感到太大，使用并不方便，所以常用它的十分之一——"分贝"这一单位。有了"分贝"这个单位之后，"贝尔"这个单位几乎再没有人使用了。

分贝（decibel）：等于1贝尔的十分之一，常用db或dB表示。

当表示功率的放大或衰减时，

$$分贝数 = 10\lg\frac{P_o}{P_i}$$

当表示电压（或电流）的放大或衰减时，

$$分贝数 = 20\lg\frac{U_o}{U_i} \text{ 或分贝数} = 20\lg\frac{I_o}{I_i}$$

式中，U_o 为放大器的输出电压，U_i 为放大器的输入电压；I_o 为放大器的输出电流，I_i 为放大器的输入电流。

这里之所以用20lg，是因为放大器的输出/输入电压（或电流）的平方之比，等于该放大器的输出/输入功率之比。这反映在对数上，就是lg前面的系数由10变成了20，因为：

$$10\lg\frac{P_o}{P_i} = 10\lg\left(\frac{U_o}{U_i}\right)^2 = 20\lg\frac{U_o}{U_i}\text{ ，或者}10\lg\frac{P_o}{P_i} = 10\lg\left(\frac{I_o}{I_i}\right)^2 = 20\lg\frac{I_o}{I_i}$$

"分贝"这个单位除了用来表示放大器的增益（正分贝）、通信电路的衰减（负分贝）外，还可以用来表示"电平"值。

电平（level）：所谓"电平"，乃是一种表示电量（例如电压、电流或功率等）相对大小的量。通常是指定某一电量的数值作为标准值，然后，将其他数值与该标准值相比的对数值，用来表示电平值。例如，如果取标准功率1mW作为零电平（在不同的科技部门中，"零电平"的取值可能有所不同），则当所给功率为10mW时，就可按下式求得：

$$电平值 = 10\lg\frac{所给功率}{标准功率} = 10\lg\frac{10}{1} = 10 \text{ 分贝}$$

因此，10mW就具有10分贝的电平。如果电平值是负的，就表示低于零电平。

自从1929年欧洲长途电话委员会推荐使用"分贝"这个单位以来，在欧洲和美国的许多科技部门，很快获得了广泛的应用。目前，"分贝"这个单位在电信、声学、电声学、电子学、无线电工程、自动化和众多的技术领域都获得了广泛的应用。

3.2　基本放大电路的分析方法

对放大电路进行定量分析时，主要做两方面的工作：一是确定静态工作点，即求出当电路未加输入信号（$u_i = 0$）时，电路各处的直流电压和电流值；二是计算放大电路加了输入信号以后的放大倍数、输入电阻、输出电阻等。

3.2.1　直流通路和交流通路

在放大电路中主要有直流成分和交流成分两种信号，前者是由放大电路的电源提供的；而后者是由输入信号的变化引起的。由于放大电路中存在着电抗性元件，所以直流成分的通路和交流成分的通路是不一样的。

对于直流通路来说，电容可以视为开路，电感可以视为短路；而对于交流通路来说，当电容充分大时可以视为短路，而对于理想的无内阻电源（"理想直流电压源"），由于交流信号通过时基本上不产生压降，则也可以把它看成短路。

根据上述原则，可以画出图 3.2 所示的基本放大电路的直流通路和交流通路，分别如图 3.6（a）、（b）所示。

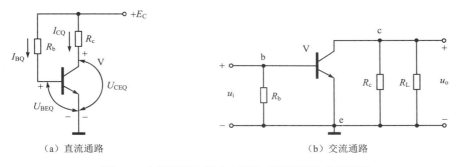

（a）直流通路　　　　　　　　　　　　　（b）交流通路

图 3.6　共射极基本放大电路的直流通路和交流通路

当计算放大电路的静态工作点时，必须按直流通路来考虑；当计算放大电路的放大倍数时必须按交流通路来考虑。

3.2.2　静态工作点及估算公式

根据直流通路就可以估算出放大电路的静态工作点，由图 3.6（a）可知，静态时的基极电流为

$$I_{BQ} = \frac{E_C - U_{BEQ}}{R_b} \qquad (3.10)$$

式中，U_{BEQ} 为三极管基极和发射极间的电压降，通常硅管 $U_{BEQ} = 0.6 \sim 0.8V$，一般取 0.7 V。锗管　$U_{BEQ} = 0.1 \sim 0.3V$，一般取 0.3 V。

根据 I_{BQ} 的值还可以近似地估算出静态工作点的集电极电流 I_{CQ}

$$I_{CQ} \approx \beta I_{BQ} \qquad (3.11)$$

由图 3.6 的直流通路还可求得

$$U_{CEQ} = E_C - I_{CQ}R_c \qquad (3.12)$$

【例 3.1】 试估算图 3.6（a）放大电路的静态工作点。设 $E_C = 12V$，$R_c = 3k\Omega$，$R_b = 280k\Omega$，三极管为硅管，其 $\beta = 50$。

解： 根据式（3.10）、式（3.11）、式（3.12），分别可得

$$I_{BQ} = \frac{12 - 0.7}{280} \approx 0.04(mA)$$

$$I_{CQ} = 50 \times 0.04 = 2(mA)$$

$$U_{CEQ} = 12 - (2 \times 3) = 6(V)$$

3.2.3 三极管的微变等效电路

由三极管的特性曲线可知，三极管的输入电压和输入电流之间、输出电压和输出电流之间的关系都是非线性的，因此在欲准确求电路的放大倍数等指标时，将是十分困难的。但是，如果研究的对象仅仅是变化量，而且信号的变化范围很小（即所谓"小信号运用"），就可以用微变等效电路来处理三极管的非线性问题。

由于在一个微小的工作范围内，三极管的电压、电流的变化量之间的关系基本上是线性的，因此可以用一个等效的线性电路来代替三极管。这里所谓"等效"，指的是从线性电路的三个引出端看进去，其电压、电流的变化关系和原来的三极管一样。这样的线性电路称为三极管的微变等效电路。

用微变等效电路来代替三极管之后，具有非线性元件的放大电路就转化成为我们所熟悉的线性电路了。

1. 简化的微变等效电路

图 3.7 所示是共射极接法时三极管的输入、输出特性。从图中可以看出，在输入特性曲线上的静态工作点 Q 附近，特性曲线基本上是一段直线，即 Δi_B 与 Δu_{BE} 成正比，因而可以用一个等效电阻 r_{be} 来代表输入电压和输入电流之间的关系，即

$$r_{be} = \frac{\Delta u_{BE}}{\Delta i_B} \tag{3.13}$$

式中，Δu_{BE} 和 Δi_B（请注意这里的符号规则：当下角标为英文大写字母时，表示含直流分量的总瞬时值）分别为在 Q 点附近电压的变化量和由此引起的电流变化量，即三极管的输入回路可以用一个等效电阻 r_{be} 来代表。

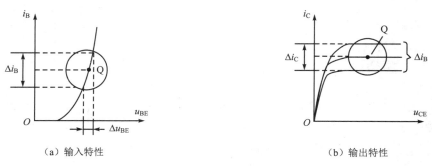

（a）输入特性　　　　　　　　　　（b）输出特性

图 3.7　三极管等效电路的求法

再从图 3.7（b）所示的输出特性曲线来看，在静态工作点 Q 附近，特性基本上是水平的。Δi_C 与 Δu_{CE} 无关，而只取决于 Δi_B；且 $\Delta i_C = \beta \Delta i_B$；所以从输出端看进去时，可以用一个大

小为 $\beta\Delta i_B$ 的电流源来代替三极管。这样得到图 3.8 所示的微变等效电路。在这个等效电路中，忽略了 u_{CE} 对 i_C 的影响，也没有考虑 u_{CE} 对输入特性的影响，故称之为简化的三极管等效电路。

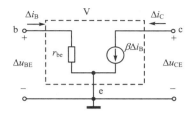

图 3.8 三极管微变等效电路

对于交流输入信号，上面提到的 Δi_B、Δi_C、Δu_{BE}，可分别用 i_b、i_c、u_{be} 表示（请注意这里的符号规则：小写字母 i、u 分别表示交流电流、电压分量，当其下标为小写字母 b、c、be 时，则分别表示电流、电压交流分量的瞬时值）。在以后的分析中，为简单计，将分别用其对应的交流有效值 I_b、I_c、U_{be} 来表示。

在求放大电路的指标时，可以用图 3.8 所示的等效电路代替基本放大电路中的三极管，然后画出放大电路其余部分的交流通路，从而得到放大电路的线性微变等效电路。这样，即可以方便地求出电压放大倍数等指标。

【例 3.2】 求图 3.2 所示共射极基本放大电路的电压放大倍数、输入电阻和输出电阻。

解： 首先画出共射极基本放大电路的交流通路，如图 3.6（b）所示；然后用图 3.8 的三极管微变等效电路代替其中的三极管，得出共射极基本放大电路的微变等效电路，如图 3.9 所示（在小信号的情况下，可用正弦量的有效值 I_b、I_c 分别代替图 3.8 中的 Δi_B 和 Δi_C）。

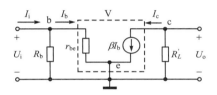

图 3.9 共射极基本放大电路的微变等效电路

假设在输入端加一正弦输入信号，U_i、U_o、I_b、I_c 等分别代表各有关量的有效值，则由图 3.9 可得

$$U_i = I_b r_{be}, \quad I_c = \beta I_b, \quad U_o = -I_c R_L'$$

式中

$$R_L' = R_c /\!/ R_L = \frac{R_c R_L}{R_c + R_L} \quad （这里符号 /\!/ 代表并联）$$

所以

$$A_u = \frac{U_o}{U_i} = -\frac{\beta R_L'}{r_{be}} \tag{3.14}$$

$$r_i = \frac{U_i}{I_i} = r_{be} /\!/ R_b \tag{3.15}$$

根据输出电阻的定义，应先将 $U_i = 0$，R_L 开路，这时 $I_b = 0$、$I_c = 0$

所以

$$r_o = R_c \tag{3.16}$$

2. r_{be} 的计算公式

r_{be} 是三极管发射结的交流等效电阻，它不是固定值，而是一个其大小随发射极电流变化而变化的值。一般可用如下公式近似估算：

$$r_{be} = 300 + (1+\beta)\frac{26}{I_E}(\Omega) \tag{3.17}$$

式中，β 为三极管共射极电流放大系数，I_E 为发射电流，单位为 mA。

【例 3.3】 在图 3.2 所示的共射极基本放大电路中，已知 NPN 硅三极管的 $\beta = 50$，$E_C = 20\text{V}$，$R_b = 200\text{k}\Omega$，$R_c = 2\text{k}\Omega$。试求：① 三极管发射结交流等效电阻 r_{be}；② 不接负载（$R_L = \infty$）时的电压放大倍数；③ 当负载电阻 $R_L = 2\text{k}\Omega$ 时的电压放大倍数；④ 求输入

电阻和输出电阻。

解： ① 求输入电阻 r_{be}

由式（3.10）得
$$I_{BQ} = \frac{E_C - U_{BEQ}}{R_b} = \frac{20 - 0.7}{200} \approx 100(\mu A)$$

所以
$$I_{CQ} = \beta I_{BQ} = 50 \times 0.1 = 5(mA)$$

由式（3.17）得 $r_{be} = 300 + (1 + \beta)\dfrac{26}{I_{EQ}} = 300 + (1 + 50)\dfrac{26}{5} = 0.565(k\Omega)$

（这里，$I_{EQ} = I_{CQ} + I_{BQ} = \beta I_{BQ} + I_{BQ} = (1 + \beta)I_{BQ} \approx \beta I_{BQ} = I_{CQ}$）

② 求 $R_L = \infty$ 时的电压放大倍数

当 $R_L = \infty$ 时，$R'_L = R_c // R_L = \dfrac{R_c R_L}{R_c + R_L} \approx R_c$

由式（3.14）得

$$A_u = -\frac{\beta R'_L}{r_{be}} = -\frac{\beta R_c}{r_{be}} = -50 \times \frac{2}{0.565} = -177$$

③ 求 $R_L = 2k\Omega$ 时的电压放大倍数

$$R'_L = R_c // R_L = \frac{2 \times 2}{2 + 2} = 1(k\Omega)$$

$$A = -\frac{\beta R'_L}{r_{be}} = -\frac{50 \times 1}{0.565} = -88.5$$

④ 求输入电阻和输出电阻

由式（3.15）、式（3.16）得

$$r_i = r_{be} // R_b \approx r_{be} = 0.565(k\Omega)$$

$$r_o = R_c = 2(k\Omega)$$

3.3　基本放大电路的其他形式

除了上节讨论的共射极基本放大电路外，由一个三极管组成的基本放大电路还有另外两种形式。

3.3.1　静态工作点稳定电路

决定三极管静态基极电流 I_{BQ} 的电路也称为偏置电路。在共射极基本放大电路中，因为 $I_{BQ} = \dfrac{E_C - U_{BEQ}}{R_b} \approx \dfrac{E_C}{R_b}$，当 R_b 的值确定后，I_{BQ} 就固定了，因此这种电路也称为固定偏置电路。这种电路具有使用元件少、电路简单和放大倍数高等优点，但它的缺点是稳定性差。当环境温度变化、电源电压波动，以及三极管老化或更换时，都将导致静态工作点的变化。实验表明：当温度每升高 1℃时，β 要增加 0.5%～1%。β 增加，I_C 也要增加，于是静态工作点上移；相反，β 下降后，I_C 也要下降，于是静态工作点下移。所以，必须采取相应措施，以避免工作点变化。图 3.10 所示的电路是一种常用的静态工作点稳定电路，与共射极基本放大电路的主要区别是：发射极串联了一个电阻 R_e，基极上接了两个电阻 R_{b1} 和 R_{b2}。

1. 静态工作点稳定原理

（1）利用电阻 R_{b1} 和 R_{b2} 的分压来固定基极电位

在图 3.10 中，$I_2 = I_1 + I_{BQ}$，当 $I_1 \gg I_{BQ}$ 时，$I_2 \approx I_1$，这时 B 点电压完全取决于 E_C 在 R_{b1} 上的分压，即

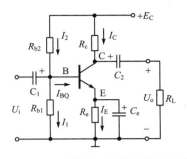

$$U_B \approx \frac{R_{b1}}{R_{b1} + R_{b2}} E_C \qquad (3.18)$$

所以，即使由于温度发生变化引起三极管参数发生变化时，对 U_B 的影响也不大，可以认为 U_B 基本上是恒定的。

图 3.10　稳定静态工作点的放大电路

（2）利用电阻 R_e，获得反映 I_E 变化的电压 U_E，以稳定工作点

由图 3.10 可见，当温度升高时，I_C 增加，I_E 也增加，于是 R_e 上的压降 U_E 也增加。由于 U_B 基本不变，所以 $U_{BE} = U_B - U_E$ 将减小。由输入特性可见，I_B 将减小，于是 I_C 也随之减小，使工作点恢复到原来的位置。这个过程可以表示如下：

温度 $T \uparrow \rightarrow I_C \uparrow \rightarrow I_E \uparrow \rightarrow U_E \uparrow \rightarrow U_{BE} \downarrow \rightarrow I_B \downarrow$

$I_C \downarrow \longleftarrow \cdots \cdots \cdots \cdots \cdots \cdots \cdots \cdots \cdots$

显然 R_e 值越大，同样的电流变化所产生的 U_E 变化也越大，电路的稳定性也越好。但为了保证输出电压的幅度，R_e 值不能太大。

电容 C_e 称为旁路电容，其作用是为交流信号提供通路。在计算放大倍数时，可以认为 R_e 被 C_e 短路。

2. 静态工作点的确定

在图 3.10 中，静态工作点可用近似计算法来确定，其基本关系式为

$$I_{CQ} \approx I_{EQ} = \frac{U_{EQ}}{R_e} = \frac{U_{BQ} - U_{BEQ}}{R_e} \qquad (3.19)$$

$$I_{BQ} = \frac{I_{CQ}}{\beta} \qquad (3.20)$$

$$U_{CEQ} \approx E_C - I_{CQ}(R_e + R_c) \qquad (3.21)$$

式（3.19）中的 U_{BQ} 可由式（3.18）求出。

3. 电压放大倍数、输入电阻和输出电阻

电压放大倍数的计算公式为

$$A_u = -\frac{\beta R'_L}{r_{be}} \qquad (3.22)$$

与固定偏置放大电路相同。

输入电阻的计算公式为

$$r_i = R_{b1} // R_{b2} // r_{be} \qquad (3.23)$$

输出电阻的计算公式为

$$r_{\mathrm{o}} = R_{\mathrm{c}} \tag{3.24}$$

与共射极基本放大电路相同。

3.3.2　共基极基本放大电路

图 3.11（a）、（b）所示分别是共基极基本放大电路的原理图和实际电路，两者的交流等效电路是一样的，如图 3.11（c）所示。由图可见，输入信号和输出信号的共同端为三极管的基极，故称为共基极放大电路。

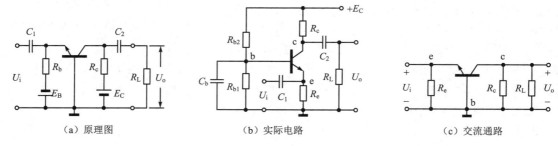

（a）原理图　　　　　　　　　（b）实际电路　　　　　　　　　（c）交流通路

图 3.11　共基极放大电路

共基极放大电路的特点是：输出信号与输入信号的相位相同，即共基极放大电路为同相放大；与共射极放大电路相比，输入电阻较低，因此频率特性较好，常用于宽频带放大器中。

由图 3.11（b）不难看出，共基极放大电路的直流通路与静态工作点稳定电路的直流通路相同，因此，两者的静态工作点的计算公式也相同。在计算时可以按照式（3.19）、式（3.20）、式（3.21）求解。

共基极放大电路的动态性能指标可以按如下公式计算：

电压放大倍数

$$A_{\mathrm{u}} = \frac{\beta R'_{\mathrm{L}}}{n_{\mathrm{be}}} \tag{3.25}$$

输入电阻

$$r_{\mathrm{i}} = \frac{n_{\mathrm{be}}}{1 + \beta} \tag{3.26}$$

输出电阻

$$r_{\mathrm{o}} = R_{\mathrm{c}} \tag{3.27}$$

3.3.3　共集电极基本放大电路

图 3.12（a）所示是共集电极放大电路的典型电路，图 3.12（b）所示是其交流等效电路。由交流等效电路可以看出：输入信号和输出信号以三极管的集电极为共同端，故称这种电路为共集电极放大电路。由于它的输出信号是由发射极引出来的，所以也常把它称为射极输出器。

共集电极放大电路的特点是：输入电阻大、输出电阻小，因此在电路中常常起阻抗变换作用；共集电极放大电路具有电流放大作用，带负载能力强，因此又常作为多级放大电路的输出级；共集电极放大电路的电压放大倍数恒小于 1，而又十分接近于 1，并且输出电压与输入电压同相，所以又称为射极跟随器（简称射随）。

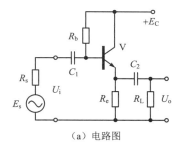
（a）电路图

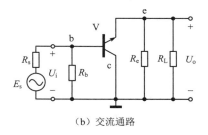
（b）交流通路

图 3.12　共集电极放大电路

共集电极基本放大电路的静态工作点可按下式计算：

$$I_{BQ} = \frac{E_C - U_{BEQ}}{R_b + (1+\beta)R_e} \tag{3.28}$$

$$I_{CQ} \approx I_{EQ} = (1+\beta)I_{BQ} \tag{3.29}$$

$$U_{CEQ} = E_C - I_{EQ}R_e \tag{3.30}$$

共集电极放大电路的动态特性指标可按如下公式计算：

电流放大倍数

$$A_i = -(1+\beta) \tag{3.31}$$

电压放大倍数

$$A_u \approx 1 \tag{3.32}$$

输入电阻

$$r_i = r_{be} + (1+\beta)R_e' \tag{3.33}$$

式中

$$R_e' = R_e // R_L = \frac{R_e R_L}{R_e + R_L}$$

由式（3.33）可见，其输入电阻等于 r_{be} 和 $(1+\beta)R_e'$ 相串联（相当于把 R_e' 折算到基极回路中），因此输入电阻提高了。

输出电阻

$$r_o = \frac{r_{be} + R_s}{1+\beta} \tag{3.34}$$

式中，R_s 为信号源内阻。

由式（3.34）可见，其输出电阻等于基极回路的总电阻除以 $(1+\beta)$（相当于折算到发射极回路）。如果把 R_e 也考虑进去，则输出电阻应是 $r_o // R_e$；射极输出器的输出电阻比较低（一般为几十欧姆），因此带负载能力较强。

3.3.4　三种基本放大电路性能的比较

表 3.2 列出了三种基本放大电路——共射、共基和共集放大电路的主要性能的比较。这三种接法的主要特点和应用，可以大致归纳如下。

（1）共射极电路　其基本特点是，具有较大的电压放大倍数和电流放大倍数，同时，其输入电阻和输出电阻又比较适中。所以，只要在对输入电阻、输出电阻和频率响应没有特殊要求的场合，一般均常被采用。因此，共射电路常被广泛地用于低频电压放大器的输入级、中间级和功率输出级。

表 3.2 三种基本放大电路的比较

性能 ＼ 接法	共射极电路	共基极电路	共集电极电路
电流放大倍数 A_i	大 （几十～一百以上） β	小 （小于、近于1） $\alpha = \dfrac{\beta}{1+\beta}$	大 （几十～一百以上） $1+\beta$
电压放大倍数 A_u	大 （输出与输入反相） （十几倍～几百倍）	大 （同共射极电路，但输出与输入同相）	小 （小于、近于1）
输入电阻 r_i	中 （几百欧～几千欧）	小 （几欧～几十欧）	大 （几十千欧以上）
输出电阻 r_o	中 （几十千欧）	大 （几百千欧）	小 （几欧～几十欧）
频率响应	差	好	较好
典型应用	低频电压放大器的输入级、中间级和功率输出级	高频放大器和宽频带放大器	测量放大器的输入级、放大器的输出级

（2）共基极电路　其突出特点是具有较好的频率响应、很低的输入电阻和很高的输出电阻。其电流放大倍数虽小，但其电压放大倍数较大（与共射极电路相同）。所以这种电路常见于宽频带放大器中。

（3）共集电极电路　其最大特点是"电压跟随"，其输入电阻很高、输出电阻很低、电压放大倍数接近于1而小于1。由于这些特点，它在很多场合被广泛采用。例如，在用各种传感器测量各种物理量（例如温度、压力、流量等）时，由于传感器的输出信号往往很小，故必须采用专门的"测量放大器"。此时，其输入级常采用"射极跟随器"，以提高测量精度，并减少对被测电路的影响。

如果放大器所带的是一个变化的负载，那么，为了在负载变化时保证放大器的输出电压比较稳定，放大器就应具有很低的输出电阻。这时，可以采用射极跟随器作为放大器的输出级。

3.4　场效应管基本放大电路

场效应管是利用改变电场来控制固体材料导电能力的有源器件。和双极型三极管一样，它也具有放大作用。由场效应管组成的放大电路，具有输入阻抗高、噪声低、热稳定性好等优点，在电路中常将场效应管和三极管结合使用，以改善电子电路的性能指标。本节主要讨论由 N 沟道结型场效应管（简称 JFET）组成的放大电路。

3.4.1　场效应管的直流偏置电路

场效应管放大电路也要建立合适的静态工作点，由于场效应管是电压控制型元件，因此静态时要有合适的栅-源电压 U_{GS}。

1．自给偏压电路

图 3.13 所示是典型的场效应管（N 沟道）自给偏压电路，图中 E_D 为漏极直流供电电源，用来提供负载所需的能量，R_D 为漏极电阻，C_1、C_2 为耦合电容，它们的作用分别与双极型三极管放大电路中的 E_C、R_c、C_1、C_2 的作用相同（参见图 3.10）；R_G、R_S 分别称为栅极电阻、源极电阻，C_S 为旁路电容，其作用与三极管电路中的 C_e 相同。

由场效应管的特性知，即使 $U_{GS} = 0$，也有漏极电流流过 R_S，于是 $U_S = I_D R_S$。由于场效应管的栅极不取电流，即 $I_G = 0$，所以 $U_G = 0$。于是静态时，栅源之间将有负压

$$U_{GS} = U_G - U_S = -I_D R_S$$

可见，栅源偏压 U_{GS} 是依靠场效应管自身的电流 I_D 产生的，所以称这种电路为自给偏压电路。这种电路的缺点是由于 U_{GS} 的限制，R_S 的值不能太大，因此当温度变化时，静态工作点不稳定。

2．分压式自给偏压电路

图 3.14 所示是场效应管实际的放大电路，由于电阻 R_1、R_2 的分压作用，使栅极有一个固定的正电位 $U_G = \dfrac{R_1}{R_1 + R_2} E_D$，因此可以把 R_S 的值选得很大，而保证 U_{GS} 的值不变。这种电路的特点是受温度的影响小，静态工作点稳定。

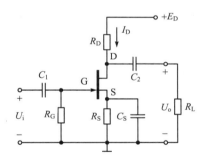 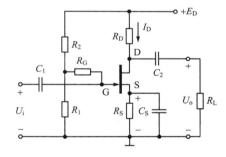

图 3.13　JFET 的自给偏压电路　　　　　　　图 3.14　JFET 的分压式自给偏压电路

3.4.2　场效应管微变等效电路分析法

我们知道，场效应管是利用栅源之间的电压变化来控制漏极电流变化的，因此可用图 3.15（a）所示的电路来代替。其中 $g_m = \dfrac{\Delta i_D}{\Delta u_{GS}}$，称为跨导，它反映栅源电压对漏极电流的控制能力。

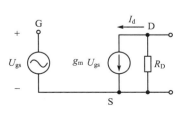 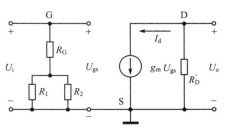

（a）JFET 的微变等效电路　　　　　　　　　　（b）JFET 放大器的微变等效电路

图 3.15　场效应管（JFET）等效电路分析法

用场效应管的微变等效电路代替图 3.14 中的场效应管，再画出其余部分的交流通路，即可得图 3.15（b）所示的场效应管放大电路的微变等效电路。

由图 3.15 可知

$$U_{gs} = U_i$$

$$U_o = -I_d R'_D = -g_m U_{gs} R'_D$$

所以电压放大倍数为

$$A_u = \frac{U_o}{U_i} = -g_m R'_D \tag{3.35}$$

式中

$$R'_D = R_D // R_L = \frac{R_D R_L}{R_D + R_L}$$

可见，跨导 g_m 越大，电压放大倍数 A_u 也越大。所以，g_m 是 JFET 管的重要参数，相当于双极型晶体管的 β。此外，R'_D 越大，A_u 也越大，但 $R'_D = R_D // R_L$，R_D 的大小受限于管子的工作状态，而 R_L 则取决于下一级的负载情况。总之，可能的话，它们以大一些为宜。

输入电阻和输出电阻分别为

$$r_i = R_G + R_1 // R_2 \tag{3.36}$$

$$r_o \approx R_D \tag{3.37}$$

 小词典

> 贝尔（Alexander G. Bell，1847—1922）：美国发明家，生于英国爱丁堡，卒于加拿大巴戴克。1861 年毕业于爱丁堡皇家中学后，曾先后到爱丁堡大学和伦敦大学听课，但其成才主要靠自学和家庭教育。1865 年移居伦敦，1870 年到加拿大，1872 年在美国波士顿开办培养聋哑人教师的学校，1873 年任波士顿大学教授，1877 年开设贝尔电话公司，1882 年加入美国国籍。他是电话的发明人。
>
> 电报应用的兴起，使他萌发了一个想法：既然电流的通断可以引起音叉的振动，为什么不可以使音叉的振动倒过来造成电流的通断，从而传递声音呢？1874 年他测定声音可以通过电流强度的变化在导线上传输，这种电流强度的变化相应于由声音产生的空气密度的振动，这就奠定了电话的理论基础。1876 年他在导线上传出了第一句话，并申请了专利。
>
> 贝尔的其他成就还有：创造了助听器，改进了爱迪生发明的留声机，发明了用视觉动作教聋哑儿童发音的聋哑人手语。曾获 18 项专利，还和其他人一起获 12 项专利。1880 年发现了光声效应：当断续的光投射在物体上时，会产生以光的断续频率为频率的声波。1876 年接受了费城万国博览会百年纪念奖。1880 年法国授予他伏打奖金 5 万英镑，他用这笔奖金创立了伏打研究所。他写的文章和各种小册子超过 100 篇，1883 年发行了《科学》杂志。

 本章要点

1. 能把微弱的电信号（电压、电流等）转换成所需数值电信号的电路称为放大电路，简称放大器。
2. 基本放大电路的组成原则是：使发射结正向偏置，集电结反向偏置。为保证不失真地放大输入信号，必须合理地设置静态工作点。
3. 在定量分析放大电路时，主要目的有两个：一个是确定静态工作点（在计算静态工作点时，必须按直流通路计算）；另一个是求动态指标，即电压放大倍数、输入电阻、输出电阻等，这些必须按交流等效电路计算。

4．三极管组成的放大电路是非线性电路，但在一定范围内可以用三极管的微变等效电路来代替三极管，再画出放大电路其余部分的交流等效电路，就可以得到放大电路的线性微变等效电路。

5．三极管是温度敏感器件，当温度变化时，三极管的主要参数都将发生变化，这种变化集中体现在：当温度升高时，集电极电流 I_C 增加，静态工作点上移；温度降低时，I_C 减小，静态工作点下移。这样，导致放大器工作不稳定，甚至不能正常工作。常用的工作点稳定电路采用负反馈的原理，使 I_C 的变化影响输入回路的 U_{BE} 也发生变化，从而保持静态工作点基本稳定。

6．共射极基本放大电路的特点是：输出信号和输入信号以三极管的射极为共同端，输出电压与输入电压反相；其电流放大倍数和电压放大倍数均较大，输入电阻和输出电阻也较适中，因此是一种最常用的连接方式。

7．共基极基本放大电路的特点是：输出信号和输入信号以三极管的基极为共同端，输出电压与输入电压同相；其电流放大倍数小，电压放大倍数大（同共射极放大电路），输入电阻小，输出电阻大，频率响应好，因此常被用于高频和宽频带放大器中。

8．共集电极基本放大电路的特点是：输出信号和输入信号以三极管的集电极为共同端；其输入电阻大、输出电阻小，因此在电路中常常起阻抗变换作用；该电路的电流放大倍数大，带负载能力强（因为输出电阻小），因此又常用做放大电路的输出级；此外，该电路的电压放大倍数恒小于 1，而又十分接近于 1，并且输出电压与输入电压同相，所以又称为射极跟随器，简称射随。

9．场效应管是电压控制型器件，其栅极几乎不取电流，场效应管放大电路具有输入电阻高，频率特性好等优点。

思考与习题

（一）自我测验题

将 A 列中的每个表述与 B 列中的最相关的意义或表述适配起来（注意：A 列中的某些项可能不止一个答案）。

A 列	B 列
1．放大电路能把	a．输出电压与输入电压同相
2．放大电路中晶体管的工作特点是	b．电压控制器件
3．直流通路的画法是	c．较高
4．交流通路的画法是	d．微弱的电信号转换成较大的电信号
5．温度变化将导致	e．共集电极放大电路
6．共集电极放大电路也称	f．发射结正向偏置，集电结反向偏置
7．共基极放大电路的特点是	g．将电容短路，直流电源短路
8．场效应管是	h．将电容开路，电感短路
9．场效应放大器的输入电阻	i．射极输出器或者射随
10．放大电路输出级常常采用	j．三极管参数改变

（二）判断题（仅需给出"是"或"否"）

1．由 NPN 三极管组成的放大电路中，$U_c > U_b > U_e$。

2．由 PNP 三极管组成的放大电路中，$U_c < U_b < U_e$。

3. 负载电阻越大，共射极基本放大电路的电压放大倍数越大。

4. 负载电阻越大，共基极基本放大电路的电压放大倍数越大。

5. 可以按微变等效电路求静态工作点。

6. 共集电极基本放大电路的电压放大倍数与共射极基本放大电路相同。

7. 温度变化将导致共射极基本放大电路的集电极电流发生变化。

8. 场效应管放大电路的输入电阻低。

（三）综合题

1. 判断图 3.16 所示各图是否具有放大作用，如果不能放大，说明原因。

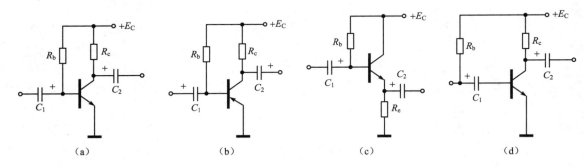

（a）　　　　　　　　（b）　　　　　　　　（c）　　　　　　　　（d）

图 3.16

2. 测得工作在放大电路中的 PNP 型三极管两个电极的电流如图 3.17 所示。

（1）求另一个电极的电流，并在图中标出实际方向。

（2）在图中标出 e、b、c 极。

（3）计算 β 值。

3. 测得工作在放大电路中的 NPN 型三极管三个电极的电压分别为：$U_1 = 3.5\text{V}$、$U_2 = 2.8\text{V}$、$U_3 = 15\text{V}$。

（1）判断三极管是硅管还是锗管。

（2）确定三极管的 e、b、c 极。

4. 电路如图 3.18 所示，已知理想三极管的 $\beta = 100$，计算当开关分别接通 A、B、C 三点时的静态工作点，并说明三极管分别处在何种状态。

5. 共射极基本放大电路如图 3.19 所示，已知 $\beta = 50$、$R_b = 250\text{k}\Omega$、$R_L = R_c = 2\text{k}\Omega$。

（1）求静态工作点 I_{BQ}、I_{CQ} 和 U_{CEQ} 的值。

（2）求电压放大倍数、输入电阻、输出电阻。

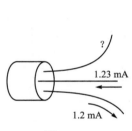

图 3.17

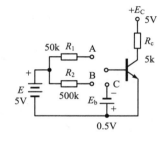

图 3.18

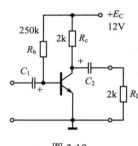

图 3.19

3.5 实验

晶体管共射极放大器偏置电路的分析与测试

【实验目的】

（1）加深对晶体三极管共发射极电路基极偏置方法的理解。

（2）掌握晶体三极管三种不同工作状态与基极偏置的关系。

（3）掌握低频信号发生器、低频毫伏表、示波器的使用方法。

【实验原理】

1. 基本原理

在晶体三极管共发射极电路中，三极管有三种工作状态：饱和状态、截止状态和放大状态。在需要将信号做线性放大时，三极管应工作于放大区。因此，需要正确设置基极偏置。

（1）图 3.20（a）所示为固定偏置电路，R_b 为基极偏置电阻，基极电流为

$$I_B = \frac{E_C - U_{BE}}{R_b} \approx \frac{E_C}{R_b}$$

调节 R_b，可使三极管处于三种不同的工作状态。

（2）图 3.20（b）所示为分压式偏置电路，R_{b1} 称上偏置电阻，R_{b2} 称下偏置电阻，基极偏置电压为

$$U_{BE} \approx \frac{R_{b2}}{R_{b1} + R_{b2}} E_C$$

一般在调偏流时，只调节 R_{b1}，以防止 R_{b2} 开路造成 I_B 过大而烧毁晶体管。

分压式偏置电路比固定式偏置电路稳定。

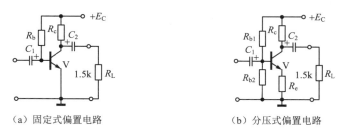

（a）固定式偏置电路　　　　　　　（b）分压式偏置电路

图 3.20　晶体三极管共射极放大器的两种偏置电路

2. 实验线路

（1）晶体三极管共发射极放大器基极偏置实验电路如图 3.21 所示。

（2）观测偏置放大器输出信号波形的放大器与仪器的接线方法，如图 3.22 所示。

【实验器具】

万用表一块。示波器、低频信号发生器、低频毫伏表各一台。直流电流表（0～50mA、0～100μA 各一块），直流稳压电源（6V）一台。晶体管（3DG6，$\beta \approx 70$），电阻（1kΩ、6.8kΩ、30kΩ、47kΩ、200kΩ、1kΩ各 1 只），电容（10 μF/6.3V 2 只）。

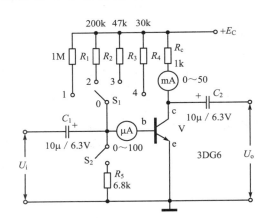

图 3.21　基极偏置实验电路

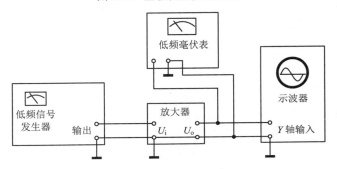

图 3.22　放大器与仪器的接线方法

【实验内容与方法】

1．偏置电路的安装

（1）按图3.21所示电路，在预制的印制线路板上安装元器件，并根据焊接技术要求进行焊接。

（2）检查焊接质量，正确无误后方可开始测试。

2．固定式偏置电路的测试

（1）断开开关 S_2，接通电源。

（2）调节开关 S_1，使其分别接触"1""2""3"，测出每种偏置情况下三极管的各极电压和电流值，并指出三极管的工作状态。

（3）将上述测量和判别的结果记录在表 3.3 中。

表 3.3　固定式偏置电路的测量结果

偏置电阻	I_B（μA）	U_{BE}（V）	U_{BC}（V）	U_{CE}（V）	I_C（mA）	三极管的工作状态
1MΩ						
200kΩ						
47kΩ						

3．分压式偏置电路的测试

（1）接通开关 S_2，接通电源。

（2）调节开关 S_1，使其分别接触"2""3""4"，测出每种偏置情况下三极管的各极电压和电流值，并指出三极管的工作状态。

（3）将上述测量和判别的结果记录在表 3.4 中。

表 3.4　分压式偏置电路的测量结果

上偏置电阻	I_B（μA）	U_{BE}（V）	U_{BC}（V）	U_{CE}（V）	I_C（mA）	三极管的工作状态
200 kΩ						
47 kΩ						
30 kΩ						

4．观察三极管在不同工作状态时的输出波形

（1）按图 3.22 连接放大器与各仪器，接通电源。

（2）调节低频信号发生器，使其输出（即放大器输入）频率为 f=1kHz、幅度约 10 mV 的正弦波信号。

（3）将 S_2 断开，S_1 分别接 "1" "2" "3"，从示波器上观察输出波形，用毫伏表测出不失真输出电压。

（4）将从示波器和毫伏表上观察到的结果记录在表 3.5 中。

表 3.5　三极管在不同工作状态时的输出波形

输入信号	固定偏置电阻	三极管的工作状态	放大器输出信号波形	不失真输出电压
10 mV（f=1kHz）	1MΩ			
	200 kΩ			
	47 kΩ			

【实验报告要求】

（1）记录各种测量结果，完整填写各实验表。

（2）根据实验所测得的数据，对两种偏置电路做简单对比。

（3）简要分析表 3.5 中观测到的三个输出信号波形。

（4）对实验过程加以小结，讨论分析 1～2 个实验现象。

（5）回答思考题。

【思考题】

（1）对于图 3.23 所示的 NPN 管和 PNP 管，根据三种不同的工作状态，分别在括号内填上电压极性（+或−）。

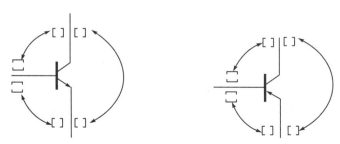

图 3.23　三极管在不同工作状态时的极间电压关系

（2）分压式偏置电路 R_{b1} 阻值的大小对三极管的工作状态有何影响？

（3）将实验测出的电压放大倍数与理论计算值相互比较，分析误差原因何在？

第 4 章　放大电路性能的提高方法

由一个三极管组成的基本放大电路，其电压放大倍数一般只能达到几十倍。然而在实际工作中，为了放大非常微小的信号，这样大的放大倍数往往是不够的。为了达到更高的放大倍数，常常把若干基本放大电路连接起来，组成所谓的多级放大电路。

实验表明，当输入信号的频率较低或较高时，放大电路的电压放大倍数将下降，而且输出电压和输入电压之间还将产生附加相移，这种现象称为放大电路的频率响应。

为了改善放大电路的性能，以达到预定的指标，常常在电路中引入反馈，反馈在电子电路中有着广泛而重要的应用。

本章主要讨论多级放大器的原理、放大电路的频率特性及如何利用负反馈改善放大电路的性能指标。

4.1　多级放大电路

在实际的电子电路中，放大器通常是多级的。因为要把一个微弱的信号放大到所需的倍数，只靠一级放大电路是难以实现的，因此，工程上常常把若干个基本放大电路按一定的连接方式级联起来，组成多级放大电路，对信号多次放大，以在输出端获得足够大的电压放大倍数。多级放大电路的方框图如图 4.1 所示。

图 4.1　多级放大电路的方框图

4.1.1　多级放大电路的耦合方式

多级放大电路内部各级之间的连接方式称为耦合方式。常用的耦合方式有三种：阻容耦合、变压器耦合和直接耦合。

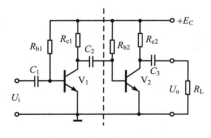

图 4.2　阻容耦合电路

1. 阻容耦合

阻容耦合电路如图 4.2 所示。由图可见，第一级的输出电压经过 C_2 传送到第二级，成为第二级的输入电压，而第二级的输入电阻 r_{i2} 相当于第一级的负载 R_{L1}，我们把这种通过电容和下一级的输入电阻连接起来的方式称为阻容耦合。

阻容耦合方式的优点是：

（1）各级静态工作点互不影响。由于各级之间用电容连接，所以前后级的直流通路是互相隔离、互相独立的，这就给设计、计算和调试带来了很大的方便。

（2）在信号传输过程中，交流信号损失小，放大倍数高。只要耦合电容的电容量足够大，在一定频率范围内就可以做到把前一级的交流输出信号几乎无损失地加到后一级去放大，从而使信号得到充分利用，放大倍数高。

（3）体积小、成本低。

阻容耦合方式的缺点是：

（1）不能用来传送和放大变化缓慢的信号或直流信号。由于有耦合电容存在，当信号频率太低（变化缓慢）时，电容的容抗$[X_C = 1/(\omega C)]$将非常大，此时输入信号的大部分降在了电容两端，只有极少部分被送入放大电路，因而信号很难通过，放大电路也就失去了放大能力。

（2）阻容耦合电路不适合集成化。因为在集成电路的制造工艺中，制造大容量的电容是十分困难的（只能制造 100pF 以下）。而在阻容耦合放大电路中使用的耦合电容的电容量一般都为几个到几百个微法。

2．直接耦合

为避免耦合电容对变化缓慢的信号的衰减，可以把前一级的输出端直接（或经过电阻等）

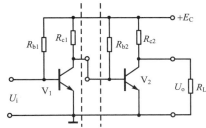

图 4.3　直接耦合电路

接到下一级的输入端，如图 4.3 所示，这种连接方式称为直接耦合。由于它可以放大直流信号，因而这种放大器也称为直流放大器。直接耦合放大器将在第 5 章详细介绍。

直接耦合方式的优点是：

（1）可以放大变化缓慢的信号以及直流成分的变化，当然也可以放大交流信号，因为它的低频特性比较好。

（2）便于集成。因为电路中没有电容，只有管子和电阻。目前广泛使用的集成电路如运算放大器，就是把一个完整的直接耦合放大电路制作在一块硅片上而形成的。

直接耦合方式的缺点是：

（1）由于前后级直接相连，各极的静态工作点不是独立的，能相互影响，这给设计、计算和调试带来了很大的不便。

（2）直接耦合方式存在零点漂移（简称"零漂"）。

所谓零漂是指当输入信号为零时，输出信号不为零，而是在零点附近上下变化。

3．变压器耦合

变压器可以通过磁路的耦合把原边的交流信号传送到副边，因此它可以作为耦合元件。图 4.4 给出了一个变压器耦合的两级放大电路，第一级晶体管 V_1 的集电极电阻 R_{c1} 换成了变压器 T_1 的原边绕组，变化的电压或电流经 T_1 的副边绕组加到晶体管 V_2 的基极进行第二次放大，而 T_2 把放大了的交流电压和电流加到负载 R_L 上去。

变压器耦合方式的优点是：

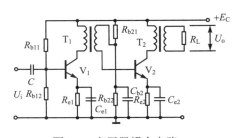

图 4.4　变压器耦合电路

（1）前后级静态工作点也是互相独立、互不影响的，因为变压器不能传送直流信号。这样，在电路的设计、计算和调试上都比较方便。

（2）变压器耦合的最大优点是在传送交流信号的同时，还可以进行电压、电流和阻抗的变换。一个阻值较小的负载，经过变压器的阻抗变换作用后，可以变成放大器的最佳负载，使负载上得到最大输出功率。

由变压器的工作原理可得

$$R'_L = n^2 R_L \qquad (4.1)$$

式中，R'_L 为变压器原边的等效负载，R_L 为副边的等效负载，n 为变压器原边与副边的匝数比。可见只要适当选择匝数比 n，就可以把副边的负载 R_L 变换成原边所需的数值 R'_L。

变压器耦合方式的缺点是：

（1）高频和低频性能都比较差。很明显，它不能传送直流或变化缓慢的信号，所以只能用于交流放大。

（2）变压器需要使用有色金属和磁性材料，体积大，成本高，而且无法采用集成工艺。

4.1.2 多级放大电路的电压放大倍数、输入电阻和输出电阻

1．电压放大倍数

在多级放大电路中，由于各级之间是串联起来的，上一级的输出是下一级的输入，所以总的电压放大倍数等于各级电压放大倍数的乘积，即

$$A_u = A_{u1} \times A_{u2} \times \cdots \times A_{un} \qquad (4.2)$$

式中，A_u 为多级放大电路的总电压放大倍数；A_{ui} 为第 i（$i = 1 \sim n$）级放大电路的电压放大倍数。

如果用分贝（dB）表示，则有

$$20\lg|A_u| = 20\lg|A_{u1}| + 20\lg|A_{u2}| + \cdots + 20\lg|A_{un}| \qquad (4.3)$$

在计算多级放大电路的电压放大倍数时，必须考虑前后级的相互影响。可以把后级的输入电阻作为前级的负载，而前级的输出电阻就是后级的信号源电阻。

2．输入电阻和输出电阻

一般来说，多级放大电路的输入电阻就是第一级（称为输入级）的输入电阻；而输出电阻就是末级（称为输出级）的输出电阻。

由于总的放大倍数等于各级放大倍数的乘积，所以在选择输入、输出级电路的形式及参数时，就可使它服从于电路对输入电阻及输出电阻的要求，而放大倍数则由中间级来提供。

4.2 放大电路的频率响应

4.2.1 频率响应的基本概念

由于放大电路中存在着耦合电容、旁路电容、晶体管的结电容及电路传输线的分布电容等，它们的容抗 $[X_C = 1/(\omega C)]$ 将随输入信号的频率而变化。当输入信号的频率较低时，串联在输入回路的耦合电容的容抗 X_C 将增大，输入信号被衰减，使电路的电压放大倍数下降；

而当输入信号的频率较高时，并联在输出端的三极管的结电容（在三极管内部）以及传输线的分布电容的容抗 X_C 将减小，对输出信号起着分流的作用，这同样会使电路的电压放大倍数下降，而且输出电压和输入电压之间还将产生附加相移，这种现象称为放大电路的**频率响应**。即

$$\begin{cases} A_u = A(\omega) \\ \varphi_u = \varphi(\omega) \end{cases} \tag{4.4}$$

式中，A_u 和 φ_u 都是频率的函数，分别称为放大电路的幅频特性和相频特性，图 4.5 所示是共射极基本放大电路的幅频特性和相频特性曲线。图中，幅频特性的纵坐标为电压放大倍数 A_u 的对数形式，即 $L_A = 20\lg A_u$，单位是分贝（dB）。横坐标为频率的指数（10^n），单位是 Hz。

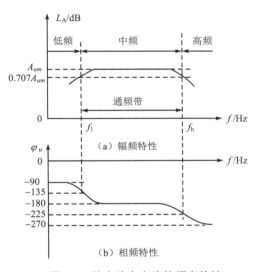

图 4.5　基本放大电路的频率特性

如图 4.5 所示，一般把电压放大倍数曲线最平坦（几乎与频率无关）、幅值最大的频率区间称为中频，这时的放大倍数称为中频放大倍数，用 A_{um} 表示，在第 3 章所求的电压放大倍数都是指中频放大倍数。在中频以下，随着频率的降低，电压放大倍数逐渐下降，一般把这一频率范围称为低频；在中频以上，随着频率的升高，电压放大倍数也下降，这一频率范围称为高频。当放大倍数下降到中频放大倍数的 $1/\sqrt{2}$ $(= 0.707)$时，相应的低频频率和高频频率分别被称为放大电路的下限频率 f_l 和上限频率 f_h，两者之间的频率范围称为通频带（或称"带宽"）f_{bw}，即

$$f_{bw} = f_h - f_l \tag{4.5}$$

通频带的宽窄表征放大电路对不同频率输入信号的响应能力，是放大电路的重要技术指标之一。

由于放大电路的通频带有一定的限制，因此对不同频率的信号，放大倍数的幅值不同，相位也不同。当输入信号包含多次谐波时，经过放大电路以后，由于各次谐波被放大的倍数不同，输出后总的波形必将产生失真，这种现象称为放大电路的频率失真。显然，通频带越宽，频率失真越小。

4.2.2　影响通频带宽度的主要因素

1．影响下限频率 f_1 的因素

在低频范围内，级间耦合电容的容抗变大对电路的工作将产生明显的影响。这是因为，耦合电容串联在电路中，所以它对信号的传递有较强的降压作用，造成信号在传递过程中产生严重失真，从而使放大倍数下降。此外，电路的输入电阻 r_1 对下限频率 f_1 也有影响。分析表明，放大电路的下限频率 f_1 与电路的输入电阻 r_1 和输入端的耦合电容 C 的乘积成反比，即

$$f_1 = \frac{1}{2\pi r_1 C} \tag{4.6}$$

下限频率越低，通频带越宽。因此若要增大通频带，必须降低下限频率。由式（4.6）可知，增大电路的输入电阻或者增大输入端的耦合电容的电容值，均可降低下限频率。

2．影响上限频率 f_h 的因素

在高频范围内，耦合电容的作用显然可以忽略不计。但此时晶体管的结电容（发射结和集点结的结电容）、电路的分布电容等却对负载电流有很强的分流作用，从而使放大倍数下降。除此之外，晶体三极管的 β 值在高频时也会下降，这也将导致放大倍数下降。总之，为了提高上限频率，必须选用参数合适的高频晶体三极管（结电容小、特征频率 f_T 高）。

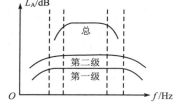

图 4.6　多级放大电路的频率特性

4.2.3　多级放大电路的频率响应

由式（4.2）和式（4.3）可知，多级放大电路的幅频特性和相频特性曲线是各级频率特性曲线的叠加。多级放大电路的频率特性曲线如图 4.6 所示。

多级放大电路的通频带要比组成它的每级通频带窄。

4.3　放大电路中的反馈

反馈技术在电子电路中有着广泛的应用。负反馈主要用来改善放大电路的各项性能指标。

4.3.1　反馈的基本概念

1．反馈概念的建立

在基本放大器中，信号由输入端加入，经过放大电路放大后，从输出端取出，这是信号的正向传输方向。"馈"是输送的意思，反馈就是指信号（部分或全部）从输出端反向送回输入端。用于实现反方向传输信号的电路称为反馈电路，带有反馈电路的放大器称为反馈放大器。

在第 3 章中，在实现静态工作点稳定的偏置电路中，已经应用了负反馈。如图 3.10 所示的分压式偏置电路中，利用发射极电阻 R_e，将输出回路 I_C 的变化引回到输入回路调整 U_{BE}，

以达到稳定工作点的目的，这就是负反馈。这里的负反馈是直流负反馈。一般地说，反馈信号往往既有交流成分，又有直流成分。本章我们只讨论交流信号的反馈，而不涉及放大电路的直流工作状态。

2. 反馈的一般表达式

反馈放大电路的方框图如图 4.7 所示。图中，A 表示基本放大电路，F 表示反馈电路，符号⊗表示比较环节，X_i、X_o 分别表示放大器的输入、输出信号，X_f 表示反馈信号。X_i 与 X_f 在⊗进行比较（使信号增强或减弱），获得净输入信号 X_i'。

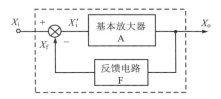

图 4.7　反馈放大电路的方框图

反馈放大电路的基本关系式有：
（1）基本放大电路的放大倍数

$$A = \frac{X_o}{X_i'} \tag{4.7}$$

即电路未引入负反馈时的放大倍数，也称负反馈电路的开环放大倍数。
（2）反馈系数

$$F = \frac{X_f}{X_o} \tag{4.8}$$

（3）反馈放大倍数

$$A_f = \frac{X_o}{X_i} \tag{4.9}$$

即电路引入负反馈后的放大倍数，也称负反馈电路的闭环放大倍数。
引入负反馈后的净输入信号为

$$X_i' = X_i - X_f$$

将式（4.7）、式（4.8）代入式（4.9）中，整理后可得

$$A_f = \frac{A}{1+AF} \tag{4.10}$$

式中，$D = 1+AF$ 是一个描述负反馈量大小的物理量，称为反馈深度。反馈深度越大，负反馈放大电路的闭环放大倍数 A_f 与基本放大电路的放大倍数 A 相比，其减小的量也越大。

4.3.2　反馈的分类和判别

1. 正反馈与负反馈

根据反馈极性的不同，可以分为正反馈和负反馈。若送回输入回路的反馈信号使输入信号减小，则称为负反馈；反之，称为正反馈。

式（4.10）中，若 AF 为正，则 $A_f < A$，为负反馈；若 AF 为负，则 $A_f > A$，为正反馈。

将式（4.7）与式（4.8）相乘得

$$AF = \frac{X_\text{o}}{X_\text{i}'} \cdot \frac{X_\text{f}}{X_\text{o}} = \frac{X_\text{f}}{X_\text{i}'}$$

可见 X_f 与 X_i' 同相时，AF 为正，电路为负反馈；X_f 与 X_i' 反相时，AF 为负，电路为正反馈。因此，可根据 X_f 与 X_i' 的相位，用"瞬时极性法"来判断反馈极性。下面举例说明用瞬时极性法判别反馈极性的方法。

【例 4.1】 判断图 4.8 所示电路的反馈极性。

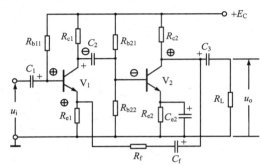

图 4.8　负反馈放大电路

解： 我们只考虑 u_o 通过 R_f 引回到 V_1 发射极上的那部分电压。

考察输入信号为"+"的某一时刻，由于输入信号 u_i 为"+"，必然使得 u_b1 为"+"，经 V_1 反相得 u_c1 为"–"，从而 u_b2 为"–"，再经 V_2 反相得 u_c2 为"+"，于是 u_f 为"+"。即

$$u_\text{i}{}^+ \rightarrow u_\text{b1}{}^+ \rightarrow u_\text{c1}{}^- \rightarrow u_\text{b2}{}^- \rightarrow u_\text{c2}{}^+ \rightarrow u_\text{f}{}^+$$

这样一来，输入信号和反馈信号在输入回路中实际上是相减的，所以这个电路是负反馈放大电路。

2．电压反馈与电流反馈

根据反馈信号和输出信号的关系，可以分成电压反馈和电流反馈两类。凡是反馈信号与输出电压成正比的是电压反馈，凡是反馈信号与输出电流成正比的是电流反馈。

判别的方法是设想把输出端 R_L 短路时，如反馈信号消失，则属于电压反馈；如反馈信号依然存在，则属于电流反馈。在图 4.9（a）中，如输出电压 u_o 为零，反馈信号 u_f 也为零，则为电压反馈；在图 4.9（b）中，若输出电压 u_o 为零，而反馈信号 u_f 不为零，则是电流反馈。

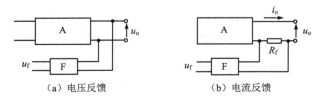

（a）电压反馈　　　　　　　　　（b）电流反馈

图 4.9　电压反馈与电流反馈

3．串联反馈与并联反馈

根据反馈信号与输入信号的关系，可以分成串联反馈与并联反馈两类。

如果放大器的净输入电压 u_i' 是由信号源电压 u_i 与反馈电压 u_f 串联而成的，那么这种反馈称为串联反馈。这时 $u_i' = u_i - u_f$，如图 4.10（a）所示。

如果放大器的净输入电压 u_i' 是由信号源电压 u_i 与反馈电压 u_f 并联而成的，那么这种反馈称为并联反馈。这时，输入到放大器的净电流 i_i'，为信号源电压所提供的电流 i_i 和由反馈电压 u_f 形成的电流 i_f 之差，即 $i_i' = i_i - i_f$，如图 4.10（b）所示。

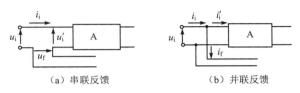

（a）串联反馈　　　　　　　　　（b）并联反馈

图 4.10　串联反馈与并联反馈

判别的方法是设想将输入端短路（$u_i = 0$），观察反馈信号（u_f 或 i_f）是否继续起作用。若反馈信号仍注入输入端而起作用，则为串联型；反之，则为并联型。应注意，串联反馈总是以反馈电压 u_f 的形式作用于输入回路，而并联反馈则总是以反馈电流 i_f 的形式作用于输入回路。

4.3.3　反馈放大器的四种基本类型

根据前面的讨论，若同时考虑反馈电路的输入回路和输出回路，显然，负反馈电路可分为如下四种类型：

（1）电压串联负反馈；　　　　　　（2）电压并联负反馈；

（3）电流串联负反馈；　　　　　　（4）电流并联负反馈。

根据图 4.9 和图 4.10 可进一步画出四种负反馈电路的方框图，如图 4.11 所示。

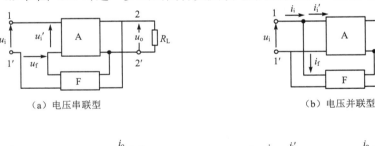

（a）电压串联型　　　　　　　　　　　　　（b）电压并联型

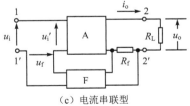
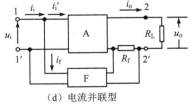

（c）电流串联型　　　　　　　　　　　　　（d）电流并联型

图 4.11　反馈放大器的四种基本类型

必须指出，这里提出的四种负反馈电路，并不是反馈形式的简单组合，而是实际电路的需要，因为每种类型的负反馈电路，除了遵循前面所讲的一般关系式外，还有一定的特殊性。

【**例 4.2**】　试判别图 4.12 所示电路的反馈类型。

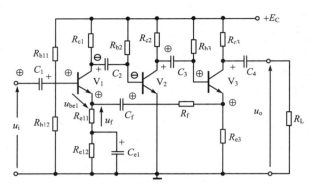

图 4.12　三级反馈放大电路

解：由图 4.12 可见，R_{e12} 并联了 C_{e1}，所以无交流反馈（但有直流反馈，可以稳定静态工作点）。R_{e11}、R_{e3} 分别为第一级及第三级的交流反馈电阻（无旁路电容并联），它们对本级放大电路有串联电流负反馈作用。但放大电路中起主要反馈作用的是由 R_{e3}、R_f、C_f、R_{e11} 组成的级间反馈电路。

（1）用瞬时极性法判断是正反馈还是负反馈

设输入信号为"⊕"，则有下面的关系：

$$u_i^+ \rightarrow u_{b1}^+ \rightarrow u_{c1}^- \rightarrow u_{b2}^- \rightarrow u_{c2}^+ \rightarrow u_{b3}^+$$
$$u_{e1}^+ \leftarrow u_{e3}^+ \leftarrow u_{c3}^-$$

根据上述判别可知，经电阻 R_f 和电容 C_f 反馈到三极管 V_1 发射极的信号瞬时极性为正（⊕），使发射极电位升高，从而使 V_1 管的净输入电压 u_{be1} 减小，所以是负反馈。

（2）用输出端短路法判断是电压反馈还是电流反馈

假设输出端短接，使 $u_o = 0$，对于交流信号来讲，反馈电压 u_f 仍然存在，所以是电流反馈。

（3）用输入端短路法判断是串联反馈还是并联反馈

假设输入端短路，此时，因为 u_f 仍加在输入端起作用，所以是串联反馈。

综上分析，由 R_{e3}、R_f、C_f 和 R_{e11} 组成了电流串联负反馈电路。

4.4　负反馈对放大器性能的影响

引入负反馈会使放大电路的放大倍数降低，但却改善了放大电路的多方面性能，如提高放大倍数的稳定性，根据需要改变放大器的输入输出电阻、减小非线性失真、扩展通频带以改善频响等。下面分别加以讨论。

4.4.1　负反馈对放大倍数的影响

1．放大倍数下降

前面讨论过的负反馈放大倍数式（4.10）为

$$A_f = \frac{A}{1 + AF}$$

可见，$|A_f| < |A|$。它告诉我们，加入负反馈后，放大电路的放大倍数 A_f 减小到没有反馈时的 $1/(1+AF)$。反馈深度 $(1+AF)$ 越大，放大倍数减小得越多。

2．放大倍数稳定性提高

如果在放大电路中加入较深的负反馈，$|AF| \gg 1$，于是式（4.10）变为

$$A_f \approx \frac{1}{F}$$

这时，放大电路的闭环放大倍数 A_f 与 A 几乎无关，A_f 只决定于反馈系数 F（即仅与反馈电路的参数有关）。这样就使放大电路的放大倍数 A_f 基本上不受三极管参数和电路元件参数的影响，这可使放大电路稳定工作。

4.4.2　负反馈对输入电阻及输出电阻的影响

1．对输入电阻的影响

串联型反馈电路如图 4.13 所示。基本放大电路的输入电阻为 $r_i = \dfrac{u_i'}{i_i}$（u_i' 即 u_{be}），反馈放大器的输入电阻可计算得

$$r_{if} = \frac{(1+A_u F_u)u_i'}{i_i} = (1+A_u F_u)r_i > r_i$$

式中，A_u 为基本放大电路的电压放大倍数；F_u 为电压反馈系数。

并联型反馈电路如图 4.14 所示。基本放大器的输入电阻为 $r_i = \dfrac{u_i}{i_i'}$，反馈放大器的输入电阻可计算得

$$r_{if} = \frac{u_i}{(1+A_i F_i)i_i'} = \frac{r_i}{1+A_i F_i} < r_i$$

式中，A_i 为基本放大电路的电流放大倍数；F_i 为电流反馈系数。

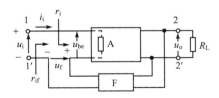
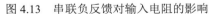
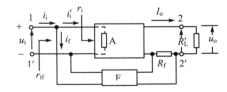

图 4.13　串联负反馈对输入电阻的影响　　　　图 4.14　并联负反馈对输入电阻的影响

以上分析表明：串联负反馈使输入电阻增大，并联负反馈则使输入电阻减小。

2．对输出电阻的影响

图 4.13 所示电路的输出端采用电压反馈，当负载电阻增大时，通常将引起输出电压升高。但是引入负反馈将使这种电压升高的程度有所减小，其过程是：

$$R_\text{L} \uparrow \rightarrow R'_\text{L} \uparrow \rightarrow u_\text{o} \uparrow \rightarrow u_\text{f} \uparrow$$
$$u_\text{o} \downarrow \leftarrow u_\text{be} \downarrow （u_\text{i} 一定）$$

可见，电压负反馈具有使输出电压趋于恒压的特性，也就是使放大器的输出电阻减小。定量分析计算的结果也说明了这一点。

电压负反馈放大器的输出电阻可计算得

$$r_\text{of} = \frac{r_\text{o}}{1 + A_u F_u} < r_\text{o}$$

式中，r_o 为无反馈时放大器的输出电阻；r_of 为有反馈时放大器的输出电阻；A_u、F_u 的含义同前。

可见，电压负反馈使放大器的输出电阻减小了。

图 4.14 所示电路的输出端采用的是电流反馈，当负载电阻减小时，通常将使输出电流增大。然而引入负反馈后将使这种电流增大的程度有所减小，其过程是：

$$R_\text{L} \downarrow \rightarrow R'_\text{L} \downarrow \rightarrow i_\text{o} \uparrow \rightarrow i_\text{f} \uparrow$$
$$i_\text{o} \downarrow \leftarrow i'_\text{i} \downarrow （i_\text{i} 一定）$$

可见，电流负反馈具有使输出电流趋于恒流的特性，也就是使放大器的输出电阻增大。定量分析计算的结果也说明了这一点。

电流负反馈放大器的输出电阻可计算得

$$r'_\text{of} = r_\text{of} \, / \! / \, R_\text{c}$$

式中，r_of 为有反馈时放大器的输出电阻（但不包含集电极电阻 R_c），其计算公式为

$$r_\text{of} = \left(1 + \frac{R_\text{f}}{R_\text{f} + r_\text{i}} A_i\right) r_\text{o} > r_\text{o}$$

式中，r_o 为无反馈时放大器的输出电阻。

A_i 的含义同前，R_f、r_i 分别是电流反馈电阻和无反馈时放大器的输入电阻。

可见，电流负反馈使放大器的输出电阻增大了，但由于 R_c 的存在，实际输出电阻 r'_of 的增大并不多。

以上分析表明：电压负反馈使输出电阻减小，而电流负反馈则使输出电阻增大。

4.4.3　负反馈对非线性失真的影响

前面讲过，静态工作点设置得不合理，或者三极管特性曲线的非线性都会造成输出波形的失真——非线性失真。引入负反馈可减小这种非线性失真，下面简要说明其过程。

无反馈时，输入正弦信号 u_i，输出信号 u_o 出现非线性失真（下半周小），如图 4.15（a）所示。

引入负反馈后，失真的输出信号 u'_o 回馈到输入端，反馈信号 u_f 与 u'_o 有相似的失真波形。$-u_\text{f}$ 与 u_i 叠加以后得到净输入信号 u'_i 的失真波形（上半周小）与 u'_o 的失真波形（下半周小）情况正好相反。这样通过放大后的输出信号 u_o 的失真程度有所改善，如图 4.15（b）所示。

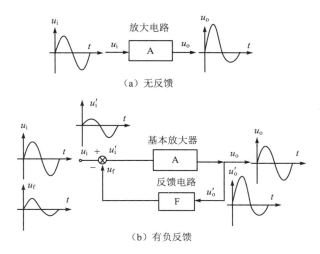

图 4.15　负反馈对波形失真的改善

4.4.4　负反馈对频率特性的影响

采用负反馈后，可以减小由于频率不同而引起的放大倍数的变化。由图 4.16 可以看出，由于负反馈的引进，在各频段上放大倍数都要下降，而且从 $A_{uf} = \dfrac{A_u}{1 + A_u F}$ 的关系式可以看出，原来 A_u 大的，其分母 $1 + A_u F$ 更大，即放大倍数下降得更多。中频段的电压放大倍数 A_u 最大，所以放大倍数下降得最多，而在高频段和低频段，由于原来的放大倍数较小，则放大倍数下降量就小些，结果使放大器的频响特性变得平坦，即通频带展宽了，使放大器的频率特性得以改善。其中，反馈越深，放大倍数下降得越多，频带也展得越宽，如图 4.16 所示。

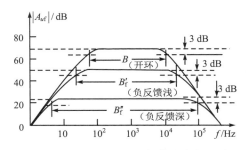

图 4.16　负反馈对频率响应的改善

4.4.5　负反馈问题小结

综上所述，负反馈对放大器性能的影响可归纳于表 4.1 中。

表 4.1　负反馈对放大器性能的影响

影响项目 ＼ 负反馈类型	电压负反馈	电流负反馈	串联负反馈	并联负反馈
放大倍数	下降	下降	下降	下降
放大倍数稳定性	提高	提高	提高	提高
输入电阻			增大	减小

续表

负反馈类型 影响项目	电压负反馈	电流负反馈	串联负反馈	并联负反馈
输出电阻	减小	增大		
非线性失真	减小	减小	减小	减小
频率特性	改善	改善	改善	改善

采用负反馈时的注意事项：以上关于负反馈问题的讨论都是在中频范围内进行的，在中频范围内可以不考虑放大电路的附加相移。但是在中频以外的低频或高频范围，放大电路将有附加的相移存在，因此，表面上看起来为负极性的反馈，在有些频率上可能已经变成为正极性的了（表面上的"负反馈"变成了实际上的"正反馈"）。在放大器电路中，如果存在正反馈并达到一定强度时，电路将会产生自激振荡。自激振荡对有些电路（如振荡器）的工作是有利的，但对放大电路的正常工作却是十分有害的。此时，该放大器将不能正常放大需要放大的信号，却产生刺耳的啸叫声。因此，在电路中引入负反馈时要注意反馈不能太强，同时不要引入三级或三级以上的级间负反馈。

 小知识

反馈（feed back）

在电子技术特别是在放大器电路中，反馈是一个极其重要的概念。众所周知，在放大电路中，被放大的信号是从放大器的输入端加入，经过放大器放大后，从输出端取出的，这是信号的"正向"传输方向（也可叫做"正馈"）。如果从输出端取出一部分信号，然后以适当的连接方式反方向送回到输入端，那么，这是信号的"反向"传输方向，这就是所谓的"反馈"。用于实现反方向传输信号的电路称为"反馈电路"。

术语"反馈"中的"反"代表"信号的反向（传输）"，而"馈"则代表"输送"或"传输"。"反馈"的英文叫"feed back"，"feed"是"馈送"之意，而"back"则是"反""回"之意。因此，用"反馈"一词来翻译英文的"feed back"是非常准确的。根据反馈信号在输入端与输入信号是相加还是相减，"反馈"可分为"正反馈"或"负反馈"。"正反馈"被广泛应用在振荡器电路中，在那里，产生振荡是主要的目的；与此相反，"负反馈"被广泛应用在放大电路中，用于改善或提高放大器的各种性能指标。特别应当指出的是，"负反馈"的概念对具有广泛用途的"运算放大器"（参见第5章）更具有十分重要的意义。

"反馈"这个概念及相关技术还被广泛地用于其他科技领域（特别是自动控制学科）中，可以说，整个自动控制技术都是建立在反馈理论基础之上的。举个例子，如果人们想要控制室内温度，不论何种情况发生，均想使其达到规定的温度（例如 20℃）。在自动控制技术中，通常是这样做的：首先预先设定一个所需温度（"设定值"，现在是 20℃），通过安装在室内适当地点的温度传感器来检测室内的温度（"检测值"），将此"检测值"与"设定值"进行比较，看是高还是低：如果"设定值"＜"检测值"，则说明室内温度高了，应当降温；如果"设定值"＞"检测值"，则说明室内温度低了，应当升温。这里的"检测值"与"设定值"进行"比较"，实质上就是做减法，即做："设定值"－"检测值"的运算，看一看"设定值"－"检测值"=？（>0，=0 或<0）。用自动控制的术语来说，这就是"负反馈"。自动控制的目的就是尽可能地使"检测值"→"设定值"，也即力求使"设定值"

—"检测值"→0。为此，自动调节器将Δ＝"设定值"－"检测值"（叫做"误差信号"）放大，然后控制相应的执行机构去进行适当的动作，以使得"设定值"－"检测值"→0。

目前，在社会生活的各个领域也常常使用"反馈"这一概念。例如，在企业或某一机构中，若下达了某一指示或规章制度需要该单位的全体人员来执行（"设定值"），那么，该单位的有关部门就需要定期地下到基层部门了解执行情况（"检测"），然后将各部门执行的情况（"检测值"）与所下达的指示或要求进行比较（执行"设定值"－"检测值"=? 的运算，也即进行"反馈"），看一看存在什么问题，以便及时地下达新的改进命令（校正动作）。可以看出，这是一个"闭环系统"（系统有"反馈"）。假如上面仅仅是发指示而不定期地派人下去做检查工作，可以肯定地说，这种指示是不会执行得很好的。用自动控制的术语说，这是一个"开环系统"（系统无"反馈"）。显然，"闭环系统"（有反馈的系统）要比"开环系统"（无反馈的系统）优越。

顺便提一下，我们人也是一个带有"反馈"的高级自动控制系统，我们做任何一件事情或进行某项动作，都依赖于"反馈"。例如当我们沿着某条小道走路时，我们的眼睛需要时时刻刻地注视着我们走出的每一步，看一看这迈出的每一步与大脑中所反映出的路况有多大差别（执行"设定值"－"检测值"=? 的运算，也即进行"反馈"）。通过这种不断的"反馈"—"校正"，最终引导我们顺利地到达目的地。

通过以上的简要介绍可知，"反馈"这个概念不仅仅存在于电子技术中，而且广泛地存在于其他技术领域和社会日常生活中。

 本章要点

1. 多级放大器是由若干个基本放大电路连接在一起形成的。其中每一个基本放大电路叫做一"级"，级与级之间的连接方式称为耦合方式，常用的耦合方式有三种，即：阻容耦合、直接耦合和变压器耦合。

2. 阻容耦合的特点是：各级静态工作点互不影响、利于交流信号进行传输和放大；缺点是不能用于放大缓慢变化的信号和直流信号，不能用于集成电路。

3. 直接耦合的特点是：能放大缓慢变化的信号和直流信号，便于集成化，广泛应用于集成电路制造中；其缺点是各级静态工作点互相影响，存在零点漂移现象。

4. 变压器耦合的最大优点是在传送交流信号的同时，能实现阻抗变换，从而使负载上能得到最大的输出功率，这在收音机和功率放大器电路中经常被采用。

5. 多级放大电路的总电压放大倍数，等于各级放大电路的电压放大倍数的乘积；而其输入电阻等于第一级的输入电阻，输出电阻等于末级的输出电阻。

6. 放大电路的电压放大倍数是频率的函数，这种函数关系就是放大电路的频率响应。

7. 当输入信号的频率较低时（低频段），放大电路的电压放大倍数将下降，其主要原因是：隔直电容的容抗随输入信号频率的降低而增大，从而使信号在电容两端的压降增加；而在高频段，放大倍数下降的主要原因是由于三极管存在着极间电容，同时，晶体三极管的共射极电流放大系数 β 随着频率的升高而降低也是一个重要原因。

8. 多级放大电路的通频带总是要比组成它的每一级的通频带窄。

9. 在放大电路中，常常利用负反馈，使电路输出量（电压或电流）的变化反过来影响输入回路，从而控制输出端的变化，来改善电路的各项性能。

10. 正反馈使电压放大倍数增大、负反馈使电压放大倍数降低；电压负反馈降低了电路的输出电阻、使输出电压稳定；电流负反馈增加了电路的输出电阻，使电路的输出电流稳定；串联负反馈使电路的输入电阻提高，并联负反馈使电路的输入电阻降低。

11．在实际的反馈放大电路中，有以下四种常见的组态：电压串联式、电流串联式、电压并联式和电流并联式。

12．引入负反馈后，虽然放大倍数下降了，但放大倍数的稳定性却提高了，并且降低了电路的非线性失真，展宽了电路的频带。所以负反馈的优点是主要的。

思考与习题

（一）自我测验题

将 A 列中的每个表述与 B 列中的最相关的意义或表述适配起来。（注意：A 列中的某些项可能不止一个答案）

A 列	**B 列**
1．多级放大电路能	a．三极管存在结电容
2．多级放大电路的耦合方式有	b．低于每一级的通频带
3．变压器耦合的最大特点是	c．放大倍数下降、放大倍数稳定
4．直接耦合的特点是	d．降低输出电阻、稳定输出电压
5．在低频段，放大倍数下降的主要原因是	e．增大输出电阻、稳定输出电流
6．在高频段，放大倍数下降的主要原因是	f．提高电路的放大倍数
7．多级放大电路的通频带	g．阻容耦合、变压器耦合和直接耦合
8．负反馈使	h．能放大直流信号
9．电压负反馈能	i．隔直电容的容抗增大
10．串联负反馈能	j．降低输入电阻
11．并联负反馈能	k．增大输入电阻
12．电流负反馈能	l．能实现阻抗变换

（二）判断题（答案仅需给出"是"或"否"）

1．多级放大器是由若干个基本放大电路连接在一起形成的。

2．多级放大电路的总输入电阻等于各级放大电路输入电阻的乘积。

3．直接耦合放大电路易于集成化。

4．多级放大电路的通频带与组成它的每一级的通频带相同。

5．放大电路的电压放大倍数与输入信号的频率无关。

6．输入电阻和耦合电容的乘积越大，低频特性越好。

7．反馈能改善放大电路的性能指标。

8．反馈深度 $1+AF$ 值越大，放大倍数越小，而稳定性越好。

（三）综合题

1．一个电压串联负反馈放大电路，当输入信号 $U_i = 3\,\text{mV}$ 时，$U_o = 100\,\text{mV}$；而在无负反馈情况下，$U_i = 3\,\text{mV}$，$U_o = 3\,\text{V}$。求这个负反馈电路的反馈系数和反馈深度。

2．一个负反馈放大电路如图4.17所示，已知基本放大电路的放大倍数 $A_u = -1000$，反馈系数 $F_u = -0.01$，净输入电压 $U_i' = 1\,\text{mV}$。试求：

（1）放大电路的输入信号电压 U_i、输出电压 U_o 及反馈电压 U_f 各为多少？

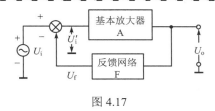

图 4.17

（2）计算闭环电压放大倍数 A_{uf}。

3．判断图 4.18 所示各电路的反馈类型。

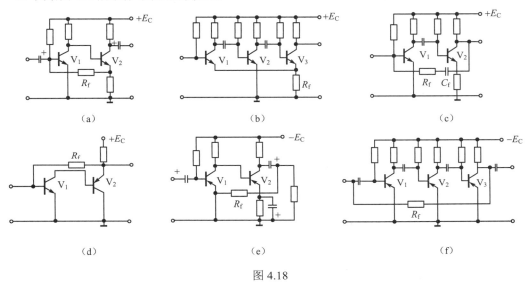

图 4.18

4.5　实验

4.5.1　阻容耦合两级放大器的焊接与调试

【实验目的】

（1）加深对阻容耦合放大器特性的理解。

（2）掌握两级阻容耦合放大器的调整和测试方法。

（3）熟悉有关仪器的使用。

（4）掌握单元电路焊接技术。

【实验原理】

1．基本原理

　　阻容耦合放大器是多级放大器中最常见的一种，其电路如图 4.19 所示。这是一个两级阻容耦合放大器，各级静态工作点互不影响，可分别单独调整。

　　多数放大器是逐级连续放大的，前级输出电压就是后级的输入电压，因此两级放大器的电压总增益为 $A = A_1 \cdot A_2$。

　　为了提高多级放大器的总增益，宜采用 β 较高的晶体管。虽然这对提高本级增益无多大作用，但却提高了本级输入电阻，故能提高前级增益，从而也就提高了电路的总增益。

2．实验线路

阻容耦合两级放大器实验线路如图 4.19 所示。

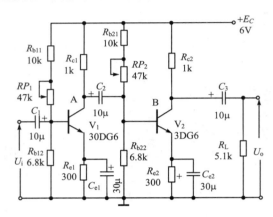

图 4.19　阻容耦合放大器的实验线路

【实验器具】

示波器、低频信号发生器、毫伏表、直流电源（6V），晶体管（3DG6 4 只，$\beta = 50$、$\beta = 100$ 各 2 只），电阻（300 Ω、1 kΩ、6.8 kΩ、10 kΩ 各 2 只，5.1 kΩ 1 只）、电解电容（30 μF/6.3 V 2 只、10 μF/6.3V 3 只）、电位器（47 kΩ 2 只）。

【实验内容与方法】

1．电路的安装与焊接

（1）将电路元件进行测试，检验其质量和数值。V_1、V_2 的 β 值为 50。

（2）焊接前应对电路元件的布局有全面的考虑，注意合理布线及合理选择接地点，以防止干扰和产生寄生振荡。

（3）按图 4.19 所示进行电路焊接。焊接次序是：先焊电源线和地线，然后从放大器的后级焊到前级。焊接时必须细心、认真，防止错焊、漏焊和虚焊。

（4）对照线路图板检查安装焊接无误后方可进行以下实验。

2．调节各级静态工作点

（1）在放大器输入端加上 $f = 1\,\text{kHz}$，$U_i = 10\,\text{mV}$ 的信号电压。

（2）用示波器分别观察各级的输出电压波形。适当调节 RP_1、RP_2，并逐渐加大信号电压的幅值，使每级输出电压的波形均在正负峰值附近，同时开始削波。静态工作点电流的参考值为 $I_{C1} \approx I_{C2} \approx 1\,\text{mA}$。

（3）测量晶体管各工作点电压，并将结果记录在表 4.2 中。

表 4.2　放大器各工作点电压

晶体管	U_E（V）	U_{BE}（V）	U_C（V）
V_1			
V_2			

3. 测量放大器电压放大倍数 A_1、A_2 和 A

（1）用低频信号发生器在放大器输入端输入 $f = 1\,\text{kHz}$、$10\,\text{mV}$ 的正弦波信号。

（2）用毫伏表分别测出 U_{o1}（A 点）和 U_{o2}（B 点），记录于表 4.3 中，进一步可算出各级电压放大倍数、总电压放大倍数和总增益。

表 4.3　阻容耦合放大器增益

输入信号电压	输出信号电压		第一级电压放大倍数	第二级电压放大倍数	总放大倍数	总增益（dB）
	U_{o1}（A 点）	U_{o2}（B 点）				

4. 测量 β 值对增益的影响

改变 V_1、V_2 的 β 值，按前面的方法测量放大器的增益，将结果记录在表 4.4 中。

表 4.4　β 值对增益的影响

晶体管 β 值		第一级电压增益	第二级电压增益	总电压增益
β_1	β_2	A_{u1}	A_{u2}	A_u
50	50			
50	100			
100	100			

5. 实验报告要求

（1）记录各种测量结果，根据测量结果计算电压增益，完整填写各实验表。

（2）根据表 4.4 讨论分析 β 对增益的影响。

（3）总结阻容耦合放大器的焊接、调试过程，分析 1～2 个实验现象。

4.5.2　负反馈放大器特性研究与参量测试

【实验目的】

（1）加深理解负反馈对放大器性能的影响。

（2）掌握闭环放大倍数与输入、输出电阻的测量方法。

（3）熟悉有关仪器的使用。

【实验原理】

1. 基本原理

放大器引入负反馈后，因反馈信号是削弱输入信号的，显然将使放大倍数降低。但负反馈却能使放大器的其他许多性能得到改善。

（1）负反馈对放大倍数的影响

负反馈电路放大倍数为 $A_f = \dfrac{A}{1 + AF}$，即负反馈使闭环放大倍数降低为开环放大倍数的 $\dfrac{1}{1 + AF}$。

（2）负反馈对放大器输入电阻的影响

串联负反馈　　　　　　　　　$r_{if} = (1 + AF)r_i > r_i$

并联负反馈

$$r_{if} = \frac{r_i}{1 + AF} < r_i$$

（3）负反馈对放大器输出电阻的影响

电压负反馈

$$r_{of} = \frac{r_o}{1 + AF} < r_o$$

电流负反馈

$$r_{of} > r_o$$

（4）输入电阻与输出电阻的测量方法

a．输入电阻的测量

在输出端接有 R_L 的情况下，将一个已知阻值的附加电阻 R 串入输入回路，如图 4.20 所示。当外加输入信号电压 U_s 后（在信号频率不太高的条件下），使输出波形不失真，测出 U_s 和 U_i 的正弦有效值 U_s 和 U_i，便可计算出放大器的输入电阻 $r_i = \dfrac{U_i}{I_i}$，而 $I_i = \dfrac{U_s - U_i}{R}$。测出 U_s 和 U_i，则有

$$r_i = R\left(\frac{U_i}{U_s - U_i}\right)$$

b．输出电阻的测量

由图 4.21 可知，在输出波形不失真的前提下，分别测出负载电阻 R_L 断开和接通两种情况下的输出电压，便可计算出输出电阻 r_o，即

$$r_o = \frac{U_{o\infty} - U_o}{I_o} = \frac{U_{o\infty} - U_o}{U_o} R_L$$

式中，$U_{o\infty}$ 为 R_L 断开时所测得的输出端开路电压的正弦有效值；U_o 为 R_L 接通时所测得的输出电压的正弦有效值。

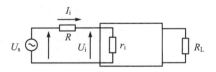

图 4.20　输入电阻的测量

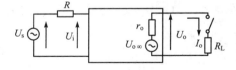

图 4.21　输出电阻的测量

2．实验线路

（1）负反馈放大器实验线路如图 4.22 所示。图中开关 S_1 拨向"1"或"3"时，作测量输入电阻用，不测时 S_1 拨向"2"；开关 S_2 作测量输出电阻用，当需要接通负载 R_L 时，把 S_2 接通；开关 S_3 与双刀开关 S_4 配合使用，可以变换电路的反馈形式。

（2）测量输入电阻的接线图如图 4.23 所示。

（3）测量输出电阻的接线图如图 4.24 所示。

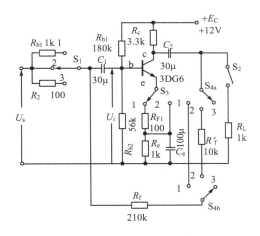

图 4.22　负反馈放大电路的实验线路

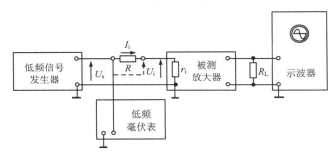

图 4.23　测量输入电阻的接线图

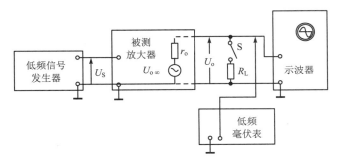

图 4.24　测量输出电阻的接线图

【实验器具】

万用表、示波器、低频信号发生器、低频毫伏表、直流稳压电源（12V），晶体管（3DG6），电阻（1 kΩ　3 只，100 Ω、10 kΩ　2 只，3.3 kΩ、56 kΩ、180 kΩ 各 1 只）、电解电容（30μF/6.3V 2 只、100μF/6.3V 1 只）。

【实验内容与方法】

1．测试电流串联负反馈放大器

（1）将图 4.22 电路中的 S₃ 拨向"1"，S₄ 拨向"3"，此时电路接成电流负反馈放大器。

（2）调整静态工作点。

将开关 S₃ 拨向"2"，使电路处于无反馈状态，用万用表测量晶体管的集电极或发射极对

地的电压 U_C 或 U_E，算出静态工作电流 $I_C = \dfrac{E_C - U_C}{R_C} \approx I_E = \dfrac{U_E}{R_e}$。静态工作电流的范围为 $1.2 \sim 1.6\,\text{mA}$，如不在此范围内，可调整 R_{b1} 的值。

（3）测量无反馈时的 A_{uo}、r_{io}、r_{oo}

ａ．在输入端接入低频信号发生器，调节信号发生器，使放大器得到 $f = 1\,\text{kHz}$、$U_s = U_i = 10\,\text{mV}$（正弦有效值）的信号电压，用示波器观察输出电压 u_o 的波形。在波形不失真的情况下，用低频毫伏表测出 u_o 的正弦有效值 U_o，便可算出开环增益 A_{uo}。

ｂ．接通 S_2，测出有负载时的输出电压 U_{oL}，即可得出输出电阻 r_{oo}。

ｃ．将开关 S_1 拨向"1"，保持放大器的输入电压 $U_i = 10\,\text{mV}$，再测量信号发生器的输出电压 U_s，即可得出输入电阻 r_i。

（4）测量有负反馈时的 A_{uf}、r_{if}、r_{of}

将开关 S_3 从"2"转换到"1"，按步骤（3）测量有负反馈时的 A_{uf}、r_{if}、r_{of}。

将上述测量的结果记录于表 4.4 中。

2．测试电压并联负反馈放大器

（1）将图 4.22 所示电路的 S_3 拨向"2"，S_4 拨向"1"，此时电路接成电压并联负反馈放大器。

（2）测量无反馈时的 A_{uo}、r_{io}、r_{oo}。

将开关 S_4 拨向"3"，然后按照实验内容 1 步骤（3）测量无反馈时的 A_{uo}、r_{io}、r_{oo}。

（3）测量有负反馈时的 A_{uf}、r_{if}、r_{of}。

将 S_4 拨向"1"，测量方法同上，只是在测量 r_{if} 时，为了减小测量误差，应将 S_1 拨向"3"，即 $R = 100\,\Omega$。

将以上测量结果记录于表 4.5 中。

表 4.5　负反馈放大器测试结果

电路形式 \ 测试量		U_i	U_o	U_{oL}	U_s	A_u	r_i	r_o
电流串联负反馈	无反馈							
	有反馈							
电压并联负反馈	无反馈							
	有反馈							

【实验报告要求】

（1）记录各种测量结果，计算出 A_u、r_i、r_o，完整填写实验表。

（2）画出两种负反馈电路的实验线路图，并标明元件参数。

（3）讨论分析实验过程中的 1~2 个实验现象。

（4）回答思考题。

【思考题】

（1）在图 4.22 所示电路中，若 S_3 拨向"2"，S_4 拨向"2"，为何种电路？

（2）在测量电压并联负反馈放大器输入电阻时，为什么 R 取 $100\,\Omega$，而不取 $1\,\text{k}\Omega$？

（3）在测量放大器的输入、输出电阻时，为什么信号频率选 $1\,\text{kHz}$，而不选 $100\,\text{kHz}$ 或更高的频率？

第 5 章 直流放大器和集成运算放大器

在科学技术、工程实际和日常生活中，人们常常需要放大缓慢变化的信号或直流信号。例如，在工业自动化系统中，测量温度常常采用半导体热敏电阻、热电偶等测温元件，这些测温元件能把温度信号变成毫伏（mV）级的电压信号。由于温度的变化常常是比较缓慢的，所以这些毫伏级的电压信号也是变化缓慢的信号。再比如，医用的心电图机是通过在人体的几个规定部位设置的电极来测量心脏跳动所产生的微弱电信号的，这种信号也是缓慢变化的信号。前两章所介绍的基本放大电路是用来放大低频（频率低于 3MHz）交流信号的，它不能放大这里所述的缓慢变化的信号或直流信号。因此，在电子技术中，对缓慢变化的信号或直流信号进行放大是很有意义的。

5.1 直流放大器及其特点

直流放大器能够放大缓慢变化的信号以及含有直流成分的信号，为此，在直流放大器的输入、输出以及级与级之间的连接处均需采用直接耦合，因而也称为直接耦合放大器。直流放大器是集成运算放大器的重要组成部分，与阻容耦合的交流放大器相比，有以下几个特性。

1．级间直接耦合

由于电容等耦合元件对直流信号已失去耦合作用，为此必须采用直接耦合，即级与级之间用导线或其他通导直流信号的元件（例如电阻）连接起来。

2．采用正、负电源供电

在直流放大器电路中，输入信号直接加在三极管的基极，如图 5.1 所示。为了不使三极管的基极电位影响信号源，静态时必须使 $U_B = 0$，这时考虑到射极电流在电阻 R_e 上的压降，则电阻 R_e 下端的电位应为：$E_E = -I_E R_e$。也就是说，必须在 R_e 下端接一负电源，才能保证三极管正常工作。正因为如此，大多数集成运算放大器都有正、负两个电源。通常有

$$|E_E| = |E_C|$$

3．零点漂移

当将直流放大器的输入端对地短路，即输入信号等于零时，

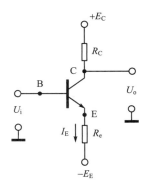

图 5.1 直流放大器的输入级

从理论上说，输出也应等于零。但实际上，输出信号并不等于零，并且出现忽大忽小、忽快忽慢的不规则变化，这种现象称为零点漂移，简称"零漂"。

当电源电压发生波动，或者温度变化时都将产生零漂。而电源电压的波动可以通过稳压等措施使其稳定，所以温度的变化就成为零漂的主要因素。当温度升高后，三极管的主要参数都将发生变化，并且最终导致集电极电流的增加。由于直流放大器采用直接耦合，因此这种由于温度变化而引起的参数的缓慢变化就会被逐级放大，一直传送到输出端形成零漂。而采用阻容耦合的交流放大器，由于电容的隔直流作用，所以零漂很小。

零漂和直流放大器的灵敏度有密切的关系，零漂越大，微弱信号越难以辨别，甚至使放大器无法正常工作，因此必须设法抑制。

采用温度系数小的高质量的硅管是抑制零漂的最简单的方法，此外也可以用热敏元件补偿放大管的零漂。但最有效、最常用的方法是采用差动式放大器。

5.2　差动放大器

图 5.2 所示的差动放大器是由两个特性相同的放大电路组合在一起形成的。三极管 V_1 和 V_2 的特性完全相同，而且外接电阻值也都一一对称。因此两个放大电路的放大倍数也相等，即 $A_1 = A_2 = A$。一般地说，差动放大器是用来放大两个输入信号之差的，这也是"差动放大器"这一名称的来源。差动放大器之所以需要，首先是因为它具有许多极其优异的性能；其次是因为在许多测量领域，需要具有从直流（DC）到数兆赫（MHz）的频率响应；再有就是集成运算放大器的基本级必须采用差动放大器。

5.2.1　差模输入信号与差模放大倍数

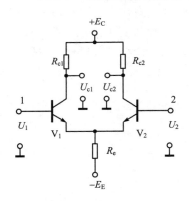

图 5.2　差动放大器

在图 5.2 所示的差动放大器中，有两个输入端 1–地和 2–地，两个输出端 U_{c1}–地和 U_{c2}–地。当信号 U_i 加在差动放大器两个输入端 1 和 2 之间时，即 $U_i = U_1 - U_2$，这时由于电路对称，可以证明：$U_1 = \dfrac{1}{2}U_i$，$U_2 = -\dfrac{1}{2}U_i$，即：在这种输入方式下，U_1 和 U_2 大小相等，相位相反。我们把这种幅值相等、相位相反的两个输入信号称为差模输入信号，把这种输入称为差模输入。

当差模输入时，若输出信号取自差动放大器的两个输出端，即：$U_o = U_{c1} - U_{c2}$。此时，对于理想的差动放大器来说，其输出信号可由下式给出

$$U_o = A_d(U_1 - U_2) = A_d U_i \tag{5.1}$$

式中，A_d 为输出、输入电压之比，被定义为差模放大倍数，即

$$A_d = \frac{U_o}{U_i} \tag{5.2}$$

在实际应用中，输入信号均采用差动输入方式，因此差模放大倍数反映了差动放大电路对信号的放大能力。

由上面的分析可知，当 $U_i = U_1 - U_2 = 0$（即 $U_1 = U_2$）时，则必有 $U_{c1} = U_{c2}$，即 $U_o =$

$U_{c1} - U_{c2} = 0$。如果温度升高使 U_{c1} 发生变化，则根据对称的原则，U_{c2} 必然要和 U_{c1} 同样变化，所以零漂将被抵消。实践表明，差动放大电路对于抑制直流放大器的零点漂移是十分有效的。可见，差动放大电路的特点是多用一个放大管来换取对零漂的抑制。

5.2.2　共模输入信号与共模放大倍数

在差动放大电路中，如果使 $U_1 = U_2$，则施加在差动放大器两输入端的信号，将是电压幅值相等、相位相同的信号。我们把这种电压幅值相等、相位相同的输入信号称为共模输入信号，这种输入方式称为共模输入。在共模输入时，理想差动放大器的输出应为零，即

$$U_o = A_d(U_1 - U_2) = 0$$

但是，实际的差动放大器的输出不仅取决于两输入信号的差 $U_d = U_1 - U_2$，而且取决于两输入信号的平均电平 $U_c = \frac{1}{2}(U_1 + U_2)$（这主要是因为差动放大电路不可能做到完全对称）。例如我们来考虑 $U_1 = +50\,\mu V$，$U_2 = -50\,\mu V$ 和 $U_1 = +1050\,\mu V$，$U_2 = +950\,\mu V$ 这两种情况。此时，两输入信号的差均为 $U_d = U_1 - U_2 = 100\,\mu V$，但其输出却是不一样的。

分析表明，实际的差动放大器的输出可用下式表示：

$$U_o = A_d U_d + A_c U_c = A_d(U_1 - U_2) + A_c\left[\frac{1}{2}(U_1 + U_2)\right] \tag{5.3}$$

式中，$U_d = U_1 - U_2$ 为差模输入电压；$U_c = \frac{1}{2}(U_1 + U_2)$ 为共模输入电压；$A_d = \frac{1}{2}(A_1 - A_2)$ 为差模电压放大倍数；$A_c = A_1 + A_2$ 为共模电压放大倍数。

在以上公式中，差模电压放大倍数 A_d 和共模电压放大倍数 A_c 是通过 A_1 和 A_2 来表达的，而 A_1、A_2 分别为：

A_1——从输入端 1 到输出端，V_1 管的电压放大倍数（当输入端 2 接地时）；

A_2——从输入端 2 到输出端，V_2 管的电压放大倍数（当输入端 1 接地时）。

这里顺便提一下，A_d 和 A_c 可用以下方法加以测量：令 $U_1 = 0.5V$，$U_2 = -0.5V$，此时 $U_d = U_1 - U_2 = 1V$，$U_c = \frac{1}{2}(U_1 + U_2) = 0$。在此条件下，所测得的输出电压 U_o 在数值上将等于差模电压放大倍数 A_d。类似地，如果令 $U_1 = U_2 = 1V$，此时，$U_d = 0$，$U_c = 1V$。在此条件下，所测得的输出电压 U_o 在数值上将等于共模电压放大倍数 A_c。共模放大倍数反映了差动放大电路中的两个三极管对共模信号的放大情况。共模放大倍数 A_c 越大，说明每个三极管对其共模输入信号的放大能力越强；同时，在每个三极管集电极产生的零漂也将越大，三极管的状态越不稳定。因此，人们自然希望共模放大倍数越小越好。

5.2.3　共模抑制比

从式（5.3）可以清楚地看出，差动放大电路的输出由两部分构成：第一部分是差模输入信号经过差模放大之后的输出（差模输出分量：$A_d U_d = A_d(U_1 - U_2)$）；第二部分是共模输入信号经过共模放大之后的输出（即共模输出分量：$A_c U_c = A_c\left[\frac{1}{2}(U_1 + U_2)\right]$）。显然，我们希望差模电压放大倍数 A_d 应尽可能地大，而共模电压放大倍数 A_c 应尽可能地小（理想情况下，

希望 $A_c = 0$ ），这是因为差动放大器是专门用来放大差模信号，而不是用来放大共模信号的（共模信号往往是由干扰、温度漂移引起的）。为此，我们引入一个物理量叫做"共模抑制比"，记作 $CMRR$ （common-mode rejection ratio），即

$$CMRR = \rho = \left| \frac{A_d}{A_c} \right| \tag{5.4}$$

有时也把这个比值用对数形式（以 dB 为单位）来表示，即

$$CMRR = 20\lg \left| \frac{A_d}{A_c} \right| \tag{5.5}$$

这样一来，我们可以把式（5.3）的 U_o 的表达式进一步改写为

$$U_o = A_d U_d + A_c U_c = A_d U_d \left(1 + \frac{A_c U_c}{A_d U_d} \right) = A_d U_d \left(1 + \frac{1}{\rho} \frac{U_c}{U_d} \right) \tag{5.6}$$

由式（5.6）可以看出，差动放大器应当这样来设计（或者说，应具有这样的特点）：使得共模抑制比 ρ 比共模输入电压 U_c 与差模输入电压 U_d 之比应大许多倍，以使得式（5.6）中的第二项的共模输入电压（这实际上相当于外界的干扰信号，或者相当于由于温度变化所产生的温度漂移信号）在输出端所产生的影响（共模输出电压）尽可能得小。

共模抑制比反映了有用信号和干扰成分的对比。当温度变化时，差动放大器两个管子的电流按相同的方向一起变化，这相当于给放大电路输入一个共模信号。共模放大倍越愈小，说明当温度变化时输出电压越稳定。所以共模抑制比也反映了电路对温度漂移的抑制能力。

5.3 集成运算放大器

集成电路是 20 世纪 60 年代初期发展起来的一种半导体器件。它是在半导体制造工艺的基础上，实现元件、电路和系统的三结合，因此它的密度高、引线短、外部接线大为减少，从而提高了电子设备的可靠性和灵活性，并且降低了成本。作为集成电路的一种，集成运算放大器（以下简称运放）是把具有高放大倍数的多级直接耦合放大电路集成在一个芯片上形成的。它是一个固体器件，一般采用双列直插式封装，能感知和放大直流和交流输入信号。

5.3.1 运放的构成及特点

典型的运放是由三个基本电路组成的：一个高输入阻抗的差动放大器、一个高增益的电压放大器及一个低阻抗的输出放大器，如图 5.3 所示。运放通常要求由正、负两个电源供电。

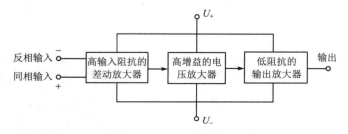

图 5.3　运放的构成框图

运放最重要的特点有三个：

（1）非常高的输入阻抗。这样，在其输入端所产生的电流可以忽略不计。

（2）非常高的开环增益。这样，在电路引入很强的负反馈之后，还能保持足够大的闭环放大倍数。

（3）非常低的输出阻抗。这样，当运放连接负载时，将不致影响该运放的输出信号。

5.3.2　运放的符号

在电子线路中，运放常用图 5.4 所示的符号来表示。它有两个输入端，一个输出端。其中一个输入端称为反相输入端，用"－"表示，加在该输入端的直流电压或交流电压信号将在输出端反相 180°；另一个输入端称为同相输入端，用"＋"表示，加在该输入端的输入信号在输出端不反相

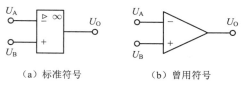

（a）标准符号　　　　　（b）曾用符号

图 5.4　运放的符号

（输出信号与输入信号同相）。除此之外，还有电源引出端、调零端及频率补偿端等，在电路符号图中，这些端子一般不表示出来。

5.3.3　运放的主要技术指标

表征集成运放各方面的性能指标共有 20 多种，现将常用的几种分别介绍如下。

1．输入阻抗 Z_i

运放两输入端之间的阻抗称为输入阻抗，用 Z_i 表示。理想运放的输入阻抗应该无穷大，实际上，其值大约为 $1M\Omega$ 或更大些。某些特殊的运放其输入阻抗高达 $100M\Omega$。输入阻抗越高，运放的性能越好。

2．输出阻抗 Z_o

运放输出端对地之间的阻抗称为输出阻抗，用 Z_o 表示。理想运放的输出阻抗应为零，实际上，每个运放都是不同的，其输出阻抗值为 25Ω 到数千欧。对于大多数的应用来说，输出阻抗可以假设为零，并且可以把运放看作是一个能够在很宽负载范围内提供电流的电压源。由于运放具有高的输入阻抗和低的输出阻抗，因此可以看成为一个阻抗匹配器。

3．输入偏置电流 I_B

从理论上说，运放的输入阻抗为无穷大，因此，它不应当存在任何输入电流。但是，运放确实存在着很小的输入电流，其数量级为数微安（μA）到数皮安（pA）。此电流会引起运放的工作不平衡，这将影响其输出。在正常工作状态下，流入运放输入端的直流电流称为偏置电流。由于运放有两个输入端，因此把两个输入端的电流平均值定义为输入偏置电流，用 I_B 表示，即 $I_B = \frac{1}{2}(I_{B1} + I_{B2})$，$I_{B1}$、$I_{B2}$ 分别为两个输入端的直流电流。一般运放 I_B 的值为 200nA（$1nA = 10^{-9}A$）左右，高质量的为几个纳安（nA）。一般地说，输入偏置电流越小，则运放的不平衡性就越小，其性能也就越好。

4．输入失调电流 I_{OS}

为了在运放的输出端获得零输出电压，两输入端的输入电流应当相等。但这是不可能的。

流入运放两输入端的偏置电流之差定义为输入失调电流，用 I_{OS} 表示。即 $I_{OS} = |I_{B1} - I_{B2}|$，其数值反映了运放输入级的输入电流不对称的程度。当输入电压为零时，为了保持输出端的电压也为零，在输入端必须施加一个偏置电流。换言之，为了将输出端的电压设定为零，运放的一个输入端可能需要比另一个输入端具有更大的电流。一般运放 I_{OS} 的值为 50～100nA，高质量的小于 1nA。

5. 输入失调电压 U_{OS}

从理想情况来看，当运放的两个输入端间的电压为零时，该运放的输出电压应为零。但是由于运放的增益极高，电路间的微小不平衡，都会产生输出电压。如果两个输入端之一加一个小的补偿电压，则输出电压就会被置成零。将此补偿电压称为输入失调电压，用 U_{OS} 表示。一般运放 U_{OS} 的值为 2～10mV，高质量的在 1mV 以下。

6. 开环差模电压放大倍数 A_{od}

开环差模电压放大倍数 A_{od} 是指运放在无外加反馈的情况下输出电压与输入电压的比值，它是决定运算精度的重要因数。如以 dB（分贝）表示，则为 $20\lg A_{od}$。一般运放 A_{od} 的值为 100～106dB，高质量的可达 140dB 以上。

7. 共模抑制比 CMRR

它是衡量输入级各参数对称程度的标志，$CMRR = \left| \dfrac{A_{od}}{A_{oc}} \right|$，这里，$A_{od}$ 为差模放大倍数，A_{oc} 为共模放大倍数。

 注意

这里的 CMRR 是指运放整体的共模抑制比，而式（5.4）中的 CMRR 则仅指差动放大器的共模抑制比。

8. 转换速率 SR

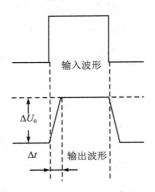

图 5.5　运放输出波形受转换速率限制的情况

转换速率是运放输出电压变化的最大速率，即 $SR = \dfrac{\Delta U_{o\max}}{\Delta t}$，μA741 通用型运放具有 0.5V/μs 的转换速率。这就是说，输出电压在 1μs 内可以变化 0.5V。因此输出电压要比输入电压延迟一些，如图 5.5 所示。运放中的半导体器件的极间电容、内部及外接的频率补偿电容等，是限制转换速率的主要原因。当运放在高频运用或当信号变化的速率很高时，转换速率的限制成为一个重要因素。转换速率是运放在大信号运用时的一个重要参数，它一般是在"单位增益"（参见下文）时加以指定的。运放的转换速率越高，其频带宽度也就越宽。

9. 增益带宽积 GBP

增益带宽积等于单位增益时的频率。即

$$增益带宽积 = 增益 \times 带宽 = 单位增益频率$$

由于运放可以放大直流信号，所以其下限频率为零，这样，其上限频率就等于其带宽。

因此，根据该参数就可以确定给定增益下电路的上限频率。

例如，已知增益带宽积为 1MHz，增益为 100dB，求电路的带宽或上限频率极限。由上面公式得

$$带宽 = \frac{增益带宽积}{增益} = \frac{1\,000\,000}{100} = 10(kHz)$$

除以上介绍的参数外，还有输入失调电压温漂、输入失调电流温漂、最大共模输入电压、最大差模输入电压等，不再一一介绍。表 5.1 示出了 741 系列通用型运放的典型参数表。

表 5.1　741 系列通用型运放技术指标（以 LM 747 为例）

极限参数		
电源电压	LM747	±22V
	LM747C	±18V
电源损耗		800mW
差模输入电压		±30V
使用温度范围	LM747	−55～125℃
	LM747C	0～70℃
储存温度范围		−66～150℃
引线温度（焊接时间 10s）		300℃

电 气 参 数					
参　数	条　件	最 小 值	典 型 值	最 大 值	单　位
输入失调电压	$T_A = 25℃$				
	$R_S \leqslant 10k\Omega$		1.0	5.0	mV
输入失调电流	$T_A = 25℃$		80	200	nA
输入偏置电流	$T_A = 25℃$		200	500	nA
输入电阻	$T_A = 25℃$	0.3	1.0		MΩ
电源电流	$U_S = \pm 15V$				
（双运放）	$T_A = 25℃$		3.0	5.6	mA
大信号	$U_S = \pm15V$				
	$U_O = \pm10V$				
电压增益	$R_L \geqslant 2k\Omega$	94	104		dB
	$U_S = \pm15V$				
输出电压范围	$R_L = 10k\Omega$	±12	±14		V
	$R_L = 2k\Omega$	±10	±13		V
输入电压范围	$U_S = \pm 15V$	±12			V
共模抑制比	$R_S \leqslant 10k\Omega$	70	90		dB
电源电压抑制比	$R_S \leqslant 10k\Omega$	77	96		dB

5.3.4　运放的类型及封装

1．分类

作为一个器件，和晶体管一样，运放已经广泛地应用于各种电路中。尽管生产厂家很多，但是具有类似特性的运放可分成五大类，即通用型、直流及低电平运用型、交流及高电平运用型、高电压及大功率型以及特殊型，如表 5.2 所示。

表 5.2　运放的分类

组　别	类　型	主要特性
1	通用型	直流～1MHz 带宽
2	直流及低电平运用型	非常高的输入阻抗、低偏置电流
3	交流及高电平运用型	宽带宽、高转换速率
4	高电压及大功率型	能直接驱动负载
5	特殊型	特殊的运放类型，例如：可编程、数字可寻址等

目前最常用的是第 1 组——通用型运放，现将其有关情况做如下介绍。

通用型运放的增益带宽积约为 1MHz，其增益相当高，输入阻抗为几兆欧，电源电压为 $\pm 5 \sim \pm 22V$。属于通用型的运放有以下几个系列。

（1）709 系列（美国仙童半导体公司）

仙童半导体公司的 μA709 集成运放与其早期产品 μA702 相比，性能有了很大的改进，成为了第一个被承认的工业标准，直到今天仍然被使用。μA702 具有非常有限的共模输入范围，相当低的电压增益，并且使用奇怪的供电电压，如+12V 及−6V。μA709 克服了许多这类问题，使用 ±15V 供电，输入阻抗约为 250kΩ，输出阻抗约为 150Ω，电压增益约为 45 000（93dB），但是无输出短路保护，并存在阻塞现象（也称锁定，即某一值的共模输入信号将把输出电压驱动到某一电平，而这一电平将被保留下来）。属于该系列的运放型号有仙童半导体公司的 μA709，摩托罗拉公司的 1709，国家半导体公司的 LM709，以及得克萨斯仪器公司的 SN72709 等。

（2）101（LM101）系列（美国国家半导体公司）

该系列由美国国家半导体公司于 1967 年推出，它解决了 709 系列存在的许多问题，并且把增益提高到 160 000（104dB），电源电压范围为 $\pm 5 \sim \pm 20V$。101A、107A 及 301A 等运放均属于该系列。

（3）741 系列（美国仙童半导体公司）

1968 年，美国仙童半导体公司推出了 μA741，这是第一个具有内部补偿的集成运放。该运放具有许多特点，使得其在应用时是相当安全的：输入输出均有过载保护，当共模输入电压过高时无锁定现象，无振荡发生（这在大多数运放电路中往往是存在的），是目前使用最广泛的工业标准。该系列包括 741A、747 双运放、748、LM148（四个 741 运放），以及 1558 双运放等。

随着微电子技术的飞速发展，以后推出的运放的性能与以前的产品相比均有很大的改善。如有的运放所强调的是极高的输入阻抗，或是非常宽的带宽（转换速率快）以及适用于高电压、大电流等。

2．封装

集成运放有四种常见的封装，如图 5.6（1）所示，即：（a）金属 TO 型封装（金属罩封装），（b）扁平封装，（c）双列直插式（DIP）封装，（d）小型双列直插式（DIP）封装。典型的单集成运放的内部结构与外部引脚的关系如图 5.6（2）所示。

5.3.5　常用集成运算放大器简介

表 5.3 给出了一些常用的集成运算放大器的型号。

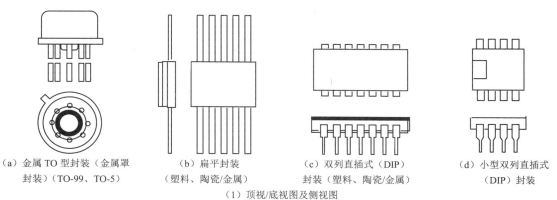

（a）金属 TO 型封装（金属罩
封装）（TO-99、TO-5）

（b）扁平封装
（塑料、陶瓷/金属）

（c）双列直插式（DIP）
封装（塑料、陶瓷/金属）

（d）小型双列直插式
（DIP）封装

（1）顶视/底视图及侧视图

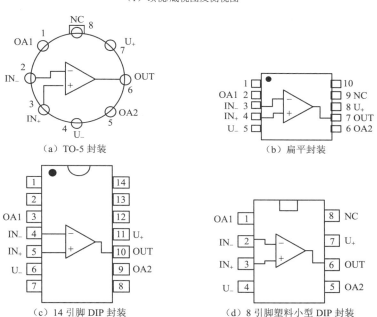

（a）TO-5 封装

（b）扁平封装

（c）14 引脚 DIP 封装

（d）8 引脚塑料小型 DIP 封装

（2）集成单运放的封装（顶视图）

图 5.6　运放的封装结构及典型的引脚

表 5.3　常用集成运算放大器简介

分　　类			国内型号举例	相应的国外型号
通用型	单运放		CF741	LM741、μA741、AD741
	双运放	单电源	CF158/258/358	LM158/258/358
		双电源	CF1558/1458	LM1558/1458、MC1558/1458
	四运放	单电源	CF124/224/324	LM124/224/324
		双电源	CF148/248/348	LM148/248/348
专用型	低功耗		CF253	μPC253
			CF7611/7621/7631/7641	ICL7611/7621/7631/7641
	高精度		CF725	LM725、μA725、μPC725
			CF7600/7601	ICL7600/7601
	高阻抗		CF3140	CA3140
			CF351/353/354/347	LF351/353/354/347

续表

分　类		国内型号举例	相应的国外型号
专用型	高速	CF2500/2505	HA2500/2505
		CF715	μA715
	宽带	CF1520/1420	MC1520/1420
	高电压	CF1536/1436	MC1536/1436
	其他　跨导型	CF3080	LM3080、CA3080
	其他　电流型	CF2900/3900	LM2900/3900
	其他　程控型	CF4250、CF13080	LM4250、LM13080
	其他　电压跟随器	CF110/210/310	LM110/210/310

注：国外型号 AD——美国模拟器件公司；　　　　CA——美国无线电公司；

　　　　HA——日本日立公司；　　　　　　　ICL——美国英特锡尔公司；

　　　　LM、LF——美国国家半导体公司；　　μPC——日本电气公司；

　　　　MC——美国摩托罗拉公司；　　　　　μA——美国仙童半导体公司。

集成运放常用引出端的功能符号用相关意义的英文缩写来记载，如表 5.4 所示。

表 5.4　集成运放常用引出端的功能

符　号	功　能	符　号	功　能
Az	自动调零	IN_	反相输入
BI	偏置	NC	空端
BOOSTER	负载能力扩展	OA	调零
BW	带宽控制	OUT	输出
COMP	相位补偿	OSC	振荡信号
Cx	外接电容	S	选通
DR	比例分频	V+	正电源
GND	接地	V_	负电源
IN+	同相输入		

5.3.6　集成运算放大器应用时的注意事项

集成运算放大器是常用的模拟电子器件之一。由于集成运放目前已形成了标准化的系列生产，其参数稳定，数据易查找，在使用时着重考虑其外部特性即可，而对其内部电路结构可以不必考虑太多。选择运放的依据是电子电路对运放的技术性能要求，因此，掌握运放的类型、参数含义及其规范值，是正确选用运放的基础。选用的原则是，在满足电气性能要求的前提下，尽量选用价格低廉的集成运放，也就是说应尽量选用性能/价格比高的器件。

在使用时，切勿超过运放的极限参数，还要注意调零，并且在必要时应附加输入、输出保护电路，避免阻塞，消除自激振荡等，同时应尽可能提高输入阻抗。

运放电源电压的典型使用值是 ±15V，双电源要求对称，否则会使失调电压加大，共模抑制比变差，影响电路性能；但也有采用单电源的，这应参阅生产厂家所提供的产品说明书。

5.3.7　理想运算放大器及基本性能

大多数情况下都可以将运放看成是一个理想的运算放大器，本节后面对各种运放的应用电路分析中，除特别注明外，都将运放作为理想运放来考虑。理想运放的主要技术指标如下：

（1）开环差模电压放大倍数 $A_{\mathrm{od}} = \infty$；

（2）输入电阻　　　$r_{\mathrm{id}} = \infty$；

（3）输出电阻　　　$r_{\mathrm{o}} = 0$；

（4）频带宽度　　　$BW = \infty$；

（5）共模抑制比　　$CMRR = \infty$。

这相当于：

（a）当 $U_1 = U_2$（U_2 幅度与 U_1 无关）时，$U_{\mathrm{o}} = 0$；

（b）其特性不随温度的变化而产生温漂。

在分析运放各种应用电路的工作原理时，首先要分析集成运放工作在线性区或非线性区时的基本性能。

1．线性区

当集成运放工作在线性区时，作为一个线性放大器件，它的输出信号和输入信号之间应满足以下关系

$$U_{\mathrm{o}} = A_{\mathrm{od}}(U_{\mathrm{A}} - U_{\mathrm{B}}) \tag{5.7}$$

由于 A_{od} 很大，为确保运放工作在线性区，必须引入负反馈（即把输出电压通过反馈网络引入反相输入端）以减少运放的净输入，保证输出电压不超出线性范围。

当理想运放工作在线性区时，可以得出两条重要特性：

（1）理想运放的同相输入端与反相输入端的电位相等。

由式（5.7）可知，在线性范围内运放的差动输入电压为

$$U_{\mathrm{A}} - U_{\mathrm{B}} = \frac{U_{\mathrm{o}}}{A_{\mathrm{od}}}$$

因为理想运放的开环差模电压放大倍数 $A_{\mathrm{od}} = \infty$，当输出电压 U_{o} 等于某一有限的电压值时，由上式可知 $U_{\mathrm{A}} - U_{\mathrm{B}} = 0$，即

$$U_{\mathrm{A}} = U_{\mathrm{B}} \tag{5.8}$$

（2）理想运放的输入电流等于零。

因为理想运放的输入电阻 $r_{\mathrm{id}} = \infty$，所以在输入端 A 或 B 点没有电流流入放大器。即

$$I_{\mathrm{A}} = I_{\mathrm{B}} = 0 \tag{5.9}$$

以上两个结论大大简化了运放应用电路的分析过程。由于大多数应用电路中的集成运放都工作在线性区，因此对上述两个结论必须牢固掌握，并要求能用于分析具体的电路。

2．非线性区

当集成运放的工作范围超出线性区时，输出电压和输入电压之间不再满足式（5.7）表示的关系，即

$$U_{\mathrm{o}} \neq A_{\mathrm{od}}(U_{\mathrm{A}} - U_{\mathrm{B}}) \tag{5.10}$$

这是因为，当运放没有引入负反馈（通常称为开环工作状态），甚至引入正反馈（把输出电压通过反馈网络引入同相输入端）时，只要在输入端加上很小的电压变化量，其输出电压将立即超出线性放大范围，达到正向饱和输出电压 U_+ 或负向饱和输出电压 U_-。U_+ 和 U_- 在数值

上接近于运放的正、负电源电压。

当理想运放工作在非线性区时，有如下两个特性：

（1）输出电压只有两种可能的状态，即：或者等于 U_+，或者等于 U_-；而输入电压 U_A 和 U_B 也不一定相等。

$$\left.\begin{array}{l}当 U_A > U_B 时，\quad U_o = U_- \\ 当 U_A < U_B 时，\quad U_o = U_+ \end{array}\right\} \tag{5.11}$$

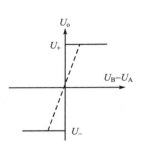

图 5.7　工作在非线性区时运放的输入输出特性

$U_A = U_B$ 是两种状态的转换点。理想运放的输入、输出特性如图 5.7 所示。在实际的输入、输出特性上，从 U_- 转换到 U_+ 时，有一个线性放大的过渡范围（如图 5.7 中虚线所示），为此常接入正反馈，以加速转换过程，使其更接近理想特性。

（2）运放的输入电流等于零。

因为理想运放的输入电阻 $r_{id} = \infty$，所以输入电流仍然为零。

总之，在分析运放的应用电路时，首先将集成运放当作理想运放，然后再判断其中的运放是否工作在线性区。在此基础上分析电路的工作原理，问题就迎刃而解了。

5.4　集成运放的应用

目前，集成运放的应用已经渗透到电子技术的各个领域：不仅用于信号的运算、处理、变换和测量，而且还用于产生各种正弦或非正弦的信号；不仅在模拟电子线路中被普遍采用，而且在数字系统中也得到日益广泛的应用。本节的目的是：通过几个典型电路的分析，掌握集成运放应用电路的分析方法，为今后开展基础运放的应用工作打下基础。

5.4.1　比例运算放大电路

运算放大器最常用的电路就是比例运算放大电路。它有反相比例、同相比例两种基本运算电路，它们是其他各种运算电路的基础，必须牢固掌握。

1．反相比例运算电路

在图 5.8 所示的反相比例运算电路中，输入信号 U_i 经电阻 R_1 接到集成运放的反相输入端，同相端经电阻 R' 接地，输出电压 U_o 经电阻 R_f 接入反相输入端，形成一个负反馈。电阻 R' 的作用是保证运放的两个输入端处于平衡的工作状态，避免输入偏流产生附加的差动输入电压，一般应使反相输入端与同相输入端对地的等效电阻相等。在图 5.8 中，应使 $R' = R_1 \ // \ R_f$。

在同相输入端，由于输入电流为零，R' 上没有压降，所以，$U_A = U_B = 0$，又因理想情况下 $I_A = I_B = 0$，所以，$I_1 = I_f$，即 $\dfrac{U_i}{R_1} = \dfrac{0 - U_o}{R_f}$

于是得

$$U_o = -\frac{R_f}{R_1} U_i \tag{5.12}$$

即输出电压与输入电压成正比，但相位相反，也就是说，电路实现了反相比例运算。如前所述，运放的输入阻抗很高。但是，反相比例运放的输入阻抗却不高，它由 R_1 决定，即

$$r_i = R_1$$

反相比例运算电路的输出电阻很小，接近于零。因此在输出端即使接上负载，电压放大倍数也不变。由式（5.12）可知，电压放大倍数取决于电阻 R_f、R_1 的阻值，在实际应用中，R_f、R_1 的取值应在 $1\sim1000\text{k}\Omega$ 范围内为好。当 $R_1 = R_f$ 时，$U_o = -U_i$，这时的电路称为单位增益倒相器。

2. 同相比例运算电路

在图 5.9 所示的同相比例运算电路中，输入信号接到同相输入端，反相端通过 R_1 接地，输出电压通过 R_f 引入反相输入端。

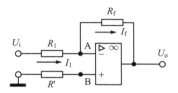

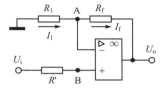

图 5.8　反相比例运算电路　　　　　　　图 5.9　同相比例运算电路

因为理想运放输入电流为零，故 $U_B = U_i$，$I_1 = I_f$，所以

$$I_1 = \frac{0 - U_A}{R_1} = I_f = \frac{U_A - U_o}{R_f}$$

又因为 R_f 引入负反馈，使运放工作在线性区，所以 $U_A = U_B = U_i$，代入上式得

$$U_o = \left(1 + \frac{R_f}{R_1}\right) U_i \tag{5.13}$$

即输出电压与输入电压成正比，且相位相同，也就是说，电路实现了同相比例运算。输入电阻可以认为是无穷大，输出电阻和反相比例运算电路一样可以认为是零，两个电阻的取值范围也是在 $1\sim1000\text{k}\Omega$ 之间。

作为特例，当 $R_f = 0$ 时，由式（5.13）得 $U_o = U_i$，这种电路称为电压跟随器，如图 5.10 所示。

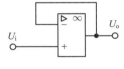

图 5.10　电压跟随器

5.4.2　算术运算电路

1. 加法电路

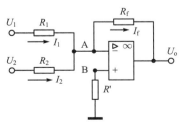

图 5.11　加法电路

加法电路的输出量反映了多个模拟输入量相加的结果，图 5.11 示出了有两个输入信号的加法电路。由于理想运放输入电流等于零，因此

$$I_1 + I_2 = I_f$$

又由于 R_f 引入负反馈，使运放工作在线性区，所以

$$U_A = U_B = 0 \quad (\text{因为 } I_B = 0，\text{所以 } U_B = 0)$$

由以上两式得

$$\frac{U_1}{R_1} + \frac{U_2}{R_2} = -\frac{U_o}{R_f}$$

于是得

$$U_o = -\left(\frac{R_f}{R_1}\ U_1\ +\ \frac{R_f}{R_2}\ U_2\right) \tag{5.14}$$

当 $R_1 = R_2 = R_f$ 时

$$U_o = -(U_1 + U_2)$$

即电路实现了加法运算。

2．减法电路

图 5.12 所示的电路为求两个输入电压之差的减法电路。由于理想运放的输入电流为零，所以

$$U_B = \frac{R_f'}{R_1' + R_f'}U_2$$

$$U_A = \frac{R_1}{R_1 + R_f}U_o + \frac{R_f}{R_1 + R_f}U_1$$

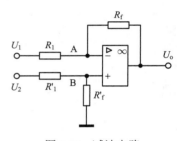

图 5.12　减法电路

由于 R_f 引入负反馈使运放工作在线性区，所以 $U_A = U_B$，由此得

$$U_o = \frac{R_f'(R_1 + R_f)}{R_1(R_1' + R_f')}U_2 - \frac{R_f}{R_1}U_1 \tag{5.15}$$

式（5.12）中，当 $R_1 = R_1'$，$R_f = R_f'$ 时

$$U_o = \frac{R_f}{R_1}(U_2 - U_1) \tag{5.16}$$

即输出电压与两个输入电压之差成正比，也就是说，电路实现了减法运算。

5.4.3　积分电路

积分电路是模拟计算机中的基本单元，也是控制和测量系统中的重要单元。采用集成运放构成的基本积分电路如图 5.13 所示。它和反相比例运算电路的不同之处在于用电容 C 代替了反馈电阻 R_f。

由于电容两端的电压 u_C 与流过电容的电流 i_C 对时间的积分成正比，即

$$u_C = \frac{1}{C}\int i_C \mathrm{d}t$$

在图 5.13 中，因为

$$U_A = U_B = 0，\ i_A = i_B = 0$$

所以流过电容的电流为

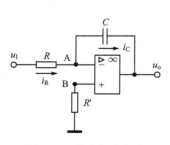

图 5.13　基本积分电路

$$i_C = i_R = \frac{u_I}{R}$$

所以

$$u_o = -u_C = -\frac{1}{C}\int i_C \mathrm{d}t = -\frac{1}{RC}\int u_I \mathrm{d}t \tag{5.17}$$

即输出电压与输入电压的积分成正比。利用积分电路，可以将输入的方波变成锯齿波（即与时间呈线性变化的电压），而锯齿波在众多场合均有许多应用，例如：在示波器中用作扫描电压；在 CRT（阴极射线管）显示器中，用作锯齿电流发生器的前置级；在模—数转换器中，用作基准比较电压等。

5.4.4　比较器电路

比较器电路就是将一个模拟电压信号和一个参考电压相比较，在二者幅度相等的附近，输出电压将产生跃变。通常用于越限报警、模数转换和波形变换等场合。

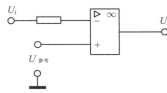

图 5.14 所示为一个基本比较器电路，模拟输入信号接运放反相输入端，同相端接参考电压。电路没有引入负反馈，故运放工作在非线性区。输出电压只有两种状态：高电平或低电平。当 $U_i > U_{参考}$ 时，$U_o = U_-$；当 $U_i < U_{参考}$ 时，$U_o = U_+$。U_+ 和 U_- 分别是集成运放的正、负向输出饱和电压，在数值上接近于运放正、负电源的电压。

图 5.14　基本比较器电路

5.4.5　运放应用中的几个具体问题

1．调零补偿

在输入信号等于零时，为使输出信号等于零，可以采用不同的方法。一般运放的生产厂家都在其产品说明中给出具体的建议，图 5.15 给出了运放调零补偿的示意图。由图可见，将运放的两输入端临时短路并接地，输出端接一只高精度的直流毫伏表，左右来回缓慢地调节电位器，使得输出端的电压为零即可。

2．频率补偿

由于运放的增益和内部电路之间所产生的相移，所以在某一高频处有可能引起振荡，解决的办法是在运放外部连接一个频率补偿电容，通过减小高频时的增益来防止这种振荡的产生。

3．频率响应

运放的增益随着频率的增高而降低，制造厂家所给的增益是指在 0Hz 或直流时的增益。图 5.16 示出了电压增益对频率响应的曲线。在开环模式下，随着频率的增加增益下降得非常快，当频率增加 10 倍时，增益将下降到原来的 1/10。其转折点发生在最大增益的 70.7%处，通常，频带宽度可以看作是增益下降到最大增益的 70.7%处的频率。就图 5.16 来说，其开环的带宽大约为 10Hz。在由运放构成的放大电路中，由于引入负反馈，降低了运放的增益，所以增加了电路的带宽。例如闭环增益为 40dB，其带宽大约增加到 100kHz。当增益下降到 1 时电路的带宽称为单位增益频率（也称单位增益带宽）。在图 5.16 所示的运放中，该值为 1MHz。

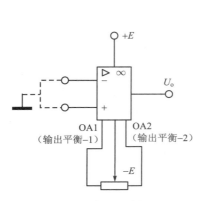

图 5.15　运放调零补偿

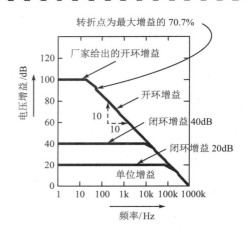

图 5.16　运放的频率特性

 小知识

运算放大器（Operational Amplifier）

　　运算放大器原先是电子模拟计算机、控制电路和自动化仪表中的一种基本部件，它本质上是一种高增益的直流放大器。其主要功能是：在外部反馈网络的配合下，它的输出与输入电压（或电流）之间可以灵活地实现各种特定的数学运算，能对信号进行加法、减法、积分、微分、乘法和除法等运算，还可以对信号进行比较、检波、变换等。目前，集成运算放大器在高保真度声音重放、通信系统、数字信号处理系统、消费类电子技术等领域都得到了不可替代的运用。因此我们可以说，由于运算放大器具有多种引人注目的功能，所以其用途十分广泛。

　　从 20 世纪 60 年代以来，运算放大器从电子管到晶体管，又从晶体管分立元件发展到目前的单片集成电路，不论是生产工艺还是电路设计水平都经历了飞跃的发展。和早期的分立元件运算放大器相比，集成运算放大器具有以下几个明显的优点：

　　（1）运算放大器的体积和功耗已经减小到只相当于一只小功率晶体管（功耗只有约几十毫瓦~几百毫瓦）的程度；

　　（2）由于外部连线和焊点减少，运算放大器的可靠性大大提高；

　　（3）由于集成电路中相邻元件（如晶体管、电阻等）的电参数匹配优良，运算放大器的零点漂移和共模抑制比等直流参数得到显著的改善。

　　集成运算放大器是由美国著名的半导体器件公司——仙童半导体公司（Fairchild Semiconductor）于 1963 年首先推出的，被命名为 μA702。自从那时起，许多半导体制造厂家已经改善和开发了大量的集成运算放大器，其中既有通用型的，又有适合各种不同用途的专用型的（如电压比较器、电压跟随器等）。

　　总而言之，集成运算放大器的出现，使电路设计人员从此摆脱了制作一般放大器所必需的从电路设计、元件选配直到组装调整的繁重负担。现在集成运算放大器已经作为一种物美价廉的标准化电子器件，可供设计人员直接、方便地选用了。这种技术上的深刻变化，使得运算放大器的应用领域早已超越了电子模拟计算机的范畴。如果今天我们说运算放大器的应用遍及自动控制、自动测量、计算技术、电信和无线电等几乎一切技术领域一点也不夸张，不仅如此，集成运算放大器的普遍应用，已经使某些领域的面貌为之一新。

集成运算放大器的主要国外生产厂家（前面的英文大写字母表示产品代号）有：

AD（Analog Devices）——美国模拟器件公司

CA（Radio Corporation of America）——美国无线电公司

HA（Hitachi）——日本日立公司

ICL（Intersil）——美国英特锡尔公司

LM、LF（National Semiconductor Corporation）——美国国家半导体公司

μPC（NEC—Nippon Electric Company）——日本电气公司

MC（Motorola）——美国摩托罗拉公司

μA（Fairchild Semiconductor）——美国仙童半导体公司

 本章要点

1．直流放大器是集成运放的重要组成部分，它可以放大直流信号及频率缓慢变化的交流信号。

2．直流放大器存在的主要问题是零点漂移（简称"零漂"），产生零漂的主要原因是温度变化引起管子参数的变化。

3．抑制零漂最有效的办法是采用差动放大器，差动放大器就是将两个相同的放大器组合在一起形成的。

4．运放一般由输入级（高输入阻抗差动放大器）、中间级（高增益电压放大器）和输出级（低阻抗的输出放大器）组成。运放有两个输入端（反相端、同相端），一个输出端。

5．运放具有非常高的输入阻抗、非常高的开环增益和非常低的输出阻抗。

6．大多数运放采用正、负两个电源供电。

7．在由运放构成的电路中，如果运放引入负反馈，则运放工作在线性区；如果运放处于开环状态或引入正反馈时，则运放工作在非线性区。

8．在电子线路中，除个别情况外，都将运放看成为理想运放。

9．运放工作在线性区时有以下两个重要特性：

(1) 运放的两个输入端的电位相等。

(2) 运放的两个输入端的输入电流相等并且等于零。

10．当运放工作在非线性区时，输出电压只有两种可能状态：等于 U_+ 或者 U_-。

11．运放的增益与带宽的乘积等于其单位增益带宽，该值为常数，由器件制造厂家指定。

 思考与习题

（一）自我检测题

将 A 列中的每个表述与 B 列中的最相关的意义或最相关的表述适配起来（注意：A 列中的某些项可能有两个答案）。

A 列

1．差动放大器具有

2．运放的输入阻抗

3．运放的输出阻抗

4．增益带宽积等于

B 列

a．增益×带宽

b．高

c．两个输入端

d．较宽的带宽

5．开环模式具有　　　　　　　　　　e．窄带宽

6．闭环模式具有　　　　　　　　　　f．低

7．运放工作在线性区的条件是　　　　g．深负反馈

8．运放工作在非线性区的条件是　　　h．开环或引入正反馈

（二）判断题（只需回答"是"或"否"）

1．直流放大器级与级之间的耦合采用电容耦合。

2．差动放大器能抑制零漂。

3．运放基本上由高阻抗差动输入放大器、高增益电压放大器和低阻抗输出放大器组成。

4．加在运放反相输入端的直流正电压可使输出电压变为正。

5．增益带宽积等于增益乘带宽。

6．输入失调电压不会引起输出电压的误差。

7．反相比例运算电路的电压增益为 R_f/R_1。

8．共模抑制比越高，运放的性能越好。

（三）综合题

1．已知电路如图 5.17 所示，求：（1）U_{o1}；（2）U_{o2}；（3）U_o/U_i。

2．电路如图 5.18 所示，求：U_{o1} 和 U_{o2} 各为多少？

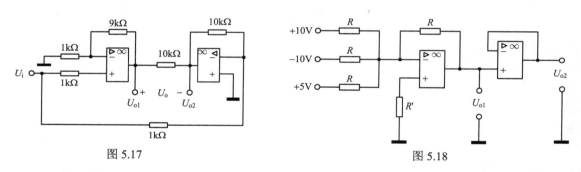

图 5.17　　　　　　　　　　　　　　　　　　　图 5.18

3．将正弦信号[图 5.19（b）]加到图 5.19（a）所示的电路输入端，试在图 5.19（c）中画出输出电压的波形。

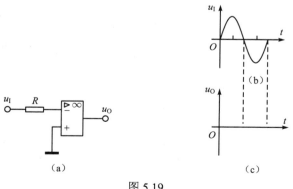

（a）　　　　　　　　　　　　　（c）

图 5.19

5.5　实验

本章提供了某些有关运放的基础实验，并提供某些使用技巧，以便使读者熟悉运放的特

性。有的实验表明如何确定运放的特定参数。

实验时使用的运放是较常使用的μA741，实验可以在面包板上进行，也可以在专门的实验台上进行。μA741 的引脚接线图可以参见图 5.6（2）。

在安装、接线或拆线时，不可接通电源，以防损坏器件和测试仪器。在加电之前，必须仔细检查电路是否连接正确。

使用的标准电源是±15V，但也可以使用±12V 或±9V 电源，其效果是一样的。如果使用电池（±12V 或±9V）供电，则必须用一只 0.1μF 的电容将电池对地旁路（去耦电容）。

在以下几个实验中，均需要直流输入电压信号。此信号可由±1.5V 的干电池提供。

实验所需仪器：测试仪表、电压表、万用表等。

实验所需元器件：电阻为 0.5W 或 0.25W，精度 5%或 10%；电容为非电解型，如陶瓷电容、聚酯类电容等，耐压至少为 50V；电位器为标准型。

5.5.1　运放输出极性的测试

【实验目的】

说明运放的输出可在正、负（对地）之间摆动，并与输入反相 180°（反相输入端）。

【所需元件】

$10k\Omega$ 电阻一只（R_1），3 位置开关一只（S_1）。

【实验步骤】

（1）电源断路，按图 5.20（a）所示接线（注意：图中电压表表笔的极性是开关在 A 位置时的极性）。

（2）将直流电压表置于高于 15V 的量程。

（3）接通电源。

（4）记录U_o的读数（由于失调，电压表可能有指示）。

（5）将开关置于位置 A。

（6）记录U_o，指明其极性。

（7）将开关置于位置 B。

（8）记录U_o，指明其极性。

（9）关闭电源，去掉电池。

（10）重新连接电路，如图 5.20（b）所示（注意：图中电压表表笔的极性是开关在 A 位置时的极性）。

（11）重复步骤（3）～（9）。

【思考题】

（1）在图 5.20（a）中，当S_1处于位置 A 时，U_o＝？

（2）在图 5.20（a）中，当S_1处于位置 B 时，U_o＝？

（3）当加在反相输入端的电源U_I为正时，输出电压U_o的极性如何？

（4）当加在反相输入端的电源U_I为负时，输出电压U_o的极性如何？

（5）在图 5.20（b）中，当S_1处于位置 A 时，U_o＝？

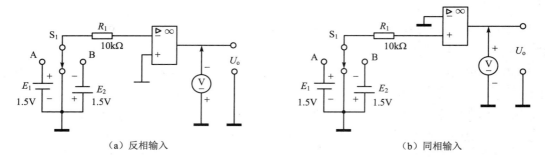

　　　　（a）反相输入　　　　　　　　　　　　　　（b）同相输入

图 5.20　输出极性的判断

（6）在图 5.20（b）中，当 S_1 处于位置 B 时，$U_o =$ ？

（7）当加在同相输入端的电源 U_I 为正时，输出电压 U_o 的极性如何？

（8）当加在同相输入端的电源 U_I 为负时，输出电压 U_o 的极性如何？

5.5.2　闭环直流电压增益（反相输入）

【实验目的】

验证反相比例运算电路的电压增益 $A_u = -R_f / R_1$。

【所需元件】

10kΩ 线绕电位器（RP）一只，10kΩ 电阻（R_1）一只，100kΩ 电阻（R_f）一只，单刀双掷开关（S_1）一只。

【实验步骤】

（1）电源断路，按图 5.21 所示接线。

（2）将 S_1 置于位置 A。

（3）接通电源。

（4）调节 RP，使 $U_I = 0.5V$。

（5）记录 U_o，指明其极性。

（6）关掉电源。

（7）将表笔反接（注意：输出电压极性与输入相反，用电压表时要注意表笔的极性）。

（8）将 S_1 置于位置 B。

（9）接通电源。

（10）调节 RP，使 $U_I = -0.8V$。

（11）记录 U_o，指明其极性。

（12）关闭电源，拆下电池。

（13）按理论公式计算电路增益：$A_u = -R_f / R_1$。

（14）计算输出电压：$U_o = -(R_f / R_1) U_I$。

（15）根据给定的 U_I 值和实测的 U_o 值，按下式计算实际的电压增益 $A_u = U_o / U_I$。

（16）比较（13）、（15）两步所得的结果（即比较理论计算值和实际所测值）。

（17）改变 R_f 的值，对不同的增益重复该实验数次。

【思考题】

（1）当 $U_I = 0.5V$ 时，$U_o =$ ？（注意极性）

（2）当 $U_I = -0.8V$ 时，$U_o =$ ？（注意极性）

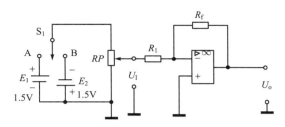

图 5.21　闭环直流电压增益（反相输入）

（3）电路的实际增益是多少？

（4）如果 $R_f = 120\text{k}\Omega$，电路的理论增益是多少？

（5）当 $R_f = 56\text{k}\Omega$，$U_I = 0.6\text{V}$ 时，$U_o = ?$

（6）当 $R_f = 220\text{k}\Omega$，$U_I = -0.4\text{V}$ 时，$U_o = ?$

5.5.3　闭环直流电压增益（同相输入）

【实验目的】

验证同相比例运算电路的电压增益。

【所需元件】

10kΩ 线绕电位器（RP）一只，10kΩ电阻（R_1）一只，100kΩ 电阻（R_f）一只，单刀双掷开关（S_1）一只。

【实验步骤】

（1）电源断路，按图 5.22 所示接线。

（2）将开关S_1置于位置 A。

（3）接通电源。

（4）调节 RP，使 $U_I = 0.5\text{V}$。

（5）记录U_o，指明其极性。

（6）将开关S_1置于位置 B。

（7）调节 RP，使 $U_I = -0.8\text{V}$。

（8）记录U_o，指明其极性。

（9）关闭电源，拆下电池。

（10）按理论公式计算电路增益 $A_u = \left(1 + \dfrac{R_f}{R_1}\right)$。

（11）计算输出电压 $U_o = \left(1 + \dfrac{R_f}{R_1}\right)U_I$。

（12）根据给定的U_I值和实测的U_o值，按下式计算实际的电压增益 $A_u = \dfrac{U_o}{U_I}$。

（13）比较（10）、（12）两步所得结果（即比较理论计算值和实际所测值）。

（14）改变R_f的值，对不同的增益重复该实验数次。

【思考题】

（1）当 $U_I = 0.5\text{V}$ 时，$U_o = ?$（注意极性）

（2）当 $U_I = -0.8\text{V}$ 时，$U_o = ?$（注意极性）

（3）电路的实际增益是多少？

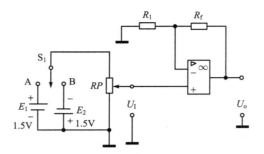

图 5.22　闭环直流电压增益（同相输入）

（4）如果 $R_f = 120\text{k}\Omega$，电路的理论增益是多少？

（5）当 $R_f = 56\text{k}\Omega$，$U_I = 0.6\text{V}$ 时，$U_o = ?$

（6）当 $R_f = 220\text{k}\Omega$，$U_I = -0.4\text{V}$ 时，$U_o = ?$

5.5.4　失调电压调零

【实验目的】

说明校正失调电源调零的方法。

【所需元件】

$10\text{k}\Omega$ 线绕电位器（RP）一只，$10\text{k}\Omega$ 电阻（R_1）一只，$100\text{k}\Omega$ 电阻（R_f）一只，单刀双掷开关（S_1）一只。

【实验步骤】

（1）关断电源，按图 5.23 所示接线。

（2）将直流电压表置于低挡。

（3）接通电源。

（4）记录 U_o。

（5）合上 S_1，调节 RP 使 U_o 最小（希望为零）。这种调零方法使用了运放内部的接线。

（6）关断电源。

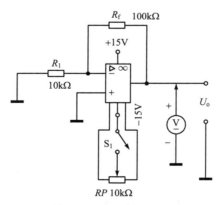

图 5.23　失调电压调零

【思考题】

（1）当 S_1 开路时，$U_o = ?$

（2）当 S_1 闭合时，适当调节 RP，$U_o = ?$

第6章　直流稳压电源

不论何种半导体器件组成的电子电路，都必须依靠直流电源来工作。在小型电子设备（如晶体管收音机、便携式录音机、计算器、电子表、石英电子钟等）中，电池被广泛使用。但是在家用电子设备中，则不用电池，而是用适配器来将交流变成直流，这样做比较方便。

计算机是一个极其复杂的电子信息处理装置，内部包含成千上万的、各种各样的电子电路，需要的直流电压不止一种，消耗的功率也比较大，很难用电池来供电，而必须从交流电网获得电能，通过适当的变换后，变成稳定的直流电压来供电。

图 6.1 示出了由交流电源变换成直流电源的方框图和波形图。方框图中的各主要部分分别简要介绍如下。

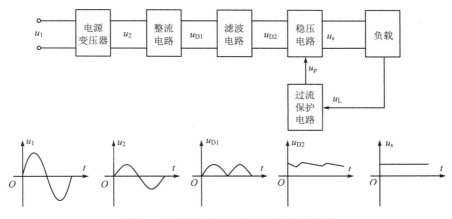

图 6.1　直流稳压电源的方框图和波形图

（1）电源变压器　将交流电网供给的交流电压 u_1 变换为符合整流器所需的交流电压 u_2。当需要的直流电源不止一组时，变压器的二次绕组也相应地有多个绕组。变压器是一个带有铁心的电磁感应元件。

（2）整流电路　将经过变压器变压后的交流电压 u_2（一般比一次绕组的电压低），变换成脉动的、单方向的直流电压 u_{D1}。

（3）滤波电路　将脉动的直流电压 u_{D1} 变换成平直的直流电压 u_{D2}。

（4）稳压电路　使输出的直流电压在交流电源电压上下波动或负载变化时，能够保持稳定。对直流电压稳定度要求不高的电路，也可以省略稳压电路（如普通交流适配器中的情况）。

（5）过流保护电路　一旦由于某种原因（一般是故障状态）使负载电流异乎寻常得增大，有可能损坏电路中的器件时，迅速切断直流电源，以便起到保护作用。

6.1　整流与滤波电路

6.1.1　整流电路

整流电路就是利用二极管的单向导电性，把周期性变化的交流电，变换成方向不变、大小随时间变化的脉动直流电的电路。

1. 单相半波整流电路

单相半波整流电路如图 6.2（a）所示。这是最简单的整流电路。它由电源变压器 T、整流二极管 VD 和负载 R_L 组成。

（1）工作原理

当电源变压器的初级交流电压为 u_1 时，次级感应出交流电压 u_2，其瞬时值表达式为

$$u_2(t) = \sqrt{2}U_2 \sin(\omega t + \varphi) \tag{6.1}$$

式中，$u_2(t)$ 为瞬时值；U_2 是交流电压的有效值；$\omega = 2\pi f$ 是角频率；φ 为初相角。

当 $u_2(t)$ 为正半周时（A 端电位高于 B 端电位为正），二极管 VD 导通，电流 i_D 自 A 端经 VD、R_L 到 B 端。因为 VD 的正向压降很小，可以认为 u_2 全部加在 R_L 上。当 $u_2(t)$ 为负半周时，VD 截止，$i_D = 0$，$i_L = 0$，$u_L = 0$。这样，在全周期内，在 R_L 上只有自上而下的单方向电流和电压，实现了整流。u_2、u_L、i_L 的工作波形如图 6.2（b）所示。这样，可以看出 u_L、i_L 的方向不变，但是大小是波动的。这种方向不变、大小波动的电压和电流，称为脉动直流电流。它的波形不平滑，含有交流成分或纹波成分。

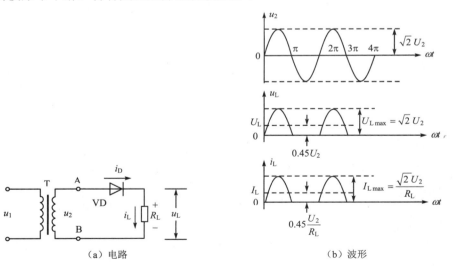

（a）电路　　　　　　　　　　　　　　（b）波形

图 6.2　单相半波整流电路

单相半波整流电路由于仅在交流电的半个周期内有脉动直流电输出，且输出的波形是输入交流电压波形的一半，故称为半波整流电路。

（2）负载上的电压和电流

通过以上分析可知，在一个周期中，在半波整流电路的负载电阻 R_L 上只有半个周期的电压，我们把这半个周期内的电压在整个周期内的平均值，叫做负载的直流电压 U_L。通过计

算可得到负载两端的直流电压为

$$U_{\text{L}} = \frac{\sqrt{2}}{\pi} U_2 \approx 0.45 U_2 \qquad (6.2)$$

式中，U_2 为变压器次级交流电压的有效值。

式（6.2）说明，经过半波整流以后负载 R_{L} 上所得到的直流电压的幅值，只有变压器次级绕组电压有效值的 45%。这里还须指出，这个结果是在理想情况下得出的（忽略了二极管的正向内阻和变压器的等效内阻），如果考虑导电时电流在上述整流电路内阻上的压降的话，则 U_{L} 的数值还要低。也就是说，半波整流电路的效率是比较低的。

流过负载 R_{L} 中的直流电流 I_{L}，可根据欧姆定律求出，即

$$I_{\text{L}} = \frac{U_{\text{L}}}{R_{\text{L}}} \approx \frac{0.45 U_2}{R_{\text{L}}} \qquad (6.3)$$

（3）整流器件上的电流和最大反向电压

从图 6.2 可以看出，在半波整流电路里，流过整流二极管 VD 的平均电流 I_{D} 与负载电流 I_{L} 相等，即

$$I_{\text{D}} = I_{\text{L}} = \frac{0.45 U_2}{R_{\text{L}}} \qquad (6.4)$$

整流元件所承受的最大反向电压 U_{RM} 是 u_2 的最大值，即

$$U_{\text{RM}} = \sqrt{2} U_2 \qquad (6.5)$$

根据所要求的 I_{D}、U_{RM}，就可以选择适当的整流二极管元件。

在工程上由于要考虑交流电网电压的波动和其他因素，所以，所选择的整流二极管的最大正向电流 I_{DM} 和最大反相电压 U_{RM} 应比计算值大一些。

单相半波整流电路的主要优点是电路简单；缺点是输出整流电压脉动大，电源的利用率低。半波整流适用于小功率电路中。

2．单相全波整流电路

由前所述，单相半波整流电路仅仅利用了输入交流电压的一半，另一半弃而不用。为了提高对输入交流电压波形的利用率，并且减少整流后的波形的脉动成分，可使用全波整流电路。

全波整流电路是由两个完全相同的半波整流电路合成的，如图 6.3（a）所示。图中，负载 R_{L} 为两个半波整流电路所共有，为保证两个半波整流电路的对称，输入变压器的次级绕组应具有中心抽头，把次级电压分成大小相等、方向相反的两个电压 u_{2a} 和 u_{2b}。

（1）工作原理

u_1 为正半周时，图 6.3 中 A 端电位高于 C 端电位（见图中所标注的变压器同名端的标志），B 端电位低于 C 端电位，所以二极管 VD$_1$ 导通，VD$_2$ 截止。此时，电流 i_{D1} 从 A 端经 VD$_1$ 自上而下流过 R_{L} 到变压器 T 次级绕组的中心抽头处；当 u_1 为负半周时，B 端电位高于 C 端电位，A 端电位低于 C 端电位，所以，二极管 VD$_2$ 导通，VD$_1$ 截止，电流 i_{D2} 从 B 端经 VD$_2$，也自上而下流过 R_{L} 到 C 处；i_{D1} 和 i_{D2} 叠加形成全波脉动整流电流 i_{L}，在 R_{L} 两端得到全波脉动直流电压 u_{L}，如图 6.3（b）所示。

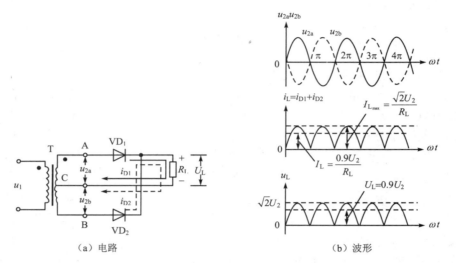

（a）电路 （b）波形

图 6.3 单相全波整流电路

在交流电的全周期内，负载 R_L 上都有单相脉动电流输出，所以称为全波整流电路。

（2）负载上的电压和电流

由以上分析可知，在全波整流电路中，交流电在一个周期内的两个半波都通过负载，因此全波整流电路输出的电压和电流均比半波整流电路大了一倍，即

$$U_L = 0.9U_2 \qquad (6.6)$$

负载电流

$$I_L = \frac{U_L}{R_L} = \frac{0.9\,U_2}{R_L} \qquad (6.7)$$

式中，U_2 为变压器次级绕组电压的有效值（即 u_{2a} 或 u_{2b} 的有效值）。

（3）整流器件上的电流和最大反向电压

在全波整流时，两个二极管轮流导通，因此，流过每个二极管的平均电流只是负载电流的一半，即

$$I_D = I_{D1} = I_{D2} = \frac{1}{2} I_L = 0.45\,\frac{U_2}{R_L} \qquad (6.8)$$

从图 6.3（a）不难看出，当一个二极管截止时另一个二极管必然导通，次级绕组的两部分电压全部加在截止管上，因此，在全波整流时，二极管所承受的最大反向电压为

$$U_{RM} = 2\sqrt{2}\,U_2 \qquad (6.9)$$

全波整流电路与前述半波整流电路相比，具有输出直流电压高、电流大、脉动成分较小等优点。其缺点是，变压器的次级绕组必须具有中心抽头，变压器的利用率不高（每半个次级绕组只在半个周期内有电流通过），每个二极管所承受的反向电压较大等。

3. 单相桥式整流电路

虽然全波整流电路克服了半波整流电路的一些缺点，增加了输出的直流成分，减少了脉动成分，但是全波整流电路也有缺点，例如二极管承受的反向电压较高，变压器次级绕组增

加一倍。因此，人们又提出了桥式整流电路。

单相桥式整流电路如图 6.4（a）所示，它由电源变压器 T 及四只整流二极管 $VD_1 \sim VD_4$ 组成。R_L 是负载电阻。由于电路类似电桥形式，故简称为桥式整流电路。其简化画法如图 6.4（b）所示。

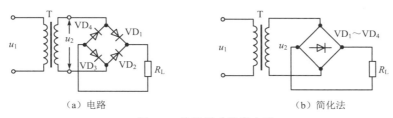

（a）电路　　　　　　　　　　　　（b）简化法

图 6.4　单相桥式整流电路

（1）工作原理

如图 6.5 所示，当 u_2 为正半周时，A 端电位高于 B 端电位，二极管 VD_1 和 VD_3 导通，而 VD_2 和 VD_4 则截止，电流 i_1 自 A 端流过 VD_1、R_L、VD_3 到 B 端，i_1 自上而下流过负载 R_L。当 u_2 为负半周时，B 端电位高于 A 端电位，二极管 VD_2 和 VD_4 导通，而 VD_1 和 VD_3 截止。此时，电流 i_2 自 B 端流过 VD_2、R_L、VD_4 到 A 端。这样，在 u_2 的整个周期内，都有方向不变的电流通过负载 R_L，且 i_1 和 i_2 叠加形成 i_L，这种电路的工作波形如图 6.6 所示。

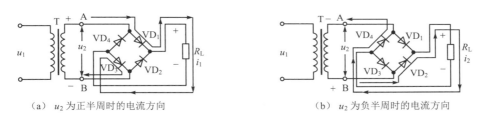

（a）u_2 为正半周时的电流方向　　　　　　（b）u_2 为负半周时的电流方向

图 6.5　单相桥式整流电路的工作过程

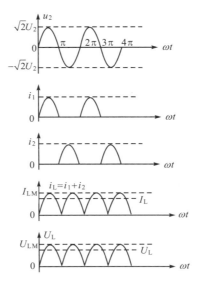

图 6.6　单相桥式整流电路的工作波形图

　　从图 6.6 所示波形图可以看出，通过负载 R_L 的电流 i_L 是全波脉动直流，R_L 两端是全波脉动直流电压 u_L。所以，这种整流电路属于全波整流类型，称为桥式单相全波整流电路。

　　（2）负载上的电压和电流

　　通过以上的分析可知，桥式整流电路在交流电压 u_1 的一个周期内，在负载电阻 R_L 上得到一个同单相全波整流电路一样的电压、电流波形，所以，负载上的直流电压和直流电流的计算公式与全波整流电路一样，即

$$U_L = 0.9 U_2 \tag{6.10}$$

$$I_L = \frac{0.9\,U_2}{R_L} \tag{6.11}$$

　　（3）整流器件中的电流和最大反向电压

　　在桥式整流电路中，每个整流器件在一个周期内只有半个周期导通，因此，通过每个整流器件的平均电流值也应是负载电流的一半，即

$$I_D = \frac{1}{2} I_L = \frac{0.45\,U_2}{R_L} \tag{6.12}$$

　　在桥式整流电路中，每个整流器件所承受的反向电压最大值与全波整流电路不同。从图 6.7（a）可以看出，当 u_2 为正半周时，VD_2、VD_4 截止。这时，变压器次级绕组的 A 端接至 VD_2、VD_4 的阴极，B 端则接至 VD_2、VD_4 的阳极。可见 VD_2、VD_4 所承受的最高反向电压应为 u_2 的最大值 $\sqrt{2}\,U_2$。同样，从图 6.7（b）中可以看出，VD_1、VD_3 所承受的最高反向电压也为 $\sqrt{2}\,U_2$，故

$$U_{RM} = \sqrt{2}\,U_2 \tag{6.13}$$

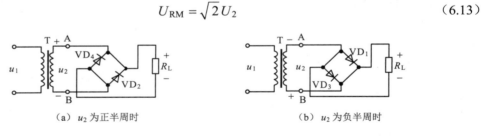

（a）u_2 为正半周时　　　　　　　　　（b）u_2 为负半周时

图 6.7　桥式整流二极管所承受的最大反向电压

　　单相桥式整流电路具有单相全波整流电路的各种优点，并且消除了一些缺点。例如，变压器次级绕组无须中心抽头，且整个周期内均有电流流过，提高了变压器的利用率；加在每个二极管上的最大反向电压值降低了一半等。因此，这种整流电路获得了最为广泛的应用。它的缺点是需要采用四只整流二极管，电路结构稍微复杂一些。

　　近年来，整流器件的组合件——半桥和全桥整流堆器件因其物美价廉，已经得到了极为广泛的应用（参见图 6.8）。因此，在整流电路中，单相桥式整流电路是人们的首选电路。

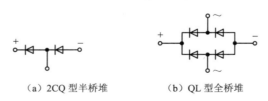

（a）2CQ 型半桥堆　　　　　　　　（b）QL 型全桥堆

图 6.8　半桥和全桥整流堆

4．三种整流电路的比较

现将三种整流电路的特点列于表 6.1 中，以便比较。

表 6.1　三种整流电路的比较

比较项目 整流形式	变压器次级绕组电压的有效值(U_2)	负载 R_L 上的输出电压平均值（U_L）	整流二极管所承受的最大反向电压(U_{RM})	通过整流二极管的正向平均电流（I_D）	负载 R_L 上的电流平均值（I_L）	优　　点	缺　　点	适　用范　围
半波整流	U_2	$0.45U_2$	$\sqrt{2}\,U_2$	$\dfrac{0.45U_2}{R_L}$	$\dfrac{0.45U_2}{R_L}$	电路简单	① 输出直流电压脉动大，不易滤成平滑的直流；② 电源利用率低	用于稳定性要求不高的小功率整流
全波整流	U_2	$0.9U_2$	$2\sqrt{2}\,U_2$	$\dfrac{0.45U_2}{R_L}$	$\dfrac{0.9U_2}{R_L}$	① 输出直流电压高、电流大；② 脉动成分较小，易滤成平滑的直流	① 变压器次级绕组必须具有中心抽头；② 变压器的利用率不高；③ 要求整流管耐压高	用于稳定性要求较高、输出电流较大的场合
桥式整流	U_2	$0.9U_2$	$\sqrt{2}\,U_2$	$\dfrac{0.45U_2}{R_L}$	$\dfrac{0.9U_2}{R_L}$	① 输出直流电压高、电流大；② 脉动成分较小，易滤成平滑的直流；③ 变压器次级绕组无须中心抽头，且利用率高；④ 整流管承受的反向电压低	需用四只整流二极管，电路结构稍复杂	用于稳定性要求较高、输出电流较大的场合

6.1.2　滤波电路

整流电路虽然能把交流电转变为直流电，但经整流后输出的直流电压脉动成分较大，这在要求直流电压稳定度较高的设备中不能使用。为了获得较平滑而稳定的直流输出电压，需要在整流电路和负载之间接入一种能够把脉动直流电中的交流成分滤掉的电路，这种电路称为滤波电路，又称滤波器。常见的滤波器有：电容滤波器、电感滤波器和复式滤波器等。

1．电容滤波器

电容滤波器是在整流电路负载两端并联电容器 C 构成的，其电路如图 6.9（a）所示。由于接入了具有储能特性的电容 C，所以，当 VD 导通时，给电容 C 充电，u_C 上升，波形如图 6.9（b）中 OA 段所示；当 VD 截止时，电容 C 对负载放电，u_C 下降，波形如 AB 段所示；当 VD 又导通时，u_C 再次上升，如 BC 段所示。

电容滤波器在全波整流电路和桥式整流电路中的工作原理与半波整流电路中的工作原理基本一样。不同之处在于，全波整流时 u_2 在正、负半周都对电容充电，即在一个周期内 u_2

对电容器 C 充电两次，电容器向负载放电的时间缩短了，因此输出电压波形更为平滑，如图6.10所示。

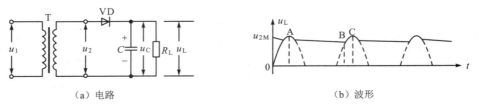

（a）电路　　　　　　　　　　　　（b）波形

图6.9　具有电容滤波器的半波整流电路

电容滤波器的电容值一般在几十微法（μF）至几千微法之间，其耐压应大于输出电压的最大值，通常采用电解电容器。

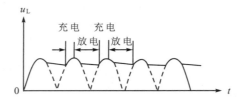

图6.10　全波整流电路的电容滤波波形

2．电感滤波器

电感滤波器是在整流电路与负载电阻之间串联电感 L 构成的，其电路如图6.11所示。电感滤波器是利用电感的直流电阻小、交流阻抗大的特性进行滤波的。当负载电流增加时，电感元件将产生与电流方向相反的感应电动势，力图阻止电流的增加；而当负载电流减小时，电感元件将产生与电流方向相同的感应电动势，力图阻止电流的减小。由于电感具有这种阻碍电流变化的作用，使得负载电流的脉动程度减小了，在负载电阻 R_L 上也可以得到一个较平滑的直流输出电压，如图6.11（b）中的实线波形。显然，L 数值越大，滤波效果越好。

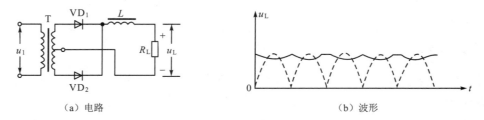

（a）电路　　　　　　　　　　　　　　（b）波形

图6.11　具有电感滤波器的全波整流电路

在大负载电流的情况下（这时 R_L 的阻值较小），电容滤波器的放电速度变快，输出电压下跌幅度较大，而电感滤波器则能克服这一缺点。所以，在大电流的场合，电感滤波较为适合。但当电感量较大（几亨到几十亨）时，电感元件的体积和质量都较大。因此，一般在功率较大的整流电路中，才利用电感作为滤波元件。

3．复式滤波器

复式滤波器是由电感和电容或者电阻和电容组合起来的滤波器。它的滤波效果比单一使用电感或电容滤波要好。常见的复式滤波器有 L 型滤波器、LC－π型滤波器和RC－π型滤波器。

（1）L 型滤波器

带 L 型滤波器的桥式整流电路如图 6.12 所示。虚线框内即为电感 L 和电容 C 组成的 L 型滤波器。整流后输出的脉动直流经过电感 L，交流成分被削弱，经电容 C 滤波后，就可在负载 R_L 上获得较平滑的直流电压。L 型滤波器由于滤波电容 C 接在电感线圈的后面，在接通电源的瞬间可减少浪涌电流对整流器件的冲击。

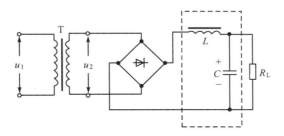

图 6.12　带 L 型滤波器的桥式整流电路

（2）LC–π 型滤波器

带 LC–π 型滤波器的桥式整流电路如图 6.13 所示。虚线框内即为电容 C_1、C_2 和电感 L 组成的 π 型滤波器。脉动直流经过电容 C_1 滤波后，又经电感 L 和电容 C_2 的滤波，使交流成分大大降低，在负载 R_L 上获得平滑的直流。这种滤波器被广泛用于小功率整流电路中。

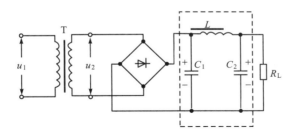

图 6.13　带 LC–π 型滤波器的桥式整流电路

（3）RC–π 型滤波器

带 RC–π 型滤波器的桥式整流电路如图 6.14 所示。虚线框内即为由电容 C_1、C_2 和电阻 R 组成的 RC–π 型滤波器。由于电感体积大，成本高，故在对滤波要求不高的情况下，可用电阻 R 代替 π 型滤波器中的电感 L，构成 RC–π 型滤波器。它的缺点是电阻 R 上会产生直流电压降，使负载 R_L 上获得的直流电压减少，并产生一定的功耗。

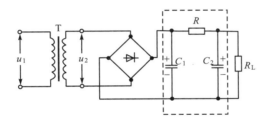

图 6.14　带 RC–π 型滤波器的桥式整流电路

6.2 硅稳压管稳压电路

经过整流和滤波，交流电转换为平滑的直流电，但是这样的直流电压还是不够稳定，一般不能满足各种电子设备的要求。其理由如下：第一，当电网电压波动时（这是常常发生的），经整流、滤波后的直流电压也会产生波动；第二，由于整流、滤波电路存在内阻，故当负载变动时（这也是经常发生的），输出电压也会随之变化。因此，为了获得稳定的直流输出电压，需要在滤波电路之后再加稳压电路。硅稳压管稳压电路是最简单的一种稳压电路。

6.2.1 硅稳压管的特性和参数

1．硅稳压二极管的特性

稳压管是一种特殊的面接触型半导体硅二极管。由于它在电路中与适当数值的电阻配合能起稳定电压的作用，因此叫做"稳压管"。它与普通用于整流、检波和其他单向导电设备的二极管不同，它专门利用其反向击穿特性来工作。其伏安特性曲线及其符号如图 6.15 所示。

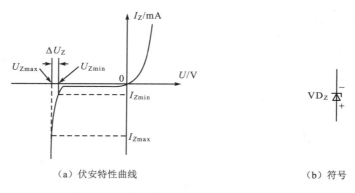

(a) 伏安特性曲线   （b）符号

图 6.15 硅稳压管的伏安特性曲线及符号

由图 6.15 可见，正向伏安特性曲线与普通二极管无大区别；反向伏安特性曲线表面上看来，与普通二极管也无大区别。当外加反向电压较小时，反向电流几乎等于零；当外加反向电压增加到击穿电压 U_{Zmin} 时，反向电流急剧增大。对于硅稳压二极管来说，由于工艺上的特殊处理，只要反向电流小于它的最大允许值 I_{Zmax}，管子仅发生电击穿而不产生热击穿，所以不会损坏。在击穿区，反向电流的变化（ΔI_Z）很大，但管子两端的电压变化（ΔU_Z）却很小，这就是稳压管的稳压特性。

2．稳压管的主要参数

（1）稳定电压 U_Z　稳压管的稳定电压，即稳压管正常工作时管子两端的电压，通常指击穿电压。

（2）稳定电流 I_Z　是指稳压管的稳定电压为 U_Z 时的工作电流，其范围在 $I_{Zmin} \sim I_{Zmax}$ 之间。

（3）最大稳定电流 I_{Zmax}　稳压管允许长期通过的最大电流。

（4）耗散功率 P_Z　表示稳压管不发生热击穿时的最大功率。

（5）动态电阻 r_z　稳压管两端电压变化与通过其中的电流变化的比值，即 $r_z = \Delta U_Z /$

ΔI_Z。此式也可以改写为 $\Delta U_Z = r_z \cdot \Delta I_Z$。由此式可知，$r_z$ 越小，说明 ΔI_Z 引起的 ΔU_Z 的变化就越小。所以，动态电阻越小，稳压管的稳压性能越好。

（6）电压温度系数（%/℃） 表示温度每升高 1℃ 时，稳定电压变化的百分数。

6.2.2 硅稳压管稳压电路

图 6.16 所示是利用稳压管来稳定直流电压的最简单电路。

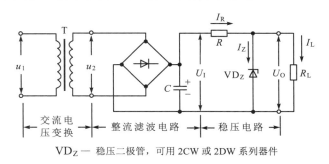

VD$_Z$ — 稳压二极管，可用 2CW 或 2DW 系列器件

图 6.16 硅稳压管稳压电路

由整流滤波电路输出的直流电压作为硅稳压管稳压电路的输入电压 U_I，加在稳压电路的输入端，稳压后的输出直流电压 U_O 从稳压管 VD$_Z$ 的两端取出。R 为调整电阻（也是硅稳压管的限流电阻），是稳压电路中不可缺少的元件。R_L 为负载电阻。

在该电路中，硅稳压管起着自动调节电流的作用。当输出直流电压发生很小的变化时，流过硅稳压管的电流将发生较大的变化。硅稳压管工作电流的变化，将使 R 两端的电压发生变化，通过此电压的调整作用，就可达到输出稳定直流电压的目的。

6.3 串联型晶体管稳压电路

6.2 节讨论了硅稳压管稳压电路。这种电路线路简单，调整方便，但因输出电流受稳压管电流的限制，负载电流变化范围不大，输出电压不能任意调节，稳定性能也不高，因此在实践中，常常采用串联型晶体管稳压电路。

6.3.1 电路方框图

串联型晶体管直流稳压电源原理方框图如图 6.17 所示。它由取样、基准、比较、放大和控制（调整）等部分组成。取样部分一般是一个电阻分压器，用来感知输出电压 U_O 的变化。基准部分常采用硅稳压二极管电路，以便提供一个可作为基准的参考电压。比较电路一般是一只或两只晶体管（差动放大），以便将输出电压 U_O 的变化（由输入交流电网电压的波动或由负载的变化引起）与基准电压进行比较，求出其偏差（正偏差或负偏差）。放大电路将此偏差放大（提高系统的灵敏度），以便对控制电路（一般是一只功率较大的晶体管——调整管）进行调整。调整方式是这样的：若 $U_O \uparrow \rightarrow$ 正偏差 $\rightarrow$ 控制电路（调整管）阻抗增大（流过其中的电流减少）$\rightarrow U_O \downarrow$；若 $U_O \downarrow \rightarrow$ 负偏差 $\rightarrow$ 控制电路（调整管）阻抗减小（流过其中的电流增加）$\rightarrow U_O \uparrow$，即系统按负反馈原理工作。

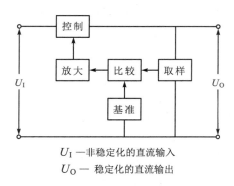

U_I —非稳定化的直流输入

U_O — 稳定化的直流输出

图 6.17　直流稳压电源的原理方框图

6.3.2　电路的组成与稳压原理

1．简单串联型晶体管稳压电路

如图 6.18 所示，电路由晶体管 V、稳压管 VD_Z、电阻 R_1 和 R_2、负载 R_L 等组成。R_1 和 VD_Z 组成一个基本稳压电路，并为晶体管 V 提供一个基本稳定的直流电压 U_Z，这个电压叫做基准电压。V 的输入电压 $U_{BE} = U_Z - U_O$，若 U_O 变化，则 U_{BE} 变化，这将使 U_{CE} 变化。U_{CE} 的变化又使 U_O 趋于不变。其稳压过程如下：

若 $U_O \uparrow \rightarrow U_{BE} \downarrow \rightarrow I_B \downarrow \rightarrow I_C \downarrow \rightarrow U_{CE} \uparrow \rightarrow U_O = (U_I - U_{CE}) \downarrow$；同样，

若 $U_O \downarrow \rightarrow \cdots \rightarrow U_{CE} \downarrow \rightarrow U_O \uparrow$

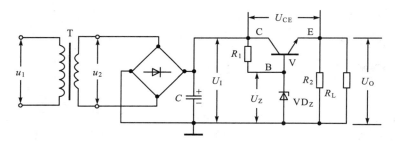

图 6.18　简单串联型晶体管稳压电路

该电路中晶体管 V 是稳压的关键，在电路中起自动调整的作用，所以把晶体管 V 叫做调整管。

因为负载电流不再通过稳压管，而是通过调整管，所以这种串联型稳压电路可以供给较大的负载电流。

2．带有放大环节的串联型晶体管稳压电路

简单的串联型晶体管稳压电路，是直接利用输出电压的微小变化量 ΔU_O 去控制调整管的发射结电压 U_{BE}，从而改变调整管的管压降 U_{CE} 来稳定电路的输出电压的。这种电路往往由于 ΔU_O 的数值不大，稳压效果并不好。

如果在简单串联型晶体管稳压电路中增加一个直流放大器，把输出电压的微小变化加以放大，然后再去控制调整管，就可以大大提高输出电压的稳定程度，带有放大环节的稳压电路如图 6.19 所示。

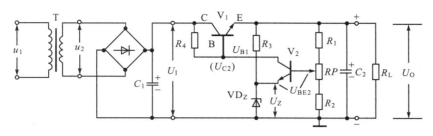

图 6.19　带有放大环节的串联型稳压电路

在图 6.19 所示电路中 V_1 是调整管,它与负载相串联,输出电压 $U_O = U_I - U_{CE1}$,通过 U_{CE1} 的变化来调整 U_O。稳压管 VD_Z 和它的限流电阻 R_3 组成供给比较放大管 V_2 发射极的基准电压 U_Z。取样电路由 R_1、RP 和 R_2 组成,实质上这是一个分压器,其作用是取出一部分输出电压的变化量加到 V_2 管的基极,与 V_2 管发射极的基准电压 U_Z 相比较,它们的电压差引起 V_2 管发射结电压 U_{BE2} 变化,经过 V_2 放大后,送到调整管的基极,控制调整管的工作。其稳压过程如下:若 $U_O \uparrow \rightarrow U_{BE2} = (U_{RP} - U_Z) \uparrow \rightarrow I_{B2} \uparrow \rightarrow I_{C2} \rightarrow U_{C2}$(即 U_{B1})$\downarrow$(因 R_4 上压降增大)$\rightarrow I_{B1} \downarrow \rightarrow I_{C1} \downarrow \rightarrow U_{CE1} \uparrow \rightarrow U_O = (U_I - U_{CE1}) \downarrow$;若 $U_O \downarrow$,则其导致的结果正好相反。可以看到,整个系统按负反馈原理工作。

在图 6.19 所示电路中,R_4 是比较放大管 V_2 的集电极电阻,又是调整管 V_1 的基极偏置电阻。比较放大管 V_2 又简称为放大管。

6.3.3　提高稳压电路性能的措施

图 6.19 所示的典型串联型晶体管稳压电路的优点是电路简单,输出电压有一定的稳定度,在要求不太高的场合已能满足要求。但是,其输出电压的稳定程度还不够高,温度稳定性还不够好,调节范围还不够宽。为了进一步提高稳压电源的质量和使电路安全、可靠地运行,还需要对这种电路做进一步的改进。

1. 提高稳定度的措施

提高稳压电路稳定度的措施有几种方法,图 6.20 所示是采用辅助电源的稳压电路。

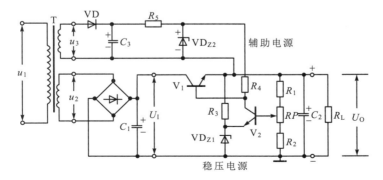

图 6.20　带有辅助电源的串联型稳压电路

图 6.20 中稳压电路中的变压器另加了一个次级绕组,经二极管 VD 整流和电容 C_3 滤波,并经限流电阻 R_5 后,由稳压管 VD_{Z2} 稳压,其输出电压作为比较放大器的电源,从而克服了

输入电压波动时对稳压电路中前置放大器的影响，提高了输出电压的稳定性。

2．提高稳压电路温度稳定性的措施

在串联型晶体管稳压电路中，比较放大器是一个直流放大器，因此输出电压U_O将随温度的变化而发生漂移。为了提高稳压电路的温度稳定性，除了采用电阻温度系数很小的电阻作为取样电阻外，比较放大器可采用差动式放大电路。具有差动式放大器的稳压电路如图 6.21 所示。图中，比较放大器采用单端输出的差动式放大电路，两只晶体管 V_2 和 V_3 借助于发射极电阻 R_6，使温度对管子的影响得到了抑制。为 V_3 提供基极电压的稳压管 VD_{Z1} 常选用带有温度补偿的稳压管。

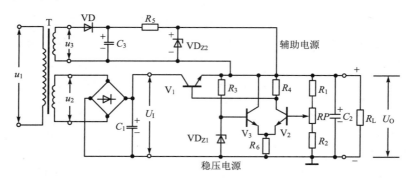

图 6.21　带有差动放大器的稳压电路

差动式放大电路具有很高的抑制温度漂移的能力，所以在高度稳定的稳压电源中得到了广泛的应用。

6.3.4　过流保护电路

串联型晶体管稳压电路的负载电流几乎全部通过调整管，因此，当负载电流超过调整管的允许电流时，会使调整管损坏。特别是当输出端短路时（这种情况时有发生），电流更大，更容易烧坏调整管。所以，一般在串联型晶体管稳压电路中，都要使用过流保护电路。常用的过流保护电路分为两类：电流限制型和电流截止型。

1．电流限制型保护电路

图 6.22 中虚线包围部分就是稳压管（或二极管）限流式保护电路。图中 VD_{Z2} 为稳压管（也可用普通二极管），R 为检测电阻。

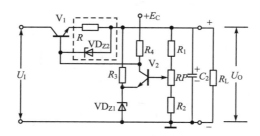

图 6.22　限流式保护电路

在正常情况下，稳压管 VD_{Z2} 两端电压$U_{BE1} + I_L R$ 小于稳压管 VD_{Z2} 的击穿电压，VD_{Z2} 处于截止状态，保护电路不起作用。

当负载过载时，即流过 R 的电流增加到 I_{Lmax}，R 上的电压降 $I_{\text{Lmax}}R$ 增大到使（$U_{\text{BE1}}+$ $I_{\text{Lmax}}R$）达到 VD_{Z2} 的击穿电压时，导致 VD_{Z2} 击穿。由于 VD_{Z2} 的分流作用，调整管 V_1 的基极电流 I_{B1} 减小，促使输出电流 I_L 减小，使它被限制在一定的范围内。

此保护电路的优点是简单可靠，当电路没有异常情况时，能够在过载现象消失后自动恢复到正常状态。其缺点是当过载时，调整管仍流过较大的电流，要消耗一定的功率。

2．电流截止型保护电路

当输出短路或过载时，保护动作能使调整管截止（或趋于截止），从而使通过调整管的电流减至最小，起到保护作用。

图 6.23 中虚线包围部分为保护电路。在该电路中，电阻 R_5、稳压管 VD_{Z1} 及分压电阻 R_6、R_7 为保护管 V_3 提供基准电压。由输出电压 U_O 经电阻 R_8、R_9 分压后供给 V_3 发射极电压。检测电阻 R 接在 R_7 和 R_9 之间，输出电流 I_O 流过 R 时要产生电压降。

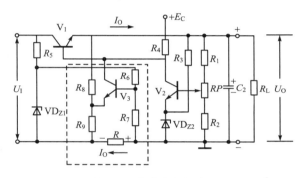

图 6.23　截流式保护电路

从图可见，V_3 基射极之间的电压为

$$U_{\text{BE3}} = (U_{R7} + U_R) - U_{R9} \tag{6.14}$$

当输出电流 I_O 在额定值以内时，$U_R = I_O R$ 较小，$(U_{R7}+U_R) < U_{R9}$，则 U_{BE3} 为负值，V_3 管的发射结处于反向偏置状态，故 V_3 可靠截止，保护电路不起作用，稳压电路正常工作。

当输出电路 I_O 超过额定值时，R 上的电压降增大，使得 $(U_{R7}+U_R) > U_{R9}$，从而使 V_3 导通，V_3 管集电极电压 U_{CE3} 要下降，即调整管基极电位 U_{B1} 下降，使 U_{CE1} 增大，导致输出电压 U_O 下降。由于 U_O 的下降，又使 U_{R9} 继续下降，就使 V_3 进一步导通，U_{B1} 进一步下降，U_{CE1} 进一步增大，U_O 进一步下降。这是个正反馈过程，最后导致调整管 V_1 因 U_{B1} 过小而截止，从而使得输出电压 U_O 和输出电流 I_O 均接近于零，保护了调整管。此时靠 R_7 上的电压 U_{R7} 来维持 V_3 导通和 V_1 的截止。当 I_O 恢复正常后，U_R 相应减小，稳压电源自动恢复了正常工作。

6.4　集成稳压电源

在 6.3 节中较详细地讨论了稳定直流电压的方法——采用串联型晶体管稳压电路。该电路包含的元器件较多，组装和调试都不是一件太容易的事。随着微电子技术的飞速发展，集成化的稳压电路应运而生，从而为直流稳压电源的设计、组装和调试带来了很大的便利。本节将简要介绍目前广泛采用的有关集成化稳压电路的知识。

6.4.1　概述

集成稳压器是通用模拟集成电路的一个分支。它是指当输入的直流电压（未经稳压）或负载发生变化时，能使输出的直流电压保持恒定的集成电路。集成稳压器的电路形式和分立元件电路相似，大多采用串联型稳压方式（被稳压的负载与调整管相串联）。与分立元件电路相比，它具有成本低、体积小、简单可靠、性能指标高等优点。

集成稳压器目前在国际上已有数百个品种，在国内也不下几十个品种。国内的品种大体可分为以下几类：三端固定式正/负集成稳压器；三端可调式正/负集成稳压器；多端可调式正/负集成稳压器等。

单片式集成稳压器的结构与分立元件组成的串联式稳压器基本相同，它也是由取样电路、基准电压、比较放大器、控制（调整）电路、启动电路和保护电路等几部分组成的（参见图 6.17）。

6.4.2　集成稳压器的常用参数

集成稳压器的常用参数及其意义如表 6.2 所示。

表 6.2　集成稳压器的常用参数及其意义

参数名称	符　号	意　义
电压调整率	S_U	当输出电流和环境温度保持不变时，由于输入电压的变化所引起的输出电压的相对变化量。该项指标反映了稳压电路对于交流输入电压波动时的调整能力。显然，该值越小越好
电流调整率（也称"负载调整率"）	S_I	当输入电压和环境温度保持不变时，由于输出电流的变化所引起的输出电压的相对变化量。该项指标反映了稳压电路对于当负载发生变化（负载电流发生变化）时的调整能力。显然，该值越小越好
输出阻抗	Z_O	在规定的输入电压 U_I 和输出电流 I_O 的条件下，在输出端上所测得的交流电压 U 与交流电流 I 之比。该项指标反映了当负载电流发生变化时，输出的直流稳定电压的变化量。显然，该值越小越好
纹波抑制比	S_{RIP}	当输入和输出条件不变时，输入的纹波电压峰-峰值与输出的纹波电压峰-峰值之比。一般常用其比值的对数（即分贝 dB）表示。显然，该值越大越好
最小输入—输出电压差（简称"压差"）	$(U_I-U_O)_{min}$	使稳压器能正常工作的输入电压与输出电压之间的最小电压差值。此值反映了在正常工作时，稳压器的输入和输出端之间至少必须有多少压降才行。一般此值为 2V 左右
输出电压	U_O	稳压器的参数符合规定指标时的输出电压。对于固定式输出稳压器，它是常数；对于可调式输出稳压器，表示用户可通过选择取样电阻而获得的输出电压范围
最大输出电流	I_{OM}	稳压器尚能保持输出电压不变时的最大输出电流，一般也认为它是稳压器的安全电流
最大功耗	P_M	由稳压器内部电路的静态功耗和调整器件上的功耗两部分组成。对于大功率稳压器来说，功耗主要决定于调整管的功耗

6.4.3　集成稳压器的分类

集成稳压器的分类、产品型号如表 6.3 所示。

表 6.3 集成稳压器的分类

分 类	产品型号	国外对应型号	输出电压/电流范围
三端固定正输出	CW78××	μA 78××、LM78××	（5、6、9、12、15、18、20、24）V
	CW78M××	μA 78M××、LM78M××	L = 0.1A；M = 0.5A；无字母 = 1.5A
	CW78L×	μA 78L××、LM78L××	
三端固定负输出	CW79××	μA 79××、LM79××	
	CW79M××	μA 79M××、LM79M××	同上，只是电压极性皆为负
	CW79L××	μA 79L××、LM79L××	
三端可调正输出	CW117/217/317	LM117/217/317	1.2～37 V
	CW117M/217M/317M	LM 117M/217M/317M	0.1～1.5A
	CW117L/217L/317L	LM 117L/217L/317L	
三端可调负输出	CW137/237/337	LM137/237/337	−1.2～ −37 V
	CW137M/237M/337M	LM 137M/237M/337M	0.1～1.5A
	CW137L/237L/337L	LM 137L/237L/337L	

注：国外型号中，LM——美国国家半导体公司；μA——美国仙童半导体公司。

6.4.4 集成稳压器应用时的注意事项

使用集成稳压器时，应注意以下几点：

（1）集成稳压器的电路品种很多，每类产品都有其自身的特点和适用范围，因此在选用时应考虑设计的需要以及其性能价格比，这样才能做到物尽其用。因三端稳压器优点比较明显，使用操作都比较方便，选用时可优先考虑。

（2）在装入电路前，一定要仔细阅读产品说明书，弄清各端子的作用，避免接错。安装焊接要牢固可靠，避免有大的接触电阻造成附加压降和过热。

（3）如果有散热要求，必须加装符合尺寸的散热装置，严禁超负荷使用。

（4）为确保输出电压的稳定性，应保证最小输入—输出压差。同时，为确保器件安全，又要注意不要超过"最大输入—输出压差"的规定范围。

（5）为了扩大输出电流，三端集成稳压器允许并联使用。

6.4.5 常用集成稳压器介绍

1. CW78××系列、CW79××系列

（1）功能及特性

该系列为三端固定式正（负）集成稳压器，其输出电压有 5V、6V、9V、12V、15V、18V、20V、24V 等。输出电流以 78 或 79 后面的字母加以区分：L 为 0.1A、M 为 0.5A、无字母为 1.5A。该器件内部设置有过电流保护、芯片过热保护及调整管安全工作区保护电路，使用安全可靠。当 CW78××系列与 CW79××系列配合使用时，可组成具有公共地端的正、负电源，匹配性能好，温度特性较一致，所以，广泛应用于电子设备的电源部分。虽然 CW78××系列和 CW78L××系列、CW78M××系列产品的电路结构、特点和应用基本相同，但封装形式和外引线、电参数规范是有些区别的。

（2）主要的封装形式

CW78××系列和 CW79××系列的主要封装形式如图 6.24 所示。

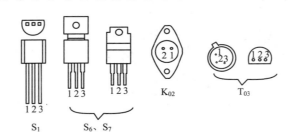

图 6.24   CW78××系列和 CW79××系列的主要封装形式

（3）主要的电参数

CW78××系列部分电参数规范如表 6.4 所示。

表 6.4   CW78××系列部分电参数规范（全结温，$T_A = 25℃$）

参数名称	符　　号	单　　位	CW7805C（典型值）	CW7812C（典型值）	CW7815C（典型值）
输入电压	U_I	V	10	19	23
输出电压	U_O	V	5.0	12.0	15.0
电压调整率	S_U	%	0.3	1.8	1.1
电流调整率	S_I	%	1.5	1.2	1.2
静态工作电流	I_D	mA	4.2	4.3	4.4
纹波抑制比	S_{RIP}	dB	78	71	70
最小输入—输出电压差	$(U_I - U_O)_{min}$	V	2.0	2.0	2.0
最大输出电流	I_{OM}	A	2.2	2.2	2.2

注：CW79××系列的电参数与表 6.4 基本相同，只是输入电压、输出电压均为负值。

（4）典型接线图

CW78××、CW79××系列典型电路图如图 6.25、图 6.26、图 6.27 所示。

图 6.25 所示是固定式正压输出的一般应用电路。在稳压器的输入端与地之间通常要接 $0.33\mu F$ 左右的滤波电容 C_I，C_I 的作用是用来抵消输入端长接线的电感效应，防止产生自激振荡；输出端与地之间接入的电容 C_O 是为了改善稳压电路的瞬态响应，即当瞬时增减负载电流时不致引起输出电压有较大的波动。一般 C_O 取 $0.1\mu F$（有时也可取较大的值，例如 $1\mu F$）。二极管 VD 用于当输入端与输出端错误接反时，保护集成电路免受损坏。该电路的直流输入电压 U_I（尚未经稳压）的选择原则是：

$$U_O + (U_I - U_O)_{min} < U_I < U_{Imax} \tag{6.15}$$

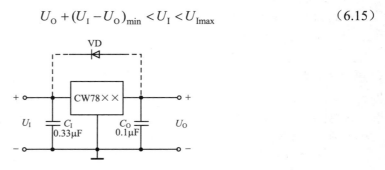

图 6.25   CW78 ××/CW79 ××系列典型电路——固定式正压输出电路

式中，U_{Imax} 为最大允许直流输入电压值。

图 6.26 所示是可调节输出电压的电路。它虽然是固定式正压输出电路，但也可在一定范围内对其输出电压进行调节。其输出电压 U_O 的调节是通过改变电阻 R_2 的值来实现的，其输出电压 U_O 可用下式来计算

$$U_O = U_O'\left(1 + \frac{R_2}{R_1}\right) + I_D R_2 \qquad (6.16)$$

式中，U_O' 为当可变电阻 R_2 的阻值为最大时的输出电压值；I_D 为该三端稳压器的静态工作电流，对于 CW78××/CW79×× 系列器件，该值约为 4mA。

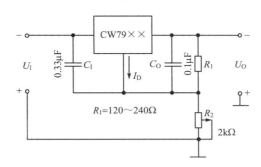

图 6.26　CW78××/CW79×× 系列典型电路——可调节输出电压的电路

由此式（6.16）可以看出，通过调节电阻 R_2 的值，即可改变输出电压 U_O 的大小。

图 6.27 所示是正、负输出固定电压的稳压电源。三端器件的输入端分别加上 ±20 V 的输入电压，输出端便能输出 ±15V 的电压，输出电流为 1A。图中 VD_1、VD_2 为集成稳压器的保护二极管。当负载接在两输出端之间时，如果在工作过程中某一芯片输入电压断开而没有输出，则另一芯片的输出电压将通过负载施加到没有输出的芯片输出端，从而造成芯片的损坏。VD_1、VD_2 起钳位作用，保护了芯片。

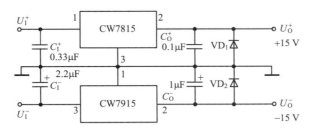

注：管脚系按 T_{03} 封装标注，其他类型的封装管脚可能有所不同

图 6.27　CW78 ××/CW79 ×× 系列典型电路——正、负输出电压固定的稳压电源

2. CW117/217/317 与 CW137/237/337 系列

（1）功能及特点

该系列是三端可调正（负）集成稳压器。CW117 系列产品的输出电压可调范围为 1.2～37 V，CW137 系列产品的输出电压可调范围为 -1.2～-37 V；输出电流均为 0.1～1.5 A。它除了具备三端固定式集成稳压器的优点外，在电性能方面又有了进一步的提高，应用更为灵活；在芯片内部含有限流、过热和短路保护电路，具有安全可靠、性能优良等特点。CW117 系列

产品与 CW137 系列产品可组成正负对称、性能一致的集成稳压器。

（2）主要的封装形式

CW117/217/317 与 CW137/237/337 系列器件的主要封装形式与 CW78××系列和 CW79××系列器件的主要封装形式相同（参见图6.24）。

（3）主要电参数

CW117/217/317 部分电参数规范如表6.5所示。

表 6.5　CW117/217/317 部分电参数规范

参数名称		符　号	单　位	CW117/CW217（典型值）	CW317（典型值）
电压调整率		S_U	%	0.02	0.02
电流调整率		S_I	%	0.3	0.3
调整端电流		I_{ADJ}	μA	50	50
基准电压		U_{REF}	V	1.25	1.25
最小负载电流		$I_{c\,min}$	mA	3.5	3.5
纹波抑制比		S_{RIP}	dB	80	80
最大输出电流	K、S_1 封装	I_{OM}	A	2.2	2.2
	T、S_2 封装			0.8	0.8

注：1. 全结温（$T_A = 25℃$）；$U_1 - U_O = 5\,V$；T、S_2 封装：$I_O = 0.1\,A$，$I_{OM} = 0.5\,A$；K、S_1 封装：$I_O = 0.5\,A$，$I_{OM} = 1.5\,A$。

　　2. CW137/237/337 的参数与表6.5相同，仅基准电压为负值。

（4）典型接线图

图 6.28 所示为 CW117 的基本应用电路。图中，因为 R_1 两端电压为 $U_\tau = 1.25\,V$，ADJ 端的输出电流 $I_{ADJ} = 50\mu A$，所以可得输出电压的表达式为

$$U_O = U_\tau \left(1 + \frac{R_2}{R_1}\right) + I_{ADJ}R_2 = 1.25\left(1 + \frac{R_2}{R_1}\right) + 50 \times 10^{-6} R_2 \tag{6.17}$$

可见改变 R_2 的阻值，即可调节输出电压 U_O 的数值。

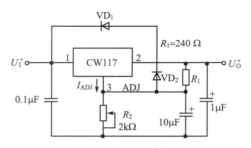

图 6.28　CW117 的基本应用电路

6.5　开关型稳压电源

6.5.1　传统的串联型稳压电源存在的问题

上述的串联型稳压电路尽管使用了多年，能够满足各种电子电路对不同种类的稳定电压

的要求，但却存在如下四大缺点。

1．工频变压器既笨重，又增加了额外的损耗

众所周知，传统的交流-直流（AC - DC）转换型电源由以下四部分构成：工频（50Hz）变压器、二极管桥式整流器、滤波器和串联型稳压电路。目前，二极管桥式整流器已做成整流堆；串联型稳压电路已变成集成化的三端稳压器件；只有工频变压器无法去掉。随着微电子技术的飞速发展，各种类型的集成电路（IC）（模拟 IC、数字 IC 和混合型 IC）已基本取代了半导体元件，使电子系统的体积大大缩小，功耗大大降低，但是与此成鲜明对照的是，电源中最笨重的"大铁块"——电源变压器始终无法去掉。因此，建造一种无工频电源变压器的电源，就是人们所迫切希望解决的难题。

2．电路结构不灵活

在传统的 AC-DC 转换型电源中，AC 一般是交流 220V，频率为 50Hz（不能选择）；在整流滤波后（即串联型稳压电路之前）的 DC 电压的极性和幅度，一般是可由设计者根据最终电路的供电电压的要求来加以选择的，此时不存在什么特别的问题。但是在只有一种直流电源（如常用的供给 TTL 逻辑电路的+5V 电源）中，如果需要另一种±15V 的电源供给运算放大器，该怎样处理这一问题呢？如果按照传统的老办法，则需要再添加一套 AC-DC 转换电路，这显然是既不经济，也不现实的。

3．不便于在无交流电源的环境下使用

在使用电池工作的电子系统（如野外环境或在太空中的人造卫星或飞船上的通信系统）中，没有交流电源可用，因此人们必须用单一品种的直流电压源产生所有的电压（既有正电压，又有负电压）。这种系统叫做"DC - DC 变换器"。

4．效率低

在传统的串联型稳压电路中，输入电压U_I的幅度必须大于输出电压U_O的幅度，因此，串联型调整管的效率存在着先天性低的问题。在给定的电流条件下，其输入—输出电压差（$U_O - U_I$）越大，调整管的损耗也就越大。例如，工作在 10V 的为 TTL 逻辑电路系统供电的电压调整管，其输出电压是+5V，因此其效率是 50%；如果从 20V 的未调整的电压来进行稳压的话（输出仍为+5V），则其效率将降低到 25%。

这就意味着，调整管的低效率将必然导致其自身的发热。为了使调整管能将其所产生的热能迅速散掉，还需要足够大的散热片，这更加剧了电源部分的体积和重量。

基于以上理由，开关式稳压电源就应运而生了。

6.5.2　开关型稳压电源的组成和工作原理

开关型稳压电源的基本理念是"脉冲宽度调制"（PWM，Pulse Width Modulation）电路。为此，我们来考察如下两个方波脉冲电压，如图 6.29 所示。

其中，方波脉冲的重复周期为 T，脉冲宽度（简称"脉宽"）为 τ，则 $d = \dfrac{\tau}{T}$ 叫做脉冲占空系数。它反映了脉宽 τ 与周期 T 的关系。显然，d 越小，脉冲（与其周期相比）就越窄；反之，d 越大，则脉冲就越宽。

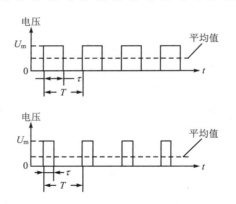

图 6.29　具有不同脉冲占空系数的方波脉冲信号

方波脉冲所包含的直流分量就是此脉冲在时间上的平均值 U_{av}。显然，当周期 T 一定时，该平均值 U_{av} 与占空系数 d 成正比。事实上，如果令脉冲的振幅为 U_m，则此方波脉冲所包含的直流分量（即此方波脉冲的平均值）为

$$U_{av} = \frac{U_m \cdot \tau}{T} = U_m \cdot d \qquad (6.18)$$

如果根据输出电压 U_O 的高低来改变占空系数 d 的大小，以使输出电压 U_O 中的直流分量 U_{av} 保持不变，就构成了开关式稳压电源。

在图 6.30 中，U_A 与输出电压 U_O 成比例，并与基准电压 U_{REF} 进行比较，根据二者的偏差大小去控制脉冲发生器所产生的脉冲的占空系数 d（即进行脉冲宽度调制——PWM），并将此受脉冲宽度调制（PWM）的脉冲加到电压调整管 V 的基极。在脉冲宽度 τ 的期间内，V 的基极电压为正，于是在其集电极（C）和发射极（E）之间流过电流，此时，射极电压就近似等于 U_{DI}（忽略晶体管的集电极和发射极之间的压降，此压降一般很小，只有零点几伏）。此外，在脉冲不存在的期间内，V 的基极电压为零，晶体管 V 中不流过电流，其射极电压为零。这样一来，晶体管 V 就按照控制脉冲的要求，从射极输出相应的方波电压。令该脉冲电压通过平滑电路（即滤波器），即可取出其中的直流分量。

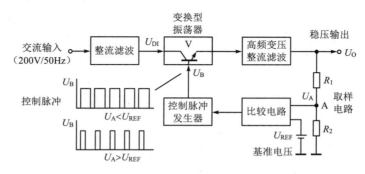

图 6.30　开关型稳压电源原理框图

在开关电源中，脉冲的重复频率 $f\left(\dfrac{1}{T}\right)$ 为数万赫兹以上的高频，所以平滑电路中所用的电容器的值及电感线圈的值均较小，故可以用小型元件构成。对于晶体管 V 来说，当有电流流过时，其集—射（C-E）之间几乎相当于短路状态，所以 C-E 之间的压降（为 C-E 间的饱

和压降 U_{CES}）很小（为 $0.3\sim0.5V$），因此，晶体管功率损耗将很小。此外，当电流不流过其中时，更不会消耗功率。这样一来，在开关电源的电压调整管中，功率损耗很小，故可以用较小功率（大电流）的晶体管。

当然，在开关电源中，由于要处理脉冲波，所以会产生较强的噪声，故需要将整个电源装入金属罩中，以防止其噪声向外部泄漏。

在以上开关式稳压电路中，有以下几点值得注意：① 甩掉了笨重的工频变压器，大大降低了电源的体积、质量和成本；② 大大降低了电压调整管的功耗，从而提高了电源系统的效率；③ 用体积小、质量轻的高频（$20\sim30kHz$）变压器代替传统的工频变压器；④ 用较小数值的 LC 滤波器（从而体积小、质量轻）过滤方波中的高频分量，效果很好；⑤ 几万赫兹的方波含有丰富的高次谐波分量，对电路的其他部分有较大的干扰，因此要采取特别的防干扰泄漏措施（一般均将开关式电源装在一个具有电磁屏蔽作用的金属罩中）。

这里需要特别指出的是，开关式稳压电源从本质上说，是一种 DC-DC 变换器。它既可以直接从市电 220V 整流滤波后的不稳定的直流电压（300V 左右）变换成电子系统及计算机中所需的各种高稳定度的直流电压（例如：$\pm5V$、$\pm12V$ 等），也可以从较低的直流电压（例如：$\pm5V$）变换成较高的其他类型的直流电压（例如：$\pm12V$、$\pm24V$ 等）。

因此，开关式稳压电源在电子技术和计算机中，得到了非常广泛的应用。可以肯定地说，现在在微型计算机系统中所使用的电源皆为开关式稳压电源。

6.6　微型计算机电源简介

6.6.1　概述

IBM-PC 等微型计算机电源均为无工频变压器的四路开关稳压电源，它们均可用于 110/120V 或 200/240V 的 50/60Hz 的交流电网上。这些电源是装在系统机箱内部的，为系统部件、选件和键盘提供稳定的直流电压。所有的电源电压均带有过压、过载保护，若在使用中发生直流过压或过载故障，电源会自动关闭，直到故障排除为止。交流输入采用了简单的过流保护措施。

在该电源的四路直流输出中，+5V 是向系统部件、任选件及键盘供电，+12V 主要是向软盘和硬盘驱动器供电，-5V 用于软盘适配器中的锁相式数据分离电路。+12V 和-12V 用于向异步通信适配器提供 EIA 接口电源。下面是三种早期 PC 类电源的基本技术指标（技术指标曾经公开过），以便与当前的 PC 类电源指标做比较。

IBM-PC 电源	63W	IBM-PC/XT 机电源	135W	IBM-AT（286）机电源	150W
+5V	5A	+5V	15A	+5V	15A
+12V	2A	+12V	4.2A	+12V	5.6A
-5V	0.5A	-5V	0.5A	-5V	0.5A
-12V	0.5A	-12V	0.5A	-12V	0.5A

新一代的 PC 电源与上述电源类似，均为开关电源。只不过技术性能更高，功率更大（为 $300\sim350W$）。作为一个例子，这里仅介绍一种目前市场上流行的开关式稳压电源（ATX－250S 型——中国长城计算机深圳股份有限公司电源事业部制造），其主要技术参数如下：

ATX-250S 型开关式稳压电源　　300W（双重过压保护）

CH1（通道 1）+5V　　22A（红）

CH2（通道 2）+12V　　　　8A（黄）

CH3（通道 3）−5V　　　　0.5A（白）

CH4（通道 4）−12V　　　　0.5A（蓝）

CH5（通道 5）+3.3V　　　　14A（橙）

CH6（通道 6）+5V　　　　1A（紫）

（注：上述括号中的颜色标志代表电源引出线的颜色）

其他连接导线：

PG（电源地线）（灰）　　　　Power on/off（电源开关）（绿）

6.6.2　几种常见的 PC 类电源的原理

PC 类的电源种类很多。由于出自不同的生产厂家，所以电路的构成也就各式各样。要把所有的电源电路全部分析到是相当困难的，也是没有必要的。但是，就目前所接触到的 PC 类电源来看，从功率变换电路的构成上可分为两大类：单管自激式脉冲宽度可调稳压电路和双管半桥式脉冲宽度可调稳压电路。下面将就这类电源的整体结构和工作特点做一简要介绍。

1.　单管自激式开关电源

该电源的原理电路图如图 6.31 所示，输出功率为 63W。其特点是原、副边隔离采用光电耦合器 PC-1。现将此电路的功能介绍如下。

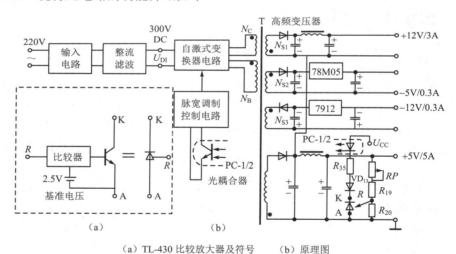

（a）TL-430 比较放大器及符号　　（b）原理图

图 6.31　IBM‐PC 开关电源原理图（输出功率为 63W）

（1）输入电路及整流滤波电路

该电路如图 6.32 所示。交流输入电路经熔断器后，首先接入了一个由 C_1、L、C_2、C_3、C_4 组成的低通滤波器，它的作用是抑制电网上的外界高频（尖峰）干扰，以保证计算机不受其影响。同时，对开关电源本身的高频干扰也进行抑制，以免污染电网。其中 C_1、L、C_2 组成常模（这里的"常模"是指"通常方式"，即：进入两条电源线的干扰信号是各种各样的，一般来讲是各不相同的）抗干扰回路，L、C_3、C_4 组成共模抗干扰回路（这里的"共模"是指同样形式的干扰信号同时进入了两条电源线），这样的组合对各种射频干扰的抑制有较好的效果。

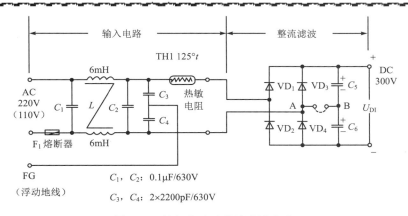

图 6.32　输入电路及整流滤波电路

图 6.32 所示的 TH1 是一个温度敏感元件，它的冷电阻大，热电阻小。当电路刚接通时，限制了电路的启动电流，以避免开机时的相互干扰。

由 $VD_1 \sim VD_4$、C_5、C_6 组成桥式或倍压整流滤波电路。当 A、B 两点不连接时，是一个桥式整流电路，这时适用于 220V 的电网电压，整流滤波后的直流峰值电压约为 300V；当 A、B 两点连接时，VD_1、VD_2、C_5、C_6 组成倍压整流电路，适用于 110V 电网。在倍压电路中，当电网电压为正半周时，电网电压经 VD_1 给电容 C_5 充电，充电峰值电压约为 150V；当电网为负半周时，电网电压经 VD_2 给电容 C_6 充电，充电峰值电压也是 150V。C_5、C_6 上电压的叠加，供给主电路的峰值电压仍为 300V。此时，二极管 VD_3、VD_4 不起作用。这样的电路对于 220V 或 110V 电网都能适用，只需要拨动一下电压选择开关即可，此方案既简洁又方便。

（2）自激变换器的原理

自激变换器的原理涉及电路的若干技术细节，对于理解电路的整体功能作用不大，故予以省略。

（3）稳压原理

稳压是开关电源所必须具备的功能，现简介如下。稳压是通过对 +5V 电源的检测和控制来实现的，它由光耦合器 PC-1、二极管 VD_{13}、比较放大器 TL-430 以及电阻分压臂 RP、R_{19}、R_{20} 等元件构成，组成取样、放大、控制等负反馈电路来达到稳压的目的。

当由于某种原因，如负载的变化、电网的变化等，引起输出电压（+5V 等）变化时，经取样电阻 R_{19}、R_{20} 分压取得输出电压的变化量，加到 TL-430 的控制端 R。TL-430 是一个比较放大器，它的电路如图 6.31（b）所示。控制端 R 的电压变化使得流经 TL-430 的 K、A 端的电流变化，导致光耦合器 PC-1 中的 LED（发光二极管）亮度发生变化，从而使光耦合器中的光电三极管的导通状态发生变化。受光电三极管控制的"脉宽调制控制电路"就控制"自激式变换—振荡器"的输出脉冲宽度，从而控制了输出直流电压的大小。由于采用了负反馈原理，所以可以达到稳压的目的。

在图 6.31（a）中，由于 −12V、−5V 的电流较小，故采用了三端集成稳压器来稳压。至于 +12V，它是由次级整流滤波后与 +5V 相串联而得到的。这样做的目的是使 +12V 能达到一定的负载稳定度，同时，减小了变压器的体积。（+12V 的稳定度不像 +5V 的稳定度要求那么高，+5V 是全机数字逻辑电路的主供电电压）

2. 双管半桥式开关电源

该电源是 IBM‑PC/XT 机的实用电源，其电路原理如图 6.33 所示。它主要由输入电路、直流 300V 整流滤波电路、内部自激式脉宽调制辅助电源、TL-494 脉宽调制控制电路、半桥式脉宽调制驱动电路、5V 输出自动稳压负反馈控制网络、5V 过压保护、5V 和 12V 过流保护、交流输入欠压保护等环节组成。

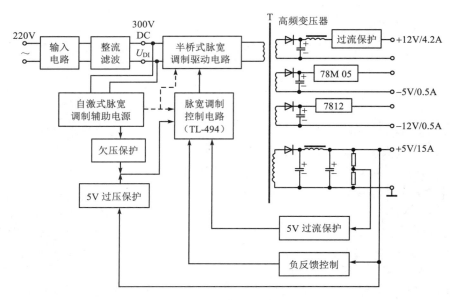

图 6.33　IBM‑PC/XT 机开关电源原理图（输出功率 135W）

输入电路和整流滤波电路与单管自激式开关电源相同。50Hz、220V 的市电被直接整流、滤波成 300V 的直流电压。该 300V 直流电压被送到半桥式脉宽调制驱动电路作为其工作电源。与此同时，一个自激式脉宽调制辅助直流电源在这个 300V 直流电源驱动下，向 TL-494 脉宽调制组件提供直流电源。TL-494 是该电源的核心组件，它向半桥式脉宽调制驱动电路输出高频控制脉冲。

IBM‑PC/XT 机直流稳压电源属于双管半桥式他激脉宽调制开关电源。脉宽调制控制组件 TL-494 在直流+5V 输出端的电压负反馈控制级、交流输入电压欠压保护、+5V 过压和过流保护电路的共同控制下，向半桥式脉宽调制驱动电路馈送出两路相差 180° 的脉宽调制控制脉冲，以便对该脉宽调制器的输出脉冲宽度进行适当控制（根据输出直流电压，例如+5V 电压的高低）。该脉宽调制器的输出脉冲被功率放大后，由高频变压器输出给四个独立的变压器副边绕组，经整流滤波后分别形成±5V 和±12V 的直流电源。其中，−5V 和−12V 直流电源分别再经过 78M05 和 7812 具有固定输出的三端集成稳压电路稳压后，再向负载馈送出−5V 和−12V 的稳压电源。+12V 直流稳压电源具有过流保护功能。

6.6.3　使用 PC 类电源时的注意事项

由于 IBM-PC 类电源采用的是可控变换器型直流稳压电源，所以在使用时要掌握该类电源的特点。

（1）一般双管半桥式保护电路采用他激式振荡电路，具有良好的保护性能，故当各挡负载均空载时，会自动保持截流状态。这时各输出端将无法测量出正常输出电压，掌握该特点就不会造成误会。

（2）如前所述，市电电压种类的选择是通过变更整流电路的类型来实现的。若误将 220 V（AC）接到倍压整流电路中，则加在高压滤波电容和逆变功率管上的电压将会成倍增加，会造成上述元器件的损坏并烧毁熔断器，所以在给电源加电时，要特别注意额定工作电压值（即特别注意电源电压选择开关和当地的电网电压是否相符）。

（3）IBM-PC 类电源均是以+5V 作为主输出电源的，故取样检测、过压保护均是以该挡电压为基准的。在使用时，该+5V 挡正常输出负载最好不小于额定负载的 30%，否则将影响其他三挡输出的电压值。

（4）在使用中，不允许各挡负载电流低于规定的最小负载电流，否则会使电压升高，脱离稳压范围。由于在电路设计中以+5V 挡为电压基准，故在+5V 挡为空载而其他各挡均加载的情况下，会造成电源损坏。

（5）IBM-PC 类电源的过压、过流保护大都为截流方式，即一旦保护动作发生即无输出，故在故障排除后，必须重新启动才能恢复输出。

（6）IBM-PC 类电源的机壳内都装有一个轴流式风扇，以便对逆变功率管和整流二极管实行强制风冷。在电源正常工作时，该风扇必须正常运转，否则将会引起元器件发热过度，时间一长便会烧毁管子。不能认为，风扇是否旋转是电源正常与否的标志，这是因为 IBM-PC 类电源中的风扇通常有两种类型：一种是直接接入电网的交流风扇，风扇旋转时不能确定电源是否正常；另一种是接在+12V 直流输出端上的直流风扇，如前第（1）点所述，该风扇停转时很难说电源是损坏了。只要加上合适的负载，该风扇就会正常地转。

以上介绍的是在使用 IBM-PC 类电源时应注意的事项，正确地使用电源将有助于延长电源的寿命。现在市面上所流行的微型计算机电源也都是开关型电源（往往以独立部件出售），与这里介绍的 IBM-PC 类电源相比，其输出功率更大（一般为 300～350W），性能指标也有所提高，但其原理则无大的变化。因此，这里介绍的有关注意事项仍有很大的参考价值。

6.7 不间断电源系统（UPS）

6.7.1 概述

随着计算机应用的日益普及和信息技术的不断发展，高质量的供电对计算机系统显得越来越重要。在计算机运行期间供电的中断，将会导致随机存取存储器（RAM）中的数据丢失和程序破坏，有时甚至会导致磁盘盘面及磁头的损坏，造成难以弥补的损失。为了满足计算机高度可靠、高质量的供电要求，近年来发展了一种新型的不间断电源（UPS，Uninterrupted Power Supply）技术。

目前的计算机系统靠其内部电源滤波电容所储存的能量，在交流断电的情况下一般仅能维持工作 50ms 左右。为了避免计算机存储器中的数据丢失，就要求一旦市电发生断电时，必须有一种替补电源能在 50ms 的时间间隔内重新送电，以保证计算机系统的正常运行。

计算机除了要求供电系统具有长期可靠运行的特点之外，还要求供电系统的输出应保持良好的正弦波形，也就是说，对电网中的干扰有良好的隔离作用，同时不产生新的干扰。众所周知，交流电网的干扰问题是人们最感棘手的问题之一，严重的干扰常常会造成计算机的计算错误和数据损失。

正是计算机对电源系统的严格要求，推动了 UPS 技术的迅猛发展。现在 UPS 已成为一种重要的供电设备，广泛应用于计算机、邮电通信、医疗、金融等国民经济的各个领域。

6.7.2　UPS 电源产品分类

当代 UPS 从大的方面可分成两类，即静态 UPS 和动态 UPS。静态 UPS 就是在市场上常见的 UPS 产品，动态 UPS 在一般普通的系统应用中已不多见，因为它要采用交流电动机—发电机组及惯性飞轮。静态 UPS 电源采用的是用电路变换器来取代电动机—发电机组。目前所说的 UPS 均指静态 UPS 电源。静态 UPS 按工作方式可分为三类，它们各有特点，下面分别介绍。

1. 后备式（Off Line）UPS 电源

后备式 UPS 电源的工作原理框图如图 6.34 所示。在正常情况下，后备式 UPS 电源能传送的主回路是电网电能。在主回路中有一些简单的稳压和滤波环节来保证电网输出电源的稳定，此时蓄电池处在充电状态，直到电池充满为止。当电网电压或频率超出 UPS 电源的输入范围，即在非正常的情况下，后备电池开始工作，此时电池的电能通过逆变电路变换成正弦波电压（或方波电压）给负载馈电。

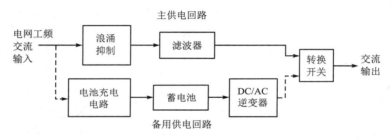

图 6.34　后备式 UPS 电源的工作原理框图

由于在后备式 UPS 电源的电路设计中采用了抗干扰分级调压稳压技术，因而，当市电供应正常以及市电电源在 180～250V 之间波动时，它都能向负载提供抗高频干扰的稳压电源。当电网在非正常情况时，系统将自动地从主供电回路切换到后备供电回路，此时由后备电池经 DC/AC 逆变器提供合格的正弦波电压（逆变后的正弦波的波形失真系数在 5% 以内）。切换时间为 4～10ms，对一般的计算机系统来说，这一转换时间不会造成影响。

后备式 UPS 的优点是产品价格低廉、运行费用低。由于在正常情况下逆变器处于非工作状态，电网电能直接供给负载，因此，后备式 UPS 的电能转换效率很高。电池寿命一般为 3～5 年。

后备式 UPS 的缺点是，当电网供电出现故障时从非工作状态转换到后备电池逆变供电存在一个较长的转换时间，对于一些要求较高的设备来说，这一转换时间的长短是至关重要的。此外，后备式 UPS 的逆变器不是经常工作，因此容易形成单点故障，所以，后备式 UPS 一般应用在一些非关键性的小功率设备上。

2. 在线式（On Line）UPS 电源

在线式 UPS 电源的工作原理框图如图 6.35 所示，其工作过程是电网电能不断通过充电电路对蓄电池进行充电，然后由 DC/AC 逆变器将直流逆变成交流正弦波电压，给负载供电。

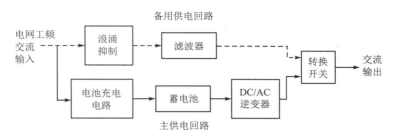

图 6.35　在线式 UPS 电源的工作原理框图

由于在线式 UPS 电源无论是在市电供电正常时，还是在市电供电中断由机内蓄电池逆变供电期间，它对负载的供电均是由 UPS 电源的逆变器提供的，因此，这就从根本上完全消除了来自市电电网的任何电压波动和干扰对负载工作的影响，真正实现了对负载的无干扰、稳压、稳频供电。

目前市场销售的在线式 UPS 电源输出的正弦波的波形失真小，其波形失真系数均在 3%以内。

当市电供电中断时，在线式 UPS 电源能实现对负载的真正不间断供电，因此从市电供电到市电中断的过程中，UPS 对负载供电的转换时间为零。

在线式 UPS 电源的缺点是，由于在线式 UPS 电源工作过程是先对电池充电，然后再由逆变器将电池的电能逆变成交流电能，因此，在电能转换过程中大约有 20%左右的电能损失，而且该过程所产生的热能又影响电源电池的寿命和电路的可靠性。这种方式的最大优点是零转换时间以及输出稳定，它特别适用于一些关键性任务的应用场合。

3. 在线互动式 UPS 电源

在线互动式 UPS 电源的工作原理框图如图 6.36 所示。该电源集中了后备式效率高和在线式供电质量高的优点。其工作过程是市电经过交流稳压器（电网电压调节器）送到变压器 T 的端口 A，其功能是将电压稳定度调整到 5%；变压器端口 B 连接逆变器—双向变换器，这一部分再进一步将稳定度调整到 2%，然后输出到负载端口 C。端口 A 和端口 B 是同时工作的，而变压器 T 是具有抗干扰性能的超隔离变压器。

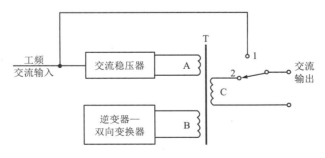

图 6.36　在线互动式 UPS 电源的工作原理框图

这种 UPS 的优点是，由于其逆变器始终处于工作状态，与后备式 UPS 相比，切换时间非常短，其交流输出电压稳定性较好，省去了输入变压器和单独的整流充电环节，因此降低了造价，在线互动式 UPS 的出现使得后备式 UPS 和在线式 UPS 有机地结合在一起，能充分发挥二者的优势，是一种较好的变换电路。

在线互动式 UPS 的缺点是稳频特性不理想。此外，充电器由双向变换器组成，充电效果不是非常令人满意，故不适合作为长延时的 UPS 电源。

6.7.3 UPS 电源购买须知

用户在挑选 UPS 电源时，应根据自己的需要和可能来确定自己的挑选标准。一般来说，用户应该考虑三个因素：产品的技术性能、可维护性和性能价格比。

1．产品的性能指标

UPS 的主要技术指标有：输出功率（VA 或 kVA）、输出电压波形（正弦波、方波）、波形失真系数、输出电压稳定度、输出频率稳定度、蓄电池可供时间长短，以及输入电压范围、充电性能等。

另外，用户还要注意 UPS 电源是否具有"冷启动"功能（无市电输入，UPS 由电池供电时启动计算机的能力），这是一个常被忽视，但确实很有用的功能。

2．产品的可维护性

用户在选购 UPS 电源时，还应该十分注意产品的可维护性。这就要求在选购时，应注意电源是否有完善的自动保护系统及性能较好的充电回路。完善的保护系统是 UPS 电源安全运行的基础；充电回路的好坏直接影响 UPS 电源蓄电池的使用寿命，并且影响电池实际容量是否能发挥出来。有一点需要指出，UPS 电源一般使用免维护密封的铅酸蓄电池，它具有免维护、使用方便、不污染环境、体积小和质量轻等优点；但价格较贵，其成本一般占整个 UPS 电源成本的 1/4～1/3，所以，选好、用好蓄电池也是用户应该考虑的重要因素之一。

3．产品的性能价格比

价格是用户在选购 UPS 电源时必须考虑的一个重要因素。但在比较产品价格时，不要仅仅从表面上去看某种产品价格是多少。如上所述，目前 UPS 电源的整个成本中，蓄电池所占的比例相当高，所以，在比较价格时，必须注意到 UPS 电源所配套的蓄电池的容量到底是多少。一个比较客观和科学的比较方法是，看看蓄电池的两个技术性能指标：其一是蓄电池本身的性能价格比，即蓄电池平均每安培小时容量的电池的价格；其二是蓄电池的放电效率比，即蓄电池每安培小时到底能维持 UPS 电源工作多长时间。显然，维持时间越长，蓄电池的利用效率也就越高。最后，还应十分注意 UPS 电源机内到底配置的是什么类型的蓄电池。

目前，在中国市场上 UPS 的制造厂家很多，较有名的国外厂商有：Santak（美国），Exide（美国）、APC（美国电源转换公司）、Fuden（富电——日本株式会社）、Merlin Gerin（法国）、Delta（美国）等。

 小知识

漫谈电源（Power Supply）

在任何电子设备中，都离不开电源：大到极为复杂的电子系统（如通信系统、计算机系统、自动控制系统），小到电子表，都需要电源为其提供能量。可以说，电源是一切电子设备的心脏，电源质量的好坏，将直接影响到电子设备工作的可靠性。

　　所有的电子设备都需要一种或几种直流电源供电。在第一代使用电子管的电子电路中，为电子管正常工作，需要提供数百伏（一般为 100～500V）的直流电压；在第二代使用晶体管的电子电路中，需要提供几伏到十几伏乃至几十伏（较少见）的直流电压；在第三代使用集成电路（IC）的电子电路中，所提供的直流电压降到几伏（典型的 TTL 逻辑电路需要+5V 电源；目前计算机主板上的主要电源也是+5V；最新一代的主板上的电源电压已经降低到+3.3V）。

　　由于市电均是交流（中国为 220V，50Hz；国外，有的国家如日本为 110V，50Hz 或 60Hz），为了向电子电路提供一种或几种直流电压，人们发明了交流-直流（AC-DC）变换器，即通常所说的电源。由于交流电是 220V（有效值），而供给电子电路的直流电压与此有很大的差距（在电子管时代需要升压，在目前则需要降压），故使用工频（50Hz）变压器是不可避免的选择。而且，为了能提供数种直流电压，工频变压器的二次绕组往往不只一个，而是根据需要有几个。这样，变压器的结构往往就比较复杂了。

　　为了使电子电路能够可靠地工作，所提供的直流电压必须稳定，不能因电网电压的波动（这往往是不可避免的）或负载的变化（这也是常常发生的）而发生变化，于是，人们采用串联型稳压电源。这样一来，在传统的电源中，形成了一种固定的"标准结构"：工频电源变压器——整流滤波元件——串联稳压电路（含保护电路）。不论是电子管时代、晶体管时代还是目前的集成电路（IC）时代，这种标准结构使用了多年，直到开关型稳压电路的发明，这种标准结构才逐渐退出历史舞台。

　　在以上的"标准结构"中，由于使用工频变压器，使电源的体积和质量始终难以降下来；另外，由于串联型稳压电路的内在特点（串联在供电回路中），其效率不可能高（只有百分之几十）。为了克服以上缺点，开关型稳压电路应运而生。

　　开关型稳压电路的发明对于电子设备来说是一个划时代的事件：它摆脱了笨重的工频电源变压器，从而使电源的质量和体积得以大大缩小；它取消了效率低（因而发热量大）的大功率串联调整管（从而也取消了为了对该串联调整管迅速散热而必须附加的、有足够散热面积的散热片），从而使电源系统的整体效率得以大幅度的提高（从百分之几十提高到90％以上）。由于开关电源是采用"脉冲宽度调制"（PWM）的原理来保证其输出电压稳定的（需经过高频 LC 滤波器平滑滤波），所以，它对输入电源电压的波动不敏感，这也是一个附加的优点。如果说，传统的串联型稳压电路只能在交流输入电源波动≤±10％的条件下工作的话，那么，目前广泛使用的开关型电源，则可在交流输入电压的波动达±15％时仍可正常工作。这就是为什么目前的计算机机房不需要另外附加交流稳压器的原因。

　　开关型稳压电源的主要缺点是对外电路的干扰较大，故需注意采取对外防止干扰泄漏的措施。通常，开关电源都被安装在屏蔽良好的金属罩中。

　　除此之外，在电子设备中，还使用各种纽扣电池。如在计算机主板上使用的可再充电式纽扣电池，在电子表和小型计算器中使用不可充电式纽扣电池等。纽扣电池多为锂（Li）电池，汞（Hg）电池或碱性（Alkaline）电池。普通的 5#、2#、1# 可充电电池多为镍-镉（Ni-Cd）电池（1.2V）。这里需要注意的是：① 对不可充电的电池绝不可去硬性充电（否则，容易引起内部电解液外泄，该电解液有毒性）；② 所有充电/不可充电的电池，在使用完（即寿命结束）后，绝不可随意拆分或投入火中，以免发生意外；也不要随意扔掉，以免对环境造成危害。正确的做法是集中存放、保管，交给有关的回收部门。

本章要点

1. 任何电子电路都需要直流电源供电。直流稳压电源是将交流电转换为平滑稳定的直流电的电能转换器，一般由整流电路、滤波电路和稳压电路三部分组成。

2. 整流电路利用二极管的单向导电性，将交流电转变为脉动的直流电。常用的有单相半波、单相全波、单相桥式和倍压整流电路等。

3. 滤波电路利用电抗元件（或储能元件：电容、电感）的储能作用，使输出得到平滑的直流电压。滤波电路有电容滤波、电感滤波和复式滤波三种。复式滤波有：L 型、LC-π 型和 RC-π 型三种。

4. 稳压电路的作用是保持输出直流电压的稳定，使它不随电网电压、负载和环境温度的变化而变化。硅稳压管稳压电路结构简单，在输出电流不大（几毫安到几十毫安）、输出电压固定、稳定性要求不高的场合应用较多。它还常被用作串联式稳压电路或其他稳压电路中的基准电压发生器。

5. 带放大环节的串联式稳压电路利用三极管做调整器件，与负载相串联。它从输出电压取样并与基准电压相比较，所得到的偏差电压经放大后去控制调整管，通过改变调整管的导通情况（流过其中的电流 I_C 的大小，或相应的集一射极间的电压 U_{CE} 的大小）来保持输出电压的稳定。从整体上说，是利用负反馈原理。

6. 过流保护是为保护稳压电路的安全而设置的，常用的有电流限制型和电流截止型两种保护电路。

7. 开关型稳压电源是一种新型的稳压电源。其主要特点是：调整管工作在开关状态，利用输出电压的一部分与基准电压相比较所得的偏差，经放大器放大后来控制调整管（功率振荡管）的导通和截止时间（即脉冲宽度调制 PWM），来达到稳定输出电压的目的。其核心部件是一个将直流变换成交流的逆变器（或称变换一振荡器），其工作频率为 20～30 kHz。

8. PC 类个人计算机中的电源均为开关型稳压电源。常见的有两种：单管自激式和双管半桥式开关电源。

9. 为了满足计算机系统高可靠性、高质量的供电要求，开发了新型的"不间断电源"（UPS）。利用 UPS 电源，当电网断电或不正常时，UPS 可以向计算机系统提供高质量的交流电压供电一段时间（如 30 分钟到几个小时，这取决于 UPS 中蓄电池的容量）。UPS 分后备式、在线式和在线互动式三种。

10. 集成稳压电源具有体积小、质量轻、安装调试方便、可靠性高等优点，是目前广泛采用的电源。

思考与习题

（一）自我测验题

将 A 列中的每个表述与 B 列中的最相关的意义或最相关的表述适配起来（注意：A 列中的某些项可能有两个答案）。

A 列

1. 滤波电路的作用是
2. 整流电路的作用是
3. 复式滤波器包含
4. 滤波器常见的有
5. 整流电路是利用
6. 直流稳压电源的构成是
7. 稳压电路的作用是

B 列

a. 二极管的单向导电性
b. 单相半波、单相全波和单相桥式
c. 使输出得到平滑的直流电压
d. 将交流电变换成脉动的直流电
e. 整流电路、滤波电路和稳压电路
f. 电容滤波、电感滤波和复式滤波
g. L 型滤波、LC-π 型滤波和 RC-π 型滤波

8. 开关式稳压电源的主要特点是
9. 过流保护电路有
10. 开关式稳压电源中的核心部件是逆变器，它的两种形式是
11. 常见的 UPS 电源的种类有三种，它们是
12. 目前常用的集成稳压电源有两大类，它们是

h. 保持输出直流电压的稳定，使它不随电网电压、负载和环境温度的变化而变化
i. 电流限制型和电流截止型
j. 调整管工作在开关状态
k. 利用输出电压变化产生的偏差，经放大器放大后来控制调整管的导通和截止时间
l. 单管自激式和双管半桥式变换-振荡器
m. 后备式、在线式和在线互动式
n. 输出电压可调式和输出电压固定式（三端稳压器件）
o. 滤掉电网电流中的高频（尖峰脉冲）干扰

（二）判断题（答案仅需给出"是"或"否"）

1. 任何电子电路都需要直流电源供电，因此需要直流稳压电源。
2. 将交流变换成直流叫整流，将直流变换成交流叫逆变。
3. 在整流电路后仅用电阻就可以构成滤波电路。
4. 单相全波整流需要两只二极管。
5. 单相桥式整流需要四只二极管。
6. 单相桥式整流需要变压器次级绕组中心抽头。
7. 开关电源之所以质量轻，主要是因为其中没有笨重的工频（50 Hz）变压器。
8. 集成三端固定式稳压器其输出端电压可调。
9. 稳压二极管是利用了其反向击穿特性。
10. UPS 电源是英文"不间断电源"的缩写。
11. 串联式稳压电路中调整管是功耗最大的器件。
12. IBM - PC 类计算机中，其开关电源部分的冷却风扇运转与否是判断其电源工作正常与否的标志。

（三）综合题

1. 试画出单相半波整流电路图。若负载电阻 $R_L = 2\ \text{k}\Omega$，要求流过电流为 50 mA。求电源变压器的次级电压值 U_2（有效值），并选择适当的整流二极管。

2. 试画出单相全波整流电路图。若输出电压 $U_L = 110\ \text{V}$、电流 $I_L = 3\ \text{A}$，试求该整流电路电源变压器每半个次级绕组的电压，并选择合适的二极管。

3. 有一直流负载，需要直流电压 $U_L = 60\ \text{V}$，直流电流 $I_L = 1.6\ \text{A}$。若采用单相桥式整流电路，求电源变压器次级电压 U_2 并选择整流二极管。

4. 图 6.37 所示为具有电容滤波的全波整流电路。已知负载直流电压 $U_L = 54\ \text{V}$，滤波电容器的电容量为 1000 μF。求变压器次级电压 U_2 和电容的耐压值。

5. 图 6.38 所示为具有电容滤波的单相桥式整流电路。已知负载电阻 $R_L = 120\ \Omega$，输出直流电压 $U_L = 12\ \text{V}$。试确定电源变压器的次级绕组电压 U_2，变压器的输出电流，并选择整流二极管和确定滤波电容的耐压值。

6. 图 6.39 所示为利用硅稳压管进行稳压的电路。已知 $R_L = 1\ \text{k}\Omega$，$I_L = 10\ \text{mA}$，稳压管 VD_Z 的稳定电压 U_{DZ} 应选多大的？若 VD_Z 的工作电流为 20 mA，输入直流电压 $U_I = 20\ \text{V}$，试求 R 的值应选多大？其功耗是多少？并选择稳压管。

7. 在图 6.39 中，当限流电阻 $R = 0$ 时，此电路是否还有稳压作用？

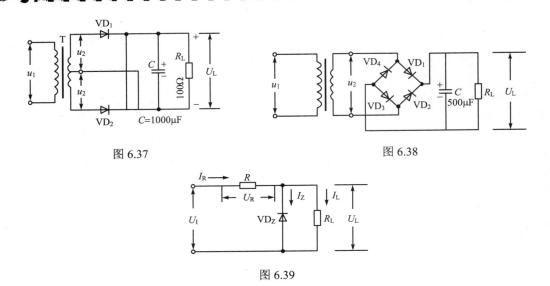

图 6.37　　　　　　　　　　　　　　　　　图 6.38

图 6.39

8．串联式晶体管稳压电路由哪几部分组成，各有什么作用？

9．如何改善串联式晶体管稳压电路的稳压性能？

10．开关型稳压电路有哪些优点？试简述其工作原理。

11．集成稳压器有哪些优点？目前常用的有几大类？在使用时常常需要外接什么元件？各有什么作用？

12．UPS 电源的作用是什么？简述目前流行的三种类型 UPS 的工作原理。

6.8　实验

本章安排的两个实验都属于基础性质的实验：整流与滤波电路特性的观测，使用晶体管分立元件的串联式稳压电源的焊接与调试。集成三端式稳压器外部只有三个引出脚，使用简单、方便；开关电源虽然使用广泛，但因其结构较复杂，故均未安排实验。

这两个基础性质的实验，对于熟悉和进一步理解整流滤波和稳压的原理是非常有好处的。

6.8.1　整流与滤波电路特性的观测

【实验目的】

1．通过示波器对波形进行观察来了解整流滤波电路的作用。

2．通过实验，进一步熟悉整流与滤波电路的工作特性。

【实验原理】

实验线路如图 6.40 所示。整流与滤波原理见教材有关章节。

【实验器具】

单相自耦调压器、示波器，以及图 6.40 线路中所需的各种元件。

【实验内容与方法】

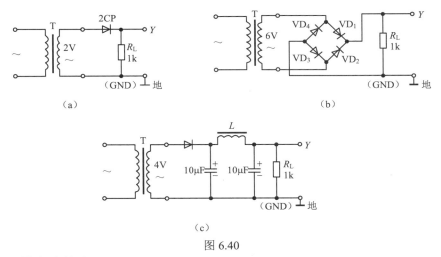

（a）

（b）

（c）

图 6.40

1. 二极管半波整流

实验电路如图 6.40（a）所示。把示波器的"扫描范围"旋钮拨到"10～100"挡，"Y 输入"与"地"分别接 1k 取样电阻两端。适当调节"扫描微调"及其他旋钮，可以得到半波整流后间隔的脉动直流波形。为了对比，可以用导线把 2CP 两端短接，就能看到完整的正弦波形。

2. 桥式全波整流

实验电路如图 6.40（b）所示。把示波器的"地"和"Y 输入"分别接 1k 电阻两端，其他旋钮的调节与二极管半波整流实验相同。在示波器的屏幕上可以看到全波整流后的连续脉动直流波形。

3. LC-π 型滤波器

实验电路如图 6.40（c）所示。把示波器的"地"和"Y 输入"分别接 1k 电阻两端，其他旋钮的调节与二极管半波整流实验相同。在示波器的屏幕上可以看到滤波后的波形比二极管整流中的脉动波形平缓许多。如果把 10μF 滤波电容换成 100μF 电容，则波形更加平直。

【实验报告要求】

（1）在观察波形时，在坐标纸上把三种波形描绘出来。

（2）分析所看到的波形的形状是否与理论相符。

（3）对实验做小结，加深对整流与滤波电路特性的熟悉和掌握。

6.8.2　稳压电源的焊接与调试

【实验目的】

研究带放大环节和过载保护的串联型稳压电源的工作特性，测试某些技术指标，装出一个实用的稳压电源。

【实验器具】

线路板（见图 6.41），单相自耦调压器、万用表（普通型号）、万用表（有测直流 0～2A 的挡，例如 MF-14 型、MF-47 型等）。

【实验内容与方法】

1. 按如图 6.41 所示焊接电路，将调压变压器置于输出电压的最低位置。

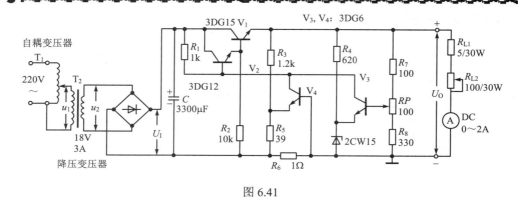

图 6.41

2．经复查焊接电路无误后，开启电源，进行某些技术指标的测试。

3．测量输出直流电压 U_O 的可调范围。

将负载接入电路，调节 T_1 使输入电压 $U_1 = 220\,\text{V}$，再调节 RP，测输出电压 U_O 的最大值 U_{Omax} 和最小值 U_{Omin}，填入表 6.6。

表 6.6　输出电压 U_O 的可调范围

最大值 U_{Omax} （V）	最小值 U_{Omin} （V）

4．测量当负载电流 I_L 变化时，输出电压 U_O 的稳定情况。

调节 T_1 使输入电压 $U_1 = 220\,\text{V}$，再调节 RP 使输出电压 $U_O = 12\,\text{V}$。调节负载 R_L 的值，使负载电流 I_L 按照表 6.7 给出的数据变化。每次测出相应的 U_O 值，记入表内。为安全起见，负载电阻 R_L 分成了两部分：固定电阻 R_{L1} 和可变电阻 R_{L2}。因为负载电流较大，所以这两只电阻均应采用滑线式电阻器。R_{L1} 为 $5\Omega/30\text{W}$，R_{L2} 为 $0\sim100\Omega/30\text{W}$（可变式滑线电阻）。

表 6.7　I_L 变化引起的 U_O 变化情况

I_L （A）	0	0.2	0.4	0.6	0.8	1	1.2
U_O （V）							

5．测量电压调整率。

调节 T_1 使 $U_1 = 220\,\text{V}$，再调节 RP 使 $U_O = 12\,\text{V}$。调节 R_L 使 $I_L = 1\,\text{A}$。重新调节 T_1 使 U_1 在 $220\,\text{V} \pm 10\%$ 的范围内变化，测出相应的电压 U_O'，计算出 $\Delta U_O' = U_O' - U_O$，并按公式 $K_U = \dfrac{|\Delta U_O'|}{U_O}$，计算出电压调整率 K_U，取平均值填入表 6.8 内。

表 6.8　电压调整率 K_U

额定输出电压 U_O （V）		
电源电压 U_1 变动 ±10% （V）	198	242
对应的输出电压 U_O' （V）		
输出电压变化量 $\Delta U_O'$ （V）		
电压调整率 $K_U = \dfrac{|\Delta U_O'|}{U_O}$		

6. 测量电流调整率。

通过调节 T_1、RP、R_L，使 $U_1 = 220\,V$、$U_O = 12\,V$、$I_L = 1\,A$。重新调整 R_L，使 $I_L = 0$（断开 R_L），再使 $I_L = 1\,A$（最大电流），测量对应的输出电压 U_O''，计算出 $\Delta U_O''$，并按公式 $K_I = \dfrac{|\Delta U_O''|}{U_O}$，计算出电流调整率 K_I，并取平均值填入表 6.9。

表 6.9　电流调整率 K_I

额定输出电压 U_O（V）		
输出电流 I_L 的变化（A）	0	1
对应的输出电压 U_O''（V）		
输出电压变化量 $\Delta U_O''$（V）		
电压调整率 $K_I = \dfrac{|\Delta U_O''|}{U_O}$		

7. 过载保护实验。

将负载 R_L 由大变小，使输出电流逐渐增大，测量 V_4 能否导通并饱和，使输出电流限制在一定数值上。

【思考题】

（1）作为基准电压发生器的硅稳压二极管 2CW15，其工作电压是 7～8.5 V，稳定电流是 5 mA。如果换成 2CW12（工作电压 4～5.5V，稳定电流 10 mA），电路哪些参数需要调整？

（2）改变过流保护的检测电阻 R_6 的大小，电路保护的电流范围将会有何变化？

第7章 脉冲与数字电路基本知识

前面几章讲述了模拟电路的主要特点、原理和功能，从现在起，我们将讨论电子技术的另一个重要分支——脉冲与数字电路。本章主要讨论脉冲与数字电路的基本概念、晶体管的开关特性、简单脉冲波形的产生、变换及放大的手段，旨在为后面学习集成数字电路奠定必要的理论基础。

脉冲与数字电路广泛应用于雷达、电视、数字通信、计算机、数字化仪表、工业自动化、激光技术、医学工程等。对于学习计算机技术专业的学生来说，脉冲与数字电路技术具有极其重要的意义。学好这部分知识，对于了解计算机的硬件组成，掌握计算机内部的工作机理，更好地应用计算机系统，都是非常重要的。

7.1 脉冲与数字电路概述

7.1.1 脉冲与数字电路的特点

处理数字信号的电路称为数字电路。数字电路有如下几个特点：

（1）数字电路是实现逻辑功能和进行各种数字运算的电路。由于数字信号在时间上和数值上都是不连续的，它在电路中表现为信号的有、无，或者电平的高、低两种状态。若用二进制数"0"和"1"来代表两种状态——低电平和高电平，则数字信号便可用"0"和"1"组成的代码序列来表示。因此，数字电路可把自然界中的物理量转换为二进制，对这些物理量进行逻辑或数字运算。

（2）数字电路中的晶体管多工作在开关状态。由于数字信号只有"0"和"1"两种状态，故可用晶体管的"导通"（饱和）和"截止"这两种截然不同的状态来表征。例如，用晶体管截止时输出的高电平（H）表示"1"，用晶体管导通（饱和）时输出的低电平（L）表示"0"。

（3）数字电路工作时只要求能可靠地区分"0"或"1"两种状态，这比模拟电路中要求电压有准确的值容易实现得多，即数字电路对精度要求比模拟电路低，故适于集成化。

另外，数字电路还有抗干扰能力强、功耗低、速度快等优点。

脉冲信号是指在短促时间内电压或电流发生突然变化的信号。所谓"短促"时间没有严格的定义，一般认为，如果电压或电流发生突变的时间可以与电路中的过渡过程时间相比拟，就可以认为是"脉冲"。在计算机中，此突变时间常以微秒（μs，10^{-6}s）、纳秒（ns，10^{-9}s）计。

通常将产生、变换、放大、传输及控制脉冲信号的电路称为脉冲电路。当数字信号在"0"或"1"两种状态之间快速变换时，数字电路将输出一系列脉冲波。从这个意义上说，数字电路也是一种脉冲电路。两者的主要区别是：脉冲电路主要用于产生、变换和放大脉冲信号，而数字电路则利用脉冲波形中有、无或高、低两种状态，分别代表二进制数中的"1"或"0"，从而实现各种算术运算和逻辑运算。

通常把脉冲电路和数字电路合在一起，统称为脉冲数字电路。

7.1.2　几种常见的脉冲信号波形

脉冲信号波形有突变的特点。脉冲信号种类繁多，常见的有矩形波、三角波、钟形波、锯齿波、尖脉冲、阶梯波、方波序列、断续正弦波等，如图 7.1 所示。

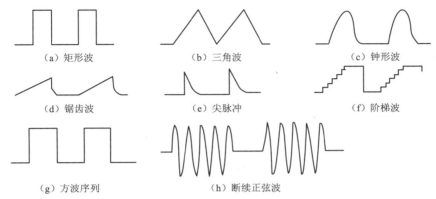

（a）矩形波　　　　　　　　（b）三角波　　　　　　　　（c）钟形波

（d）锯齿波　　　　　　　　（e）尖脉冲　　　　　　　　（f）阶梯波

（g）方波序列　　　　　　　　（h）断续正弦波

图 7.1　常见的脉冲信号波形

7.1.3　矩形脉冲的主要参数

1．理想矩形脉冲信号的参数

对于理想的周期性矩形脉冲波，我们可以用脉冲幅度 U_m、脉冲持续时间（或称脉冲宽度）t_w、脉冲（重复）周期 T 三个参数表示，如图 7.2 所示。

但在实际工程中，很少有理想的矩形脉冲，因此，对任意一个非理想的脉冲信号来说，仅用 U_m、t_w 和 T 三个参数来描述是远远不够的，还必须引入新的参数对它进行描述才行。

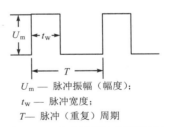

U_m —— 脉冲振幅（幅度）；
t_w —— 脉冲宽度；
T —— 脉冲（重复）周期

图 7.2　理想周期性矩形脉冲波

2．实际矩形脉冲信号的参数

实际矩形脉冲信号的波形如图 7.3 所示，图中标出了该波形的有关参数。

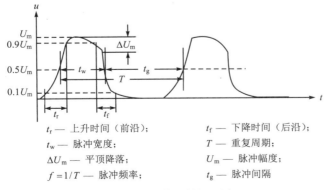

t_r —— 上升时间（前沿）；　　　　　t_f —— 下降时间（后沿）；
t_w —— 脉冲宽度；　　　　　　　　T —— 重复周期；
ΔU_m —— 平顶降落；　　　　　　　U_m —— 脉冲幅度；
$f = 1/T$ —— 脉冲频率；　　　　　　t_g —— 脉冲间隔

图 7.3　实际的矩形波

（1）脉冲幅度 U_m。定义为由静态值到峰值之间的变化量，即脉冲电压变化的最大值，若峰值大于静态值，为正脉冲；若峰值小于静态值，则为负脉冲。

（2）脉冲上升时间 t_r (Rise Time)。定义为从 $0.1U_m$ 上升到 $0.9U_m$ 所经历的时间，也称脉冲前沿。t_r 一般为纳秒（ns）数量级。

（3）脉冲下降时间 t_f (Fall Time)。定义为从 $0.9U_m$ 下降到 $0.1U_m$ 所经历的时间，也称脉冲后沿。t_f 一般为纳秒（ns）数量级。

（4）脉冲宽度 t_w (Pulse Width)。由脉冲前沿的 $0.5U_m$ 处，到后沿的 $0.5U_m$ 处的时间。

（5）脉冲间隔 t_g (Pulse Gap)。表示从上一个脉冲后沿的 $0.5U_m$ 到下一个脉冲前沿的 $0.5U_m$ 之间的时间，也称脉冲的休止期。

（6）脉冲重复周期 T。表示两个同向脉冲信号重复出现一次所需要的时间，简称脉冲周期。

$$T = t_w + t_g$$

（7）空度系数（占空系数）Q。定义为脉冲周期 T 与脉冲宽度 t_w 之比，即

$$Q = \frac{T}{t_w}$$

当矩形脉冲的 $Q = 2$ 时，则称为方波。

（8）脉冲平顶降落 ΔU_m。是指脉冲顶部下降的绝对值。工程上常用相对值 $\frac{\Delta U_m}{U_m} \times 100\%$ 来表示。

7.2　晶体管的开关特性

7.2.1　概述

在脉冲与数字电路中，最常用的开关器件是晶体二极管和晶体三极管（双极型和场效应型）。所谓开关，是指具有通与断两种工作状态的器件，它在电路中的作用是将某一支路接通或断开，而且这种接通与断开既要迅速，又不受其他环境的影响。也就是说，一个理想的开关器件，应具有三个主要特点：① 在接通状态时，接通电阻为零，使流过开关的电流完全由外电路来决定；② 在断开状态时，阻抗为无穷大，流过开关的电流为零；③ 断开与接通之间的转换能在瞬间完成，即开关时间为零。

实际开关与理想开关之间总是存在一定的差异，这些差异表现在：① 接通时，呈现一个较小的电阻，在这个电阻上产生一个数值不大的电压降（0.1~0.3V）；② 断开时，开关所呈现的电阻也不是无穷大，因而有极小的漏电流通过；③ 开关的接通与断开的转换总是需要一定的时间。

尽管如此，实际的开关还是很近似于理想开关的，晶体二极管和晶体三极管都可以起到一个实际开关的作用。

7.2.2　二极管的开关特性及开关参数

1. 正向运用

此时，二极管 VD 导通，导通时的管压降是很小的。通常硅管约为 0.7V，锗管约为 0.3V（用 U_T 等效），并随着电流的增加，其管压降也略有增大（用 R_d 等效）。

2．反向运用

此时二极管 VD 截止，截止时管子通过一个很小的反向饱和电流（用 I_0 等效），并且该电流几乎不随外加电压而变化（这正是"饱和"二字的含义），同时，两极之间还存在着一个阻值很大的反向电阻（用 R_r 等效）。

3．二极管的开关时间

在高速脉冲电路中，必须考虑二极管的接通与断开时的转换时间。

作为一个例子，我们考察一下图 7.4（a）所示的电路。在二极管的输入端，施加一个理想的方波脉冲，R_L 是电路的负载。设输入方波的幅度足够大，即 $E_1 \gg U_T$。

当 $t < t_1$ 时，$u_1 = E_1$，二极管 VD 应导通，其正向电流

$$I_D = \frac{E_1 - U_T}{R_L} \approx \frac{E_1}{R_L}$$

在 $t = t_1$ 的瞬间，输入方波脉冲由 E_1 降到 $-E_2$。在理想情况下，二极管 VD 应立即截止，电流应由 I_D 降到 I_0（反向饱和电流），其电流变化如图 7.4（c）所示。但实际情况是，二极管 VD 不能立即截止，流经二极管的电流先转变为幅度较大的反向电流 I'_R，经过一段时间 t_R 后才能减小到 I_0，如图 7.4（d）所示。

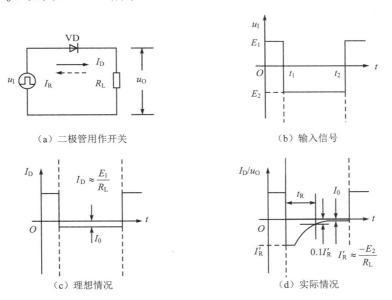

图 7.4　二极管的开关时间

由输入信号负跳变时刻起（$t = t_1$）到反向电流减小到 $0.1 I'_R$ 所需的时间，称为二极管的反向恢复时间 t_R。可见，开关由开启到关闭需要一小段时间 t_R，而 $t_R \neq 0$。之所以如此，是因为在正向导通时，二极管 PN 结的 P 区中的多数载流子（空穴）在 PN 结另一侧 N 区中有相当数量的积累（在 N 区中，空穴是少数载流子），同样，N 区中的多数载流子（电子）也会在 PN 结另一侧 P 区中有相当数量的积累（在 P 区中，电子是少数载流子），一旦外加电压反向，它们就会形成较大的漂移电流，这就是在电压突变的瞬间形成反向电流 $I'_R \approx -E_2 / R_L$ 的原因。只有经过一定的时间，待存储的电荷消失后，I_D 才会接近 I_0。

反向恢复时间限制了二极管的开关速度，t_R 越大，二极管的开关速度越低。当外加电压频率较高时，若 t_R 过大，二极管将跟不上外加电压的变化，失去了单向导电性。同样，当二极管由截止转变为正向导通时，存储电荷的建立也是需要一定时间的，但该时间较 t_R 短，通常可以忽略不计。

4．二极管的开关参数

二极管的常用参数中的最大正向（整流）电流 I_F、最高反向工作电压 U_R、反向（饱和）电流 I_R 等，已经在第 2 章中介绍过了。在脉冲与数字电路中，因为要考虑二极管在开关状态下快速转换的问题，因此还需要知道下面两个动态参数：

（1）反向恢复时间 t_R（Restoration Time）。前面已经给出了反向恢复时间 t_R 的定义，在实际测量时，是指在规定的负载、正向电流及最大反向瞬态电流下，所测出的反向恢复时间。例如，硅开关二极管系列 2CK9～2CK19，当负载电阻为 50Ω 时，由正向电流 10mA 变到最大反向瞬态电流（I'_R）10mA 的 10% 时，所经历的反向恢复时间 $t_R \leqslant 5ns$。

（2）零偏压电容 C_0。这是指二极管两端电压为零时，扩散电容及结电容的容量之和。例如 2CK9～2CK14 系列开关二极管的零偏压电容值通常小于 3pF。

关于开关二极管（2AK××及 2CK×× 系列）的详细参数，请参阅有关的半导体器件手册。

7.2.3　晶体三极管（双极型）的开关特性及开关参数

与晶体二极管一样，晶体三极管也可用作电子开关。在 2.3 节中我们曾讲过，晶体管有三个工作区，即截止区、放大区和饱和区。当晶体管作为放大器时，它工作在放大区，属于小信号运用；当晶体管作为开关器件时，它工作在截止区和饱和区，放大区只是作为状态转换时的过渡区，这属于大信号运用。

由于晶体三极管易于构成功能更强的开关电路（因为三极管有放大作用，而二极管没有），因此它的应用比二极管开关更为广泛。

1．晶体三极管的稳态开关特性及其大信号运用

在脉冲电路中，三极管多用发射极接地的连接方式，图 7.5 所示是晶体三极管开关的典型电路，图 7.6 所示是其大信号运用时的伏安特性。

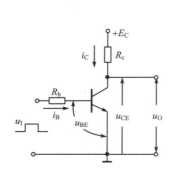

图 7.5　晶体三极管开关

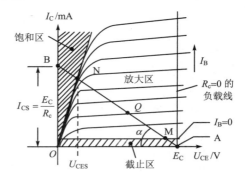

图 7.6　共射极晶体三极管大信号运用时的伏安特性

输入控制信号 u_I 是矩形脉冲电压，它有足够大的幅度，足以推动三极管作开关动作，即三极管工作在大信号运用状态。当电源电压 E_C、负载电阻 R_c 确定之后，即可做出负载线 MN。

负载线是通过横轴（U_{CE}）上的 $U_{CE} = E_C$ 的那一点（A 点）、与横轴的夹角 α 的正切为 $\tan\alpha = 1/R_c$ 的一条直线，该直线与纵轴（I_C）的交点为 $I_{CS} = E_C/R_c$（B 点）。

当集电极负载 R_c 短路时，$R_c = 0$，$\tan\alpha = \infty$，此时负载线为通过 A 点的一条垂线；当 R_c 开路时，$R_c = \infty$，$\tan\alpha = 0$，此时负载线与横轴相重合。

根据三极管工作状态的不同，它将分别工作在图 7.6 中的 A 点（截止区）和 N 点（饱和区），MN 之间的放大区仅是它的过渡区。

（1）截止区

当输入信号 u_I 很小时，$u_I < U_T$（U_T 为三极管的门限电压），$U_{BE} < U_T$，发射结尚未开启，所以 $i_B \approx 0$，此时可认为晶体管基本截止。在实际应用中，为了使三极管可靠截止，通常使输入信号 $u_I < 0$，三极管的两个 PN 结均处于反偏状态，即 $U_{BE} < 0$，$U_{BC} < 0$。此时晶体管工作于图 7.6 所示特性曲线 M 点以下的阴影区——截止区。工作于该区的特点、条件和等效电路如表 7.1 所示。其等效电路可近似看做是三个相互断开的节点。

（2）放大区

当输入信号 $u_I > U_T$ 时，发射结为正偏，集电结仍为反偏，此时三极管工作在放大状态。i_B 随 u_I 的上升而上升，i_C 随 i_B 的上升沿负载线 MN 而上升。工作点在图 7.6 所示的特性曲线中的 MN 之间变化。在此区域内，$i_C = \beta i_B$，$u_{CE} = E_C - i_C R_c$，即输出电压 u_O 随输入信号 u_I 的变化而变化。工作于该区的特点、条件和等效电路如表 7.1 所示。其等效电路即在第 3 章讲过的共射极低频等效电路。

（3）饱和区

当输入信号 u_I 继续上升，i_B 增加，i_C 也随之增加，当工作点沿负载线上升到 N 点之后，集电结开始由反向偏置转入正向偏置，i_B 增加，i_C 几乎不再增加，集电极对发射极的电压 U_{CE} 也基本保持不变。管子失去了放大能力，这种工作状态称为饱和状态，通常用下标 S（saturation，饱和）来标记饱和时的各个量。图 7.6 所示特性曲线上 N 点以左的阴影部分，称为饱和区，N 点以右的部分称为放大区，N 点处于临界饱和线上。

晶体三极管工作在饱和区，具有如下特点：

① 发射结处于正向偏置（$U_{BE} > 0$），集电结也处于正向偏置（$U_{BC} > 0$）。三极管的饱和压降很小，对于硅管 $U_{BES} \approx 0.7V$，$U_{CES} \approx 0.3V$；对于锗管，$U_{BES} \approx 0.3V$，$U_{CES} \approx 0.1V$。

② 饱和时的集电极电流 i_{CS} 不再随 i_B 而变化，主要取决于外电路因素 E_C 和 R_c，即

$$i_{CS} \approx I_{CS} = \frac{E_C - U_{CES}}{R_c} \tag{7.1}$$

当 $E_C \gg U_{CES}$ 时，

$$i_{CS} \approx I_{CS} \approx \frac{E_C}{R_c} \quad \text{（纵轴上的 B 点）} \tag{7.2}$$

③ 饱和内阻 r_{CES} 很低，因而集电极的输出阻抗很小。晶体管工作在饱和区的条件为

$$i_B > i_{BS} \approx I_{BS} = \frac{I_{CS}}{\beta} = \frac{E_C}{\beta R_c} \tag{7.3}$$

为说明饱和程度，定义 N 为饱和深度系数

$$N = \frac{I_B}{I_{BS}} \tag{7.4}$$

当 $N=1$ 时，$I_B=I_{BS}$ 为临界饱和，N 越大，饱和越深。为了使电路工作稳定，要求晶体管有一定的饱和深度，一般取 $N=1.5\sim2.5$。

晶体三极管工作在饱和区的特点、条件和等效电路如表 7.1 所示。

表 7.1　NPN 晶体三极管工作状态的特点、条件及等效电路

工作状态	特　点	条　件	等效电路
截止	发射结、集电结均反偏 $i_B=-I_{CBO}\approx0$ $i_C=I_{CEO}\approx0$ $U_{CE}\approx E_C$	$U_{BE}<U_T$ 对于硅管：$U_T\approx0.5\text{V}$ 对于锗管：$U_T\approx0.1\text{V}$	
放大	发射结正偏，集电结反偏 $i_C=\beta i_B$，$u_{CE}=E_C-i_C R_c$ 对于硅管（NPN）： $0.3<U_{CE}<E_C$ 对于锗管（PNP）： $0.1<U_{CE}<E_C$	$0<i_B<I_{BS}$ 对于硅管（NPN）： $U_{BE}=0.6\sim0.7\text{V}$ 对于锗管（PNP）： $U_{BE}=0.2\sim0.3\text{V}$	
饱和	发射结、集电结均正偏 $i_{CS}\approx I_{CS}\approx\dfrac{E_C}{R_c}$ $U_{CE}=U_{CES}$ 对于硅管（NPN）： $U_{CES}\approx0.1\sim0.3\text{V}$ 对于锗管（PNP）： $U_{CES}\approx0.05\sim0.1\text{V}$	$i_B>I_{BS}\approx\dfrac{E_C}{\beta R_c}$ 对于硅管（NPN）： $U_{BE}=U_{BES}=0.7\sim0.8\text{V}$ 对于锗管（PNP）： $U_{BES}\approx0.2\sim0.4\text{V}$	

2．晶体三极管的瞬态开关特性

晶体三极管的瞬态开关特性是指三极管在输入信号 u_I 的控制下，在截止和饱和状态之间转换所具有的过渡特性。如果三极管是一个理想的、无惰性的开关，那么输出电压 u_O 应重现输入 u_I 的形状，只是放大和倒相而已。但实际上，晶体三极管也是有惰性的开关，截止状态和饱和状态之间的转换不可能在瞬间完成。

图 7.7 示出了晶体三极管的瞬态开关特性，这个特性是从实验中获得的，也可以从理论上给予必要的解释。对于我们来说，重要的是懂得晶体三极管不是一个理想开关，从截止到导通（饱和）、从导通（饱和）到截止均需要一个过程，每个过程都有相应的时间参数来描述。

（1）延迟时间 t_d (Delay Time)。指从输入信号 u_I 正跳变开始，到集电极电流上升到 $0.1\,I_{CS}$ 所需的时间。

（2）上升时间 t_r (Rise Time)。指集电极电流从 $0.1\,I_{CS}$ 开始，上升到 $0.9\,I_{CS}$ 所需的时间。

（3）存储时间 t_s (Storage Time)。指从输入信号 u_I 负跳变瞬间开始（$t=t_3$），到集电极电流下降到 $0.9\,I_{CS}$ 所需的时间。

（4）下降时间 t_f (Fall Time)。指晶体三极管的集电极电流从 $0.9\,I_{CS}$ 开始，下降到 $0.1\,I_{CS}$ 所需的时间。

通常，把延迟时间 t_d 与上升时间 t_r 之和称为晶体三极管的开启时间 t_{on}，即

$$t_{on} = t_d + t_r \qquad (7.5)$$

通常，$t_d \ll t_r$，所以 $t_{on} \approx t_r$。

此外，将存储时间 t_s 与下降时间 t_f 之和称为晶体三极管的关闭时间 t_{off}，即

$$t_{off} = t_s + t_f \qquad (7.6)$$

晶体三极管的开启时间 t_{on} 和关闭时间 t_{off} 的总和，称为三极管的开关时间，一般为几纳秒至几十纳秒。在一般脉冲电路中，由于开关时间很短，可以忽略；但在高速脉冲电路中，必须作为重要问题加以考虑。

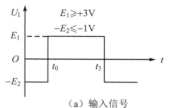

（a）输入信号

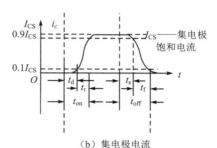

（b）集电极电流

3. 晶体三极管的开关参数

三极管的参数如共射极电流放大系数 β，极间反向电流 I_{CEO}、I_{CBO} 及极间反向击穿电压 BU_{CEO} 等在第 2 章已做了说明。现在再把与开关特性有关的参数介绍如下。

（1）饱和压降 U_{BES}、U_{CES}

当三极管工作在饱和状态时，发射结正向压降 $|U_{BES}|$ 一般变化很小，硅管（NPN）为 $0.7 \sim 0.8\text{V}$；锗管（PNP）为 $0.2 \sim 0.4\text{V}$。

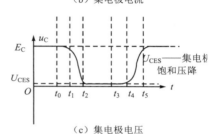

（c）集电极电压

图 7.7　晶体三极管的瞬态开关特性

当三极管饱和导通时，通常总是希望集电极与发射极之间的管压降 U_{CES} 越小越好。硅管的 $|U_{CES}| \approx 0.1 \sim 0.3\text{V}$；锗管的 $|U_{CES}| \approx 0.05 \sim 0.1\text{V}$。

（2）开启时间 t_{on} 和关闭时间 t_{off}

当输入的是快速跳变信号时，用开启时间 t_{on} 衡量波形的上升沿，用关闭时间 t_{off} 来衡量波形的下降沿。它们是以 i_C 变化为准的。手册上给的 t_{on}、t_{off} 或 t_d、t_r、t_s、t_f，都是在规定的正向导通电流和反向驱动电流下测出的，它们一般为几纳秒至几十纳秒的数量级。通常 $t_{off} > t_{on}$，而且 $t_s > t_f$，因此，存储时间 t_s 的大小就成了影响三极管开关速度的首要原因。

开关三极管（如 3AK×× 及 3DK×× 系列）的一个主要特点就是其存储时间 t_s 应比一般用途的三极管小，以便获得较高的开关速度，从而提高其工作频率 f_T（f_T 被称做"特征频率"）。关于开关三极管（3AK×× 及 3DK×× 系列）的详细参数，请参阅有关的半导体器件手册。

7.3　场效应晶体管的开关特性

前述的半导体二极管、三极管开关，由于有两种不同的载流子（电子和空穴）都参与导电，故称为双极型半导体开关。本节所讨论的场效应晶体管开关，由于导电机构中仅有一种载流子（电子或者空穴）参与导电，因此称为单极型晶体管开关。

如第 2 章所述，场效应晶体管（FET）有两种类型：结型 FET（JFET）和金属氧化物半

导体 FET（MOS FET 或简称 MOS）。JFET 的优点是可靠性高，抗辐射能力强和噪声系数低；其缺点是不便于集成，主要用于分立元件的脉冲电路中。MOS FET 的优点是输入阻抗高（一般可达 $10^{10}\Omega$ 以上），制造工艺简单、功耗低、集成度高等，因此在数字集成电路中，得到了越来越广泛的应用。

7.3.1　N 沟道增强型 MOS FET 的稳态开关特性

大多数开关应用中都使用增强型 MOS FET，因此本节将以 N 沟道增强型 MOS 管为例，来说明其开关特性，其他类型的 MOS 管可查看表 2.5。

图 7.8 所示是 N 沟道增强型 MOS FET 反相器。当 u_I 为低电平，且 $U_{IL} < U_T$ 时，则 MOS 管 V 截止，$u_O = U_{OH} \approx E_D$ 为高电平，此时，MOS 管工作状态处于图 7.9 所示伏安特性曲线上的 $U_T = 2V$ 曲线以下的阴影区（I 区）——截止区。当 u_I 为高电平，且 $U_{IH} > U_T$ 时，则 MOS 管 V 导通，$u_O = U_{OL}$ 为低电平，此时，MOS 管工作状态处于图 7.9 所示伏安特性曲线上的 II 区——非饱和区。当 u_I 在高、低电平之间过渡时，MOS 管工作状态处于图 7.9 所示伏安特性曲线上的 III 区——饱和区。

图 7.9 中的 IV 区是击穿区，容易损坏管子，应避免使用。

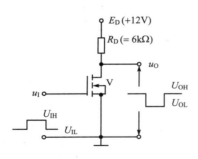

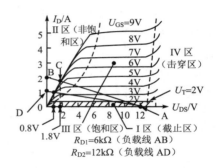

图 7.8　N 沟道增强型 MOS FET 反相器　　图 7.9　N 沟道增强型 MOS FET 大信号应用时的伏安特性

可以用图解法来确定输出的高低电平。设 $E_D = +12V$、$U_{IH} = 8V$、$U_{IL} = 1V$、$R_D = 6k\Omega$，则可画出直流负载线，如图 7.9 所示的 AB。根据负载线与 $U_{GS} = 8V$ 的一条特性曲线的交点得到 $U_{OL} \approx 1.8V$；而 $U_{GS} = 1V$ 时 V 将截止，故 $U_{OH} \approx E_D = 12V$。为了保证下一级能可靠工作，必须使 $U_{OH} > U_T$，而使 $U_{OL} < U_T$（这里 $U_T = 2V$），并且有足够的余量。

由图 7.9 可见，U_{OL} 的大小与 R_D 的数值有关，R_D 越大，U_{OL} 越低。同时 R_D 增大时可使反相器导通状态下的功耗降低。因此，增大 R_D 的数值对于反相器的静态特性是有利的。

在集成电路中，为了制造的方便，常用具有一定特性的 MOS 管代替电阻 R_D，如图 7.10 所示的 V_2。

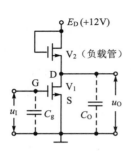

图 7.10　改进的 MOS FET 反相器

7.3.2　N 沟道增强型 MOS FET 的瞬态开关特性

在 MOS 集成电路中，反相器的输出总要接至若干其他 MOS 管的输入端，这相当于带有电容性负载 C_O（通常情况下，电阻负载可以忽略），如图 7.10 所示。

当理想的矩形脉冲加到输入端时，电路的动态响应过程如图 7.11 所示。因为 MOS 管的导通、截止时间与电容 C_O 的充、放电时间相比可以忽略不计，所以，当 u_1 由低电平 $-E_2$ 跳变到高电平 E_1 时（t_0），MOS 管 V_1 立即导通，负载电容 C_O 通过 MOS 管 V_1 放电，U_{DS}（u_O）逐渐从电源电压 E_D 降低到 U_{OL}。由于 MOS 管导通电流较大，所以放电过程比较快。

当 u_1 由高电平 E_1 跳变到低电平（$-E_2$）时（t_3），MOS 管马上截止，负载电容开始通过负载管 V_2 充电，U_{DS} 逐渐从 U_{OL} 上升到 $+E_D$。由于负载电阻 R_D（这里是 V_2 的等值电阻）的值取得比较大（几十千欧），因此 C_O 的充电速度要比放电速度慢得多，使得输出电压的上升时间成为限制 MOS 管开关速度的主要因素。

在不考虑输出电容 C_O 的影响时，实际的漏极电流 i_D 和输出电压 u_O 的波形如图 7.11 所示。这里 t_d 为延迟时间，t_r 为上升时间，t_f 为下降时间，与双极型晶体三极管的对应参数定义相同。这里要特别强调指出，由于 MOS 管是"多子"（空穴或电子）在沟道中导电，故没有电荷的存储问题，所以无存储时间 t_s。在实际运用中，常使用如下两个综合时间参数来表征 MOS 管的开关速度，即

开启时间　$t_{on} = t_d + t_r \approx t_r$

关闭时间　$t_{off} = t_f$

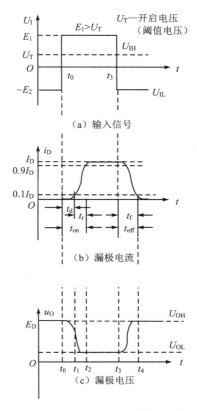

图 7.11　NMOS 反相器的瞬态开关特性

7.4　脉冲电路中常用的 RC 电路

用电阻 R 和电容 C 构成的简单电路叫 RC 电路，RC 电路在脉冲电路中有着广泛的应用。这种电路的一个重要特点，是利用电容 C 经过电阻 R 的充、放电效应，而且，当电路进行切换时（例如输入信号由低电平突然转换成高电平，或反之亦然），电容上的电压不能突变。众所周知，电容 C 经过电阻 R 充、放电时，不论是充、放电电流还是电容两端的电压，均服从"指数规律"。利用这一特性，便可形成一定形状的脉冲波形（波形形状常与指数曲线有关）。在电容 C 经过电阻 R 充、放电时，反映充、放电快慢的一个重要参数是所谓电路的"时间常数"。时间常数常用希腊字母 τ 来表示，$\tau = RC$。这里，τ 的单位是秒（s），R 的单位是欧姆（Ω），C 的单位是法拉（F）。在具体计算电路的时间常数 τ 时，要注意单位之间的换算。本节将介绍在脉冲电路中常常要用到的几种典型的 RC 电路。

7.4.1　RC 微分电路

1. RC 微分电路的功能及构成条件

图 7.12 所示为 RC 微分电路。在脉冲电路中，它常把矩

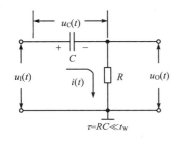

图 7.12　RC 微分电路

形脉冲变换为尖脉冲，以供其他需要准确定时的电路（如触发电路）作为触发脉冲使用。它之所以叫作微分电路，是因为其输出电压 $u_O(t)$ 与输入电压 $u_I(t)$ 对时间的微分（近似）成正比。

　　由图 7.12 可见，微分电路是由 R、C 串联而成，输出电压 $u_O(t)$ 从电阻两端取出。对于微分电路来说，要求电路的时间常数 $\tau \ll t_W$。从以下的分析可以看出，电路的时间常数 τ 对输出波形的影响很大。相同结构的电路，若 τ 相差很大，那么它们的功能将完全不同。

2．工作原理及波形

（1）在正脉冲作用期间（$t = 0 \sim t_1$）

　　此时 $u_I(t) = E$，通过 R 给 C 充电，其充电等效电路见图 7.13（a），其充电电流按指数规律从最大值（E/R）逐渐减小，最后为零，输出电压 $u_O(t)$ 也从起始的最大值（E）按指数规律逐渐减小，最后为零。电容上的电压 $u_C(t)$ 则从零开始按指数规律充电，最后到达最大值（E）。

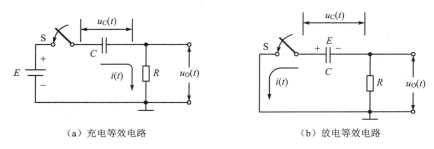

（a）充电等效电路　　　　　　　　（b）放电等效电路

图 7.13　微分电路中的充、放电等效电路

　　由于充电时间常数 $\tau = RC \ll t_W$，所以充电过程很快结束，输出得到一个正的尖脉冲。

（2）在第一个正脉冲结束后（$t_1 \leqslant t < t_2$）

　　当 $t = t_1$ 时，输入信号 $u_I(t)$ 由 E 下跳到零，在此期间的等效电路如图 7.13（b）所示。

　　由于电容 C 在第一个脉冲作用期间已充满电（E），在输入负跳变瞬间，电容上的电压不能突变，它将通过电阻 R 放电，其上电压按指数规律逐渐减少，最后为零。放电电流从起始的最大值（$-E/R$），按指数规律逐渐减少，最后为零。输出电压与此放电电流成正比，起始值为 $-E$，然后按指数规律逐渐减小到零。

　　如选择放电时间常数 $\tau = RC \ll T - t_W$（即脉冲间隔），则放电过程将很快结束，输出为一个负尖脉冲。

　　这就是说，当第二个脉冲来到之前，电容上的电荷已全部放完，电路处在第一个正脉冲到来之前的起始状态。此后当第三个、第四个正脉冲到来时，均为重复第一个正脉冲到来时的过程。微分电路的波形图如图 7.14 所示。

　　综上所述，对于 RC 微分电路，当加入周期性矩形脉冲时，其参数应满足：

$\tau = RC \ll t_W$（脉宽），起码条件 $t_W > (3 \sim 5)\tau$

$\tau = RC \ll T - t_W$（脉冲间隔），起码条件 $T - t_W > (3 \sim 5)\tau$

　　电路的输出波形是一连串正、负相间的、按指数规律变化的尖脉冲。正向尖脉冲对应于输入电压的正跳变边沿，负向尖脉冲对应于输入电压的负跳变边沿。

7.4.2　RC 耦合电路

RC 耦合电路的结构形式与图 7.12 所示的微分电路完全一样，仍为一个电阻和一个电容串联而成，输出电压仍从电阻 R 上取出。

对于微分电路来说，尖脉冲的产生是以充、放电迅速进行为前提的。如果在图 7.12 所示的电路中，$\tau \gg t_w$，$\tau \gg T - t_w$，则由于充、放电速度很慢，则在 t_w 和 $T - t_w$ 期间，过渡过程就来不及结束。在此情况下，输出波形和电路的用途就发生了质的变化。我们把满足 $\tau = RC \gg t_w$、$\tau = RC \gg T - t_w$ 的 RC 电路，称做耦合电路。

图 7.15 示出了在输入周期为 T、脉宽 $t_w = T/2$、幅度为 E 的输入信号作用下，在图 7.12 所示的 RC 电路中，当 $\tau = RC \gg t_w$ 时的输出波形 $u_O(t)$。

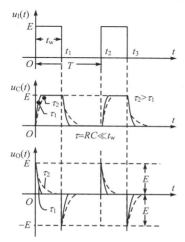

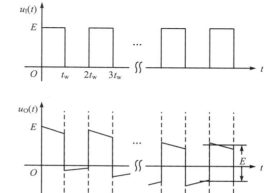

图 7.14　RC 微分电路的波形　　　　图 7.15　RC 耦合电路的波形

由图 7.15 可见，当电路经过 $(3 \sim 5)\tau$ 之后，输出电压 $u_O(t)$ 与输入电压的 $u_I(t)$ 的波形基本一致，但 $u_O(t)$ 只留下交流分量，而将直流分量（$E/2$）降在了电容 C 上。

7.4.3　积分电路

1. RC 积分电路的功能及构成条件

图 7.16 所示是 RC 积分电路，在脉冲电路中，常用它来把输入的矩形波变换为锯齿波。与微分电路相比较，其构成元件相同，仅仅是电阻和电容互换位置，输出信号从电容 C 的两端取出。之所以叫做积分电路，是因为输出电压 $u_O(t)$ 和输入电压 $u_I(t)$ 对时间的积分（近似地）成正比。

对积分电路的参数要求是，电路的时间常数 $\tau = RC \gg t_w$（脉冲宽度）。

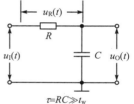

图 7.16　RC 积分电路

2. 工作原理及波形

（1）在正脉冲作用期间（$t = 0 \sim t_1$）

在 $t = 0$ 瞬间，$u_I(t)$ 从 0 跳变到 E，由于电容两端的电压不能突变，故此时 $u_O(t) = 0$。此后，电容通过电阻由 E 给予充电，其上电压按指数规律逐渐上升，终值为 E。但是，由于 $\tau \gg t_w$，所以，在 t_w 期间内，输出电压仅仅是按上升指数曲线的起始段

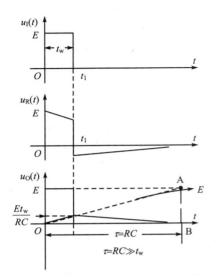

图 7.17　矩形波通过 RC 积分电路的波形

变化，而且仅仅上升了很小的一个值，故可以近似地用一条直线代替。

可见，在输入脉冲作用期间，输出电压近似按线性规律变化（即锯齿波），并达到某一幅度 $[(E/RC)t_\text{w}]$。

需要注意，输出端得到的锯齿波的幅度 $(E/RC)t_\text{w}$，远远小于输入矩形波的幅度，这是由于 $\tau = RC \gg t_\text{w}$，电容充电过程很慢的缘故。

（2）在第一个脉冲作用后（$t_1 \leqslant t \leqslant t_2$）

由于 $t_\text{w} \ll RC$，当 $t = t_1$ 时，充电过程尚未结束，这时输入电压 $u_1(t)$ 由 E 降至 0，在此瞬间，电容上的电压来不及跳变。当 $t > t_1$ 后，电容 C 通过电阻 R 放电，随着放电的进行，$u_\text{O}(t)$ 以 $(E/RC)t_\text{w}$ 的幅度，按时间常数 $\tau = RC$，呈指数规律下降至零。当对 RC 积分电路施加矩形脉冲时的输出波形如图 7.17 所示。

7.4.4　脉冲分压器

一般的电阻分压器如图 7.18（a）所示。由于在实际电路中，输出端总存在着分布电容，包括接线电容、下一级的输入电容等，它们的总效果就相当于在图 7.18（a）的输出端并联了一个电容 C_O，如图中虚线所示。

在脉冲电路中，往往需要将具有跳变边沿的脉冲信号传送到下一级，若采用图 7.18（a）所示的分压器，则由于 C_O 的充放电过程，将使输出脉冲的边沿变坏。

为了实现脉冲波形的分压，以取得幅值改变而脉冲波形不失真的输出电压，在脉冲电路中，通常采用图 7.18（b）所示的脉冲分压器。这种分压器是在 R_1 上并联电容 C_1 来加速输出脉冲边沿的变化，通常将 C_1 称为加速电容。

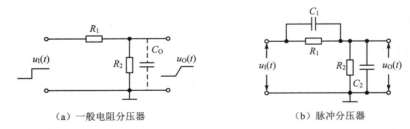

（a）一般电阻分压器　　　　　　　　（b）脉冲分压器

图 7.18　脉冲分压器电路

通过适当选择 R_1、C_1 和 R_2、C_2 的参数，可以获得理想的结果。理论分析示出了以下三种情况。

1．最佳补偿

当 $C_1R_1 = C_2R_2$ 时，其输出波形如图 7.19（b）所示，C_1 的加速作用正好补偿了 C_2 的延缓作用，输出完全响应输入，为不失真的阶跃电压。因此，称式

$$C_1R_1 = C_2R_2 \tag{7.7}$$

为最佳补偿条件。

2. 欠补偿

当 $C_1R_1 < C_2R_2$ 时，其输出波形如图 7.19（c）所示，C_1 的加速作用尚不能补偿 C_2 的延缓作用，输出波形仍有局部变坏的情况（缓慢上升一段）。

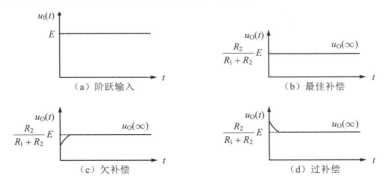

图 7.19　脉冲分压器对阶跃输入信号的响应

3. 过补偿

当 $C_1R_1 > C_2R_2$ 时，其输出波形如图 7.19（d）所示，输出波形出现了尖顶过冲，这意味着 C_1 的加速作用超过了 C_2 的延缓作用。

7.4.5　脉冲电路中常用的 RC 电路小结

现将以上所讨论的脉冲电路中常用的 RC 电路，即微分电路、耦合电路、积分电路和脉冲分压器小结，列于表 7.2 中。

表 7.2　脉冲电路中常用的 RC 电路小结

名　称	电路形式及输入输出波形	参数条件	功　能
微分电路	$u_1(t)$　C　R　$u_O(t)$	$\tau = RC \ll t_w$	将矩形脉冲变换为尖顶脉冲
耦合电路	$u_1(t)$　C　R　$u_O(t)$	$\tau = RC \gg t_w$	隔直流，输出波形近似输入波形
积分电路	$u_1(t)$　R　C　$u_O(t)$	$\tau = RC \gg t_w$	把矩形脉冲变换为锯齿波（线性变化的电压）
脉冲分压器	$u_1(t)$　C_1　R_1　R_2　C_2　$u_O(t)$	$\tau = (R_1 /\!/ R_2) \cdot (C_1 /\!/ C_2) = \dfrac{R_1 R_2}{R_1 + R_2}(C_1 + C_2)$ 最佳补偿条件 $C_1R_1 = C_2R_2$	实现脉冲波形的分压，取得幅值改变，而脉冲形状不变的输出波形

7.5　限幅电路和钳位电路

7.5.1　限幅电路

限幅电路是一种波形整形电路，它可以削去部分输入波形，以限制输出电压幅度，因此，限幅器也称做削波器。图 7.20 所示为限幅器的三种输入输出波形。因电路削去波形部位的不同，所以分别称图 7.20（b）、（c）、（d）为上限幅、下限幅和双向限幅电路。按照电路构成情况，限幅电路可以分为串联限幅和并联限幅两种。

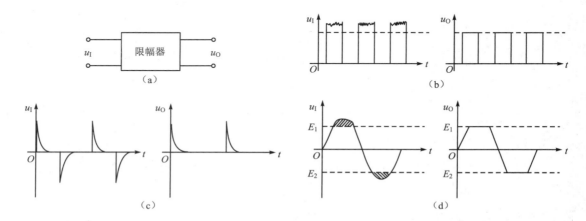

图 7.20　限幅器及输入输出波形

1. 串联限幅电路

输出电压取自电阻两端，且二极管与电阻是串联的，故称为串联限幅器，如图 7.21（a）所示。图中 VD 是开关二极管，R 的作用是为电路中可能接入的电容提供放电回路，其数值要大于负载电阻 10 倍以上。下面分析电路的工作过程。

当输入 $u_I > 0$ 时，二极管 VD 导通，输入电压全加在 R_L 两端（VD 的正向压降忽略不计），输出电压 $u_O = u_I$，当输入 $u_I < 0$ 时，二极管 VD 截止，输入电压全加在二极管两端，输出电压 $u_O = 0$。

从图 7.21（c）的输出波形可以看到，输入波形的下半部分被削去，因此这个电路称为下限幅电路。假如在应用中需削去波形的上半部分，则只需把图 7.22（a）中的二极管 VD 的极性反接就可以了，如图 7.22（a）所示。这种电路称为上限幅电路。

在实际应用中，有时需要在某一电平上限幅，即要求削去输入信号中电平高于（或低于）某个数值的部分，这时，只要在原电路中接入一个直流偏置电源 E 即可，这样就构成了电平为 E 的限幅器，如图 7.23 所示。图中直流电源 E 与 R 串联在一起，当没有输入信号时，A 点电压为 E，二极管 VD 被加上了一个反向偏压。显然，当输入电压 $u_I < E$ 时，二极管 VD 不导通，输出电压 $u_O = E$；当 $u_I > E$ 时，VD 导通，输出电压 $u_O = u_I$。可见，输入信号小于 E 的部分被限幅器削掉，波形如图 7.23（c）所示。适当地选择直流电源的大小及电源、二极管的极性，可以得到任意限幅电平的上、下限幅器。

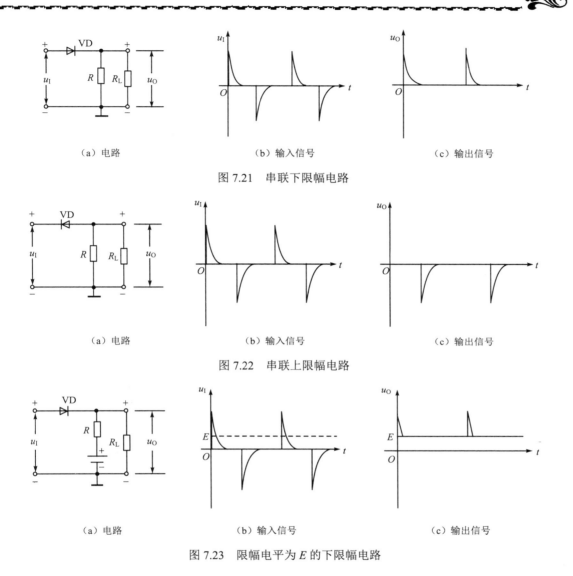

（a）电路　　　　　　　（b）输入信号　　　　　　　（c）输出信号

图 7.21　串联下限幅电路

（a）电路　　　　　　　（b）输入信号　　　　　　　（c）输出信号

图 7.22　串联上限幅电路

（a）电路　　　　　　　（b）输入信号　　　　　　　（c）输出信号

图 7.23　限幅电平为 E 的下限幅电路

如果把上、下限幅器串联起来，便构成了串联双向限幅器，如图 7.24 所示。
假设 $E_2 > E_1$，则输出波形如图 7.24（b）所示。读者可以自行分析其工作过程。

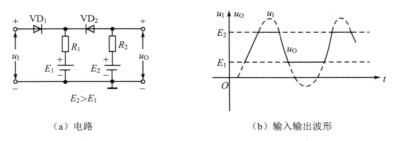

（a）电路　　　　　　　　　　　（b）输入输出波形

图 7.24　串联双向限幅器

通过上面的分析可知，用二极管构成串联限幅电路，不论是上限幅、下限幅还是双向限幅，都是在二极管导通时，$u_O = u_I$，在二极管截止时，电路限幅。

2．并联限幅电路

输出电压取自二极管两端，负载与二极管并联连接时，电路称为并联限幅器。

图 7.25、图 7.26、图 7.27、图 7.28 分别给出并联上限幅、下限幅和双向限幅器的电路和波形图。

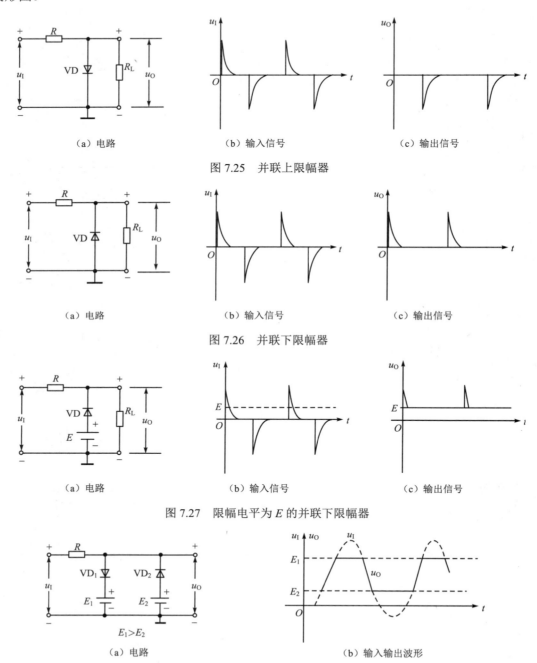

（a）电路　　　　　（b）输入信号　　　　　（c）输出信号

图 7.25　并联上限幅器

（a）电路　　　　　（b）输入信号　　　　　（c）输出信号

图 7.26　并联下限幅器

（a）电路　　　　　（b）输入信号　　　　　（c）输出信号

图 7.27　限幅电平为 E 的并联下限幅器

（a）电路　　　　　　　　　（b）输入输出波形

图 7.28　并联双向限幅器

并联限幅器是在二极管导通时实现限幅作用的。下面分析一下并联双向限幅器的工作过程，其他限幅器的工作过程请读者自行分析。

在图 7.28 中，假设 $E_1 > E_2$。当 $u_I < E_2$ 时，二极管 VD_2 导通，VD_1 截止，输出电压 $u_O = E_2$，电路将输入电压中低于 E_2 的部分削去。当 $E_2 \leqslant u_I \leqslant E_1$ 时，VD_1、VD_2 都截止，$u_O = u_I$，输出电压随输入电压变化。当 $u_I > E_1$ 时，VD_1 导通，VD_2 截止，$u_O = E_1$，电路将输入电压高于 E_1 的部分削去。

7.5.2　钳位电路

二极管钳位电路是利用二极管的开关特性将输入波形的底部或顶部钳制（或移动）到所需的电平上，而保持原来的波形基本不变。将信号底部钳位的叫做底部钳位电路，将信号顶部钳位的叫做顶部钳位电路。钳位电路可以用 RC 电路和二极管构成。利用二极管的开关特性和适当的连接方式，使得 RC 电路的充电时间常数和放电时间常数相差非常悬殊，就可以实现钳位。

下面介绍一下钳位电平为零的顶部钳位电路的结构和工作过程。电路和波形如图 7.29 所示。

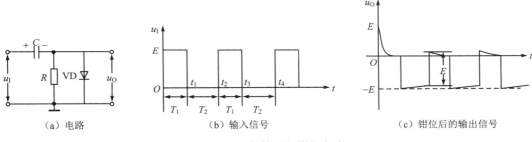

（a）电路　　　　　　　（b）输入信号　　　　　　（c）钳位后的输出信号

图 7.29　二极管顶部钳位电路

图 7.29 中，$r_d \ll R \ll r_o$，r_d 为二极管的正向电阻，r_o 为二极管的反向电阻。设输入为矩形波脉冲序列，矩形脉冲的周期 $T = T_1 + T_2$，C 的选择应使 $r_d C \ll T_1$，$RC \gg T_2$。下面分析电路的工作过程。

当 $t = 0$ 时，输入电压 u_I 从 0 跳变到 E。由于电容两端的电压不能突变，u_C 仍然是 0，输入电压 u_I 全部加在二极管 VD 的两端，即输出 $u_O = u_I = E$，同时 VD 导通。当 $t > 0$ 时，C 通过二极管 VD 充电。由于充电时间常数 $r_d C \ll T_1$，所以电容 C 两端的电压很快就被充到 E，输出电压 u_O 从 E 迅速下降到 0。当 $t = t_1$ 时，u_I 从 E 下降到 0，输入端相当于短路，电容 C 与二极管 VD 并联，其两端原有的电压 E 给二极管 VD 加上了 $-E$ 的反向电压，使 VD 截止，输出电压 $u_O = -E$。随后，电容 C 通过电阻 R 放电。由于放电时间常数 $RC \gg T_2$，所以放电过程很缓慢，电容 C 两端的电压下降很少，因此输出电压 u_O 也只略有上升。当第二个脉冲到来时，$u_O = E - u_C$，而 $u_C \approx E$，所以输出电压 u_O 上跳到略大于 0，二极管 VD 导通。当 $t > t_2$ 以后，电容 C 充电，两端电压 u_C 很快恢复到 E 值，输出 u_O 又下降到 0。当 $t = t_3$ 时，输出电压 u_O 下跳到 $-E$。这样不断重复，输出电压被钳制在零电平上。

如将图 7.29（a）中的二极管反接，便可得到底部钳位的电路，如图 7.30（a）所示，波形如图 7.30（b）、（c）所示。

在实际应用中，有时需要把波形钳制在某一电平上，这时可以在电路中接入一个直流电源。

由以上分析可知，钳位电路中的二极管的接法决定是顶部钳位还是底部钳位，电路中串接直流电源的大小决定了钳位电平的高低。

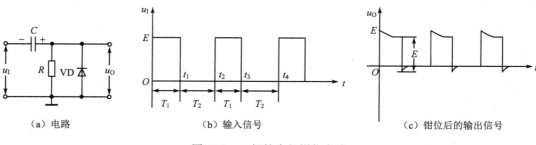

（a）电路　　　　　　（b）输入信号　　　　　　（c）钳位后的输出信号

图 7.30　二极管底部钳位电路

7.6　晶体三极管反相器

所谓反相器（也称倒相器，非门），是指能将输入信号的极性变反的电路。实际上，7.2 节所讲的晶体三极管开关，就是晶体三极管倒相器，它的输出电压波形 u_O 和输入电压波形 u_I 是反相的。晶体三极管反相器是一种最基本、最重要的脉冲电路，它是组成各种复杂脉冲电路的基本单元之一，也是数字电路中的"非门"。

7.6.1　工作原理

图 7.31 所示的电路是常用的晶体三极管反相器。图中，电阻 R_2 和负电源电压 E_B 是为了提高电路的抗干扰能力而加的，用于保证当输入信号未加时，三极管能可靠截止。

在上述电路中，假设输入为方波，它是取自前级反相器的输出，则该输入的高电平 $u_{IH} = E_C$。低电平 $u_{IL} = U_{CES} \approx 0$。当 $u_I = U_{IL} = 0$ 时，三极管截止，输出电压 $u_O = U_{OH} \approx E_C$。当 $u_I = U_{IH} \approx E_C$ 时，三极管饱和，输出电压 $u_O = U_{OL} = U_{CES} \approx 0$。图 7.31（b）示出了它的理想化的输出波形。

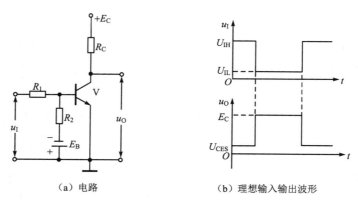

（a）电路　　　　　　　（b）理想输入输出波形

图 7.31　晶体三极管反相器

7.6.2　正常工作条件

三极管反相器能稳定工作的前提是：截止时能可靠地截止，饱和时能可靠地饱和。

1. 截止条件

当 $u_I = U_{IL}$ 时，三极管应截止，其截止条件是 $U_{BE} \leqslant 0$。由电路图可以看出，为了使 $U_{BE} \leqslant 0$，增大 $|E_B|$、R_1，减小 R_2 是有利的。经过计算，可以求得其截止条件为

$$U_{BE} = U_{IL} - \frac{R_1}{R_1 + R_2}(U_{IL} + E_B) \leqslant 0 \tag{7.8}$$

式中，U_{BE} 为三极管的基、射极间的电压，U_{IL} 为输入低电平（近似为 0），E_B 为基极反偏电压（使用此公式时，直接带入其绝对值即可）。由此式也不难得出如上的结论。

2. 饱和条件

当 $u_1 = U_{IH}$ 时，只有当注入的基极电流 $I_B > I_{BS}$ 时（I_{BS} 为临界饱和时的基极电流），三极管方能进入饱和。从电路图可以直观地看出，减小 R_1、$|E_B|$，增大 R_2 对饱和有利。经过计算，可以得出饱和条件为

$$\frac{U_{IH} - U_{BES}}{R_1} - \frac{U_{BES} + E_B}{R_2} > \frac{E_C - U_{CES}}{\beta R_c} \tag{7.9}$$

作为近似，可暂不考虑 U_{BES} 和 U_{CES}（它们都较小）的影响，这样式（7.9）可简化为

$$\frac{U_{IH}}{R_1} - \frac{E_B}{R_2} > \frac{E_C}{\beta R_c} \tag{7.10}$$

式中，β 为晶体管共射极电流放大系数（不必区分直流 $\overline{\beta}$ 和交流 β）。由式（7.10）也可以得出有关 R_1、R_2、$|E_B|$ 的结论。

由式（7.8）和式（7.10）看出，截止和饱和条件对电阻 R_1、R_2 的要求是矛盾的。但是，在电源电压 E_C、基极反偏电压 E_B 以及输入方波的高、低电平 U_{IH}、U_{IL} 已确定的情况下，适当地选取电阻 R_1 和 R_2 之值，可以满足截止条件和饱和条件，完成输出和输入反相功能。

7.6.3　输出波形及其改善方法

在实际反相器的输入端，当施加一个边沿陡峭的理想方波 u_I 时，经过反相器后，在输出端得到的波形 u_O 并不是理想的方波，其边沿变化非常平缓，特别是上升边沿，如图 7.32（b）所示。其输出波形产生畸变的原因：

（1）晶体三极管本身存在开关时间 t_{on}、t_{off}。

（2）电路中存在分布电容 C_L，如图 7.32（a）所示虚线。通常 C_L 是指输出端的分布电容 C_O 和负载电容的总和。由于 C_L 的存在，当输入电压 u_I 发生突变时，电容 C_L 上的电压不能突变，具有充电或放电的缓慢过程，因而使输出波形变坏。往往 C_L 对输出波形的影响比反相器本身的开关时间的影响更为显著，必须设法克服。

为了提高反相器的工作速度，减少输出波形的畸变，必须：

（1）选择高速开关三极管（具有较短的开关时间 t_{on}、t_{off}）。

（2）在基极回路的电阻 R_1 上并接加速电容 C，以缩短开关时间 t_{on}、t_{off}。

（3）采用钳位电路，如图 7.32（a）所示 VD 即钳位二极管，电压 E_D 为钳位电压，它应满足条件：$U_{CES} < E_D < E_C$。有了钳位电路后，输出脉冲上升时间由原来的 t_r 减小为 t'_r，参见图 7.32（b）。

经过这样改进之后，三极管反相器的功能及特性就比较理想了。

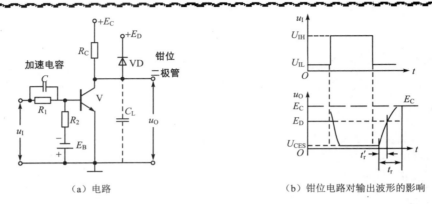

（a）电路　　　　　　　　　　　　　（b）钳位电路对输出波形的影响

图 7.32　实际的晶体三极管反相器

7.7　脉冲发生器

脉冲发生器主要用来产生矩形波，这种电路是由开关器件和惰性网络（电容等储能元件）组成的。其工作过程的特点是，当电路从一个状态变化到另一个状态时，变化极为迅速，而停留在某一状态时，变化速度变得相对缓慢得多，甚至不变化。这种有紧张又有松弛的变化，再加上产生的矩形波中含有相当丰富的谐波，因而把此类电路称为张弛振荡器（Relaxation Generator/Oscillator）或多谐振荡器（Multivibrator）。

根据电路中稳定状态的多少，可将张弛振荡器分为双稳态电路（又称触发器）、单稳态电路和无稳态电路（又称自激多谐振荡器）。

在实际应用中，可产生矩形波的电路很多，既可用分立元器件（晶体三极管）构成，也可用集成电路构成。下面主要介绍由集成门电路构成的多谐振荡器和 555 时基发生器。

7.7.1　TTL 与非门多谐振荡器

"与非门"是一种逻辑门电路，它可以有多个输入端和一个输出端。只有当所有的输入信号都为高电平时，输出才能为低电平；只要有一个输入信号为低电平，输出即高电平。与非门的逻辑功能将在第 8 章中详述。

用集成与非门构成的多谐振荡器，具有外接元件少、带负载能力强、输出波形好等优点。下面介绍一种简易多谐振荡器电路。

1．电路构成

一个最简单的多谐振荡器如图 7.33 所示。其中元件"1"和"2"是集成与非门（例如 2 输入端的 TTL 与非，可以将两个输入端连在一起使用，或者，最好是将其中的一个不用的输入端经过一个 $10k \sim 30k\Omega$ 的电阻接到 +5V 电源），也可以用反相器（元件 1 和元件 2 的输出端的小圆圈代表反相）来代替。

2．工作原理

假设与非门的门槛电压 $U_T = 1.4V$，当输入 $u_I < U_T$ 时，与非门输出高电平，$u_O = U_{OH}$；反之，当 $u_I \geqslant U_T$，与非门输出低电平，$u_O = U_{OL}$。U_{OH}、U_{OL} 的值由与非门自身电路的结构决定。一般地，$U_{OH} = 3.5V$，$U_{OL} = 0.3V$。

如图 7.33（a）所示，与非门"1""2"都只有一个输入端，故当其输入为高电平时，输出为低电平；反之，则输出高电平。

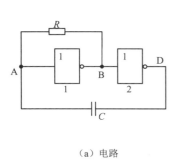

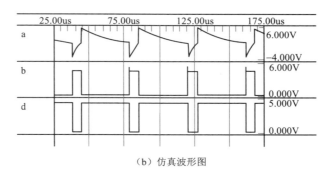

（a）电路　　　　　　　　　　　　　　　　　（b）仿真波形图

图 7.33　简易多谐振荡器

（电路参数：$R=50\text{k}\Omega$，$C=500\text{pF}$，时间常数 $RC=25\mu\text{s}$。由仿真波形可以清楚地看见电路各点的工作情况，振荡周期为：$T=40\mu\text{s}$，$f=25\text{kHz}$。注意：仿真波形中的时间标度 us 表示 μs）

当电路接通后，假设 A 点电位 $u_A < U_T$，则门"1"输出高电平，$u_B = U_{OH} = 3.5\text{V}$。显然，门"2"输出低电平，$u_D = U_{OL} = 0.3\text{V}$。因 B 点电位比 A 点电位高，且 D 点为低电平，因此必有一电流从 B 点经过电阻 R 到 A 点给电容 C 充电，结果使 A 点电位上升。

当 u_A 上升到门槛电压 U_T 时，门"1"输出从高电平转为低电平，$u_B = 0.3\text{V}$，门"2"输出高电平，$u_D = 3.5\text{V}$，当 u_D 变为高电平后，使 u_A 也产生一个阶跃（电容 C 上的电压不能突变），此时，由于 A 点电位高于 B 点电位，且 $u_D = 3.5\text{V}$，所以电容 C 先通过 R 放电，随后被 u_D 反向充电，使 A 点电位逐渐下降。当 u_A 下降到小于 U_T 时，门"1"、门"2"的输出状态再次改变，$u_B = 3.5\text{V}$，$u_D = 0.3\text{V}$，u_A 也随 u_D 下降而变为低电平，回到开始时的状态。此后电路不断重复上述过程，A 点、B 点、D 三点将产生周期振荡，B 点、D 点输出矩形脉冲。

我们对此电路进行了计算机仿真，得出了电路参数的允许范围：电阻 R 的允许范围为 $25\text{k}\Omega \sim 1.5\text{M}\Omega$，电容 C 的允许范围为 $100\text{pF} \sim 0.02\mu\text{F}$。此电路可产生 $1 \sim 200\text{kHz}$ 的矩形波。仿真实验数据表明，电路的振荡周期

$$T \approx 1.6RC \tag{7.11}$$

或

$$f = \frac{1}{T} \approx \frac{1}{1.6RC} \tag{7.12}$$

A、B、D 各点的仿真波形如图 7.33（b）所示。电路的振荡频率与电路的时间常数 $\tau = RC$ 成反比，改变 RC 的值即可改变振荡频率。一般用换挡的办法改变电容的值进行频率粗调，用电阻（或串接电位器）进行频率微调。

仿真实验还发现两点有趣的现象：当电阻 R 固定时（如 $R=25\text{k}\Omega$），振荡周期 T 与电容的值严格成正比；而当电容 C 固定时（例如 $C=100\text{pF}$），振荡周期 T 与电阻的值则不完全成正比（呈现某种非线性关系），这或许是因为电阻值的改变影响了电路的工作点的缘故。

在简易多谐振荡器中的 A 点和电容 C 之间串入一个石英晶体，便构成了石英晶体多谐振荡器。振荡电路接入石英晶体后，将大大地提高频率稳定性。

7.7.2　带有 RC 电路的环形振荡器

把奇数个与非门（或反相器）首尾相连，利用 TTL 与非门（或反相器）的延迟时间产生

自激振荡，便构成了环形振荡器，如图 7.34 所示。所谓延迟时间 t_{pd}，是指当输入端的电压变化时，输出端需要延迟一段时间才能做出相应的变化。TTL 与非门（或反相器）的延迟时间 t_{pd} 很小（几十纳秒），所以振荡频率很高（几兆赫到几十兆赫）。仿真结果表明，当此电路的 R 和 R_S 均等于零时，振荡周期 T=20ns，这相当于 f= 50MHz，且无法调节，故使用颇不方便。

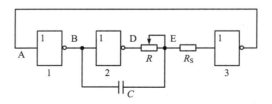

图 7.34　带有 RC 电路的环形振荡器

这种电路的工作原理很简单，它没有稳定状态，且容易起振。为了克服频率无法调节的缺点，自然想到了利用 RC 延时电路。因为引进 RC 电路以后，既可以增加延迟时间，又可以很容易地通过改变 R 或 C 的数值来改变振荡频率。

此电路中的 R、C 为电路的定时元件（储能元件），振荡频率与电路的时间常数 $\tau = RC$ 成反比，可以近似地认为

$$T \approx 2.2RC \tag{7.13}$$

或

$$f = \frac{1}{T} \approx \frac{1}{2.2RC} \tag{7.14}$$

这种带 RC 电路的环形振荡器，振荡频率的调节范围很宽。表 7.3 所示是在不同的电容数值下，调节电阻 R 数值时所测得的频率可调范围。

表 7.3　环形振荡器的频率可调范围

C	f
15pF	1.4～8MHz
820pF	320kHz～5.6MHz
0.05μF	4.3～150kHz
3μF	3.3～3.6kHz
100μF	1～167Hz

注意：R 的值不能太大。对于 TTL 与非门（或反相器），R 的值一般应小于1kΩ，否则电路不能正常工作。此外，与非门可以使用 74LS00（2 输入端四与非门），也可以使用反相器 74LS04（六反相器）。

7.7.3　时基集成电路的应用

1．时基集成电路概述

以上用与非门（或反相器）构成的振荡器，虽然电路并不复杂，但仍然需要作一定的电路连接，如果能有一个现成的脉冲振荡器，那显然是比较方便的。555 时基集成电路就是为此而研发的。555 时基集成电路基本上是由两个比较器（其工作原理详见第 5 章），一个 RS 触发器（其工作原理详见第 10 章），一只放电晶体管 V 和三个 5kΩ 的电阻等组成的。图 7.35 所示为该电路的简化原理图、管脚引出端和英文含义说明。

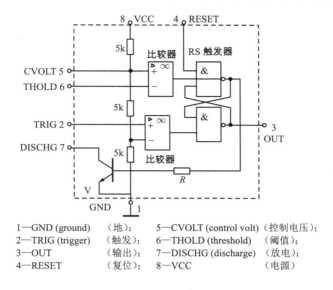

1—GND (ground)　　（地）；　　5—CVOLT (control volt)（控制电压）；
2—TRIG (trigger)　（触发）；　　6—THOLD (threshold)（阈值）；
3—OUT　　　　　　（输出）；　　7—DISCHG (discharge)　（放电）；
4—RESET　　　　　（复位）；　　8—VCC　　　　　　　　（电源）

图 7.35　555 时基集成电路简化图

此电路自问世以来，由于它的性能优良，用途广泛，各国厂家纷纷有自己的产品，并且型号上都有 555 这三个数字，故此电路又简称为 555 电路。国内产品有 FD555、FX555 等。

555 电路是用途极广的精密定时器，用它可以组成脉冲发生器、锯齿波发生器、方波发生器、定时电路、延时电路和监视电路等，常用于仪器、仪表及自动化装置等电子产品中。

555 时基集成电路的电源电压范围较宽，可在 5～18V 范围内使用，最大输出电流可达 200mA，可直接驱动继电器、发光二极管等，若用它作为振荡器使用，最高工作频率可达 300kHz。

555 时基集成电路一般采用两种封装形式，即金属罩 8 脚封装和双列直插式（DIP）8 脚封装。它的封装管脚图如图 7.36 所示。

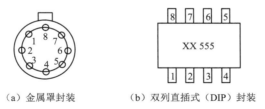

（a）金属罩封装　　　　　　　（b）双列直插式（DIP）封装

图 7.36　555 时基集成电路的封装管脚图

各管脚的功能及作用如下：

1 脚——公共端或接地（GND）端。

8 脚——正电源（$+V_{CC}$）端。

2 脚——触发端。如果该端的电压高于 $2/3V_{CC}$ 时，输出（OUT）为低电平；如果该端的电压小于 $1/3V_{CC}$ 时，输出即转换为高电平；如果触发端保持在低电平状态，输出就保持在高电平状态。

4 脚——复位（置零）端。它可以压倒触发输入的控制信号。此脚低电平有效，不使用时与 $+V_{CC}$ 连在一起。

7 脚——放电端。当输出为低电平时，它使定时器外部定时电容放电；当输出为高电平时，它的作用为一个开路电路，并且允许电容充电。

6 脚——阈值端。它用于测定外部电容的电压。如 555 处在高电平输出状态，阈值端就随时测定电容的电压，当电压达到 $2/3V_{CC}$ 时，促使 555 输出转换为低电平。

5 脚——控制电压端。它可以改变阈值电压和触发电压，以便调整输出波形。

3 脚——输出端。

2. 时基集成电路应用举例

（1）555 组成的振荡器

555 组成的振荡器电路如图 7.37 所示。

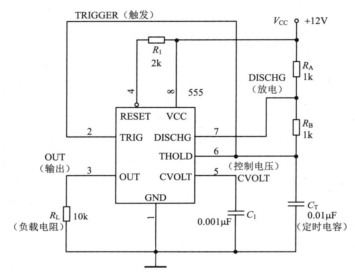

图 7.37　555 组成的振荡器电路

 说明

V_{CC} 通过电阻 R_A、R_B 向电容器 C_T 充电，当电容电压 $U_C \geqslant 2/3V_{CC}$ 时，输出状态由高变低。充电时间大约为：

$$t_高 = 0.7(R_A + R_B)C_T$$

电容放电时通过 R_B 和 7 脚来完成。当电容电压 $U_C \leqslant 1/3V_{CC}$ 时，输出由低变高。放电时间大约为：

$$t_低 = 0.7R_B C_T$$

故输出的振荡周期和频率为：

$$T = t_高 + t_低 = 0.7(R_A + 2R_B)C_T \tag{7.15}$$

$$f = \frac{1}{T} \cong \frac{1.44}{(R_A + 2R_B)C_T} \tag{7.16}$$

显然，只要改变 R_A、R_B 的值就可以改变振荡频率。

我们对 555 时基振荡器进行了电路仿真，其仿真波形如图 7.38 所示。

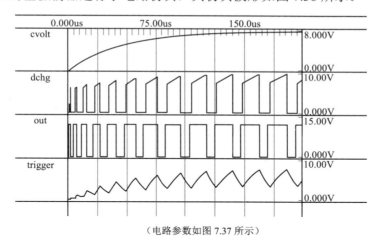

（电路参数如图 7.37 所示）

图 7.38　555 时基振荡器的电路仿真波形

由图 7.38 所示仿真波形可见，当电源开始接通之后，大约经过 $150\,\mu s$ 的时间（注意：仿真波形中的时间标度 us 表示 μs），电路的过渡过程即结束，在输出端（OUT）产生规整的矩形波。由仿真波形可见，该输出波形的周期（近似）$T=22\,\mu s$。可以用式（7.15）来近似计算一下此电路的振荡周期（电路参数如图 7.37 所示）：

$$T = 0.7(R_A + 2R_B)C_T = 0.7（1\times10^3+2\times10^3）\times0.01\times10^{-6}=21\,\mu s$$

可见，用公式计算的结果与仿真结果相当吻合。

（2）555 组成单电源变升压的双电源电路

在 TTL 系列中，运算放大器一般都要使用正、负两组 15V 电源电压，用 555 就可以从 5V 输入电源电压得到正、负 15V 的双极性电源。其电路如图 7.39 所示。

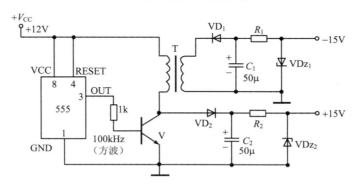

图 7.39　555 组成单电源变升压的双电源电路

图 7.39 中 555 接成 100kHz 振荡频率的振荡器，其输出用一个晶体管推动一个变压器，利用晶体三极管截止时，变压器初级线圈的反向电动势，得到一个大约 20V 的电压。此电压经过整流滤波及稳压管钳位，得到一个+15V 的电压，同时在变压器次级得到一个−15V 的电压。

7.8　锯齿波发生器

7.8.1　概述

锯齿波发生器是一种常见的脉冲电路，它产生一种随时间线性变化（成比例变化）的电压或电流，其波形如图 7.40 所示。

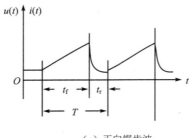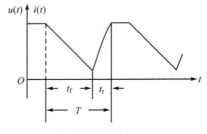

（a）正向锯齿波　　　　　　　　　　　　　（b）负向锯齿波

图 7.40　锯齿波电压或电流

这种线性变化的电压或电流，广泛地用于电子示波器、数字仪表、自动控制、精密测量（以上多为线性电压）、电视机的显像管、计算机中的 CRT（阴极射线管）显示器（以上多为线性电流）等设备中。

在示波器中，将线性变化的电压加在示波管的水平偏转板上，垂直偏转板上加上被测信号电压。在水平线性电压作用下，光点将沿水平方向匀速运动，使得水平轴上每一单位距离相当于一定的时间间隔，这样就把垂直偏转板上的被测电压对应着时间均匀地展开，显示出它随时间变化的规律。

在数字电压表中，将被测电压与锯齿波电压通过比较电路进行比较，就可将被测电压的大小转换为时间间隔，以便于用精密的计量脉冲计数，从而可测出电压的大小（用数字量表示）。

在电视机的显像管或计算机的 CRT 监视器中，与时间呈线性变化的电流加在 CRT 的水平偏转（称做行偏转）和垂直偏转（称做帧偏转或场偏转）线圈中，使得电子射线沿水平方向（稍稍向下偏斜）一行一行地进行扫描。当扫描完一幅画面（可以是两场——奇数场和偶数场，也可以是完整的一帧）后，电子射线又从头开始周而复始地扫描，从而在屏幕上形成由电子射线组成的光栅，通过控制电子射线的强度（亮度）和色度（红、绿、蓝——R、G、B 三原色），就可形成一幅幅绚丽多彩的画面和具有各种字符的显示图像。

可见，锯齿波电压和电流的应用相当广泛，本节将扼要地介绍典型的锯齿波电压和电流发生器电路。

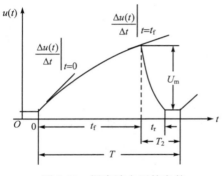

图 7.41　锯齿波电压的参数

7.8.2　锯齿波电压发生器

1．锯齿波电压的主要参数

以图 7.41 所示的正向锯齿波电压为例，来说明描述锯齿波电压的主要参数。

（1）扫描期 t_f。指电压随时间线性变化的持续时间，也称为工作期或扫描正程。

（2）回归期 t_{r}。指扫描期结束后，电压恢复到原来数值的时间。在这段时间内，不要求电压随时间线性变化，要求 t_{r} 越短越好。

（3）休止期 T_2。第一次扫描结束到第二次扫描开始的时间，要求 $T_2 > t_{\mathrm{r}}$。

（4）重复周期 T。从某次扫描开始，到下一次扫描开始所经历的时间，$T = t_{\mathrm{f}} + T_2$。

（5）锯齿波电压的幅度 U_{m}。在 t_{f} 的时间内，扫描电压的最大变化量。

（6）扫描速度 K。在扫描期 t_{f} 内，扫描电压的变化率，$K = \dfrac{\Delta u(t)}{\Delta t}$。

（7）非线性系数 ε。由于实际锯齿波电压不是理想的线性电压，即 $K = \Delta u(t)/\Delta t$ 不是常数，为此引出非线性系数的概念，以说明锯齿波电压线性的好坏。其定义为

$$\varepsilon = \frac{\left.\dfrac{\Delta u}{\Delta t}\right|_{t=0} - \left.\dfrac{\Delta u}{\Delta t}\right|_{t=t_{\mathrm{f}}}}{\left.\dfrac{\Delta u}{\Delta t}\right|_{t=0}} = \frac{K_0 - K_{\mathrm{f}}}{K_0} \tag{7.17}$$

即
$$\varepsilon = \frac{\text{起点的扫描速度} - \text{终点的扫描速度}}{\text{起点的扫描速度}}$$

显然，ε 越小，表明锯齿波电压的线性越好。理想化的扫描电压为 $K_0 = K_{\mathrm{f}}$，即 $\varepsilon = 0$。

（8）电源电压利用率。指锯齿波电压的幅度 U_{m} 与电源电压 E_{C} 之比，即

$$\eta = \frac{U_{\mathrm{m}}}{E_{\mathrm{C}}} \tag{7.18}$$

η 越大，说明电源电压的利用率越高。

2. 简单锯齿波电压发生器

简单锯齿波电压发生器电路如图 7.42（a）所示，实际上它就是一个以晶体管 V 作开关的 RC 积分电路，其原理图如图 7.42（b）所示。利用输入信号 u_{I} 控制开关的通断，来形成锯齿波电压。

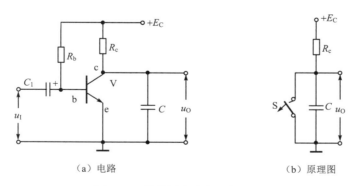

（a）电路　　　　　　　　　　　　（b）原理图

图 7.42　简单锯齿波电压发生器

（1）起始状态（$0 < t < t_1$）

平时，晶体管 V 处于饱和状态，相当于开关接通，$u_{\mathrm{B}} = U_{\mathrm{BES}}$，集电极上的电压（即输出电压）$u_{\mathrm{O}} = U_{\mathrm{CES}} \approx 0$。各点波形如图 7.43 所示。

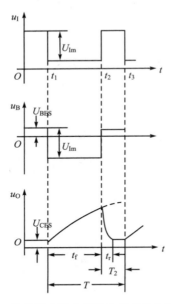

图 7.43　简单锯齿波电压发生器的输入输出波形

（2）扫描正程（$t_1 < t < t_2$）

此时，负极性脉冲到来。由于 C_1、R_b 和晶体管 V 的基射二极管组成顶部钳位器，使 $u_B < 0$，晶体管 V 截止，相当于开关断开。电源 E_C 通过 R_c 向 C 充电，输出电压 u_O 随时间的推移按指数规律上升。电容充电时间的长短，完全由 u_I 的负脉冲宽度 t_f 决定。若只取指数上升曲线的起始一小段（在 $R_c C \gg t_f$ 时），则可认为 u_O 近似直线上升，这就是锯齿波电压的工作期 t_f。

（3）休止期（$t > t_2$）

此时，负极性脉冲结束，晶体管 V 又处于导通状态，相当于开关闭合。电容 C 将通过导通管 V 放电，输出电压 u_O 将随着电容的放电而逐渐下降到 $u_O = U_{CES}$。由于晶体管导通时的内阻很小，所以放电很快结束，恢复期 t_r 很短，通常都能在休止期 T_2 内结束，保证了下一周期的稳定工作。

这样，当输入开关脉冲 u_I 周期性重复时，三极管周期性地截止和导通，控制了电容充电和放电，从而在输出端得到锯齿波电压。

在简单锯齿波电压发生器中，电源的利用率很低，非线性失真程度也很大。锯齿波电压的非线性主要是由于充电电流不是常数造成的。若要改善线性，根本的办法是设法使充电电流成为恒定值。

通常采取两种方法来提高锯齿波电压的线性：一是采用恒流网络来得到恒定的充电（或放电）电流，另一种方法是采用补偿（自举）的方法来稳定充电（或放电）电流。这里不再赘述。

7.8.3　锯齿波电流发生器

我们知道，加在电感线圈两端的电压 $u_L(t)$ 与流过电感线圈中的电流 i 的关系为

$$u_L(t) = -L\frac{\Delta i}{\Delta t} \qquad (7.19)$$

如果 i 与时间呈线性关系，即

$$i = \alpha_T t \quad (0 \leqslant t \leqslant t_f)$$

式中，α_T 为常数，此时，$\Delta i/\Delta t = \alpha_T$，故

$$u_L(t) = -\alpha_T L = 常数$$

这就是说，如果电感线圈中的电流要与时间呈线性关系变化的话，则其两端（在某一时间周期内）必须施加一个固定电压。

但是，实际的偏转线圈并不仅仅是一个纯电感 L，它还具有电阻（导线电阻）R_L，同时线圈彼此之间还有微小

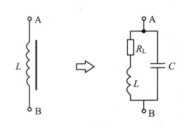

（a）偏转线圈　　　（b）等效电路

图 7.44　偏转线圈的等效电路

的分布电容 C，偏转线圈的等效电路如图 7.44（b）所示，因此，在线圈两端施加一个恒定电压，并不能保证在线圈中所流过的电流与时间呈线性关系，它必然发生畸变。

为减少波形畸变，在要求锯齿波电流的线性非常高的场合，必须采取各种补偿措施，这正是这一问题的难点所在。在对线性要求不太高的场合，可采用简单的锯齿波电流发生器电路（见图 7.45）。

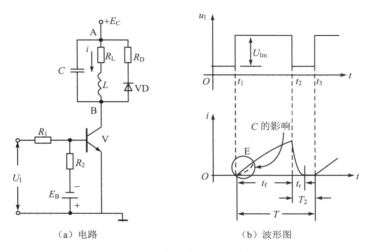

（a）电路　　　　　　　　　　　　　（b）波形图

图 7.45　最简单的锯齿波电流发生器

由图 7.45 可见，偏转线圈串联在晶体管 V 的集电极回路中，C 为线圈的分布电容，R_L 为线圈的电阻。二极管 VD 和限流电阻 R_D 组成保护回路，在扫描回程时，为线圈中所储存的电磁能提供一个泄放回路；对于扫描正程，二极管 VD 是截止的，对偏转线圈没有影响。

这里，晶体三极管 V 起开关作用，平时，当无外加信号，或外加信号处于低电平（如在 $0 \sim t_1$ 段或 $t_2 \sim t_3$ 段）时，由于基极反向偏压 E_B 的作用，使 V 可靠截止。当输入端加上一个足够大的正向脉冲时，晶体管 V 导通，施加在 AB 两点之间的电压为

$$U_{AB} = E_C - U_{CES} \approx E_C = 常数$$

式中，U_{CES} 为晶体管集-射极间的饱和压降。如果不考虑分布电容 C 的影响，则线圈中的电流 i 将以时间常数 $\tau = L/R_L$ 按指数规律从零慢慢增长，因为 R_L 值很小，故 $\tau = (L/R_L) \gg t_f$，所以该电流的增长是沿着一个时间常数很大的指数曲线的初始部分上升的，可以近似地看成一条直线。波形图如图 7.45（b）所示。

实际上，线圈的分布电容 C 总是存在的，它对锯齿波的起始部分的直线性影响较大，如图 7.45（b）所示 E 附近的区域。

当输入控制电压 u_1 为低电平时（$t_2 \sim t_3$ 段），晶体管 V 截止，此时，线圈中的电流 i 不能突变（突然消失），它要寻找出路。如果没有二极管 VD 和 R_D 的疏导回路，则当 V 突然截止时，在线圈 L 的两端必然会感应出相当高的尖峰电压，此电压足以把晶体三极管击穿。因此，二极管 VD 和限流电阻 R_D 是必不可少的。

7.9　脉冲功率放大器

前述的各种脉冲电路，在保持自身正常功能的前提下，能够提供给负载（R_L）的电流很

小，一般不超过几毫安至几十毫安。在电子技术中，有时需要用矩形脉冲信号去推动各种终端负载，如自动控制中的步进电机、继电器、电磁阀等。它们都需要有较大的电压、电流才能动作。在脉冲信号控制下，能够输出较大的脉冲电压、电流的电路，称为脉冲功率放大器。

按负载接入电路的方式不同，脉冲功率放大器可以分为两类：其一，负载直接接在功率放大器的输出回路，这又细分为集电极输出式和射极输出式两种；其二，负载接在脉冲输出变压器的次级，称其为变压器耦合的脉冲功率放大器。

7.9.1　集电极输出式电感负载脉冲功率放大器

脉冲功率放大器的负载多为电感性，这类负载的集电极输出脉冲功放的基本回路如图 7.46（a）所示。图中驱动信号 u_I 来自前级有关电路。整个功放由三级构成：第一级用反相器作为小功率放大级，第二级用射极跟随器作为中功率放大级，第三级是末级，V 为大功率放大管。各点波形如图 7.46（b）所示。

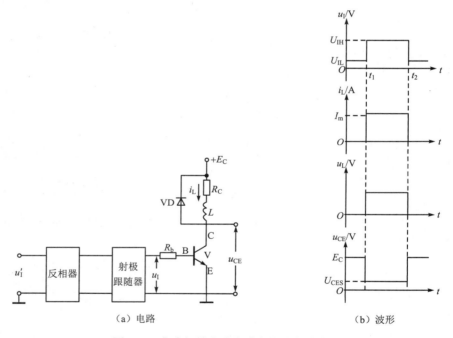

（a）电路　　　　　　　　　　　　　　（b）波形

图 7.46　集电极输出式电感负载功率放大器

设末级驱动信号 u_I 为矩形波。在理想情况下，u_I 为低电平时，晶体管 V 截止，$i_L = 0$，$u_L = 0$，$u_{CE} = E_C$。当 u_I 由低电平跳变为高电平时，晶体管导通并达到饱和，$u_{CE} = U_{CES} \approx 0$，负载电流 $i_L = I_m$，L、R_c 两端电压为 $u_L = E_C - U_{CES} \approx E_C$。当 u_I 由高电平跳变为低电平时，晶体管 V 截止，i_L、u_L、u_{CE} 重复前面的变化。

 注意

跨接在线圈 L 两端的二极管 VD 起保护作用，当晶体管 V 突然截止时，流过 L 的电流 i_L 不能突然消失，通过 VD 可以为 i_L 提供一条通路。换言之，二极管可以为在 V 导通时储存在线圈中的能量，在 V 截止时提供一个泄放通路。如无二极管 VD，则当 V 截止时，由于 i_L 的突变所产生的感应电压（尖峰电压）容易击穿晶体管。

7.9.2 射极输出式电感负载脉冲功率放大器

集电极输出式电感脉冲功放的输出电阻大，适用于负载阻抗较大的场合；当负载阻抗很小时，为获得较大的输出功率，要求功放电路的输出电阻也应该很小，这时宜采用射极输出式脉冲功率放大器，其基本电路如图 7.47 所示。

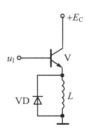

图 7.47 射极输出式电感负载功率放大器

 小知识

脉冲电子技术的意义

脉冲电子技术（Pulse Electronics）是研究脉冲的产生、变换、放大、控制、传输及测量等的电子学学科。脉冲电子技术的发展早期与原子核物理学的研究紧密相关。在 19 世纪末到 20 世纪初，物理学家对原子结构，特别是原子核内部结构的了解日益加深，发现了原子核的放射性现象，即：某些重原子（如铀、镭等元素）能自发地发出某种人眼看不见的射线，该射线能使照相底片感光。这些射线后来经进一步的深入研究，被命名为 α-射线（实际为氦原子核，即含两个质子和两个中子）、β-射线（实际为电子）和 γ-射线（实际为波长比 X 射线还短的强电磁辐射）。为了对这些射线进行更深入的定量研究，迫切需要对它们所引起的极微弱的电脉冲信号进行放大、整形（波形变换）及计数，因此刺激了脉冲放大、整形、计数等电子电路的发展。这些，应当被看作脉冲电子技术的发端。

无线电收音机（早期是电子管收音机）的发明，使人们可以在家里收到远在天涯的信号，实现了"顺风耳"。于是人们就"异想天开"地想，如果能够看到远方的影像那该多好！那就实现了"千里眼"。传真解决了用电话线路远程传送静止图片的问题，电影解决了用胶片记录活动图像的任务。经过许多国家众多学者的研究，终于想出了远距离传送活动图像的基本原理：① 将活动图像分解为一幅幅静止、连贯的图像（像电影一样，每秒钟 18 ～ 25 幅）；② 再将每一幅图像分解为若干行（中国电视标准为每帧（即每幅）625 行，又将其"一分为二"：奇数行形成"奇数场"，偶数行形成"偶数场"）；③ 每行又分隔成许多点——像素。这样一来，活动图像的传输就归结为依次传送一点一点的图像信号——视频信号（Video）了。对视频信号的发送和接收与传统的音频（Audio）信号是完全不同的。于是大大地刺激了相关的脉冲电子技术（如扫描、同步、脉冲放大、调制及检波等）的发展。

20 世纪 30～40 年代，雷达的发明也归功于脉冲电子学。众所周知，最简单的雷达是用来测距的，即向被探测目标发出周期性的短脉冲（经过超高频调制），当该短脉冲被目标反射回来之后，经过雷达接收机的接收和相应的信号处理，测出脉冲往返于发射点和目标之间的时间差 Δt，被 2 除之后再乘以光速 C（C=299 793 km/s $\approx$ 300 000 km/s），即可得出目标距发射点的距离 S（$S=\dfrac{1}{2}\Delta t \cdot C$）。这里面也包含了许多脉冲电子学的课题。目前的雷达已非当初的简单测距，而是包括了测量目标的更多信息：距离、方位、移动速度，甚至于目标的形状等参数，这就反过来更加促进了脉冲电子学的发展。

1946 年，世界上第一台电子数字计算机 ENIAC 的发明更是大量采用了脉冲和数字逻辑电路的结果。数字计算机中的各种门电路是一种特殊的脉冲电路，它应用了数理逻辑的基本原理；计算机中的重要部件——储存器、计数器等，均大量采用双稳态触发器，而触发器本来并不是为计算机专门发明的，早期是用来构成电子计数器来测量和记录原子核所发生的放射性粒子强度的。由于电子数字计算机中大量采用各种类型的逻辑门电路（如"与""或""非"门等，详见第8章）和各种类型的触发器（如RS触发器、D触发器、JK触发器等，详见第10章）及其他数字逻辑部件，反过来也大大促进了脉冲电子技术的飞速发展，于是形成了一门叫作"脉冲数字电子技术"的学科。

此外，在自动控制、精密测量、遥测遥控、移动通信、高能物理、激光技术、导航等现代科技中，脉冲电子学均具有极其重要的意义。

 本章要点

1. 计算机主要由脉冲数字电路构成。

处理数字信号的电路称为数字电路，它是实现逻辑功能和进行各种数字运算的电路。脉冲电路则是用来产生、变换、放大、传输、控制及测量脉冲信号的电路。通常把这两种电路合称为脉冲数字电路。

2. 在脉冲数字电路中，晶体管一般是在大信号作用条件下来运用的。晶体三极管有三个工作区：截止区、放大区、饱和区。在大信号条件下运用时，晶体管常在截止区和饱和区之间快速转换；至于放大区，只是作为这两个区域之间的过渡带。

3. 二极管正向导通时，相当于开关接通；反向截止时，相当于开关断开。三极管工作在饱和状态时，相当于开关接通；工作在截止状态时，相当于开关断开。

不论是二极管和三极管，都不是理想的开关，而是一个实际的开关，因此其状态转换是需要时间的。

4. 场效应晶体管是一种重要的开关器件，在数字电路中常用N沟道增强型MOS FET。它的稳态和瞬态开关特性既有与双极型三极管相同之处，又有不同之处，要注意二者的差别。

5. 脉冲电路中常用的RC电路有微分电路、积分电路、耦合电路和脉冲分压器。它们各有其工作条件和特点。

6. 限幅器可分为串联限幅和并联限幅器，都是用二极管VD和电阻R构成一个分压器，并利用二极管的单向导电性来实现的。二极管的接法决定了电路是上限幅器还是下限幅器。串接的直流电源E决定了限幅电平。

7. 钳位电路利用了二极管的单向导电性，使得电容的充电回路电阻和放电回路电阻相差很大，把信号钳位在一个固定电平上。二极管的接法决定是顶部钳位还是底部钳位，直流电源决定钳位电平。

8. 晶体三极管反相器是最基本的脉冲数字电路之一，它工作在开关状态，输出波形与输入波形反相。为了改善其工作状态，提高开关速度，基极电阻上加了加速电容，集电极加了钳位二极管。

MOS FET也可构成反相器，它是集成电路中基本单元电路之一。

9. 脉冲发生器是用来产生脉冲波形的，主要是矩形波。自激多谐振荡器常用集成电路构成，它不需要外加触发信号，便能连续、周期性地产生矩形脉冲序列。常用的脉冲发生器是带有RC电路的环形振荡器和555时基集成电路。

10. 锯齿波电压发生器是利用电容的充放电来产生锯齿波电压的。在简单电路中，由于充电电流不恒定，波形的非线性失真较大。

锯齿波电流发生器也有重要的应用。

11. 集电极输出式电感负载脉冲功率放大器（功放）的输出电阻大，适用于负载阻抗较大的场合；射极输出式电感负载脉冲功放的输出电阻小，宜配接阻抗小的电感负载。

思考与习题

（一）自我测验题

将 A 列中的每个表述与 B 列中的最相关的意义或表述适配起来（注意：A 列中的某些项可能有不止一个答案）。

A 列

1. 在脉冲数字电路中，晶体管一般是在

2. 在大信号作用条件下工作时，晶体管有三个工作区，它们是：

3. 二极管正向导通时，相当于

4. 二极管反向截止时，相当于

5. 三极管工作在饱和状态时，相当于

6. 三极管工作在截止状态时，相当于

7. 脉冲电路是用来

8. 数字电路是用来

9. 反相器的基本功能是将输入信号

10. 在 RC 电路中，电容 C 的充、放电电流服从

11. 在 RC 电路中，充、放电的速度取决于

12. 微分电路的条件是

13. 积分电路的条件是

14. 二极管串联限幅和并联限幅均是利用

15. 钳位电路是利用了

16. 自激多谐振荡器

17. 为了产生较理想的线性变化的电压，必须使

18. 脉冲分压器的最佳补偿条件是

19. 晶体三极管的开启时间 t_{on} 包括

20. 晶体三极管的关闭时间 t_{off} 包括

21. MOS FET 的开启时间包括

22. MOS FET 的关闭时间包括

B 列

a. 截止区、放大器和饱和区

b. 开关接通

c. 开关断开

d. 反相

e. 大信号作用条件下来运用的

f. 产生、变换和放大脉冲波形的电路

g. 实现逻辑功能和进行各种数字运算的电路

h. 指数规律

i. 电路的时间常数 $\tau = RC$

j. $\tau = RC \ll t_{w}$（脉宽）

k. $\tau = RC \gg t_{w}$（脉宽）

l. 二极管的单向导电性

m. 二极管 VD 和电阻 R 构成一个分压器

n. 电容的充电电阻和放电电阻相差很大

o. 电容的储能作用

p. 不需要外加触发信号，能连续、周期性地产生矩形脉冲序列

q. 给电容充电的电流 I_O 为常数

r. $R_1 C_1 = R_2 C_2$

s. 延迟时间 t_d 和上升时间 t_r 之和

t. 存储时间 t_s 和下降时间 t_f 之和

u. 下降时间 t_f

（二）判断题（答案仅需给出"是"或"否"）

1. 脉冲是指在短促时间内，电压或电流发生突然变化的信号。

2. 数字电路是实现各种逻辑运算和数字运算的电路。

3. 在脉冲数字电路中，晶体管工作在放大状态。

4. 数字电路对电路精度的要求比模拟电路高。

5. 数字电路与模拟电路相比，其抗干扰能力强、功耗低、速度快。

6. 1 微秒等于百万分之一秒。

7. 1 纳秒等于十亿分之一秒。

8. 理想矩形脉冲的参数有三个：幅度、脉冲宽度和重复周期。

9. 脉冲空度系数 Q 等于脉冲宽度 t_w 和脉冲重复周期 T 之比。

10. 对于实际的晶体二极管，当加上正向电压时它立即导通，当加上反向电压时，它立即截止。

11. 在 RC 串联电路中，电路中的过渡过程一般认为经过（3～5）τ （$\tau = RC$）后就算结束了。

12. 方波的脉冲空度系数 $Q = 3$ 。

13. 在脉冲电路中，晶体三极管大多用共基极连接方式。

14. 在脉冲和数字电路中，MOS FET 大多用共源极接地方式。

15. 当晶体三极管工作在饱和区时，基极电流 i_B 的变化会引起集电极电流 i_C 的变化。

16. 在晶体三极管的共射极输出伏安特性中，集电极负载电阻 $R_c = 0$ 时的负载线，是通过横轴上 $U_{CE} = E_C$ 的一条垂直线。

（三）综合题

1. 电路如图 7.48 所示，试判断电路中各二极管的通断情况及 A 点对地电压（设二极管均为硅管，其正向导通电压为 0.7V）。

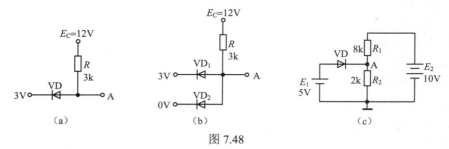

图 7.48

2. 电路如图 7.49 所示，试判断各三极管的工作状态。

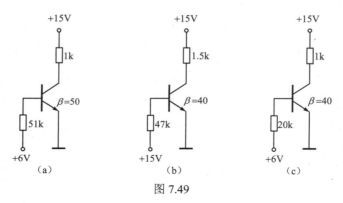

图 7.49

3. RC 电路参数如图 7.50 所示，当 $t = 0$，开关 S 闭合。已知 $u_C(0) = 0$，试求：

（1）电路的时间常数 τ 。

（2）$u_C(t)$ 的变化规律，并画出波形图。

（3）$i_C(t)$ 的变化规律，并画出波形图。

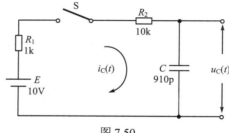

图 7.50

4. RC 电路如图 7.51（a）所示，输入波形如图 7.51（b）所示，$RC = 0.1t_w$，试画出电路的输出波形 $u_O(t)$，并说明电路的性质。

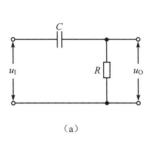

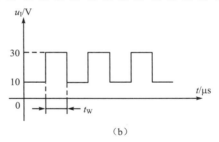

（a）

（b）

图 7.51

5. 图 7.52（a）所示为图（b）、（c）、（d）电路的输入信号，其周期 $T = 30\mu s$，脉宽 $t_w = 10\mu s$，试指出图（b）、（c）、（d）各是什么电路。

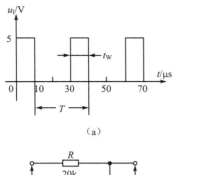

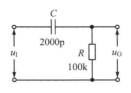

（a）

（b）

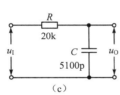

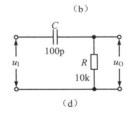

（c）

（d）

图 7.52

6. 某 RC 积分电路和输入信号 $u_1(t)$ 的波形如图 7.53 所示，试画出该积分电路输出电压 $u_O(t)$ 的波形。

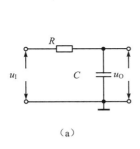

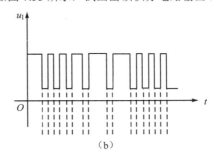

（a）

（b）

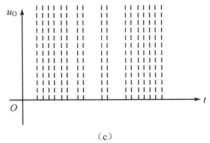

（c）

图 7.53

7. 电路如图 7.54（a）所示，输入信号 u_I 如图 7.54（b）所示，试画出 u_O 的波形。

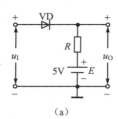 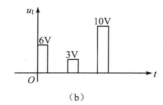

（a）　　　　　　　　　　（b）

图 7.54

8. 电路如图 7.55（a）所示，输入信号 u_I 如图 7.55（b）所示，试画出 u_O 的波形。

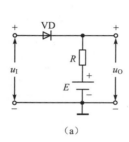 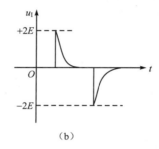

（a）　　　　　　　　　　（b）

图 7.55

9. 电路如图 7.56（a）所示，输入电压如图 7.56（b）所示，试画出 u_O 的波形。

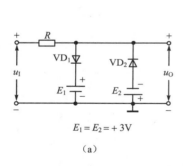 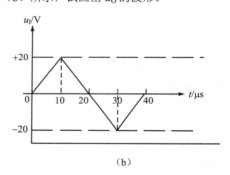

（a）　　　　　　　　　　（b）

图 7.56

7.10　实验

7.10.1　三极管的开关特性

【实验目的】

1．掌握晶体三极管的开关特性。

2．掌握反相器输入、输出波形的相位关系。

【实验原理】

晶体三极管的开关特性和反相器的工作原理见教材有关章节。

【实验器具】

万用表、示波器、脉冲信号发生器、稳压电源、三极管（3DG6）、电阻若干（阻值见图）。

【实验内容和方法】

1．如图 7.57 连线，在输入端分别加入直流电压 0V、5V，用万用表测量输出电压，并填入表 7.4 中。

2．从脉冲信号发生器引出频率为 1kHz、幅度约为 3V 的矩形波，加入图 7.57（反相器）的输入端，然后用示波器观察比较输入和输出波形。用方格纸记录波形。

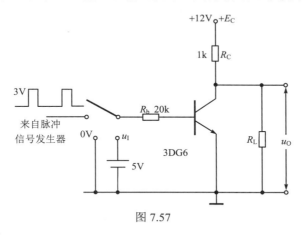

图 7.57

【实验报告要求】

1．画好实验线路图。

2．填写表 7.4。说明晶体三极管偏置的变化如何影响其开关状态。

表 7.4

输入电压 U_I	输出电压 U_O	晶体管的开关状态
0V		
5V		

3．画好波形，比较反相器输入输出的相位和幅度。

7.10.2　脉冲单元电路研究

【实验目的】

1．熟悉 TTL 与非门多谐振荡器的基本原理和功能。

2．掌握积分电路、微分电路的功能和波形变化。

3．掌握限幅电路的原理和功能。

【实验原理】

带 RC 延时电路的环形多谐振荡器如图 7.58 所示。它利用与非门的延迟时间产生自激振荡。R_1、R_2、C 起延时、调节振荡频率的作用。

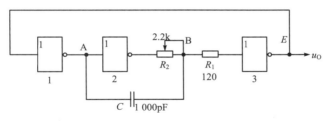

图 7.58

积分电路和微分电路如图 7.59 所示。它们都是利用电容的充放电原理进行波形变换的。

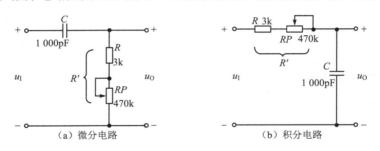

图 7.59

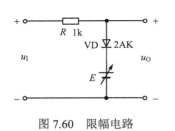

图 7.60　限幅电路

限幅电路如图 7.60 所示。电路利用二极管的单向导电性削去一部分波形。

上述电路的具体原理参见本章有关内容。

【实验器具】

数字电路实验箱、双踪示波器、电阻、电容若干（数值见电路图），TTL 与非门 74LS00 或反相器 74LS04（如图 7.61 所示），2.2kΩ、470kΩ 电位器各一个，2AK 二极管一只，可调直流电源（3～6V）一个。

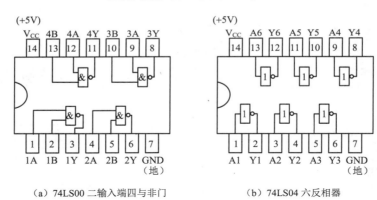

（a）74LS00 二输入端四与非门　　　（b）74LS04 六反相器

图 7.61　74LS00 及 74LS04 集成电路管脚图（顶视图）

【实验内容和方法】

1．在面板上不同的位置分别按图 7.58、图 7.59、图 7.60 接好多谐振荡器、微分电路和限幅电路。

2．给多谐振荡器通电，用示波器观察 A、B、E 各点的波形。调节 R_2，观察输出波形的变化，自己画表格记下不同 R_2 值下的脉宽 t_w 和振荡周期，在方格纸上绘出波形。

3．把微分电路中的电位器 RP 调到中间的位置，将 $f = 50\text{kHz}$，$t_w = 10\mu s$，$U_m = 3\text{V}$ 的矩形脉冲加到电路的输入端，然后用双踪示波器同时观察输入、输出波形。调整 RP，观察输出波形的变化。用方格纸记录 RP 不同时输出的不同波形。

4．调节 RP，使微分电路输出尖脉冲波。把该尖脉冲波作为限幅电路的输入信号加在限幅电路的输入端，用示波器观察限幅电路输入端的尖脉冲信号和输出信号波形。

调节可调直流电源的值，观察输出波形的变化。用方格纸记录直流电源取不同值时，限幅电路不同的输出波形。

5．把多谐振荡器输出的矩形波作为微分电路的输入信号，用示波器观察微分电路的输出波形，用方格纸记录观察结果。

6．把微分电路改接成图 7.59（b）所示的积分电路。将 RP 调到中间位置，输入脉冲信号（ $f = 50\text{kHz}$ ， $t_\text{w} = 10\mu\text{s}$ ， $U_\text{m} = 3\text{V}$ ），用示波器观察输入、输出波形。

调节 RP ，观察输出波形的变化，并用方格纸记录下来。

【实验报告要求】

1．画好实验线路。

2．整理实验波形，讨论波形变化的原因。

3．已知图 7.58 所示的多谐振荡器的振荡周期为 $T \approx 2.2R_2C$ ，脉宽 $t_\text{w} \approx 0.93R_2C$ ，试讨论实验内容 5 的实验结果；并说明此时微分电路相当于什么电路。

第 8 章　逻辑代数及逻辑门

数字电路是构成计算机各大部件（中央处理器 CPU、主存储器 RAM 及各种外围接口芯片等）的主要组成电路。理论和实践均表明，不管计算机系统（或其他的数字系统）是多么复杂，它们均可以用有限的几种基本数字逻辑单元电路（如"与"门、"或"门、"非"门、"与非"门等）组成。为了理解如何能用这几种基本的逻辑单元电路组成复杂的数字系统的各种部件，必须要有一种简洁、有效的数学工具，这就是著名的逻辑代数。逻辑代数是一种学习数字电路所必需的、最基本的数学工具。本章将介绍逻辑代数的基本概念、公式、定理以及逻辑函数的化简法，同时还将介绍集成逻辑门电路的一些基础知识。掌握本章的知识，对于学习和理解后面两章（第 9 章组合逻辑电路和第 10 章时序逻辑电路）的内容，具有极其重要的意义。

8.1　概述

8.1.1　逻辑代数的基本概念

逻辑代数是英国数学家乔治·布尔（Geroge Boole）于 1847 年首先提出来的，所以又称布尔代数。逻辑代数是用来描述逻辑关系、反映逻辑变量运算规律的数学。

所谓"逻辑"，是指事物的因果之间所遵循的规律，即指"条件"对"结果"的关系，这种因果关系称为逻辑关系。逻辑代数正是反映这种逻辑关系的数学工具。在逻辑代数中最基本的逻辑关系有三种，即"与"逻辑、"或"逻辑和"非"逻辑，相应地也有三种基本的逻辑运算："与"运算、"或"运算和"非"运算。

逻辑代数属于数学范畴，与普通代数有类似之处，但也有区别。与普通代数一样，逻辑代数也用文字 A、B、C…X、Y、Z 等来表示变量，其逻辑关系也可表示为 $Y=f(A、B、C…)$，在逻辑代数中称之为逻辑函数式或逻辑表达式。在普通代数中，变量可以取任意数值；而在逻辑代数中，其变量取值只有"0"和"1"。我们把这种仅具有"0"和"1"的二值变量称为逻辑变量，因此逻辑代数是二值代数。值得强调的是，"0"和"1"不是表示数值的大小，而是代表逻辑变量的两种相互对立的逻辑状态。例如事物的真和假、是和非、好与坏，信号的有无，电位的高低，开关的通断，灯泡的亮灭等。换句话说，逻辑变量的数值不是数量概念，而是表示一个问题的两种可能性。至于在某个问题上的"0"和"1"究竟有什么含义，要随研究对象的不同而定。

既然逻辑代数只用"0"和"1"来表示两个相反的量，那么"0"和"1"的组合即形成二进制数码。在计算机中，二进制数码用来表示数字、符号、指令及各种运算结果，因此，二进制数码也就成为计算机所固有的信息了。二进制与十进制的互换表如表 8.1 所示。

表 8.1　十进制与二进制对照表

十进制	0	1	2	3	4	5	6	7	8	9
二进制	0000	0001	0010	0011	0100	0101	0110	0111	1000	1001

8.1.2　逻辑电路与逻辑代数的关系

所谓逻辑电路是指输入量和输出量之间具有一定逻辑关系的电路。通常逻辑电路的输入量、输出量都是用脉冲信号的有无、电位的高低来表示的。为描述这种相互对立的逻辑关系，可以用逻辑代数中的二值变量来表示，例如，如果将有脉冲信号、高电位的逻辑状态用 "1" 表示，那么，无脉冲信号、低电位的逻辑状态就可用 "0" 表示。即用逻辑代数中的 "0" 和 "1" 来描述逻辑电路中的两种逻辑状态。在计算机内，大部分电路是由逻辑电路组成的，并以 "0" "1" 的各种状态组成二进制代码。

在逻辑代数中有三种基本逻辑关系和基本运算，相应地，在逻辑电路中，也有三种基本门电路与之相对应，它们分别是 "与" 门电路、"或" 门电路和 "非" 门电路。

8.1.3　门电路简介

逻辑门电路是用来实现基本逻辑关系的电路，它在数字系统、计算机、自动控制系统中有广泛的应用，是组成数字电路的最基本的单元电路。

从历史上看，逻辑门电路先是由分立元器件（如晶体二极管、晶体三极管、电阻、电容等）构成的。从 20 世纪 60 年代以来，由于半导体器件制造工艺的飞速发展，可以把晶体管和电阻等与电路接线集成在一块半导体材料基片（主要是硅材料）上，这便构成了集成电路（Integrated Circuits，IC）。集成电路的应用，使数字电路的体积大大缩小，功耗大大降低，速度和可靠性也显著提高。现在，可以毫无例外地说，各种数字电路都广泛采用集成电路。集成电路按其集成度（所谓 "集成度"，是指在一个半导体芯片上所能制作的元器件/基本逻辑门的数量）可以划分为：

小规模 IC（SSI）　　　　　　　　1 ～ 10 个逻辑门
中规模 IC（MSI）　　　　　　　　10 ～ 100 个逻辑门
大规模 IC（LSI）　　　　　　　　100 ～ 10000 个逻辑门
超大规模 IC（VLSI）　　　　　　10000 个逻辑门以上

在本书所涉及的 IC 中，基本上均属于 SSI 和 MSI。

IC 还可以按其制造技术加以分类，常见的 IC 类型有以下几种。

1．双极型器件

➢ DTL（二极管-晶体管逻辑）（已不用）

➢ TTL（晶体管-晶体管逻辑）（广泛使用）

➢ I^2L（集成注入逻辑）（较少使用）

➢ ECL（发射极耦合逻辑）（超高速电路）

2．MOS（金属氧化物半导体）型器件

➢ PMOS（P 沟道 MOS）逻辑（较少使用）

➢ NMOS（N 沟道 MOS）逻辑（广泛使用）

➢ CMOS（互补型 MOS）逻辑（由于功耗非常低，所以日益广泛使用）

集成电路中，TTL 是 SSI 和 MSI 中最常用的逻辑系列；LSI 和 VLSI 器件主要用于 MOS 技术制造。

目前，最流行和最常用的 TTL 器件是 5400/7400 系列。7400 系列为民用产品，而 5400 系列为军用产品。二者的主要差别是使用温度范围。7400 系列的使用温度范围为 0 ～ 70℃，而 5400 系列的使用温度范围为–55～125℃。TTL 器件分类表如表 8.2 所示。其中后三种是前五种器件的改进型。

表 8.2　TTL 器件分类表

分　类	前　缀	举　例
标准（普通）TTL	74-	7402，74154
高速（高功耗）TTL	74H-	74H02，74H154
低功耗 TTL	74L-	74L02，74L154
肖特基（超高速）TTL	74S-	74S02，74S154
低功耗肖特基（超高速）TTL	74LS-	74LS02，74LS154
先进肖特基 TTL	74AS-	74AS02，74AS154
先进低功耗肖特基 TTL	74ALS-	74ALS02，74ALS154
超高速 TTL	74F-	74F02，74F154

以上 TTL 产品，只要后面的序号相同，则其逻辑功能完全相同。目前在工程实践中，最常用的 TTL 型号为低功率肖特基（74LS-）型，它价廉物美，使用方便，目前已有近千个品种。只要给出型号，在有关 IC 手册中就可以查到它的引脚图和有关参数。而且，不管是哪个厂家的产品，只要是 74-（或 54-）系列的产品，均必须符合公认的手册中所列出的规范（即事实上的标准）。

近年来，由于微电子技术的发展、MOS 工艺的进步，出现了 74 系列高速 CMOS 电路——74HC 系列。74 系列高速 CMOS 电路的逻辑功能与外引脚排列与相应的 74LS 系列品种完全相同，工作速度也相当，而功耗却大大降低了。

一个 TTL 数字系统可以全部用 HC 类 CMOS 电路代替，如果部分电路用 HC 类 CMOS 电路取代，则需注意电平匹配问题。

关于数字集成电路的使用常识，请参阅 8.9 节。

小词典

肖特基 （Walter Schottky,1886—1976）

　　法国物理学家。生于瑞士的苏黎世。在柏林大学获得工程、技术和自然研究博士学位。1919 年发明了真空四极管，这是世界上第一个多栅极真空管。1935 年他注意到通过将一个离子从晶体内部转移到表面，可以产生一个晶格空位。这样的晶格空位现在被称作"肖特基缺陷"。1940 年他提出了一个理论，认为金属和半导体相接触的整流作用与接触面的阻挡层有关。随后，金属半导体二极管（所谓的肖特基势垒二极管）被制造出来了。1941 年发现将一强电场作用在金属表面时会增强热金属的电子发射。这个效应现在被称作"肖特基效应"，又称"散粒效应"，是高倍放大电路中背景噪声的一个重要来源。

　　在半导体物理和技术中，有许多效应和器件与肖特基的名字有关，如：肖特基二极管、肖特基效应、肖特基发射极型晶体管、肖特基噪声等。

布尔 (George Boole, 1815—1864)

英国数学家、逻辑学家。生于林肯，卒于科克。少年自学数学。1831 年开始做教师以维持生计，同时钻研牛顿及拉各朗日的著作。1835 年发表第一篇论文，1849 年被任命为爱尔兰科克女王学院数学教授。1857 年被任命为英国皇家学会会员。他是不变式论的创造者。在 1841 年、1843 年的论文中研究二元二次型在线性变换下的不变式，但他的名声则来自数理逻辑的研究。1847 年出版《逻辑的数学分析》，提出把逻辑转变成符号演算的体系，从而建立一种新的代数，具有新的运算规则，特别是幂等律。1854 年出版《思维规律的研究》，更进一步提出符号的函数观念，函数可取值 0 或 1，从而使古典逻辑建立在严密的基础上，这直接导致后来布尔代数的产生。书中还分析了概率论。他还编有《微分方程》(1859) 和《有限差分法》(1860) 两本教科书，其中大量使用微分算子 D 并引进新算子 π 及 ρ，用它们来解某些类型的线性差分方程，大大增加了算子演算的威力。

计算机的发明和飞速进展，使得数字电子技术，特别是数字逻辑电路获得了空前的发展和进步。这样，布尔代数自然而然地就成为描述数字逻辑电路的理想工具。可以毫不夸张地说，目前，在任何一本讲述数字逻辑电路的书中，都必然地要提到英国数学家布尔的大名和他所发明的布尔代数。十分有趣的是，19 世纪的一门数学理论，在一百多年之后的20 世纪的一项对该世纪及以后人类文明的发展有着深远影响的发明——计算机中，竟然得到了极其重要的、不可替代的应用，这肯定是乔治·布尔先生当年绝对没想到的。

8.2 基本逻辑运算和逻辑门

在逻辑代数中，基本运算有三种："与"运算、"或"运算和"非"运算，任何其他复杂的运算皆可归结为这三种基本运算。与此相对应，也有三种逻辑门电路。所谓门电路，乃是一种开关电路，它按一定条件进行开和关，从而控制着信号的通过或不通过。在计算机中，这些电路是在一定条件下、按一定规律进行工作的。逻辑门所具有的功能称为逻辑功能，基本逻辑门有"与"门、"或"门和"非"门。理论研究和工程实践均已表明，任何复杂的数字系统（计算机系统也不例外），均可以用这三种基本门电路构成，这叫做逻辑电路的"完备性"。如果这三种门中缺少了一种，则这种"完备性"就被破坏了。

8.2.1 "与"运算和"与"门电路

1."与"逻辑运算

"与"是和的意思。图 8.1 所示为两个开关 A、B 串联控制一盏灯 Y 的电路。很明显，只有当开关 A 与 B 全都接通时，灯 Y 才亮；只要有一个或一个以上的开关断开，该灯就灭。上述开关状态和灯亮、灯灭之间的逻辑关系如表 8.3 所示，即只有当决定某一种结果的所有条件全部具备时，该结果才能发生，这种逻辑关系称做"与"逻辑。

如果用逻辑代数来描述这种电路的工作特点，就能在灯与开关之间建立起相应的逻辑函数关系。此时，开关 A、B 的状态为条件（输入信号），灯 Y 的状态为结果（输出信号），

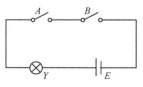

图 8.1　"与"逻辑举例

设开关接通为"1"状态，断开为"0"状态；灯亮为"1"状态，灯灭为"0"状态，则可列出表 8.4。这种用"1"和"0"表示输出状态和输入状态之间的逻辑关系的表格，称为"真值表"。

表 8.3 "与"逻辑关系表

条　件		结　果
A　B		Y
断　断		灭
断　通		灭
通　断		灭
通　通		亮

表 8.4 "与"逻辑真值表

输　入		输　出
A	B	Y
0	0	0
0	1	0
1	0	0
1	1	1

在真值表中，左栏为输入变量的各种可能的取值组合（一般按二进制计数顺序排列），右栏为其对应的输出状态。由该真值表可以看出，只有 $A=B=1$ 时，$Y=1$，否则 $Y=0$，这就是"与"逻辑功能，可用下式表示：

$$Y = A \cdot B \qquad \text{或者} \qquad Y = AB$$

式中，符号"·"读作"与"（不读作"乘"），有时"·"可以省略，但 A 和 B 之间的逻辑关系仍表示"与"的关系。从逻辑运算的结果看，"与"运算和普通代数中的乘法运算规则是一致的，因此"与"逻辑有时又称做逻辑"乘"。

2. "与"门电路

能实现"与"逻辑功能的电路称为"与"门电路，其逻辑符号如图 8.2 所示。"与"门的输入端可以不只两个，但一般常用的"与"门，其输入端不超过八个，其输出端只有一个。

74 系列的"与"门有多种型号，例如 74LS08（四 2 输入"与"门）（见图 8.3）和 74LS11（三 3 输入"与"门）（见图 8.4）等。

图 8.2　"与"门逻辑符号

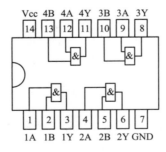

图 8.3　74LS08 引脚图

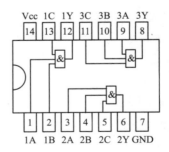

图 8.4　74LS11 引脚图

8.2.2 "或"运算和"或"门电路

1. "或"逻辑运算

这里，"或"是或者的意思。图 8.5 所示为两个开关 A、B 并联然后与灯 Y 及电源 E 串联的电路。很明显，只要开关 A 和 B 中任何一个接通，或者两个都接通时，灯 Y 就亮；只有当两个开关都断开时，灯才灭。一般地，只要在决定某一种结果的各种条件中，有一个或一个以上的条件具备时，该结果就会发生，则这种逻辑关系称为"或"逻辑。其真值表如表 8.5 所示。

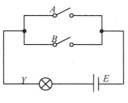

图 8.5　"或"逻辑举例

表8.5　"或"逻辑真值表

输　　入		输　　出
A	B	Y
0	0	0
0	1	1
1	0	1
1	1	1

由该真值表可见，输入变量中只要有一个为1，结果$Y=1$；只有$A=B=0$时，$Y=0$。这就是"或"的功能，其表达式为：

$$Y = A + B$$

式中，符号"＋"读作"或"而不读做"加"，但从形式上看，它和普通代数中的加法式子是一致的，因此，有时也称为逻辑"加"。

2."或"门电路

能实现"或"逻辑功能的电路称为"或"门电路，其逻辑符号如图 8.6 所示。同样地，"或"门的输入端可以不只两个，但一般不超过八个，其输出端只有一个。

74 系列的"或"门有多种型号，例如 74LS32（四 2 输入"或"门），其引脚图如图 8.7 所示。

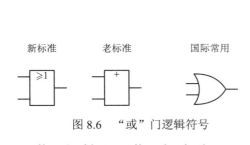

新标准　　　老标准　　　国际常用

图 8.6　"或"门逻辑符号　　　　图 8.7　74LS32 引脚图

8.2.3　"非"运算和"非"门电路

1."非"逻辑运算

"非"是否定的意思。如图 8.8 所示，开关 A 与灯 Y 并联后接到电路中。很显然，当开关 A 接通时，灯不亮；而当开关 A 断开时，则灯亮。上述开关状态与灯亮、灯灭之间的关系用真值表来描述时，如表 8.6 所示。即在任何事物中，如果结果是其条件的逻辑否定，则这种特定的因果关系称为"非"逻辑。

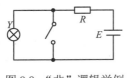

图 8.8 "非"逻辑举例

表 8.6 "非"逻辑真值表

输　　入	输　　出
A	Y
0	1
1	0

从真值表中可以看出，当 $A=1$ 时，$Y=0$；当 $A=0$ 时，$Y=1$。这就是"非"逻辑功能，其逻辑式为：

$$Y = \overline{A}$$

式中，符号"—"读做"非"，$\overline{A}$ 读做 A 非。

2. "非"门电路

能实现"非"逻辑功能的电路称为"非"门电路。由于"非"门的输出和输入信号电压相位相反，所以"非"门常被称做反相器。一般"非"门只有一个输入端和一个输出端，其逻辑符号如图 8.9 所示。

74 系列的"非"门型号有多种，常用的芯片是 74LS04（六反相器），其引脚图如图 8.10 所示。

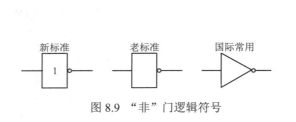

图 8.9 "非"门逻辑符号

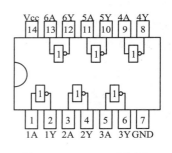

图 8.10 74LS04 引脚图

8.3 复合逻辑运算和复合逻辑门

将上述三种基本逻辑运算进行适当的组合，就构成复合逻辑运算，常用的有"与非""或非""与或非""异或"和"同或"，相应地也有"与非"门、"或非"门、"与或非"门、"异或"门和"同或"门。本节将介绍它们的逻辑符号、逻辑功能、逻辑表达式及一些常用的集成电路芯片型号。

8.3.1 "与非"逻辑运算和"与非"门

1. "与非"逻辑运算

将"与"运算与"非"运算相结合，就构成"与非"逻辑运算。这里的"与非"是指先"与"后"非"。例如，如果 $P = A \cdot B$，$Y = \overline{P}$，则可记为：

$$Y = \overline{A \cdot B} \quad 或 \quad Y = \overline{AB}$$

"与非"逻辑运算的真值表：只要把表 8.4 的"与"逻辑真值表中的输出栏中的 Y 取"非"即可。"与非"逻辑运算的输入变量不限于两个。

2. "与非"门电路

将一个"与"门和一个"非"门组合做在一块芯片上，就构成了"与非"门。其逻辑图及逻辑符号如图 8.11 所示。所谓逻辑图是指由各种门的逻辑符号组成的电路图。

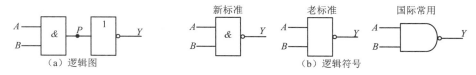

图 8.11 "与非"门

74 系列的"与非"产品型号有多种，例如 74LS00（四 2 输入"与非"门）芯片，74LS30（8 输入"与非"门）芯片等。它们的逻辑符号和引脚图分别如图 8.12 和图 8.13 所示。

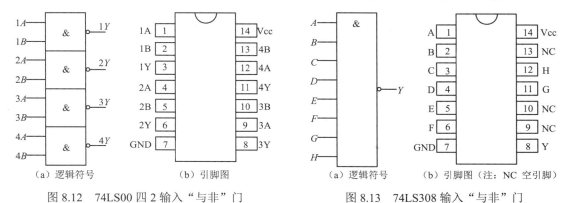

图 8.12 74LS00 四 2 输入"与非"门　　图 8.13 74LS308 输入"与非"门

8.3.2 "或非"逻辑运算和"或非"门

1. "或非"逻辑运算

将"或"运算和"非"运算相结合，就构成"或非"运算。这里的"或非"是指先"或"后"非"。例如，如果 $P = A + B$，$Y = \overline{P}$，则可记为

$$Y = \overline{A + B}$$

"或非"逻辑运算的真值表：只要把表 8.4 的"或"逻辑真值表输出栏中的 Y 取"非"即可。"或非"逻辑运算的输入变量不限于两个。

2. "或非"门电路

将一个"或"门和一个"非"门组合做在一块芯片上，就构成了"或非"门。其逻辑图及逻辑符号如图 8.14 所示。

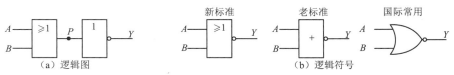

图 8.14 "或非"门

74系列"或非"门产品型号较多，例如74LS02（四2输入"或非"门）芯片，74LS27（三3输入"或非"门）芯片等。它们的逻辑符号和引脚图分别如图8.15和图8.16所示。

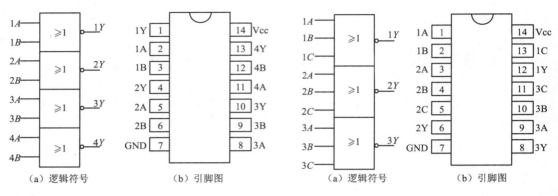

（a）逻辑符号　　　　（b）引脚图　　　　　　　（a）逻辑符号　　　　（b）引脚图

图8.15　74LS02 四2输入"或非"门　　　　　图8.16　74LS27 三3输入"或非"门

8.3.3 "与或非"逻辑运算和"与或非"门

1. "与或非"逻辑运算

令 $P_1 = A \cdot B$、$P_2 = C \cdot D$、$P = P_1 + P_2$，则 $Y = \overline{P}$ 即为"与或非"逻辑运算，记为

$$Y = \overline{AB + CD}$$

其运算顺序为：先"与"后"或"再"非"。

应当指出，"与或非"逻辑运算中，"与"运算中的输入项可以不只两个，"或"运算中的项也可以不只两个。这样一来，不同的组合将会呈现出不同的"与或非"逻辑运算形式。

2. "与或非"门电路

将两个"与"门、一个"或"门和一个"非"门组合在一块芯片上，就构成了"与或非"门，其逻辑图和逻辑符号如图8.17所示。

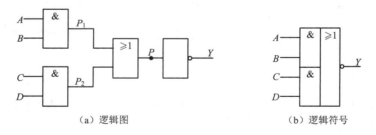

（a）逻辑图　　　　　　　　　　　　（b）逻辑符号

图8.17　"与或非"门

74系列"与或非"产品有多种型号，例如74LS54和74LS55。它们的逻辑符号和引脚图分别如图8.18和图8.19所示。

74LS54是四路2-2输入"与或非"门，其逻辑关系式为：

$$Y = \overline{AB + CD + EF + GH}$$

74LS55是二路4-4输入"与或非"门（可扩展，利用 X 及 $\overline{X}$ 两个扩展输入端进行），其逻辑关系式为

$$Y = \overline{ABCD + EFGH + X}$$

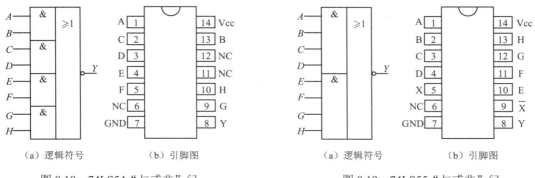

（a）逻辑符号　　　　　　　（b）引脚图　　　　　　　　　（a）逻辑符号　　　　　　　（b）引脚图

图 8.18　74LS54 "与或非" 门　　　　　　　　图 8.19　74LS55 "与或非" 门

8.3.4 "异或" "同或" 逻辑运算和 "异或" 门、"同或" 门

1. "异或" 和 "同或" 逻辑运算

（1）"异或" 逻辑运算

"异或" 运算的逻辑关系为

$$Y = \overline{A}B + A\overline{B} = A \oplus B$$

式中，"$\oplus$" 为 "异或" 逻辑运算的运算符，其真值表如表 8.7 所示。由真值表可见，当两个输入信号状态相同时，输出为 "0" 态；当两个输入信号状态相反（即相异）时，输出为 "1" 态。这里的 "异"，表示二者不同之意。

（2）"同或" 逻辑运算

"同或" 运算的逻辑关系为

$$Y = \overline{A}\,\overline{B} + AB = A \odot B$$

式中，"$\odot$" 为 "同或" 逻辑运算的运算符，其真值表如表 8.8 所示。由真值表可见，当两个输入信号状态相同时，输出为 "1" 态；当两个输入信号状态相反时，输出为 "0" 态。这样，"异或" 与 "同或" 互为 "非"，即

$$A \oplus B = \overline{A}B + A\overline{B} = \overline{A \odot B} = \overline{\overline{A}\,\overline{B} + AB}$$

表 8.7　"异或" 真值表

输　　入		输　　出
A	B	Y
0	0	0
0	1	1
1	0	1
1	1	0

表 8.8　"同或" 真值表

输　　入		输　　出
A	B	Y
0	0	1
0	1	0
1	0	0
1	1	1

2. "异或" 和 "同或" 门电路

（1）"异或" 门电路

实现 "异或" 逻辑运算的电路叫 "异或" 门，其逻辑图和逻辑符号如图 8.20 所示；其常

用的集成电路芯片为 74LS86，是四 2 输入"异或"门，其逻辑符号和引脚图如图 8.21 所示。

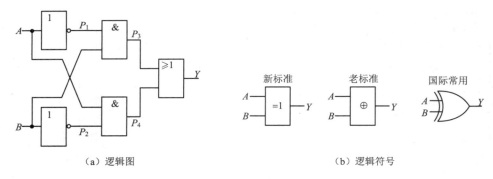

（a）逻辑图　　　　　　　　　　　　　　　（b）逻辑符号

图 8.20　"异或"门

在计算机中，"异或"具有判断两个输入端状态异同的能力，常用在数码比较器、奇偶校验电路中。

（2）"同或"门电路

实现"同或"逻辑运算的电路叫做"同或"门，它的逻辑符号如图 8.22 所示。

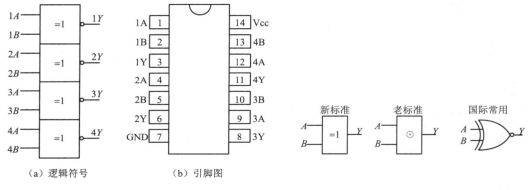

（a）逻辑符号　　　　　　（b）引脚图

图 8.21　74LS86 四 2 输入"异或"门　　　　　　　图 8.22　"同或"门的逻辑符号

在 74 系列的集成电路中，"同或"门没有专门的芯片（无此必要），需要时，可用"异或"门加一个"非门"即可。"同或"门的用途与"异或"门相同，只不过二者的输出信号含义正好相反。

"异或"门和"同或"门一般只有两个输入端，一个输出端。多个变量（特别是偶数个变量）的"异或"（或"同或"），可以分别用多个"异或"门（或"同或"门）来实现。

8.4　逻辑函数的表示方法

为了便于处理问题，逻辑关系有多种形式表示法，即逻辑函数表达式、真值表和逻辑图，这里还将介绍它们之间的相互转换。

8.4.1　逻辑函数表达式

所谓逻辑函数，一般地讲，是指当输入逻辑变量的 A，B，C … 的值确定以后，输出变量 Y 的值也唯一地被确定，则称 Y 是 A，B，C … 的逻辑函数，记为

$$Y = F（A，B，C \cdots）$$

这里无论输入逻辑变量 A，B，$C \cdots$，还是输出逻辑变量 Y，仅能取逻辑值"1"或"0"。

逻辑函数表达式是由一系列基本逻辑运算和复合逻辑运算组成的数学函数式，也称逻辑函数式或逻辑表达式。逻辑函数式多为基本运算的组合，如 $Y = AB + CD$，$Y = (A + B)(\overline{C} + D)$ 等。

逻辑运算的约定优先顺序为：括号、与、或。可按先"与"后"或"的规则省去括号，如 $(AB) + (CD) = AB + CD$；但 $(A + B)(C + D) \neq A + BC + D$。对一组变量进行"非"运算不必加括号，如 $\overline{(A + B)} = \overline{A + B}$，应先"或"后"非"；而 $\overline{A} + \overline{B}$ 则是先"非"后"或"，两者不同。

若两个逻辑函数输入变量相同，而且对于任何一组变量取值，都有相同的函数值，则称这两个函数相等。也就是说，任何形式的两个逻辑函数，只要它们的真值表相同，则这两个函数就相等。

逻辑函数式简洁，书写方便，它直接反映了变量间的运算关系，也便于逻辑图的实现。其缺点是不够直观，不能直接反映出变量取值间的对应关系。

8.4.2　真值表

真值表是描述输出函数与输入变量间取值关系的表格，它直观、明了，并唯一地反映了变量取值和函数之间的对应关系。一个逻辑函数只有一个真值表，真值表是逻辑函数的不同种类的表示方法。因此逻辑函数式和真值表之间可以互相转换。

首先，根据逻辑函数可以列出真值表。例如对于"同或"函数 $Y = \overline{A}\,\overline{B} + AB$，可先列出输入变量的各种可能的取值，然后代入逻辑函数式进行运算，分别得到 Y 的值。只要把它们对应地排列起来，就可得到其真值表（见表 8.7）。必须注意，习惯上在列真值表时，需要按 2^n 种可能取值所对应的二进制计数法，从小到大排列，这种方法既可避免遗漏，也可避免不必要的重复。

其次，由真值表也可得到逻辑函数式。只要把真值表中逻辑函数等于"1"的各种变量的取值组合用"与"项来表示，然后把所有这些"与"项用"或"号连在一起，就可得到逻辑函数式。例如表 8.7 中输出函数 Y 值有两个 1，变量取值为 00 的可写为 $\overline{A}\,\overline{B}$（即变量取值为 0 的写成反变量形式，字母上加一横杠的变量称为反变量）；变量取值为 11 的可写为 AB（即变量取值为 1 的写成原变量形式，字母上无横杠的变量称为原变量）。这样一来，其逻辑函数式可写为

$$Y = \overline{A}\,\overline{B} + AB$$

8.4.3　逻辑（电路）图

逻辑图所表示的是原理性电路，它比较接近工程设计，便于制作实际电路；而逻辑函数则是实际电路的抽象，所以逻辑（电路）图是逻辑函数表达式的一种具体实现。这样，逻辑图、逻辑函数式、真值表之间可以互相转换。下面介绍一些典型例子。

由逻辑图写逻辑函数式的方法：根据逻辑图，从输入端到输出端逐级写出逻辑函数式。

【例 8.1】　　已知逻辑图如图 8.23 所示，试写出其逻辑函数式，并列出其真值表。

解：（1）　写出门 G_1 的函数式：$Y_1 = \overline{AB}$

写出门 G_2 的函数式：$Y_2 = \overline{BC}$

写出门 G_3 的函数式：$Y = Y_1 + Y_2 = \overline{AB} + \overline{BC}$

（2）根据 $Y = \overline{AB} + \overline{BC}$，列出真值表，如表 8.8 所示。

表 8.8　【例 8.1】的真值表

输　　入			输　　出
A	B	C	$Y = \overline{AB} + \overline{BC}$
0	0	0	1
0	0	1	1
0	1	0	1
0	1	1	1
1	0	0	1
1	0	1	1
1	1	0	0
1	1	1	0

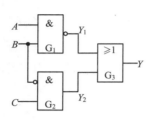

图 8.23　【例 8.1】的逻辑图

由逻辑函数式画逻辑图的方法：根据逻辑函数式中的逻辑运算关系，用相应门的逻辑符号来表示。

【例 8.2】 已知 $Y = \overline{(A \oplus B) \cdot C}$，画出其逻辑图。

解： 按逻辑运算约定的先后顺序，先做"异或"，然后"与"，再做"非"，这样就需要一个"异或"门，一个"与非"门，如图 8.24 所示。

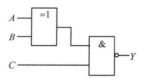

图 8.24　【例 8.2】的逻辑图

8.5　逻辑代数的基本定理和常用公式

8.5.1　基本定理

表 8.9 给出了逻辑代数的基本定理，这些定理是根据逻辑变量的特点和三种基本运算规则推导出来的，也可以用真值表来验证这些定理。

表 8.9　逻辑代数的基本定理

类　　别		名　　称	逻辑"与"（非）	逻辑"或"（非）
常量和变量的关系		自等律	① $A \cdot 1 = A$	② $A + 0 = A$
		0—1 律	③ $A \cdot 0 = 0$	④ $A + 1 = 1$
变量间的关系	类似初等代数定律	交换律	⑤ $A \cdot B = B \cdot A$	⑥ $A + B = B + A$
		结合律	⑦ $A \cdot (BC) = (AB) \cdot C$	⑧ $A + (B + C) = (A + B) + C$
		分配律	⑨ $A \cdot (B + C) = AB + AC$	⑩ $A + (B \cdot C) = (A + B)(A + C)$

续表

类　　别		名　称	逻辑"与"（非）	逻辑"或"（非）
变量间 的关系	逻辑代数 特殊规律	互补律	⑪ $A \cdot \overline{A} = 0$	⑫ $A + \overline{A} = 1$
		重叠律	⑬ $A \cdot A = A$	⑭ $A + A = A$
		反演律	⑮ $\overline{AB} = \overline{A} + \overline{B}$	⑯ $\overline{A+B} = \overline{A} \cdot \overline{B}$
		还原律	⑰ $\overline{\overline{A}} = A$	

【例 8.3】　　用真值表验证表 8.9 中的公式⑮和⑯的正确性。

证明：列出表 8.9 中的公式⑮和⑯ $\overline{AB} = \overline{A} + \overline{B}$，　$\overline{A+B} = \overline{A} \cdot \overline{B}$ 的真值表（见表 8.10）（为简便起见，将两个表画在一起）。从表中看出，等式两边的值对应相同，所以公式⑮和⑯成立。

公式⑮和⑯称为反演律，也称为狄·摩根定理（De Morgan），这是逻辑代数中最重要的定理之一。

 注意

$\overline{A+B} \neq \overline{A} + \overline{B}$，　$\overline{AB} \neq \overline{A} \cdot \overline{B}$

8.5.2　几个常用公式

表 8.11 列出了一些在逻辑函数化简时要用到的常用公式，利用基本定理可以推导出这些常用公式。

表 8.10　反演律的真值表

A	B	$\overline{A \cdot B}$	$\overline{A} + \overline{B}$	$\overline{A+B}$	$\overline{A} \cdot \overline{B}$
0	0	1	1	1	1
0	1	1	1	0	0
1	0	1	1	0	0
1	1	0	0	0	0

表 8.11　几个常用公式

名　　称	公　　式
合并律	① $AB + A\overline{B} = A$
吸收律	② $A + AB = A$
	③ $A + \overline{A}B = A + B$
添加律 （添加项定理）	④ $AB + \overline{A}C + BC = AB + \overline{A}C$

几个常用公式的证明：

公式　①　合并律 $AB + A\overline{B} = A$

证明：$AB + A\overline{B} = A(B + \overline{B}) = A \cdot 1 = 1$　（成立）

该式表明，若两个乘积项中分别包含同一变量的"互反"因子（B 和 $\overline{B}$），而其他变量都相同，则可将这两项合并，消去互反的变量。

公式　②　吸收律 1　$A + AB = A$

证明：$A + AB = A(1 + B) = A \cdot 1 = A$　（成立）

该式表明，若一项（A）是另一个乘积项（AB）的因子，则该乘积项（AB）是多余的。

公式 ③ 吸收律2 $A + \overline{A}B = A + B$

证明：$A + \overline{A}B = (A + \overline{A})(A + B) = 1 \cdot (A + B) = A + B$（成立）

该式表明，若一项取反后是另一个乘积项的因子（$\overline{A}$），则该因子是多余的。

公式 ④ 添加律 $AB + \overline{A}C + BC = AB + \overline{A}C$

证明：左边 $= AB + \overline{A}C + (A + \overline{A})BC$

$\qquad\qquad = AB + \overline{A}C + ABC + \overline{A}BC$

$\qquad\qquad = AB(1 + C) + \overline{A}C(1 + B)$

$\qquad\qquad = AB + \overline{A}C \qquad$（成立）

该式表明，若前两项中有一个变量是以"互反"形式出现的（A、$\overline{A}$），而第三项中的变量正好是前二项乘积因子的乘积（BC），则第三项是多余的，可以消去。此公式也叫"多余项定理"。

从以上的基本定理和常用公式，可以得出以下几点有趣的结论：

（1）由逻辑"与"的重叠律定理 $A \cdot A = A$ 可知，在一个逻辑乘积表达式中，任意次重复出现的变量都是多余的。因此，在逻辑代数中，不存在变量的指数（其物理意义为：任意多个联动的串联连接的开关——相当于"与"逻辑——其作用与其中一个开关的作用完全相同）。

由逻辑"或"的重叠律定理 $A + A = A$ 可知，在一个逻辑和的表达式中，任意个重复出现的变量都是多余的。因此，在逻辑代数中，不存在变量的倍数（例如，$2A$、$3A$ 这样的表达式是毫无意义的）（其物理意义为：任意多个联动的并联连接的开关——相当于"或"逻辑——其作用与其中一个开关的作用完全相同）。

（2）乘法分配律 $A \cdot (B + C) = AB + AC$ 说明，逻辑代数中允许提取公因子。

（3）吸收律、重叠律和加法分配律 $A + (B \cdot C) = (A + B)(A + C)$ 都是普通代数中所没有的，应用时应特别加以注意。

（4）在逻辑代数中，没有定义除法。因此不能由 $AB = BC$ 推出 $A = C$。

（5）在逻辑代数中，没有定义减法。

8.6 逻辑函数的化简法

逻辑函数最终要用逻辑电路图来实现。逻辑函数越简单，所用的逻辑门就越少，就越能节省逻辑元件，从而降低成本，并能提高电路的可靠性。所以在电子工程的实践中，对逻辑函数的化简具有重要意义。一般有两种化简法：公式化简法和卡诺图化简法。它们各有其特点，下面我们将分别予以介绍。

8.6.1 公式化简法

1. 逻辑函数的最简形式

同一个逻辑函数可以用多种形式加以表达，例如：

$Y = \overline{A}B + B\overline{C} \qquad\qquad$ "与或"式

$\quad = \overline{\overline{\overline{A}B} \cdot \overline{B\overline{C}}} \qquad\qquad$ "与非"–"与非"式

$$= \overline{A}\,\overline{B} + BC \qquad\qquad \text{"与或非"式}$$

$$= \overline{\overline{\overline{A+B}} + \overline{\overline{\overline{B}+\overline{C}}}} \qquad \text{"或非" - "或非"式}$$

$$= (A+B)(\overline{B}+\overline{C}) \qquad\qquad \text{"或与"式}$$

其中，"与或"式是最常用的逻辑表达式。任何一个逻辑函数都容易写成"与或"表达式，同时，它也利于利用公式对逻辑函数进行化简。

最简"与或"式的标准：

（1）逻辑函数中所含的与项最少。

（2）各与项中所含的变量数最少。

2．逻辑函数公式化简法

利用逻辑代数的基本定理和常用公式，可以把逻辑函数化为最简的"与或"式，一般有以下几种常用的方法。

（1）并项法

利用常用公式　①　$AB + A\overline{B} = A$，把两项合并为一项，且消去一个变量。

【例 8.4】　化简 $Y = ABC + AB\overline{C} + A\overline{B}$ 为最简"与或"式。

解：利用常用公式　①　进行化简

$$Y = ABC + AB\overline{C} + A\overline{B} = AB + A\overline{B} = A$$

（2）吸收法

利用常用公式　②　$A + AB = A$，消去多余的乘积项。

【例 8.5】　化简 $Y = \overline{A}B + \overline{A}B\overline{C}(D+E)$ 为最简"与或"式。

解：利用常用公式　②　进行化简

$$Y = \overline{A}B + \overline{A}B\overline{C}(D+E) = \overline{A}B$$

（3）消去法

利用常用公式　③　$A + \overline{A}B = A + B$，消去多余因子。

【例 8.6】　化简 $Y = AB + \overline{A}C + \overline{B}C$ 为最简"与或"式。

解：利用常用公式　③　进行化简

$$Y = AB + \overline{A}C + \overline{B}C = AB + (\overline{A} + \overline{B})C$$

$$= AB + \overline{AB}\,C = AB + C$$

（4）配项法

利用基本定理中的公式 $A + \overline{A} = 1$、$A + A = A$、$A \cdot A = A$ 等，给逻辑函数式适当增项，进而消去更多的多余项。

【例 8.7】　化简 $Y = AC + \overline{B}\,\overline{C} + A\overline{B}$ 为最简"与或"式。

解：利用公式 $C + \overline{C} = 1$ 进行化简

$$Y = AC + \overline{B}\,\overline{C} + A\overline{B}(C + \overline{C})$$

$$= AC + \overline{B}\,\overline{C} + A\overline{B}C + A\overline{B}\,\overline{C}$$

$$= AC + \overline{B}\,\overline{C}$$

（此式也可直接用常用公式中的添加律　④　$AB + \overline{A}C + BC = AB + \overline{A}C$ 加以化简。在

$Y = AC + \overline{B}\,\overline{C} + A\overline{B}$　式中，$A\overline{B}$ 项为多余项）

公式化简法要求必须熟练掌握逻辑代数的基本定理和常用公式，并需要有一定的灵活性和运算技巧。只有多做题，才能熟能生巧。

8.6.2　卡诺图化简法

如上所述，用公式化简法化简逻辑函数有一定的难度，规律性不强，并且化简后的逻辑函数是否是最简"与或"式，有时也难以确定。下面介绍一种应用广泛的图解法——卡诺图化简逻辑函数的方法，利用它，可以简便、直观地得到最简的"与或"式。

1．逻辑函数的最小项及性质

（1）逻辑函数的最小项

逻辑函数的最小项是逻辑变量的一个特定的乘积项。在 n 个变量组成的乘积项中，如果每个变量都以原变量或反变量的形式作为一个因子出现（且仅出现）一次，那么该乘积项就被称做 n 个变量的一个最小项。例如，在三个变量 A、B、C 的逻辑函数中，所有最小项的个数为 $2^3 = 8$ 种。$\overline{A}\overline{B}C$、$\overline{A}B\overline{C}$ 是最小项，但 AB、$\overline{B}C$ 则不是最小项。三个变量逻辑函数的全部最小项的真值表如表 8.12 所示。

表 8.12　三变量全部最小项的真值表

编　　号		最小项 m_0	m_1	m_2	m_3	m_4	m_5	m_6	m_7
变量取值 A　B　C		$\overline{A}\,\overline{B}\,\overline{C}$	$\overline{A}\,\overline{B}\,C$	$\overline{A}\,B\,\overline{C}$	$\overline{A}\,B\,C$	$A\,\overline{B}\,\overline{C}$	$A\,\overline{B}\,C$	$A\,B\,\overline{C}$	$A\,B\,C$
0　0　0		1	0	0	0	0	0	0	0
0　0　1		0	1	0	0	0	0	0	0
0　1　0		0	0	1	0	0	0	0	0
0　1　1		0	0	0	1	0	0	0	0
1　0　0		0	0	0	0	1	0	0	0
1　0　1		0	0	0	0	0	1	0	0
1　1　0		0	0	0	0	0	0	1	0
1　1　1		0	0	0	0	0	0	0	1

（2）最小项的性质

由表 8.12 可以得到最小项的性质如下：

① 对于任意一个最小项，只有一组变量的取值使其值为 1；而对变量的其他各组取值，则该最小项的值皆为 0。

② 任意两个最小项的乘积恒为 0。

③ n 个变量的全部最小项之和为 1。

为表示方便，常对最小项进行编号，如表 8.12 最上一行的 m_0，m_1，⋯ 所示。

2．逻辑函数的最小项表达式

任何一个逻辑函数都可写成最小项之和的形式，即最小项表达式。该表达式是唯一的。

求最小项表达式的常用方法有两种：展开法和真值表法。

（1）展开法

先将逻辑函数展开为"与或"式，然后利用公式 $A + \overline{A} = 1$ 将"与或"式中缺少变量的乘积项给予配项，直到每项都是最小项为止，重复出现的最小项要合并。

【例 8.8】　将 $Y = A\overline{B} + AC$ 展开成最小项表达式。

解：
$$
\begin{aligned}
Y &= A\overline{B}(C + \overline{C}) + AC(B + \overline{B}) \\
&= A\overline{B}\,C + A\overline{B}\,\overline{C} + ABC + A\overline{B}\,C \\
&= A\overline{B}\,C + A\overline{B}\,\overline{C} + ABC \qquad\qquad m_5 \qquad\quad m_4 \qquad\quad m_7
\end{aligned}
$$

用最小项编号表示（见表 8.12），也可写成：

$$
Y(ABC) = m_4 + m_5 + m_7 = \sum m(4,5,7)
$$

（2）真值表法

前面学过由真值表可直接写出逻辑函数式（见 8.4 节），其实这个函数式就是最小项表达式。

3. 用卡诺图表示逻辑函数

除了用逻辑函数式、真值表、逻辑（电路）图表示逻辑函数之外，还可用卡诺图来表示逻辑函数。

（1）卡诺图

逻辑函数的卡诺图是一个特定的方格图，它包含了 n 个变量的最小项，每个最小项对应一个小方格，小方格之间彼此相邻。它是美国工程师卡诺（Karnaugh）于 1953 年首先提出的。卡诺图的特点是：

① n 个变量的卡诺图有 2^n 个小方格，每个小方格对应一个最小项。

② 行、列变量取值按相邻性组成。所谓相邻性是指：相邻两个小方格所表示的两个最小项，其中只有一个变量是"互反"的，其余变量都具有相同的性质。

二变量的卡诺图如图 8.25 所示，共有 $2^2 = 4$ 个小方格，分别用 m_0，m_1，m_2，m_3 表示最小项。三变量的卡诺图如图 8.26 所示，共有 $2^3 = 8$ 个小方格，最小项为 m_0，m_1，…，m_7。四变量的卡诺图如图 8.27 所示，共有 $2^4 = 16$ 个小方格，最小项为 m_0，m_1，…，m_{15}。

CD ＼ AB	0 0	0 1	1 1	1 0
0 0	0	1	3	2
0 1	4	5	7	6
1 1	12	13	15	14
1 0	8	9	11	10

B ＼ A	0	1
0	m_0	m_1
1	m_2	m_3

BC ＼ A	0 0	0 1	1 1	1 0
0	m_0	m_1	m_3	m_2
1	m_4	m_5	m_7	m_6

图 8.25　二变量的卡诺图　　　图 8.26　三变量的卡诺图　　　图 8.27　四变量的卡诺图

值得注意的是，在图 8.26 中，变量 BC 的取值顺序为 00 01 11 10，这是为了保持相邻性的缘故。在图 8.27 中，AB 和 CD 的取值顺序也为 00 01 11 10，理由同上。还应指出，在卡诺图中，除了"地理上"相邻的小方格具有相邻性之外，最上一行和最下一行、最左一列和最右一列也具有相邻性，这叫"逻辑相邻"（可以想象成为把纸横向卷起或纵向卷起）。

当变量多于四个时，卡诺图较复杂，这里不做介绍。

（2）用卡诺图表示逻辑函数的方法

如上所述，任一逻辑函数都可以表示成最小项表达式，所以用卡诺图可以表示任一逻辑函数。其方法是：

① 将逻辑函数化为最小项的表达式（"积之和"的形式）。

② 根据变量个数，画出相应的卡诺图。

③ 将各最小项在卡诺图的对应小方格中填 1，其余的小方格填 0 或者不填。

这样所得到的图就是该逻辑函数的卡诺图。

【例 8.9】 用卡诺图表示逻辑函数 $Y = \overline{A}B + BC$ 。

解： （1）将该函数化为最小项表达式

$$Y = \overline{A}B(C + \overline{C}) + BC(A + \overline{A})$$
$$= \overline{A}BC + \overline{A}B\overline{C} + ABC + \overline{A}BC$$
$$= \overline{A}B\overline{C} + \overline{A}BC + ABC = m_2 + m_3 + m_7 = \sum m(2,3,7)$$

（2）画出三变量的卡诺图，如图 8.28 所示。

（3）将逻辑函数中的各最小项在卡诺图的对应方格内填 1，其余不填，如图 8.28 所示。

【例 8.10】 将函数 $Y = (ABCD) = \sum m(0,1,6,7,8,9,14,15)$ 填入卡诺图中。

解： （1）画出四变量的卡诺图，如图 8.29 所示。

（2）将各最小项在该卡诺图的对应方格内填 1，如图 8.29 所示。

BC / A	0 0	0 1	1 1	1 0
0			1	
1			1	1

图 8.28　【例 8.9】的卡诺图

CD / $A\,B$	0 0	0 1	1 1	1 0
0 0	1	1		
0 1			1	1
1 1			1	1
1 0	1	1		

图 8.29　【例 8.10】的卡诺图

4. 用卡诺图化简逻辑函数

（1）化简的依据

用卡诺图化简逻辑函数，其实质是直观的并项法。我们知道，卡诺图中的相邻小方格之间具有相邻性，即它们二者之间仅有一个变量不同（互为反），故这两个小方格的相邻最小项可以合并[如 $AB + A\overline{B} = A(B + \overline{B}) = A$]，去掉一个变量，借以达到化简逻辑函数的目的。

（2）化简的规律

在逻辑函数的卡诺图中，将相邻最小项按照 2^n（$n = 1$，2，3，…）进行合并。不论逻辑变量有多少（2，3，4 等），只要把相邻的最小项按 2^n 圈在一起，就表示对这 n 个最小项进行合并。合并的结果是把变量取值互为反的那些变量消去，而其余取值相同的变量则被保留下来，作为化简的结果。取值为 1 的变量，用它的原变量表示；取值为 0 的变量，用它的反变量表示。

图 8.30（a）所示是将两个相邻最小项圈在一起进行合并的例子，其中变量 B 的取值互为反（0，1），所以变量 B 被消去；变量 A 对应的取值相同，都为 1，因此用它的原变量 A

表示化简结果。可以看出，这和用公式化简 $AB + A\overline{B} = A$ 是一致的。同理，图 8.30（b）中变量 C 的取值互为反（0，1），故变量 C 可被消去；而变量 A、B 对应的取值相同，皆为 0，所以化简后用它们的反变量 $\overline{A}\,\overline{B}$ 表示，即 $\overline{A}\,\overline{B}\,\overline{C} + \overline{A}\,\overline{B}\,C = \overline{A}\,\overline{B}$。同理，图 8.30（c）的化简结果为 BCD，变量 A 被消去。

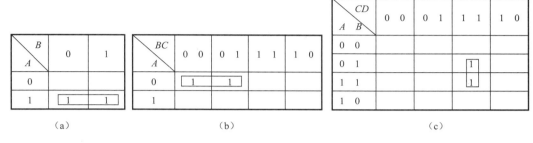

图 8.30　相邻项合并举例

依此类推，四个相邻最小项合并，可消去两个变量；八个相邻最小项合并，可消去三个变量。

图 8.31 所示是四个相邻最小项合并的例子。在图 8.31（a）中，变量 B、C 的取值互为反，故可被消去；而变量 A 的取值为 0，故用它的反变量 $\overline{A}$ 表示化简的结果。在图 8.31（b）中，变量 A、C 的取值互为反，故可被消去；而变量 B、D 的取值相同，分别为 1 和 0，故化简结果为 $B\overline{D}$。可见，四个相邻项合并可以消去二个变量。

（a）

BC / A	0 0	0 1	1 1	1 0
0	1	1	1	1
1				

（b）

AB \ CD	0 0	0 1	1 1	1 0
0 0				
0 1		1		1
1 1		1		1
1 0				

图 8.31　四个相邻最小项合并举例

图 8.32 所示是八个相邻最小项合并的例子。在图 8.32（a）中，变量 A、B、C 取值互为反，故这三个变量皆可被消去，结果为 1。在图 8.32（b）中，变量 A、B、C 取值互为反，故它们均可被消去；变量 D 的取值相同，为 1，故其化简结果为 D。可见，八个相邻最小项合并，可消去三个变量。

（a）

BC / A	0 0	0 1	1 1	1 0
0	1	1	1	1
1	1	1	1	1

（b）

AB \ CD	0 0	0 1	1 1	1 0
0 0		1	1	
0 1				
1 1		1	1	1
1 0		1	1	

图 8.32　八个相邻最小项合并举例

（3）化简的步骤

用卡诺图化简逻辑函数，可按如下步骤进行：

① 将逻辑函数化为最小项表达式。

② 画出该逻辑函数的卡诺图。

③ 按 2^n（$n = 1$，2，3，$\cdots$）规律圈圈合并。

④ 按圈写出最简的"与或"表达式。

【例 8.11】 用卡诺图化简下列逻辑函数为最简"与或"式。

① $Y = \overline{A}B + AB\overline{C} + ABC$

② $Y(ABCD) = \sum m\,(0, 2, 8, 10)$

③ $Y(ABCD) = \sum m\,(0, 1, 2, 3, 8, 9, 10, 11)$

解：①
$$Y = \overline{A}B(C + \overline{C}) + AB\overline{C} + ABC$$
$$= \overline{A}BC + \overline{A}B\overline{C} + AB\overline{C} + ABC$$
$$= m_3 + m_2 + m_6 + m_7$$
$$= \sum m\,(2, 3, 6, 7)$$

其卡诺图如图 8.33（a）所示，有四个最小项彼此相邻，故可消去两个变量，其结果为 B。即：

$$Y = \overline{A}B + AB\overline{C} + ABC = B$$

② 其卡诺图如图 8.33（b）所示，这四个最小项也是相邻的，可圈在一起加以合并，消去两个变量。化简结果为

$$Y(ABCD) = \sum m\,(0, 2, 8, 10) = \overline{B}\,\overline{D}$$

③ 其卡诺图如图 8.33（c）所示，其中八个最小项相邻，可圈在一起加以合并，消去三个变量。化简结果为

$$Y(ABCD) = \sum m\,(0, 1, 2, 3, 8, 9, 10, 11) = \overline{B}$$

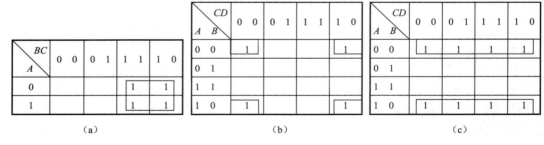

图 8.33 【例 8.11】的卡诺图

（4）化简时的注意事项

为保证用卡诺图化简逻辑函数时能获得最简"与或"式，在圈圈时应注意以下几点：

① 圈的个数应尽可能少，使得化简后得到的项数为最少。

② 圈内的最小项数目越多越好，使得化简后每项中的变量数目为最少。

③ 每个圈内至少应有一个最小项未被其他圈包围，以免出现多余项。

④ 单独的没有相邻项的最小项，应独自圈起来，以防漏掉。

8.7　TTL 门电路

TTL 门电路是目前中、小规模集成电路最常用的电路。当使用各种门电路时，我们主要关心的是其输出和输入之间的逻辑功能，而对其内部电路动作的细节自然不会有多少兴趣。但是，如果对电路结构、动作的基本原理及其外部特性一无所知的话，那么，我们将难以正确地使用该电路，难以避免在使用中出现这样或那样的错误，从而导致损坏电路。总而言之，为了能够正确地使用各种逻辑门电路，掌握必要的 TTL 的电路知识仍然是十分必要的。为此，本节将对 TTL 门电路的结构、基本特性、主要参数和一些实用知识，做简明扼要的介绍。

8.7.1　TTL 基本门电路（"与非"门）的结构

两个输入端的 TTL "与非"门的电路图如图 8.34 所示。本电路由三部分组成：① 输入级——由多发射极晶体管 V_1 组成，实现"与"功能；② 中间分相级——由 V_2 管组成，其集电极和发射极分别向下一级提供互补（相位相反）的电位；③ 输出级——由 V_3、V_4 两个晶体管和一只电平移位二极管 VD_0 组成，提供一个推拉式输出。

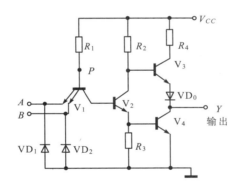

图 8.34　两个输入端 TTL "与非"门电路图

电路工作可以简述如下：如果两个输入端 A 和 B 均为逻辑 "0"（0V），则 V_1 管的基-射结将为正向偏置，P 点电压将接近 0.7V，它将使 V_2 和 V_4 管保持截止（为了使 V_2 和 V_4 管开启，P 点电压至少必须等于 1.8V 才行）。因此，输出电压将处于逻辑 "1"（等于电源电压 $V_{CC} = 5V$ 减去 R_4 上的电压降，减去 V_3 的集-射极间的压降 U_{CE}，再减去电平移位二极管 VD_0 上的压降 U_{D0}。注意：此时 V_3、VD_0 均导通），近似等于 3.5V。

如果两个输入端均为逻辑 "1" 电平（≈ +3.5V），则 V_1 的基-射结将处于反向偏置状态，此时，流过 R_1 和 V_1 集-基结的电流将使 V_2 和 V_4 导通，因此，输出电压将为逻辑 "0"，等于 V_4 的 U_{CES}（饱和）（≈ 0.35V）。

当两个输入端中的一个为 "1"，另一个为 "0" 时（不失一般性，设 $A = 1$，$B = 0$），则 V_1 管的一个基-射结（与 B 连接的那个基-射结）处于正向偏置，流过较大的正向偏置电流；而 V_1 管的另一个基-射结（与 A 连接的那个基-射结），由于 P 点电位约为 0.7V，A 点电位为 3.5V，所以处于反向偏置状态。可见，输入端一高一低的电位（一个 "1" 和一个 "0"）对 P 点的影响，与输入端均为低时对 P 点的影响是完全一样的，从而导致输出端为逻辑"1"。

由以上分析可知，本电路实现了"与非"逻辑功能，即 $Y = \overline{A \cdot B}$。本电路中的 VD_1、VD_2 为输入钳位二极管，起保护作用；VD_0 为电平移位管，当 V_3、VD_0 导通时，它上面能够降掉 0.7V 左右的电压，再加上 R_4 上的电压降和 V_3 的集-射结间的电压降 U_{CE}（二者的电压降总共约为 0.8V），使输出端的"1"电平约为 3.5V。当输出为"0"电平时，V_4 导通，V_3、VD_0 截止，二者呈现极高的阻抗，此时的输出为"0"电平，即等于 V_4 的集-射结间的压降 U_{CES}（饱和）（$\approx 0.35V$）。

这里要强调两点：① V_3 和 V_4 管交替导通和截止，这既有利于降低功耗，又有利于提高驱动负载的能力，这正是这种"推拉"式结构的好处。② 输入级采用多发射极晶体管，是由于它有放大功能，有利于提高电路的开关速度。一般地说，TTL"与非"门的平均延迟时间可达几十纳秒。TTL 的逻辑"1"电平为 3.5V，逻辑"0"电平为 0.35V。

还要指出，当输入端的电压为"1"电平时，门吸收电流（此时的电流为 V_1 的基-射结的反向饱和电流）；而当输入为"0"电平时，门作为源向输入端供给电流（此时的电流为 V_1 基-射结正向电流）。类似地，当门 G_1 驱动另一个同一系列的门 G_2 时，也会发生同样的情况，如图 8.35 所示。

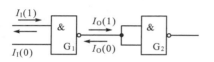

图 8.35　一个门驱动同一系列门时的情况

由图 8.35 可见，门 G_1 的输出电流取决于 G_1 的输出电平。即当 G_1 的输出为"1"时，门 G_1 作为一个源给出下级门电流 $I_O(1)$；而当 G_1 的输出为"0"时，门 G_1 将从门 G_2 输入端吸入电流 $I_O(0)$。通过这些电流的大小，可以求得一个门的输出端最多可以驱动同类型门的输入端的数目，此数目叫做"扇出"系数（F_O）。扇出系数反映了一个门的带负载的能力。

8.7.2　TTL 门电路的主要参数

TTL 门电路的参数很多，但可以归纳为两类：静态（或直流）参数和动态（或交流）参数。

1．TTL"与非"门的静态参数

静态参数是指门电路工作在各种直流状态（输入端处于不同的逻辑电平，从而导致输出端也处于不同的逻辑电平）时，输入电压、电流和输出电压、电流之间的关系。

为了以后参数说明时的方便，首先定义输入、输出电流的方向，如图 8.36 所示，即：凡是流入门中的电流都为"正"，凡是从门中流出的电流都为"负"。按照这里所用的习惯，电流 I_{IH} 和 I_{OL} 将是正的，而电流 I_{IL} 和 I_{OH} 将是负的。

为了更好地使用集成电路，要求了解它的外部特性，熟悉它的性能和参数。门电路的外部特性主要有输入-输出电压传输特性、输入特性、输出特性和瞬态特性等，这里主要介绍一下对我们最有价值的电压传输特性（见图 8.37）。

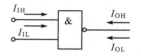

图 8.36　集成电路输入电流和输出电流的假定方向

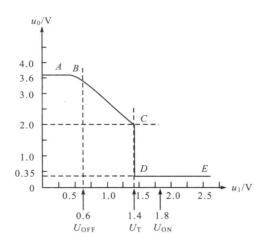

图 8.37　TTL"与非"门的输入-输出电压传输特性

电压传输特性是指输入电压 u_I 逐渐由 0V 变化到高电平（或按相反方向变化）时，输出电压 u_O 变化的规律。它大致可分为 AB、BC、CD、DE 四段。

AB 段：$u_I < 0.6V$，V_1 正向饱和导通，V_2、V_4 截止，V_3 导通，输出电压保持稳定的高电平，约 3.6V，它不随 u_I 变化而变化。

BC 段：$0.6V < u_I < 1.3V$，V_2 管处于放大状态，V_4 仍不导通，V_3 处于发射极输出状态，因此随着 u_I 的上升，输出电压 u_O 将线性地下降。

CD 段：$u_I > 1.3V$ 后，V_4 开始导通，随着 u_I 的少许上升，u_O 将急剧下降。

DE 段：$u_I > 1.4V$ 后，V_1 进入"倒置"状态（所谓"倒置"状态是指 V_1 管的发射极和集电极的作用互换，因为此时 V_1 管发射极的电位比其集电极的电位要高，故二者的作用"颠倒"了）。此时，V_2 导通，V_3 截止，V_4 饱和。输出电压为 $u_O = 0.35V$，保持低电平，不再随 u_I 的变化而变化。

从电压传输特性曲线可反映出 TTL"与非"门的以下几个主要参数。

（1）阈值电压 U_T。在曲线的 CD 段，对应的输入电压 u_I，是 V_4 管导通和截止的分界线，也是输出高低电平的分界线。此电压有如门槛，故称为阈值电压。通常 $U_T = 1.4 \sim 1.5V$。U_T 是决定该电路工作状态的关键值，当 $u_I > U_T$ 时，电路处于开启状态，输出为"0"电平；当 $u_I < U_T$ 时，电路处于关闭状态，输出为"1"电平。

（2）输入关门电平 U_{OFF}。使门电路输出处于最低高电平 U_{Hmin}（2.7V）时，所对应的 u_I，通常 $U_{OFF} \geqslant 0.8V$。

（3）输入开门电平 U_{ON}。在额定负载（吸入电流 12 mA）下，使门电路的输出端处于最高低电平 U_{Lmax}（0.35V）时，所对应的输入电压值 u_I，通常 $U_{ON} \leqslant 1.8V$。

（4）低电平干扰容限 U_{NL}。当逻辑门输入为低电平时，它所能承受的最大（正向）干扰电压，即

$$U_{NL} = U_{OFF} - U_{L\,max} = 0.8 - 0.35 = 0.45\,(V)$$

上式表明，当输入为"0"时，正脉冲的干扰幅度应小于 0.45V。

（5）高电平干扰容限 U_{NH}。其定义为当逻辑门输入为高电平时，它所能承受的最大（负向）干扰电压，即

$$U_{NH} = U_{Hmin} - U_{ON} = 2.7 - 1.8 = 0.9\,(\text{V})$$

上式表明，当输入为"1"时，负脉冲的干扰幅度应小于0.9V。

由以上分析可见，U_{OFF} 与 U_{ON} 越靠近，干扰容限 U_{NH} 和 U_{NL} 越大，门的抗干扰能力就越强，这就要求传输特性的转折部分越陡越好。TTL"与非"门的 U_{NH}（0.9V）要比 U_{NL}（0.45V）大一倍，这就是人们常说的：TTL 门电路的输入端高电平时比低电平时的抗干扰能力强。

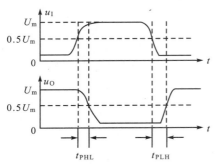

图 8.38 延迟时间

2．TTL"与非"门的动态参数

如第 7 章所述，晶体管在大信号作用下作为开关应用时，有四个开关时间，即 t_d（延迟时间）、t_r（上升时间）、t_s（存储时间）、t_f（下降时间）。在 TTL"与非"门及其他集成逻辑门电路中，同样存在着上述四个开关时间。

在集成逻辑门构成的各种电路中，通常一级门的输出就是下级门的输入。因此，输入波形和输出波形均不可能是理想的方波，而是具有一定上升沿、下降沿和延迟时间的近梯形波，如图 8.38 所示。这里有两个时间参数：

（1）导通延迟时间 t_{PHL}。指从输入波形上升到终值电平的 50%到输出波形下降到始值电平的 50%所经历的时间（这里符号下标的含义为：P — 传输、H — 高电平、L — 低电平）。

（2）截止延迟时间 t_{PLH}。指从输入波形下降到始值电平的 50%到输出波形上升到终值电平的 50%所经历的时间（这里符号下标的含义同上）。

（3）平均传输延迟时间 t_{PD}

$$t_{PD} = \frac{1}{2}(t_{PHL} + t_{PLH})$$

典型的 TTL"与非"门的 $t_{PD} \approx 40\text{ns}$。$t_{PD}$ 限制了输入端施加周期脉冲信号的最高工作频率。

表 8.13 和表 8.14 分别给出 TTL 系列 IC 的主要参数概括和扇出系数概括。

表 8.13 TTL 系列 IC 的参数概括

参 数		5400/7400	54H00/74H00	54L00/74L00	54S00/74S00	54LS00/74LS00	单位
U_{IH}		2	2	2	2	2	V
U_{IL}	54 系列	0.8	0.8	0.7	0.8	0.7	V
	74 系列	0.8	0.8	0.7	0.8	0.8	V
U_{OH}	54 系列	2.4	2.4	2.4	2.5	2.5	V
	74 系列	2.4	2.4	2.4	2.7	2.7	V
U_{OL}	54 系列	0.4	0.4	0.3	0.5	0.4	V
	74 系列	0.4	0.4	0.4	0.5	0.5	V
I_{IH}		40	50	10	50	20	μA

续表

参　　数		5400/7400	54H00/74H00	54L00/74L00	54S00/74S00	54LS00/74LS00	单位
I_{IL}		−1.6	−2.0	−0.18	−2.0	−0.36	mA
I_{OH}		−400	−500	−200	−1000	−400	μA
I_{OL}	54 系列	16	20	2	20	4	mA
	74 系列	16	20	3.6	20	8	mA
t_{PHL}		15	10	60	5	15	ns
t_{PLH}		22	10	60	4.5	15	ns
P（功耗）		10	22	1	19	2	mW

符号说明：主体部分：U —— 电压；I —— 电流。

下标部分：O (output) —— 输出；　I (input) —— 输入；H (high) —— 高（电平）；L (low) —— 低（电平）；P (propagation) —— 传播、传输。

例如：U_{IH} —— 输入高电平电压；I_{IH} —— 输入高电平电流；I_{OL} —— 输出低电平电流；t_{PHL} —— 输出从高电平（H）转换到低电平（L）时的门传输时间

表 8.14　TTL 电路的扇出系数概括

源 TTL 器件	负载 TTL 器件				
	5400/7400	54H00/74H00	54L00/74L00	54S00/74S00	54LS00/74LS00
5400/7400	10	8	40	8	20
54H00/74H00	12	10	50	10	25
54L00/74L00	2	1	20	1	10
54S00/74S00	12	10	100	10	50
54LS00/74LS00	5	4	40	4	20

8.8　其他功能的 TTL 门电路

前面所介绍的 TTL 门电路不允许将输出端直接并联使用，若能使门电路的输出端直接相连，有时可大大简化电路。

8.8.1　OC 门（集电极开路门）

OC（Open Collector）门的中文译名是"集电极开路门"，它能解决门与门的直接并联问题。部分 OC 门的逻辑符号如图 8.39 所示。工作时，OC 门的输出端要外接电阻和电源。

OC 门有如下主要用途：

（1）实现"线与"

几个 OC 门的输出端可以并联在一起接上公共负载电阻，以实现"线与"连接。例如两个 OC"与非"门输出端并联形成"与"的逻辑关系称为"线与"（见图 8.40），其表达式为 $Y = \overline{AB} \cdot \overline{CD} = \overline{AB+CD}$，实现了"与或非"的逻辑关系。

（2）用作驱动器

OC 功率门可用来直接驱动指示灯、继电器等，此时，只要将指示灯等作为负载，接到电源和 OC 门的输出端之间即可（见图 8.41）。一般的 TTL"与非"门是不能直接驱动继电器这种电感元件的，需要外接晶体管和其他电气元件。

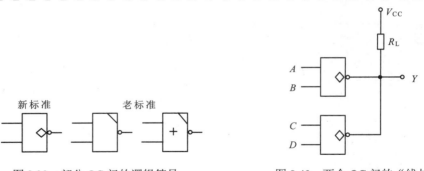

图 8.39　部分 OC 门的逻辑符号　　　　图 8.40　两个 OC 门的"线与"

（3）用作电平转换

OC 门还可用于 TTL 门和 CMOS 门电路之间的电平转换，如图 8.42 所示。

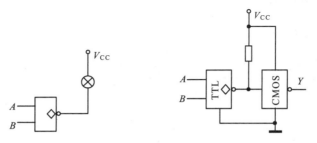

图 8.41　OC 门驱动指示灯　　　　图 8.42　OC 门实现电平转换

8.8.2　TS 门（三态门）

TS（Tri-State）门的中文译名是"三态门"。顾名思义，三态门就是有三种输出状态的门电路。这三种输出状态分别为高电平（"1"态）、低电平（"0"态）和高阻态（Z 态）。三态门是在基本门的基础上，在输入端又加了一个控制端而构成的。其部分逻辑符号如图 8.43 所示。图 8.43（a）所示的控制端 C 上有个小圆圈（反相符号），表示此电路控制端低电平有效。就是说，当控制端 $C=0$ 时，$Y=\overline{AB}$ 是"与非"门的正常工作状态；当 $C=1$ 时，$Y=Z$（高阻），输出端呈高阻状态。图 8.43（b）所示的控制端 C 上没有小圆圈，表示此电路控制端高电平有效，即当 $C=1$ 时，$Y=\overline{AB}$ 是"与非"门的正常工作状态；当 $C=0$ 时，$Y=Z$（高阻），"与非"门的输出端呈高阻状态。图 8.43（c）所示的控制端 B 也是低电平有效。

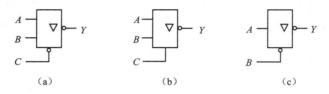

（a）　　　　　　　（b）　　　　　　　（c）

图 8.43　部分三态门的逻辑符号

三态门在计算机中有着广泛的应用。

（1）用作多路开关

图 8.44 所示是用一个"与非"门控制两个三态门的电路。当 $C=0$ 时，$Y=\overline{A}$（G_2 门输出呈高阻状态）；当 $C=1$ 时，$Y=\overline{B}$（G_1 门输出呈高阻状态），从而实现了两路信号的分时

独立传输。

（2）用作双向传输

图 8.45 所示是一个双向传输电路。当 $C=0$ 时，信号 A 经门 G_1 传送到 B 端（此时 G_2 门输出呈高阻状态）；当 $C=1$ 时，信号 B 经门 G_2 传送到 A 端（此时 G_1 门输出呈高阻状态），从而实现了在一条线上信号的双向传输。在计算机及数字系统中，信号能在一条线上双向传输具有极其重要的意义：它可以使输入/输出信号分时地在一条总线上传送，从而大大节约了总线的条数，使系统变得十分紧凑。

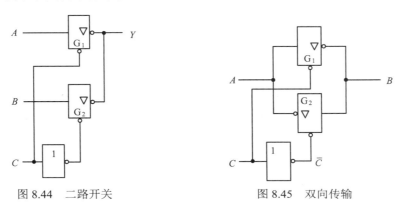

图 8.44 二路开关　　　　　　　图 8.45 双向传输

（3）用作多路信号的分时传送

在图 8.46 中，A_1，A_2，$\cdots$，A_n 是信号的输入端，B_1，B_2，$\cdots$，B_n 分别为各三态门的控制端，各三态门的输出连在一条总线上。当 B_1，B_2，$\cdots$，B_n 按顺序出现低电平信号时，用一条总线就可以分时传送 A_1，A_2，$\cdots$，A_n 多路信号。这种传输方式在计算机中获得了极其广泛的应用。

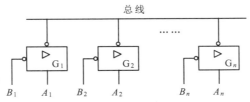

图 8.46 多路分时传送

三态门集成电路多做成八位一组（少数也有四位一组的），使用起来很方便。常用的有：74LS240（八反相三态缓冲器/线驱动器）、74LS241（八同相三态缓冲器/线驱动器）、74LS244（八同相三态缓冲器/线驱动器）及 74LS245（八同相三态收发器）等。

8.9　数字集成电路使用常识

目前，在数字系统中使用的集成逻辑电路，基本上分为两大类：一类是用双极型半导体器件作为元件的双极型集成逻辑电路；另一类是用金属-氧化物-半导体场效应晶体管（Metal-Oxide-Semiconductor Field Effect Transistor，MOSFET）做元件的 MOS 集成逻辑电路。

8.9.1　双极型集成逻辑电路

常用的双极型集成逻辑电路有以下几类。

1. 晶体管-晶体管逻辑电路（Transistor-Transistor Logic）

晶体管-晶体管逻辑电路简称 TTL 电路。TTL 电路又可分为中速 TTL；高速 TTL（简称 HTTL）；在电路中引入肖特基二极管的 TTL，称为肖特基 TTL（简称 STTL）；低功耗 TTL（简称 LTTL）；低功耗肖特基 TTL（简称 LSTTL）；先进低功耗肖特基 TTL（简称 ALSTTL）等。

TTL 电路有以下特点：具有中等开关速度，每级门的传输延迟时间最快为 3～7ns(纳秒)；电路占用管芯面积较大，集成度低于 MOS 集成电路；电路的驱动能力较强；电路的功耗较大（但 LTTL、LSTTL 功耗较低）；典型 TTL 电路的性能价格比较为理想。因此，TTL 电路在数字系统中得到极其广泛的应用。

2. 射极耦合逻辑电路（Emitter Coupled Logic）

射极耦合逻辑电路简称 ECL 电路。其电路特点是：速度快，电路的传输时间可达 ns（纳秒）数量级；速度功耗乘积和 TTL 电路相当；负载能力强；逻辑摆幅仅有 0.8V，抗干扰能力弱；具有互补输出。因此，ECL 电路常使用在要求速度极快、干扰小、不计较功耗的数字系统中（常用于超高速巨型计算机中，如中国的"银河"系列机）。

3. 高阈值逻辑电路（High Threshold Logic）

高阈值逻辑电路简称 HTL 电路。在电路中引入了齐纳二极管，以提高电路的阈值电压。因此，HTL 电路使用在环境比较恶劣（干扰比较大的场合，如在工业现场），而对速度要求不高的数字系统中。

双极型逻辑电路还有集成注入逻辑（Integrated Injection Logic）电路，简称 I^2L 电路。

MOS 集成电路种类很多，MOS 电路按沟道类型来分，有 N 沟道、P 沟道两种；按工作类型来分，有耗尽型和增强型两种；按栅极材料来分，有铝栅、硅栅两种；此外还有互补 MOS 即 CMOS 电路。MOS 电路的显著特点是：其线路结构简单、功耗小、集成度高、制造工艺也相对简单、容易。因此，目前它在大规模和超大规模集成电路中应用极为广泛。其缺点是，在相同的工艺技术水平下，其速度比 TTL 低。

为了提高 MOS 集成电路的速度，降低功耗，提高集成度，近年来，无论是在线路结构方面还是在制造工艺方面，均采取了许多不同的改进措施，发展了 V 型沟道的 MOS（简称 VMOS）、双扩散 MOS（简称 DMOS）、HMOS 等新型 MOS 电路。

由于篇幅限制，在此，将重点介绍在实际工程中应用最广泛的 TTL 电路和 CMOS 电路的有关实用知识。

8.9.2　TTL 逻辑电路

1. 概述

TTL 电路为正逻辑系统，高电平（"1"）大约是 3.5V，低电平（"0"）是 0.2～0.35V。TTL 电路有 5400 系列（军用）和 7400 系列（民用）两种。5400 系列的电源电压范围为 4.5～5.5V[（5±0.5)V]，工作温度范围为－55～125℃；7400 系列的电源电压范围为 4.75～5.25V[（5±0.25)V]，工作温度范围为 0～70℃；在 54/74 系列后不加字母表示标准 TTL 电路（如 7410）；如加有 L、H、S 或 LS 等字母，则分别表示低功耗（L）、高速（H）、肖特基（S）和低功耗肖特基（LS）TTL 电路（如 7400 表示标准 TTL 电路、74H00 表示高速 TTL 电路、

74LS00 表示低功耗肖特基 TTL 电路）。在以上诸种 TTL 电路中，74LS 系列的 TTL 集成电路获得了最广泛的应用。

各类 TTL 电路若尾数相同（如 74LS10 和 7410），则逻辑功能完全相同，仅有部分性能参数不同。7400 系列对应于国标的 T4 系列 TTL 电路，如 74LS00（二输入端四与非门）与 T4000 相同；74LS161（可预置的 4 位二进制计数器）与 T4161 相同；74LS273（八 D 触发器）与 T4273 相同等。

TTL 电路除少数产品采用 16 条外引线外，其余全部为 14 条外引线。且不论外形、结构以及系列如何，其外引线排列方面有一个特点，即：将集成电路型号正对自己看，其供电端（V_{CC}，+5V）一般在左上角最靠边的一条外引线上，而地线（GND）一般在右下角最靠边的一条外引线上，这几乎已经成为"标准结构"。

2. TTL 集成电路使用注意事项

（1）为保证电路正常工作，电路的工作条件不应超过所规定的极限范围。为防止电路损坏，必须严格按照所推荐的工作参数测试和使用。

（2）电路如用手工焊接，不得使用大于 45W 的电烙铁，焊剂应选用中性焊剂。

（3）TTL 电路电源的典型值为+5V。5400 系列的电源电压范围为 4.5 ～ 5.5V[（5±0.5)V]；7400 系列的电源电压范围为 4.75 ～ 5.25V[（5±0.25)V]。正常使用时，供电电源应符合这一要求。如果供电电压过低，则可能造成逻辑功能不正常；若供电电压过高，则可能造成集成电路的损坏。

（4）TTL 电路在工作状态高速转换（处在高速"开""关"状态）时，电源电流会出现瞬态尖峰值，称为尖峰电流或浪涌电流，其幅度可达 4 ～ 5 mA，该电流在电源线与地线上产生的压降将引起噪声干扰。为此，人们常常在每片集成电路的电源和地线之间连接一只 0.01μF 的高频滤波电容；而在 PCB（印制电路板）的电源输入端与地线之间，连接一只 20～50μF 的低频滤波钽电容或电解电容。这样，就能够有效地消除高速脉冲电路工作时在电源线上所产生的噪声干扰。此外，为了保证整个数字系统的正常工作，保证电路具有良好的接地也非常重要。

（5）不能将电源和地线接反，否则将烧坏电路。

（6）各输入端不能直接与高于 5.5V 和低于–0.5V 的低内阻电源连接。因为低阻电源会产生较大电流而烧坏电路。

（7）输出端不允许与低内阻电源相连，但可以通过适当数值的电阻（如 10～50kΩ）与之相连，以提高输出电平。

（8）当输出端接有较大的容性负载时，电路在从断开到接通的瞬间，会产生很大的冲击电流损坏电路，应用时应串入适当数值的电阻。

（9）除具有 OC（集电极开路门）结构和 TS（三态门）输出结构的电路以外，不允许将电路输出端并联使用。

（10）TTL 电路多余输入端的处理：与门、与非门 TTL 电路多余输入端可以悬空，但这样处理容易受到外界干扰而使电路产生错误动作；或门、或非门的多余输入端不能悬空。所以对门电路的多余输入端一般可以作如下的处理：采取接地以直接获得低电平输入（或门、或非门）；通过适当数值的电阻（如 10～50kΩ）接电源 V_{CC}，以获得高电平输入（与门、与非门）。此外，也可以采取与其他输入端并联使用的方法，但这样做，对信号驱动电流的要求会相应增加。

（11）一般来讲，当条件许可时，尽量不要把 74 系列 TTL 电路与 4000 系列 CMOS 电路混合使用，共同构成一个系统。因为这样一来各电路的速度不一样；二来可能要增加接口电路，给电路设计带来不便。

8.9.3　CMOS 逻辑电路

1．概述

CMOS（Complementary MOS）电路是"互补金属氧化物半导体"集成电路的简称。由于功耗低（ 25~100μW ）、电源电压范围宽（ 3~18V ）（但 74HC 系列的电源电压范围为 2~6V ）、抗干扰能力强、输入阻抗高（大于100MΩ）、扇出能力强、逻辑摆幅大等特点，应用范围极其广泛，发展速度也很快，标准的 TTL 电路、HTL 电路、PMOS 电路正逐渐被 CMOS 电路所取代。

我国 CMOS 逻辑电路分 CC4000 系列和 C000 系列两大类。CC4000 系列的工作电压范围为 3~18V，C000 系列共分三种型号，对应的工作电压范围分别为8~12V 、 7~15V 、 3~18V 。

CC4000 系列产品与国际标准相同，只要 4 后面的数字相同，均为相同功能、相同特性的器件，可以与国外的 CD（RCA——美国无线电公司）、MC (Motorola——美国摩托罗拉公司)、TC (Toshiba——日本东芝公司)等系列产品直接互换。例如国产六非门 CC4069 与日本产的 TC4069、美国产的 CD4069、MC14069 完全相同，可以互换；国产的二输入端四与非门 CC4011 与美国的 CD4011、MC14011，日本产的 TC4011、μP D4011、MCM4011，西欧产的 HEF4011 等均可通用。

C000 系列电路及部分厂标系列产品与 CC4000 系列的引线排列不尽相同，大多不能直接代换，使用时应注意区别。

2．CMOS 电路使用注意事项

（1）操作注意事项

静电击穿是 CMOS 电路失效的原因之一，在实际使用时应注意以下几点：

① 在防静电材料中储存或运输。

② 需要矫直引线或进行手工焊接时，所采用的设备皆应接地。

③ 电源接通期间不应把器件在测试座上插入或拔出。

④ 调试电路时，应先接通线路板电源，后接通信号源；断电时应先断开信号源电源，后断开线路板电源。

（2）使用输入端注意事项

① 输入信号电压必须控制在 V_{SS} ~ V_{DD} （地~漏极电源）之间。

② 输入端接低内阻信号源时，应在输入端与信号源之间串接限流电阻。

③ 输入端接大电容时，要加限流电阻。

④ 与 TTL 门电路不同，CMOS 门电路的多余输入端不允许悬空，要根据电路逻辑功能的不同接 V_{DD} （高电平）或 V_{SS} （低电平），否则容易引起影响电路工作的外界干扰。连接的原则是不影响门电路输入端的逻辑功能。具体方法是：或门和或非门的多余输入端接至 V_{SS} （地）端；与门和与非门的多余输入端接至 V_{DD} （电源）端；也可以将多余的输入端与使用的输入端并联起来（但对阈值电平要求较高或工作速度较高时，不宜采用此法）。CMOS 逻辑电路的多余的空脚（NC）及输出端可以任其闲置。

（3）使用输出端注意事项

① 输出端的电平只能在 $V_{SS} \sim V_{DD}$ 之间。

② 除了具有 OC（集电极开路门）、OD（漏极开路门）结构和三态输出结构的门电路外，不允许把输出端并联使用以实现"线与"逻辑。

③ 不允许直接与 V_{DD} 或 V_{SS} 连接。

④ 为增加 CMOS 门电路的驱动能力，同一芯片上的几个电路可以并联在一起使用，不在同一芯片上不允许这样使用。

（4）电源注意事项

① 电源电压应保持在最大极限电源电压范围之内。

② CMOS 门电路的电源极性不能倒接。

8.9.4　各类集成门电路的性能比较

表 8.15 示出了各类集成门电路的性能比较，其中包括 TTL（晶体管-晶体管逻辑）、ECL（发射极耦合逻辑）、I^2L（集成注入逻辑）、NMOS（N-沟道 MOS）、PMOS（P-沟道 MOS）、CMOS（互补型 MOS）等门电路。

表 8.15　各类集成门电路的性能比较

分类 参数	双极型门电路			单极型门电路		
	TTL	ECL	I^2L	NMOS	PMOS	CMOS
每门功耗/mW	12～22	50～100	0.05～0.01	1.0～10	0.2～10	0.001～0.01（静态）
每门传输延迟/ns	10～40	1～5	15～20	300～400	300	40
抗干扰能力	中	弱	弱	较强	较强	强
扇出数（N_0）	5～12	25	3	20	20	>50
逻辑摆幅$\Delta V/V$	3.3	0.8	0.6	3～10	3～11	$\approx V_{DD}$
电源电压/V	5	− 5.2	0.8	≤15	−20～−24	3～15
门电路的基本形式	与非	或，或非	非	或非	或非	与非，或非
优点	功耗低，高速(其工作速度与功耗都介于 ECL 和 CMOS 电路之间)，扇出大，与现有系列电路兼容	超高速，扇出大，产生干扰小，互补输出	速度-功耗乘积低，装配密度高	集成度高，功耗低，有标准产品和非标准产品之分		工作在低速时，功耗极低；对 V_{DD} 变化不敏感，抗干扰性好；与现有逻辑系列电路兼容（通过适当的缓冲器）
缺点	对电源电压的变化较敏感	和其他系列电路接口困难；逻辑摆幅较小，抗干扰性能较差	抗干扰性能较差	速度较低，与其他系列电路接口困难，要使用多种电源		对静电破坏敏感

注：表中所列出的 TTL 和 CMOS 参数，均是一般的 TTL 门电路和 CMOS 门电路的参数。

TTL 是 74××标准型电路的参数，CMOS 则不是 74 系列高速 CMOS 电路的参数。

本章要点

1. 逻辑代数（也称布尔代数）是研究数字电路的基本工具，它有三种基本运算，即"与""或""非"。

2. 任何数字系统，不论它有多么复杂，均可以用三种逻辑门电路来实现，即"与"门、"或"门和"非"门，它与逻辑代数的三种基本运算相对应。

3. 门电路分两大类，即基本逻辑门电路"与""或""非"，和复合逻辑门电路"与非""或非""与或非"以及"异或""同或"等。除此之外，在计算机中还广泛应用两种门：OC 门（集电极开路门）和三态门。

4. 逻辑函数有三种表示法，即逻辑式、真值表和逻辑（电路）图，它们是一一对应、互相等价的。

5. 逻辑代数的理论基础是一组基本定理（公式），除此之外，还应掌握几个常用公式。

6. 逻辑函数的化简是本章的中心内容，只有用最简"与或"式构成的电路才是最简单的电路。有两种化简法：公式化简法和卡诺图化简法，都应很好地掌握它们。

7. TTL 门电路是数字系统中最为广泛使用的电路，应重点理解"与非"门的结构、特点和主要参数，即静态参数和动态参数。

8. 数字集成电路的使用常识对于实际工作很有价值，也应很好地理解和掌握。

 思考与习题

（一）自我测验题

将 A 列中的每个表述与 B 列中的最相关的意义或表述适配起来（注意：A 列中的某些项可能有不止一个答案）。

A 列

1. "逻辑"是指

2. 逻辑代数中最基本的逻辑关系有

3. "与"逻辑是指

4. 只要在决定某一种结果的各种条件中有一个或一个以上条件具备时，该结果就会发生，这种逻辑关系称为

5. "非"逻辑是指

6. 逻辑函数最常用的三种表示方法是

7. 逻辑函数用公式化简常用的方法有

B 列

a. "与"逻辑、"或"逻辑、"非"逻辑

b. 只有当决定某一种结果的所有条件全部具备时，该结果才能发生

c. 事物因果之间所遵循的规律

d. 并项法、吸收法、消去法、配项法

e. 逻辑函数表达式、真值表和逻辑电路图

f. 在任何事物中,结果对条件从逻辑上予以否定

g. "或"逻辑

（二）判断题（答案仅需给出"是"或"否"）

1. "异或"门和"同或"门是复合门电路。

2. 三态门有两种输出结果，"0"态和"1"态。

3. 任何 TTL 门电路都可以直接将输出端并联使用。

4. 由逻辑函数式不能实现逻辑图。

5. 任意两个最小项的乘积恒为 0。

6. 真值表和卡诺图是逻辑函数的两种不同表示方法。

（三）综合题

1. 如图 8.47 所示，求当 $A=1$，$B=1$，$C=0$ 时 Y 的值。

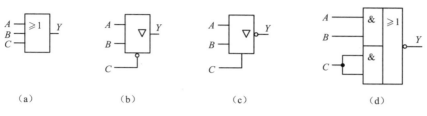

图 8.47

2. 在图 8.48 中，若 $Y=0$，$A=B=1$，那么 C 应为何值？

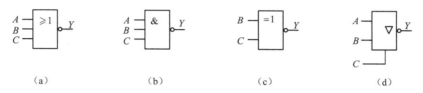

图 8.48

3. 在图 8.49 中，请写出各逻辑图的函数式。

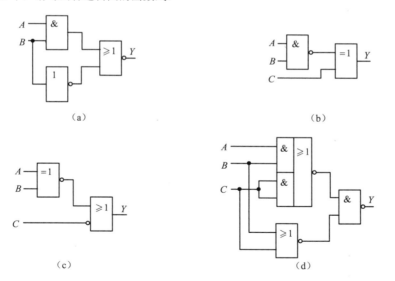

图 8.49

4. 用公式化简法将下列各函数化简为最简"与或"式。

（1） $Y=ABD+\overline{A}\overline{B}\overline{C}\overline{D}+A\overline{C}DE+A$

（2） $Y=AC+B\overline{C}+\overline{A}B$

（3） $Y=\overline{\overline{\overline{AB}C}+\overline{AB}}$

（4） $Y=\overline{A}+\overline{B}+ABC+\overline{C}$

（5） $Y=A(BC+\overline{B}\overline{C})+A(B\overline{C}+\overline{B}C)$

（6） $Y=(\overline{\overline{A}B+C})ABD+AD$

（7）$Y = (A + \overline{C})(B + D)(B + \overline{D})$

（8）$Y = A + \overline{\overline{B} + \overline{CD}} + \overline{\overline{AD} \cdot \overline{B}}$

5．用卡诺图将下列各函数化简为最简"与或"式。

（1）$Y = AB + \overline{A}$

（2）$Y = \overline{A}C + B\overline{C} + \overline{B}\,\overline{C}$

（3）$Y(ABC) = \sum m\,(4,5,6,7)$

（4）$Y(ABC) = \sum m\,(0,1,2,3,5,7)$

（5）$Y = B\overline{C} + \overline{B}D + BC$

（6）$Y = \overline{B}CD + B\overline{C} + \overline{A}\,\overline{C}D + A\overline{B}C + \overline{A}\,ABC\overline{D}$

（7）$Y(ABCD) = \sum m\,(0,1,2,3,4,5,\,8,10,11)$

（8）$Y(ABCD) = \sum m\,(2,6,7,8,9,10,11,13,14,15)$

8.10　实验

8.10.1　"与非""非""与""或"门电路的实现与功能

【实验目的】

（1）学会正确使用 74LS00 芯片。

（2）学会用"与非"门组成"非""与""或"门。

（3）掌握"与非""非""与""或"门的功能。

【实验原理】

（1）由"与非"门的逻辑函数 $Y = \overline{A \cdot B}$ 可知，只有当两个输入端都输入高电平时，输出才能为低电平，逻辑电平显示为灯灭；当其中有一个输入或两个输入都为低电平时，输出为高电平，逻辑电路显示为灯亮，如图 8.50 所示。

（2）用"与非"门组成"非"门时，可根据"非"门的功能，将"与非"门的两个输入端连在一起作为一个输入端就可实现"非"门的组成，$Y = \overline{A}$，如图 8.51 所示。

（3）用"与非"门组成"与"门时，只需要两个"与非"门就可实现，$Y = \overline{\overline{AB}} = AB$，如图 8.52 所示。

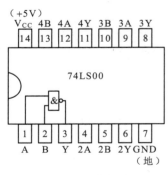

图 8.50　与非门芯片

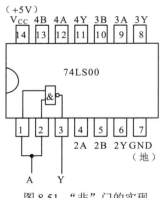

图 8.51　"非"门的实现

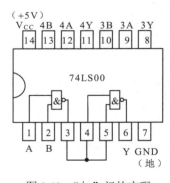

图 8.52　"与"门的实现

（4）用"与非"门组成"或"门时，用三个"与非"门就可实现，$Y = \overline{\overline{A} \cdot \overline{B}} = A + B$，如图 8.53 所示。

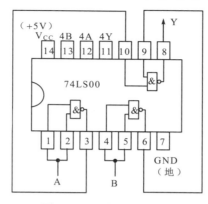

图 8.53　"或"门的实现

【实验器具】

（1）WL-Ⅳ型数字实验箱（或类似设备）一台（清华大学）。

（2）74LS00 芯片一块。

【实验内容和方法】

1．"与非"门的功能

（1）根据图 8.50 中 74LS00 芯片引脚图连线。

① 电源：芯片管脚 7 为电源负极接地，管脚 14 为电源正极 +5V。

② 输入：管脚 1、2 分别依次接数据逻辑电平。

③ 输出：管脚 3 接到逻辑电平显示上。

（2）根据表 8.16 的要求，将实验结果填入表格内。

2．"非"门的功能

（1）根据 74LS00 芯片的引脚图，按图 8.51 连线。

① 电源：管脚 14 为电源正极（5V），管脚 7 为电源负极接地。

② 输入：将管脚 1、2 连在一起，接到数据逻辑电平上。

③ 输出：把管脚 3 接到逻辑电平显示上。

（2）根据表 8.17 的要求，将实验结果填入表格内。

表 8.16

输　　入		输　　出
A	B	Y
0	0	
0	1	
1	0	
1	1	

表 8.17

输　　入	输　　出
A	Y
0	
1	

3．"与"门的功能

（1）根据 74LS00 芯片的引脚图，按图 8.52 连线。

① 电源：连线与以上实验相同。

② 输入：管脚 1、2 分别依次接到数据逻辑电平上。管脚 3、4、5 用线连在一起。

③ 输出：把管脚 6 接到逻辑电平显示上。

（2）根据表 8.18 的要求，将实验结果填入表格内。

4. "或"门的功能

（1）根据 74LS00 芯片的引脚图，按图 8.53 连线。

① 电源：管脚 7、14 的连线同以上实验。

② 输入：把管脚 1、2 连在一起作为 A 的输入端，接到数据逻辑电平上；将管脚 4、5 连在一起作为 B 的输入端，也接到数据逻辑电平上；管脚 3、10 相连，管脚 6、9 相连。

③ 输出：把管脚 8 接到逻辑电平显示上。

（2）根据表 8.19 的要求，将实验结果填入表格内。

表 8.18

输　　入	输　　出
A　B	Y
0　　0	
0　　1	
1　　0	
1　　1	

表 8.19

输　　入	输　　出
A　B	Y
0　　0	
0　　1	
1　　0	
1　　1	

【思考与回答】

（1）将上述实验表的结果，用逻辑函数式写出来。

（2）用 74LS00 芯片的管脚 4、5、6 能否实现"非"门逻辑功能？

8.10.2 "与或非"门、"异或"门的功能

【实验目的】

（1）学会正确使用 74LS55 及 74LS86 芯片。

（2）掌握"与或非"门、"异或"门的逻辑功能。

【实验原理】

（1）74LS55 芯片是 2 路 4-4 输入的"与或非"门，它的逻辑函数表达式为 $Y = \overline{ABCD + EFGH}$，有 8 个输入端，1 个输出端，该芯片的引脚图如图 8.19（b）所示，NC 表示空管脚。

（2）74LS86 芯片是四 2 输入"异或"门，它的逻辑函数表达式为 $Y = A \oplus B$，该芯片的引脚图如图 8.21（b）所示。

【实验器具】

（1）WL-IV 型数字实验箱一台。

（2）74LS55 芯片、74LS86 芯片各一块。

【实验内容和方法】

1. "与或非"门的功能

（1）按图 8.19（b）74LS55 芯片的引脚图连线。

① 电源：管脚 7 接地，管脚 14 接 +5V 。

② 输入：将管脚 1、2、3、4、10、11、12、13 分别依次接到数据逻辑电平上。

③ 输出：管脚 8 接到逻辑电平显示上。

（2）根据表 8.20 的要求，将实验结果填入表内。

2．"异或"门的功能

（1）按图 8.21（b）74LS86 芯片的引脚图连线。

① 电源：管脚 7 接地，管脚 14 接 +5V。

② 输入：把管脚 1、2 分别依次接到数据逻辑电平上。

③ 输出：管脚 3 接到逻辑电平显示上。

（2）根据表 8.21 的要求，将实验结果填入表格内。

表 8.20

输　　　　　入								输　　出
A	B	C	D	E	F	G	H	Y
0	1	1	0	1	1	1	1	
1	1	0	0	0	0	0	0	
0	0	0	0	1	0	0	1	
1	1	1	1	0	1	1	0	

表 8.21

输　　入		输　　出
A	B	Y
0	0	
0	1	
1	0	
1	1	

【思考与回答】

（1）要完成 $Y = \overline{AB + EF}$ 功能的实验，用 74LS55 芯片是否可以？应怎样连线？

（2）能否用 74LS86 芯片中的管脚 11、12、13，实现"异或"的逻辑功能？

第 9 章 组合逻辑电路

数字逻辑电路按逻辑功能的不同特点，可分为组合逻辑电路和时序逻辑电路。

在逻辑电路中，若任意时刻的输出状态仅仅取决于当时的输入信号状态，而与信号作用之前的电路所处的状态无关，则这种电路称为组合逻辑电路。从电路的工作特性来看，其显著特点是无记忆功能；而从电路的结构特点来看，则是其中不包含具有记忆功能的重要部件——触发器。与此相对照，如果在逻辑电路中，其任意时刻的输出状态不仅取决于当时的输入信号状态，而且还与信号作用之前的电路所处的状态有关，则这种电路称为时序逻辑电路。它的显著特点是电路具有记忆功能，而从电路的结构来看，则是其中包含具有记忆功能的重要部件——触发器。关于时序逻辑电路，将在下一章予以重点介绍。

本章将介绍在计算机中常用的编码器、译码器、多路转接器、多路分配器、奇偶校验器、数码比较器及加法器等电路。

9.1 编码器

在计算机中，数据、指令、地址等都是用二进制数表示的。多位二进制数的排列组合叫做代码。如果给每个代码赋予一定的含义，这就是编码。计算机中常用的编码有：二进制编码、二–十进制编码及美国信息交换用标准代码（ASCII）等。用来完成编码功能的电路称为编码器。

9.1.1 3 位二进制编码器

二进制编码器应用很广，主要用于键盘输入电路。能将输入信息编成二进制代码的电路叫做二进制编码器。常用的二进制编码顺序，是按二进制的自然计数进位形成的，按此顺序编码便于人们的使用和记忆。

3 位二进制编码器如图 9.1 所示。由图可知有 8 个输入端，3 个输出端。根据逻辑图还可以写出它的逻辑函数式；

$$Y_0 = \overline{\overline{I_1}\ \overline{I_3}\ \overline{I_5}\ \overline{I_7}} = I_1 + I_3 + I_5 + I_7$$

$$Y_1 = \overline{\overline{I_2}\ \overline{I_3}\ \overline{I_6}\ \overline{I_7}} = I_2 + I_3 + I_6 + I_7$$

$$Y_2 = \overline{\overline{I_4}\ \overline{I_5}\ \overline{I_6}\ \overline{I_7}} = I_4 + I_5 + I_6 + I_7$$

由逻辑函数式可以列出它的真值表，如表 9.1 所示，从中总结出 3 位二进制编码器的功能：当任何一个输入端信号为高电平时，3 个输出端的取值组成对应的 3 位二进制代码。输出端是按二进制自然顺序编码的，用来表示输入端的 8 种状态信息。每个二进制代码对应一种信息。每次只允许一个输入信号为 1，如果同时有多个输入信号为 1 时，其电路不能正常工作，会出现输出的混乱。

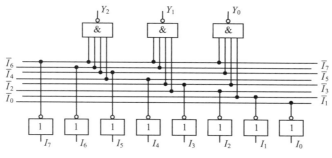

图 9.1　3 位二进制编码器

表 9.1　3 位二进制编码器真值表

输　　入								输　　出		
I_0	I_1	I_2	I_3	I_4	I_5	I_6	I_7	Y_2	Y_1	Y_0
1	0	0	0	0	0	0	0	0	0	0
0	1	0	0	0	0	0	0	0	0	1
0	0	1	0	0	0	0	0	0	1	0
0	0	0	1	0	0	0	0	0	1	1
0	0	0	0	1	0	0	0	1	0	0
0	0	0	0	0	1	0	0	1	0	1
0	0	0	0	0	0	1	0	1	1	0
0	0	0	0	0	0	0	1	1	1	1

　　通过上述分析可以知道 3 位二进制编码器，可对 8 (2^3)种状态信息进行二进制编码。类似地，4 位二进制编码器能对 16 (2^4)种状态信息进行二进制编码，以此类推。一般地说，n 位二进制编码器，能对 2^n 种状态信息进行二进制编码。

9.1.2　二 - 十进制编码器

　　能将 10 个输入信号分别编成对应的 BCD 代码的电路叫做二 - 十进制编码器。所谓 BCD（Binary-Coded Decimal）码，就是用 4 位二进制的代码来表示一位十进制数。这样，BCD 码的码制就有多种，如 8421 码、5211 码、2421 码等。我们这里所讲的 BCD 码，是指 8421 BCD 码，这是一种最常用的 BCD 码，如表 9.2 所示。

　　二 - 十进制编码器如图 9.2 所示，由图可知它的逻辑函数式为

$$Y_D = \overline{\overline{I_8}\,\overline{I_9}} = \overline{I_8} + \overline{I_9}$$

$$Y_C = \overline{\overline{I_4}\,\overline{I_5}\,\overline{I_6}\,\overline{I_7}} = \overline{I_4} + \overline{I_5} + \overline{I_6} + \overline{I_7}$$

$$Y_B = \overline{\overline{I_2}\,\overline{I_3}\,\overline{I_6}\,\overline{I_7}} = \overline{I_2} + \overline{I_3} + \overline{I_6} + \overline{I_7}$$

$$Y_A = \overline{\overline{I_1}\,\overline{I_3}\,\overline{I_5}\,\overline{I_7}\,\overline{I_9}} = \overline{I_1} + \overline{I_3} + \overline{I_5} + \overline{I_7} + \overline{I_9}$$

　　由函数式列出二 - 十进制编码器的真值表如表 9.3 所示。从真值表中可得出其逻辑功能为：任何一个输入端信号为低电平时，4 个输出端的取值组成对应的 8421 码。输入的每一组数对应一个 8421 码，于是，十组状态信息就编成了 8421 码。电路每次只允许输入一个低电平信号，并对此信号进行编码；如果有多个输入信号同时为 0，而其余输入信号为 1 时，则电路的输出编码将发生错误。此时，电路不能正常工作。

表 9.2　8421 BCD 码

代　码	8	4	2	1
十进制数	Y_D	Y_C	Y_B	Y_A
0	0	0	0	0
1	0	0	0	1
2	0	0	1	0
3	0	0	1	1
4	0	1	0	0
5	0	1	0	1
6	0	1	1	0
7	0	1	1	1
8	1	0	0	0
9	1	0	0	1

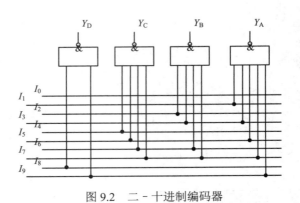

图 9.2　二 – 十进制编码器

表 9.3　二 – 十进制编码器的真值表

输　入										输　出			
I_0	I_1	I_2	I_3	I_4	I_5	I_6	I_7	I_8	I_9	Y_D	Y_C	Y_B	Y_A
0	1	1	1	1	1	1	1	1	1	0	0	0	0
1	0	1	1	1	1	1	1	1	1	0	0	0	1
1	1	0	1	1	1	1	1	1	1	0	0	1	0
1	1	1	0	1	1	1	1	1	1	0	0	1	1
1	1	1	1	0	1	1	1	1	1	0	1	0	0
1	1	1	1	1	0	1	1	1	1	0	1	0	1
1	1	1	1	1	1	0	1	1	1	0	1	1	0
1	1	1	1	1	1	1	0	1	1	0	1	1	1
1	1	1	1	1	1	1	1	0	1	1	0	0	0
1	1	1	1	1	1	1	1	1	0	1	0	0	1

对于二 – 十进制编码器来说，若有 4 个输出端，则可对 10 个数（0～9）进行编码；若有 8 个输出端，则可对 100 个数（00～99）进行编码；以此类推，若有 $n \times 4$ 个输出端，则可对 10^n 个数进行编码。

9.2　译码器

译码就是将代码原来的含意翻译出来。实际上，译码是编码的反过程。能完成译码功能的逻辑电路叫译码器，有时也叫解码器。按逻辑功能不同，译码器可分为通用译码器和数字显示译码驱动器两大类。

通用译码器包括：二进制译码器、二 – 十进制译码器和代码转换译码器，习惯称之为译码器。

数字显示译码驱动器，是将数字、文字或符号的代码译成相应的数字、文字或符号的逻辑电路，用于驱动各类显示器，如荧光数码管、发光二极管、液晶数码管等。

9.2.1 二进制译码器

图 9.3 所示是 2-4 线译码器的逻辑图，$\overline{G}$ 为使能（允许）端，该译码器的输出逻辑函数式为：

$$Y_0 = \overline{\overline{G}\ \overline{B}\ \overline{A}} \qquad Y_1 = \overline{\overline{G}\ \overline{B}\ A}$$

$$Y_2 = \overline{\overline{G}\ B\ \overline{A}} \qquad Y_3 = \overline{\overline{G}\ B\ A}$$

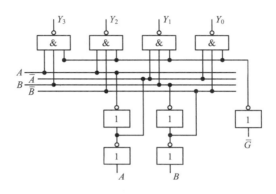

图 9.3　2-4 线译码器逻辑图

由上述逻辑式可见，只有当 $\overline{G}=0$（$G=1$）时，输出函数才能正确反映输入变量的逻辑关系（否则，输出函数 Y_0、Y_1、Y_2、Y_3 皆等于 1）。可见，每个输出函数对应着输入变量的一组取值，正好等于一个最小项，因此二进制译码器又有变量译码器、最小项发生器之称。

74LS 系列的中规模译码器类型较多，最常见的有双 2-4 线译码器/分配器（74LS139）芯片、3-8 线译码器/分配器（74LS138）芯片，以及 4-16 线译码器/分配器（74LS154）芯片等，其功能框图及引脚图分别如图 9.4、图 9.5，以及图 9.6 所示。（注意：这三种芯片之所以叫做译码器 / 分配器，是因为它们除了可以用作译码器之外，还可以用作多路分配器，请参见 9.3 节。）

下面将对这三种最常用的译码器做比较详细的介绍。

1. 双 2-4 线译码器/分配器（74LS139）

74LS139 芯片是双 2-4 线译码器（见图 9.4），即在一块集成电路封装中，包含了两个独立的、同样的 2-4 线译码器，其输出与输入的逻辑关系如前所述。其各引脚分别如下。

1B、1A，2B、2A：代码输入端，B 为高位、A 为低位。

$1Y_3 \sim 1Y_0$，$2Y_3 \sim 2Y_0$：状态信号输出端（这里的 1、2 分别对应于输入端的 1、2），低电平有效。

$\overline{1G}$、$\overline{2G}$：使能（允许）端，低电平有效；这就是说，只有当 $\overline{1G}=0$，$\overline{2G}=0$ 时，所对应的译码器才能正常工作。再强调一下，这两个 2-4 线译码器是完全独立的。

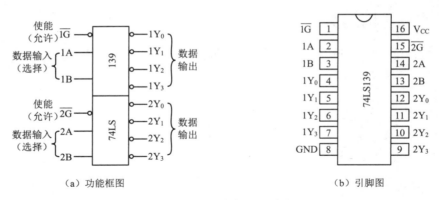

（a）功能框图　　　　　　　　　（b）引脚图

图 9.4　译码器功能框图及引脚图

—— 74LS139（双 2-4 线译码器/分配器）

2. 3-8 线译码器/分配器（74LS138）

74LS138 芯片是 3-8 线译码器（见图 9.5），在该译码器中，各引脚分别如下。

C、B、A：代码输入端，C 为最高位、A 为最低位。

$Y_7 \sim Y_0$：状态信号输出端，低电平有效。

G_1、$\overline{G2A}$、$\overline{G2B}$：使能（允许）端，供抑制译码器噪声和扩展输入变量级联使用。其输出与输入的逻辑关系如下：

$$Y_0 = \overline{G1 \; G2A \; G2B \; \overline{C} \; \overline{B} \; \overline{A}}$$

$$Y_1 = \overline{G1 \; G2A \; G2B \; \overline{C} \; \overline{B} \; A}$$

$$Y_2 = \overline{G1 \; G2A \; G2B \; \overline{C} \; B \; \overline{A}}$$

$$\vdots$$

$$Y_7 = \overline{G1 \; G2A \; G2B \; C \; B \; A}$$

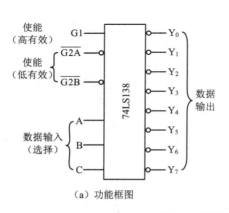
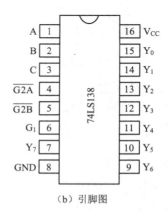

（a）功能框图　　　　　　　　　（b）引脚图

图 9.5　译码器功能框图及引脚图

—— 74LS138（3-8 线译码器/分配器）

74LS138 芯片功能表如表 9.4 所示。由其功能表（由其逻辑式亦然）可以明显看出，只有当 3 个使能端 G_1、$\overline{G2A}$、$\overline{G2B}$ 同时取值 $G_1=1$、$\overline{G2A}=0$（$G2A=1$）、$\overline{G2B}=0$（$G2B=1$）时，译码器的输出才能正确反映输入逻辑变量的变化情况；而除此之外的 G_1、$\overline{G2A}$、$\overline{G2B}$ 的任何取值组合，其输出端皆为 1（此时，其输出将不反映输入逻辑变量的变化情况）。从这里也可以看出"使能端"的重要性，所以，所谓"使能"也就是"控制"的意思。

表 9.4　74LS138 芯片功能表

输　入						输　出							
G_1	$\overline{G2A}$	$\overline{G2B}$	C	B	A	Y_0	Y_1	Y_2	Y_3	Y_4	Y_5	Y_6	Y_7
$\times$	1	$\times$	$\times$	$\times$	$\times$	1	1	1	1	1	1	1	1
$\times$	$\times$	1	$\times$	$\times$	$\times$	1	1	1	1	1	1	1	1
0	$\times$	$\times$	$\times$	$\times$	$\times$	1	1	1	1	1	1	1	1
1	0	0	0	0	0	0	1	1	1	1	1	1	1
1	0	0	0	0	1	1	0	1	1	1	1	1	1
1	0	0	0	1	0	1	1	0	1	1	1	1	1
1	0	0	0	1	1	1	1	1	0	1	1	1	1
1	0	0	1	0	0	1	1	1	1	0	1	1	1
1	0	0	1	0	1	1	1	1	1	1	0	1	1
1	0	0	1	1	0	1	1	1	1	1	1	0	1
1	0	0	1	1	1	1	1	1	1	1	1	1	0

3．4-16 线译码器/分配器（74LS154）

74LS154 芯片是 4-16 线译码器（见图 9.6），在该译码器中，各引脚分别如下。

D、C、B、A：代码输入端，D 为最高位、A 为最低位。

0～15：状态信号输出端，低电平有效。

$\overline{G1}$、$\overline{G2}$：使能（允许）端，低电平有效，其作用同 3-8 线译码器（74LS138）。

其输出与输入的逻辑关系如下：

$$0 = \overline{\overline{G1}\ \overline{G2}\ \overline{D}\ \overline{C}\ \overline{B}\ \overline{A}}$$

$$1 = \overline{\overline{G1}\ \overline{G2}\ \overline{D}\ \overline{C}\ \overline{B}\ A}$$

$$2 = \overline{\overline{G1}\ \overline{G2}\ \overline{D}\ \overline{C}\ B\ \overline{A}}$$

$$\vdots$$

$$15 = \overline{\overline{G1}\ \overline{G2}\ D\ C\ B\ A}$$

4-16 线译码器（74LS154）的工作原理与 3-8 线译码器（74LS138）的工作原理完全相同，只不过输入变量由原来的 3 个变成了 4 个，因而使其输出端数由原来的 8 个变成了 16 个。再有就是 74LS154 的使能端比 74LS138 的使能端少了一个 G_1（高电平有效），这是因为其 24 引脚的 DIP 封装没有多余的管脚可供使用的缘故。

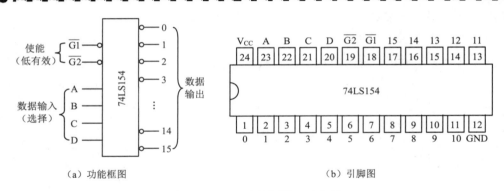

（a）功能框图   （b）引脚图

图 9.6   译码器功能框图及引脚图

—— 74LS154（4-16 线译码器/分配器）

最后还有一点需要补充说明的是，这三种译码器（以及其他许多译码器）的输出均是"低电平有效"，其主要原因是：① 内部的电路结构这样做比较方便；② 为配合译码器后面所控制的电路使用方便（以后我们将会看到，许多集成电路的芯片均有"使能"端或者"片选"端，它们一般均为"低电平有效"）。

二进制译码器应用很广，可以用作地址译码器或状态译码器，能实现逻辑函数，还可以实现 BCD 码/十进制数间的转换。当多片译码器级联使用时，可扩大代码的位数。例如两片 3-8 线译码器（74LS138）芯片可组成 4-16 线译码器，如图 9.7 所示。当控制端（$\overline{G}$）输入信号为高电平时，该电路输出全无效；只有控制端（$\overline{G}$）输入低电平时，译码器才能工作。该电路连接的巧妙之处是，最高位地址 A_3 被连接到了两个芯片的不同的使能端：若 $A_3 = 0$，则片（2）不工作，片（1）工作；若 $A_3 = 1$，则片（1）不工作，片（2）工作，此时，输出信号将从片（2）的 8～15 端获得。这样，通过高位地址线 A_3 的控制，两片 3-8 线译码器（74LS138）芯片就可以交替地工作，从而实现用几片较少位数的集成芯片来实现需要较多位数的芯片的功能。

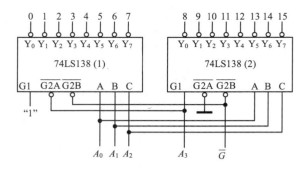

图 9.7   用两片 74LS138 芯片组成 4-16 线译码器

9.2.2   二‑十进制译码器（BCD 码/十进制）

能将二‑十进制（BCD）代码译成十进制状态的电路称为二‑十进制译码器，也就是 BCD/十进制译码器，又称 4-10 线译码器。这类译码器可用 4-16 线译码器来实现，但是人们一般还是愿意采用专用产品，如 74LS42 芯片就是专门为此而设计的芯片，它的功能框图及引脚图如图 9.8 所示。

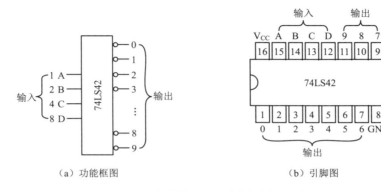

（a）功能框图　　　　　　　　　　（b）引脚图

图 9.8　二－十进制译码器功能框图及引脚图

74LS42 芯片的输出与输入的逻辑关系如下：

$$0 = \overline{\overline{D}\ \overline{C}\ \overline{B}\ \overline{A}}$$

$$1 = \overline{\overline{D}\ \overline{C}\ \overline{B}\ A}$$

$$2 = \overline{\overline{D}\ \overline{C}\ B\ \overline{A}}$$

$$\vdots$$

$$9 = \overline{D\ \overline{C}\ \overline{B}\ A}$$

由上述逻辑关系式可见，输入变量 $DCBA$ 的变化规律完全是按照自然二进制数的变化规律进行的，以此形成输出变量 0～9。

该芯片的一个显著特点是没有"使能端"，其原因可能有二：其一，BCD 码各位都是独立的，不需要扩展位数，故一般不需要"使能端"；其二，在 16 引脚的 DIP 封装中，已经没有多余的引脚了。该芯片的另一个显著特点是，其输出信号是以"非"的形式（低电平有效）出现的，正如前面所说，这是各种译码器的一种常见的输出结构（因这样做比较方便，又有此需要）。

74LS42 芯片的逻辑功能见表 9.5。由以上的逻辑关系也可以推出此逻辑功能表（逻辑式和功能表是一一对应的）。因为 BCD 码只有 0～9 个数字，所以 10～15 的二进制编码组合都是无效的。

表 9.5　74LS42 芯片功能表

数目	BCD 码输入				输　　出									
	A_3	A_2	A_1	A_0	Y_0	Y_1	Y_2	Y_3	Y_4	Y_5	Y_6	Y_7	Y_8	Y_9
0	0	0	0	0	0	1	1	1	1	1	1	1	1	1
1	0	0	0	1	1	0	1	1	1	1	1	1	1	1
2	0	0	1	0	1	1	0	1	1	1	1	1	1	1
3	0	0	1	1	1	1	1	0	1	1	1	1	1	1
4	0	1	0	0	1	1	1	1	0	1	1	1	1	1
5	0	1	0	1	1	1	1	1	1	0	1	1	1	1
6	0	1	1	0	1	1	1	1	1	1	0	1	1	1

续表

数目	BCD 码输入				输　　出									
	A_3	A_2	A_1	A_0	Y_0	Y_1	Y_2	Y_3	Y_4	Y_5	Y_6	Y_7	Y_8	Y_9
7	0	1	1	1	1	1	1	1	1	1	1	0	1	1
8	1	0	0	0	1	1	1	1	1	1	1	1	0	1
9	1	0	0	1	1	1	1	1	1	1	1	1	1	0
无效	1	0	1	0	1	1	1	1	1	1	1	1	1	1
	1	0	1	1	1	1	1	1	1	1	1	1	1	1
	1	1	0	0	1	1	1	1	1	1	1	1	1	1
	1	1	0	1	1	1	1	1	1	1	1	1	1	1
	1	1	1	0	1	1	1	1	1	1	1	1	1	1
	1	1	1	1	1	1	1	1	1	1	1	1	1	1

除了 8421 码外，还有余 3 码、余 3 格雷码等，因此，相应地也有 74LS43（余 3 码－十进制译码器），74LS44（余 3 格雷码－十进制译码器）等芯片。

用 4-16 线译码器（74LS154 芯片）也可以实现 4-10 线译码，如图 9.9 所示。

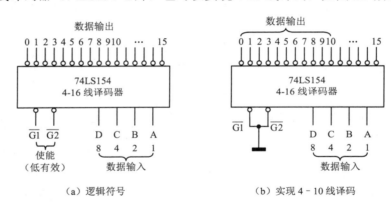

图 9.9　用 4-16 线译码器实现 4-10 线译码

用 4-10 线译码器也可以实现 3-8 线译码，如图 9.10 所示。

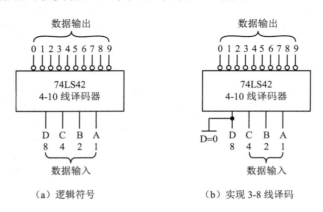

图 9.10　用 4-10 线译码器实现 3-8 线译码

9.2.3　数字显示译码器

数字显示译码器是用来驱动显示器件的。数字显示译码器随显示器件的类型不同而异,如与辉光数码管相匹配的是 BCD -十进制译码器/驱动器; 常用的发光二极管数码管、液晶数码管、荧光数码管等是由 7 个或 8 个字段构成字型, 因而与之相匹配的有 BCD - 七段或 BCD - 八段译码器/驱动器。这里我们将简要介绍驱动发光二极管数码管的 BCD - 七段译码器/驱动器。

发光二极管由特殊的半导体材料(如砷化镓、磷砷化镓等)制成, 可单独使用, 也可以组装成分段式显示器件。分段式显示器由 7 条线段围成字型, 如图 9.11 所示。每一段包含一个发光二极管, 分别用 a、b、c、d、e、f、g 表示。当外加正向电压时, 二极管导通, 发出清晰的红、绿、黄等颜色。只要按规律控制各发光段的亮灭, 就可以显示出各种字型和符号。发光二极管有共阴(极)、共阳(极)之分。共阴式发光二极管使用时公共阴极接地, 7 个阳极 $a \sim g$ 由相应的 BCD - 七段译码器/驱动器的输出端加以控制[见图 9.11(b)], 当相应的阳极输出为高电平(一般为+5V)时, 则该阳极所对应的字段将发光。共阳式发光二极管使用时公共阳极接+ E_C(一般为+5V), 7 个阴极 $a \sim g$ 则由相应的 BCD - 七段译码器来控制[见图 9.11(c)], 当相应的阴极输出为低电平(一般为 0.35V)时, 则该阴极所对应的字段将发光。

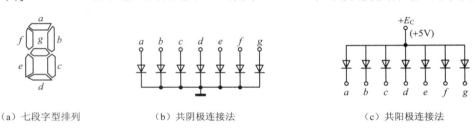

（a）七段字型排列　　　　　（b）共阴极连接法　　　　　　　（c）共阳极连接法

图 9.11　七段字型显示原理

BCD - 七段译码器/驱动器的输入是一位 BCD 8421 码, 输入端用 D、C、B、A 表示, 输出用数码管的各段信号 a、b、c、d、e、f、g 来表示。用 BCD - 七段译码器/驱动器驱动共阴发光二极管时, 输出信号为高电平有效, 即输出为 1 时, 相应各段显示发光, 其真值表如表 9.6 所示。例如, 当输入 8421 码 $DCBA = 0100$ 时, b、c、f、g 段同时点亮发光, 而 a、d、e 段则熄灭, 显示字型 ㄩ, 译码器输出 $abcdefg = 0110011$。这是一组特殊的代码, 常称做段码。

中规模 BCD - 七段译码器/驱动器集成芯片有 74LS47(低电平输出, 集电极开路, 可直接驱动共阳极七段显示器)、74LS48(高电平输出, 可直接驱动共阴极七段显示器)、74LS49(高电平输出, 集电极开路, 可直接驱动共阴极七段显示器)等类型。改进型的 BCD - 七段译码器/驱动器集成芯片有: 74LS247、74LS248 和 74LS249。这些芯片的功能和管脚排列与相应的 74LS47、74LS48 和 74LS49 完全相同, 所不同的是前三种改进型的芯片所输出的字型 6 和 9 带有"尾巴"(请参见表 9.6 中的字型 6 和 9), 而后三种类型的芯片所输出的字型 6 和 9 则不带有"尾巴"(请参见表 9.7 后面所附的注解), 显然它们没有"带尾巴"的 6 和 9 好看。

可见, BCD - 七段译码器/驱动器的类型不同, 它们的输出结构也不相同, 因而在使用时一定要正确选择(可参考有关的器件手册)。目前已广泛采用将计数器、锁存器、译码驱动电路制作在同一芯片上的集成器件, 有的还是连同数码显示器也集成在一起的四合一电路, 使用很方便。

表 9.6 BCD‒七段译码器/驱动器显示真值表

十进制数	输　入				输　　　出							字　型
	D	C	B	A	a	b	c	d	e	f	g	
0	0	0	0	0	1	1	1	1	1	1	0	
1	0	0	0	1	0	1	1	0	0	0	0	
2	0	0	1	0	1	1	0	1	1	0	1	
3	0	0	1	1	1	1	1	1	0	0	1	
4	0	1	0	0	0	1	1	0	0	1	1	
5	0	1	0	1	1	0	1	1	0	1	1	
6	0	1	1	0	1	0	1	1	1	1	1	
7	0	1	1	1	1	1	1	0	0	0	0	
8	1	0	0	0	1	1	1	1	1	1	1	
9	1	0	0	1	1	1	1	1	0	1	1	

74LS48 芯片的功能框图及引脚图如图 9.12 所示，其功能见表 9.7。

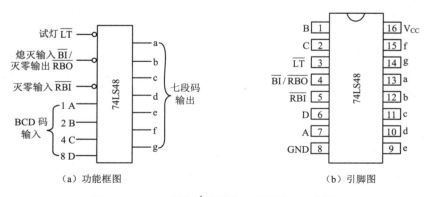

（a）功能框图　　　　　　　　（b）引脚图

图 9.12 BCD/十进制译码器功能框图及引脚图

表 9.7　74LS48 芯片功能表

十进制或功能	输　入						$\overline{BI}/\overline{RBO}$	输　出						
	$\overline{LT}$	$\overline{RBI}$	D	C	B	A		a	b	c	d	e	f	g
0	1	1	0	0	0	0	1	1	1	1	1	1	1	0
1	1	×	0	0	0	1	1	0	1	1	0	0	0	0
2	1	×	0	0	1	0	1	1	1	0	1	1	0	1
3	1	×	0	0	1	1	1	1	1	1	1	0	0	1
4	1	×	0	1	0	0	1	0	1	1	0	0	1	1
5	1	×	0	1	0	1	1	1	0	1	1	0	1	1
6	1	×	0	1	1	0	1	0	0	1	1	1	1	1
7	1	×	0	1	1	1	1	1	1	1	0	0	0	0
8	1	×	1	0	0	0	1	1	1	1	1	1	1	1
9	1	×	1	0	0	1	1	1	1	1	0	0	1	1
10	1	×	1	0	1	0	1	0	0	0	1	1	0	1
11	1	×	1	0	1	1	1	0	0	1	1	0	0	1
12	1	×	1	1	0	0	1	0	1	0	0	0	1	1
13	1	×	1	1	0	1	1	1	0	0	1	0	1	1
14	1	×	1	1	1	0	1	0	0	0	1	1	1	1
15	1	×	1	1	1	1	1	0	0	0	0	0	0	0
$\overline{BI}$	×	×	×	×	×	×	0	0	0	0	0	0	0	0
$\overline{RBI}$	1	0	0	0	0	0	0	0	0	0	0	0	0	0
$\overline{LT}$	0	×	×	×	×	×	1	1	1	1	1	1	1	1

注解：按照此七段输出信号去控制七段显示器时，所获得的字型 6 和 9 均不带"尾巴"，这与表 9.6 所示的字型 6 和 9（带有"尾巴"）是有区别的。这里所显示的字型 6 和 9 如下：　（试与带"尾巴"的字型 6 和 9 作一下比较：　。很显然，带"尾巴"的字型 6 和 9 比不带"尾巴"的字型 6 和 9 要好看一些。）

现将各信号含义说明如下。

$\overline{LT}$（Lamp Test）—— 试灯信号。此信号用来检查显示器的七个显示段是否正常，低电平有效。当 $\overline{LT}=1$ 时，译码器正常译码；当 $\overline{LT}=0$ 时，不论输入什么信号，数码管的七段全亮。用此方法，即可用来检查数码管的好坏。

$\overline{RBI}$（Ripple Blanking Input）—— 灭零输入信号，低电平有效。当 $\overline{RBI}=0$ 时，如果输入信号为 0000 时，则数码管不显示任何信号（通过此项功能，可以将所显示的数码前后的零熄灭）；当输入其他数码时，数码管仍可正常显示。当 $\overline{RBI}=1$ 时，译码器正常译码。

$\overline{RBO}$（Ripple Blanking Output）—— 灭零输出信号，低电平有效。$\overline{RBO}$ 和 $\overline{BI}$ 共用一个管脚，图中以 $\overline{BI}/\overline{RBO}$ 表示。当此信号有效时，在多位显示系统中，可以把所显示数字前部和尾部多余的"0"熄灭。这样既便于读数，又可以减少电能消耗。

$\overline{BI}$（Blanking Input）—— 熄灭输入信号，低电平有效。当 $\overline{BI}=1$ 时，译码器正常译码；当 $\overline{BI}=0$ 时，不管输入什么数码，数码管不显示任何数字。利用这个信号，可使显示的数字按需要间歇地闪亮。

9.3 多路转接器与多路分配器

9.3.1 多路转接器

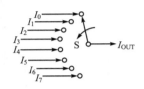

图 9.13　多路转接器示意图

多路转接器（简称 MUX—multiplexer）是指能从多个输入数据中，选择一路数据输出的逻辑电路，也称多路选择器或多路开关。一般来说，可以从 2 路、4 路、8 路和 16 路中，选择 1 路数据，这样，就分别有 2 选 1、4 选 1、8 选 1 和 16 选 1 多路转接器。多路转接器的示意图如图 9.13 所示。下面分别介绍在标准的 74 系列集成电路中所常用的几种多路转接器。

1. 2 选 1 多路转接器

74LS157 芯片是四 2 选 1 的多路转接器，其输出与输入同相；74LS158 芯片也是四 2 选 1 的多路转接器，但其输出与输入反相。它们都是在一个芯片中，包含有 4 个 2 选 1 的逻辑电路。这两种芯片的管脚布局完全相同，需要注意的只是 74LS158 芯片的输出与其输入是反相的。2 选 1 多路转接器（74LS157）的单元逻辑图如图 9.14 所示；其功能框图及引脚图如图 9.15 所示。由逻辑图可写出其逻辑函数式为

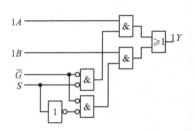

图 9.14　2 选 1 多路转接器逻辑图

$$1Y = G(\overline{S}\,1A + S\,1B) \qquad （74LS157）（输出与输入同相）$$

类似地，对于 74LS158 芯片来说，其逻辑函数式为

$$1Y = \overline{G(\overline{S}\,1A + S\,1B)} \qquad （74LS158）（输出与输入反相）$$

这里，$\overline{G}$ 是"使能"（也称"选通"）端。当 $\overline{G} = 0$（$G = 1$）时，电路才能正常工作（否则，电路的输出 $1Y = 0$）。在 $\overline{G} = 0$（$G = 1$）的条件下，当 $S = 0$ 时，选择 $1Y = 1A$ 输出；当 $S = 1$ 时，选择 $1Y = 1B$ 输出。S 为选择控制输入端，其真值表如表 9.8 所示。

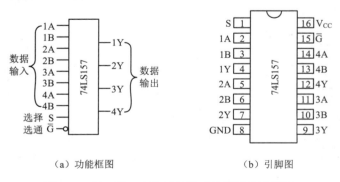

（a）功能框图　　　　　　　　　　（b）引脚图

图 9.15　四 2 选 1 多路转接器功能框图及引脚图

表 9.8 2 选 1 多路转接器真值表

输入端				输出 Y	
选通 $\overline{G}$	选择 S	数据 AB		74LS157	74LS158
1	×	×	×	0	1
0	0	0	×	0	1
0	0	1	×	1	0
0	1	×	0	0	1
0	1	×	1	1	0

此电路的功能是，在选择输入信号 S 的控制下，从 2 路数据 A、B 中选出 1 路输出。由于 74LS157 是四 2 选 1 多路转接器，这就意味着其中包含有同样结构的 4 只 2 选 1 多路转接器，因此，在选通（使能）信号 $\overline{G}$ 和选择信号 S 的控制下，可以把两路数据输入信号 1A、2A、3A、4A 和 1B、2B、3B、4B 分时地（有选择地）从输出端 1Y、2Y、3Y、4Y 加以输出。

2. 4 选 1 多路转接器

74LS153 芯片为双 4 选 1 多路转接器。该双 4 选 1 多路转接器的功能框图及引脚图如图 9.16 所示。其输出与输入的逻辑关系式为（这里所用的输入和输出逻辑变量的管脚符号，均按标准手册所提供的符号使用，以使读者将来查看相关手册时方便）：

$$1Y = 1G\,(\overline{B}\,\overline{A}\;1C0 + \overline{B}\,A\;1C1 + B\,\overline{A}\;\;1C2 + B\,A\;1C3)\;\cdots（第一组）$$

$$2Y = 2G\,(\overline{B}\,\overline{A}\;2C0 + \overline{B}\,A\;2C1 + B\,\overline{A}\;\;2C2 + B\,A\;2C3)\;\cdots（第二组）$$

这里，$\overline{G}$（$\overline{1G}$ 或者 $\overline{2G}$）是"使能"（也称"选通"）端。当 $\overline{G}=0$（$G=1$）时，电路才能正常工作（否则，电路的输出 $1Y=0$）。在 $\overline{G}=0$（$G=1$）的条件下，在两个选择输入信号 B、A 的控制下，才能从 4 个输入数据 $C3$、$C2$、$C1$、$C0$ 中，选择 1 路输出。且当 $BA=00$ 时，选择 $Y=C0$ 输出；$BA=01$ 时，选择 $Y=C1$ 输出；当 $BA=10$ 时，选择 $Y=C2$ 输出；当 $BA=11$ 时，选择 $Y=C3$ 输出。B、A 在计算机中一般接地址线，74LS153 芯片中的 B、A 两者公用。利用使能端 $\overline{G}$（$\overline{1G}$ 或者 $\overline{2G}$），可将 74LS153 双 4 选 1 多路转接器扩展为 8 选 1 的多路转接器，图 9.17 所示为其逻辑图。$A_2A_1A_0$ 组成数据选择控制端，共有 8 种组合控制从 $D_0 \sim D_7$ 的 8 个数据输入中选择一个数据作为输出。

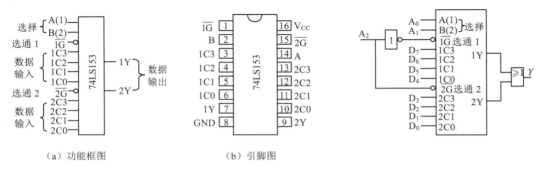

(a) 功能框图   (b) 引脚图

图 9.16 双 4 选 1 多路转接器功能框图及引脚图   图 9.17 用 74LS153 实现 8 选 1 数据选择

3. 8 选 1 及 16 选 1 多路转接器

除了以上所介绍的四 2 选 1 的多路转接器（74LS157、74LS158）、双 4 选 1 多路转接器

（74LS153）之外，在实际工作中，还会用到 8 选 1 及 16 选 1 多路转接器，它们的功能框图及引脚图分别如图 9.18 及图 9.19 所示。

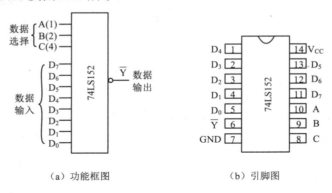

（a）功能框图　　　　　　　　　　　（b）引脚图

图 9.18　8 选 1 多路转接器功能框图及引脚图

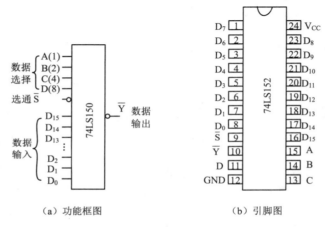

（a）功能框图　　　　　　　　　　　（b）引脚图

图 9.19　16 选 1 多路转接器功能框图及引脚图

由 8 选 1 多路转接器（74LS152）的功能框图可见，该芯片没有选通端，仅有数据选择端 ABC。此外，其输出信号 $\overline{Y}$ 与其输入信号是反相的。该电路的基本功能就是在数据选择端 ABC（C 为最高位，A 为最低位）的控制下，从输入的 8 路数据（$D_0 \sim D_7$）中选出所需要的 1 路数据。其具体的输出与输入的逻辑关系可参阅上述的有关内容。

由 16 选 1 多路转接器（74LS150）功能框图可见，该芯片设有选通端 S，其数据选择端为 ABCD（D 为最高位，A 为最低位）。与 74LS152 芯片类似，其输出信号 $\overline{Y}$ 与其输入信号也是反相的。该电路的基本功能就是在数据选择端 ABCD 的控制下，从输入的 16 路数据（$D_0 \sim D_{15}$）中选出所需要的 1 路数据。其具体的输出与输入的逻辑关系，也可参阅上述的有关内容，这里就不多讲了。

多路转接器的应用很广，它能实现逻辑函数、多路信号分时传送、数据并行－串行转换等。

9.3.2　多路分配器

多路分配器（demultiplexer）是指从一个输入端的信号，经过控制端的控制，被分配到多个输出端的逻辑电路。多路分配器的示意图如图 9.20 所示。

带控制（允许）输入端的译码器都可作为多路分配器使用。如图 9.4 所示的双 2-4 线译码器可以作 1-4 线的多路分配器用。只是数据端和控制（允许）端应互相交换：$\overline{G}$ 为数据输入端，A、B 为选择（地址）输入端，$Y_3 \sim Y_0$ 为数据输出端。既然多路分配器的选择输入端是 2-4 线译码器的译码输入端，所以多路分配器一般用译码器来代替。也就是说，带控制（允许）输入端的译码器又叫多路分配器，这就是为什么译码器的名称总是和分配器的名称连在一起的缘故（如：74LS138 是 3-8 线译码器/分配器；74LS139 是双 2-4 线译码器/分配器等）。

由 2-4 线译码器的输出与输入的逻辑函数式(稍稍改变一下输入变量的顺序)可知：

当 $BA = 00$ 时，$Y_0 = \overline{\overline{B}\ \overline{A}\ G} = \overline{G}$

当 $BA = 01$ 时，$Y_1 = \overline{\overline{B}\ A\ G} = \overline{G}$

当 $BA = 10$ 时，$Y_2 = \overline{B\ \overline{A}\ G} = \overline{G}$

当 $BA = 11$ 时，$Y_3 = \overline{B\ A\ G} = \overline{G}$

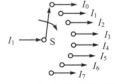

图 9.20　多路分配器示意图

即当选择输入端 A、B 在不同的取值作用下，可将数据信号 $\overline{G}$ 分配到不同的输出通道中。

74LS138 芯片是 3-8 线译码器，可作为 1-8 线分配器使用；74LS154 芯片是 4-16 线译码器，可作为 1-16 线分配器使用。多路分配器常与多路转接器联用，以实现多通道数据的分时传送，如图 9.21 所示。数据发送端将各路数据分时送入传输总线，接收端再由多路分配器将总线上的数据适时地（"同步地"）分配到相应的输出端，两者的选择输入（地址码）信号一定要相对应（两者须严格地保持"同步"）。

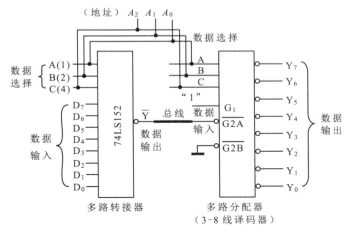

（a）用集成电路芯片实现的原理框图

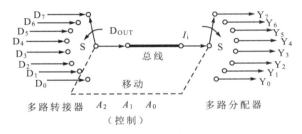

（b）分时传送的原理示意图

图 9.21　多通道数据分时传送原理图

9.4 数码比较器

数码比较器是比较两个数码大小的逻辑电路。数码的比较有大小比较和相同比较。比较两个数码是否相同的逻辑电路称为同比较器；比较两个数码大小的逻辑电路称为量值比较器。按工作方式分，又有并行和串行，这里介绍并行比较器。

9.4.1 1位数码比较器

图9.22所示是1位数码比较器的逻辑图。输入端用A、B分别表示两个一位二进制数，比较结果后输出，输出端用M表示$A < B$，用L表示$A > B$，用Q表示$A = B$。由逻辑图可以写出函数式为

$$M = \overline{A} B$$

$$L = A \overline{B}$$

$$Q = \overline{\overline{A} B + A \overline{B}} = \overline{A \oplus B} = A \odot B$$

其真值表如表9.9所示。从表中可知其功能：1位数码比较器的输入是待比较的两个数A和B，输出是比较的结果，当$L = 1$时，表示$A > B$；当$M = 1$时，表示$A < B$；当$Q = 1$时，表示$A = B$。

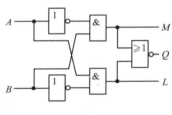

图9.22 1位数码比较器逻辑图

表9.9 1位数码比较器真值表

输	入	输	出	
A	B	L	M	Q
0	0	0	0	1
0	1	0	1	0
1	0	1	0	0
1	1	0	0	1

9.4.2 多位数码比较器

多位二进制数码比较的方法与十进制数码比较一样，要从最高位开始比起。最高位大的数值为大；若最高位相同，再由次高位大小判定两数的大小，依次类推。只有当两数相对应的各位全相同时，两数才能被认为相等。

这里要介绍的74LS85芯片，是一个4位数码比较器，其功能框图及引脚图分别如图9.23（a）和（b）所示。图（a）中的$P_3 \sim P_0$和$Q_3 \sim Q_0$是待比较的两个二进制数P和Q的数码输入端，$P = P_3 P_2 P_1 P_0$，$Q = Q_3 Q_2 Q_1 Q_0$。比较器的输出结果用$P > Q_O$，$P = Q_O$和$P < Q_O$表示。$P < Q_I$，$P = Q_I$和$P > Q_I$是级联输入端，供扩展使用。若不用级联输入端，则$P = Q_I$端必须接逻辑"1"电平，而$P < Q_I$和$P > Q_I$需要接逻辑"0"电平（一般接地即可）。其功能表如表9.10所示。

用74LS85芯片可实现两个3位数码的比较，如图9.24所示。也可实现两个5位数码的比较，如图9.25所示。两片74LS85芯片能实现8位数码的比较，如图9.26所示。

比较器在定时装置、代码检测、控制系统中应用广泛。它主要用作数值比较，被比较的两数可以是二进制、二–十进制和其他进制的数。

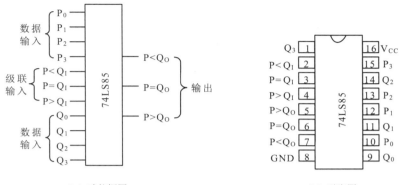

（a）功能框图　　　　　　　　　　（b）引脚图

图 9.23　4 位数码比较器功能框图及引脚图

—— 74LS85 芯片（四位量值比较器）

表 9.10　74LS85 芯片功能表

比 较 输 入				级 联 输 入			输　　出		
P_3Q_3	P_2Q_2	P_1Q_1	P_0Q_0	$P>Q_1$	$P<Q_1$	$P=Q_1$	$P>Q_0$	$P<Q_0$	$P=Q_0$
$P_3>Q_3$	×	×	×	×	×	×	1	0	0
$P_3<Q_3$	×	×	×	×	×	×	0	1	0
$P_3=Q_3$	$P_2>Q_2$	×	×	×	×	×	1	0	0
$P_3=Q_3$	$P_2<Q_2$	×	×	×	×	×	0	1	0
$P_3=Q_3$	$P_2=Q_2$	$P_1>Q_1$	×	×	×	×	1	0	0
$P_3=Q_3$	$P_2=Q_2$	$P_1<Q_1$	×	×	×	×	0	1	0
$P_3=Q_3$	$P_2=Q_2$	$P_1=Q_1$	$P_0>Q_0$	×	×	×	1	0	0
$P_3=Q_3$	$P_2=Q_2$	$P_1=Q_1$	$P_0<Q_0$	×	×	×	0	1	0
$P_3=Q_3$	$P_2=Q_2$	$P_1=Q_1$	$P_0=Q_0$	1	0	0	1	0	0
$P_3=Q_3$	$P_2=Q_2$	$P_1=Q_1$	$P_0=Q_0$	0	1	0	0	1	0
$P_3=Q_3$	$P_2=Q_2$	$P_1=Q_1$	$P_0=Q_0$	0	0	1	0	0	1
$P_3=Q_3$	$P_2=Q_2$	$P_1=Q_1$	$P_0=Q_0$	×	×	1	0	0	1
$P_3=Q_3$	$P_2=Q_2$	$P_1=Q_1$	$P_0=Q_0$	1	1	0	0	0	0
$P_3=Q_3$	$P_2=Q_2$	$P_1=Q_1$	$P_0=Q_0$	0	0	0	1	1	0

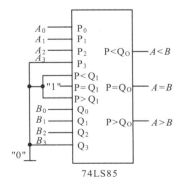

74LS85

图 9.24　用 74LS85 芯片实现
两个 3 位数码的比较

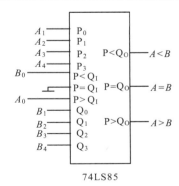

74LS85

图 9.25　用 74LS85 芯片实现
两个 5 位数码的比较

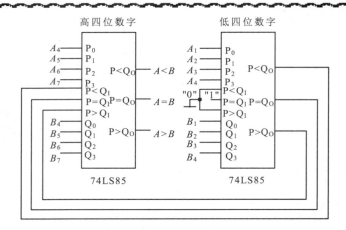

图 9.26　用两片 74LS85 芯片实现 8 位数码的比较

9.5　奇偶校验器

在计算机系统中，无论是在其系统内部（例如在 CPU 和内存 RAM 之间，或者在 CPU 与其他外部设备之间），还是在远程计算机之间进行通信时，由于外界的各种干扰和其他原因，被传送的数据发生错误是不可避免的。因此，能有一种简单、易行的检验方法来发现数据传送中的错误（哪怕能发现局部的错误也好），是人们非常希望的。虽然人们为此发明了许多方法，但是迄今为止，奇偶校验仍然是一种最简单、最有效、最为广泛使用的检错方法。

9.5.1　奇偶校验的基本原理

奇偶校验（Parity Checking）是根据代码的"奇偶性"（parity），用于检测在计算机系统内部，或者远程计算机与计算机之间在传输数据或其他信息过程中是否发生错误的一种方法。能够完成奇偶校验的电路叫做奇偶校验器（Parity Checker）。

奇偶校验分为奇校验（Odd Check）和偶校验（Even Check）。奇校验是指将发送端待发送的代码再配一个校验位（P）后，使整个代码组 1 的个数为奇数。接收端在解码时，检验所收到的 1 的个数是否仍然是奇数。若为奇数，则认为传输没错；若不为奇数，则说明代码传输有错。偶校验则是指将发送端待发送的代码再配一个校验位（P）后，使整个代码组 1 的个数为偶数。接收端在解码时，检验所收到的 1 的个数是否仍然是偶数。若为偶数，则认为传输没错；若不为偶数，则说明代码传输有错。当然，奇偶校验只能发现一位（或者奇数个位）的错误。例如，当发送一组代码 11001101 时，如果接收到的代码为 11001111，那么就能发现该次传送有错误；若收到 11010101，则发现不了错误。但在计算机通信中，传送的错误率很低，代码发生两个以上错误的概率更小，所以，奇偶校验在计算机中被广泛应用。

9.5.2　常用的奇偶校验集成电路芯片

在标准的 74LS 系列的集成电路中，有专门的奇偶校验芯片：74LS180 和 74LS280。其中，从 74LS180 表面上看，只有 8 位数据输入，好像是 8 位奇偶校验器；但是它还有另外两个输入端 ODD（奇输入）和 EVEN（偶输入）（这两个输入一般只需使用一个），所以，它实际上仍然是一个 9 位奇偶校验器。74LS180 "9 位奇偶校验器/发生器"的功能框图及引脚图分别如图 9.27（a）和（b）所示。

图 9.27　9 位奇偶校验器/发生器功能框图及引脚图
—— 74LS180 芯片

74LS280 是使用肖特基钳位的 TTL 高性能电路，其电气性能比老产品 74LS180 有所提高。74LS280 是真正意义上的"9 位奇偶校验器/发生器"，因为它有 9 个数据输入端 A、B、C、D、E、F、G、H、I，但它不像 74LS180 那样具有另外两个输入端：ODD（奇输入）和 EVEN（偶输入）。所以当需要"级联"时，就只好利用其第 9 个输入端"I"了。

另外，这两个芯片的输出都是两个：Σ_{EVEN}（偶输出）和 Σ_{ODD}（奇输出）。这里还需指出的一点是，这两个集成芯片的输入端虽然存在一点差别，但是其管脚却完全兼容。如果输入数据只有 8 个，这时只需将 74LS280 的"I"引脚接"地"即可。如果输入数据有 9 个，那么，这时 74LS280 的"I"端就可以派上用场；而对于 74LS180 芯片来说，其输入端 ODD（奇输入）和 EVEN（偶输入）也可以派上用场，此时可根据情况选择其中一个即可[说得更准确一点，如果发生的/校验的是"偶数"奇偶校验，则使用输入端 EVEN（偶输入）；如果发生的/校验的是"奇数"奇偶校验，则使用输入端 ODD（奇输入）]。

74LS280"9 位奇偶校验器/发生器"的功能框图及引脚图分别如图 9.28（a）和（b）所示。

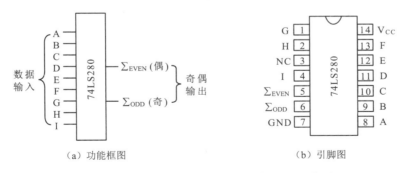

图 9.28　9 位奇偶校验器/发生器功能框图及引脚图
—— 74LS280 芯片

奇偶校验器一般兼有发生器和校验器两种功能。74LS280 芯片的输出和输入的逻辑关系为：

$$\Sigma_{ODD} = A \oplus B \oplus C \oplus D \oplus E \oplus F \oplus G \oplus H \oplus I$$
$$\Sigma_{EVEN} = \overline{A \oplus B \oplus C \oplus D \oplus E \oplus F \oplus G \oplus H \oplus I}$$

这里，"$\oplus$"为"异或"逻辑运算的运算符（请参见第 8.3 节）。让我们来回忆一下，两

个逻辑变量 A、B 的"异或"运算，其逻辑关系为

$$Y = \overline{A}\,B + A\overline{B} = A \oplus B$$

其含义为：当两个输入变量状态相同（ $AB=00$ 或者 $AB=11$ ）时，输出为"0"态；当两个输入变量状态相反（相异，即 $AB=01$ 或者 $AB=10$ ）时，输出为"1"态。"异或"逻辑运算可以扩展到多个变量，但是，不论多少个变量，它们都是按照"异或"逻辑运算的规则，"俩俩地"进行运算，最后得出一个所有输入变量的总结果——"总奇偶性"，即：当所有输入变量中的"1"的个数为偶数时，其输出为"0"（ $\Sigma_{\text{EVEN}}=1$ ， $\Sigma_{\text{ODD}}=0$ ）；当所有输入变量中的"1"的个数为奇数时，其输出为"1"（ $\Sigma_{\text{EVEN}}=0$ ， $\Sigma_{\text{ODD}}=1$ ）。经过以上的简要分析，根据74LS280 的逻辑式，可以给出74LS280 的逻辑功能表（见表9.11）。

表 9.11　74LS280 芯片功能表

输　　入					输　　出	
（ $A \sim I$ 高电平数）					Σ_{EVEN}	Σ_{ODD}
0	2	4	6	8	1	0
1	3	5	7	9	0	1

9.5.3　奇偶校验器／发生器的应用

下面用 74LS280 芯片组成的 8 位数据"奇校验"检错电路来说明检错过程（见图9.29）。发送方传送 8 位数据 $D_7 \sim D_0$ ，其端口为数据输入端，用 Σ_{EVEN} 作为校验位。不用的输入端 I 接地。当输入 $D_7 \sim D_0$ 为奇数个 1 时，则 $\Sigma_{\text{EVEN}}=0$ ，此时传输码组 $D_7 \sim D_0$ 加校验位是奇数个 1；当输入 $D_7 \sim D_0$ 为偶数个 1 时，则 $\Sigma_{\text{EVEN}}=1$ ，此时传输码组 $D_7 \sim D_0$ 加校验位也是奇数个 1。传输码组送到接收方的奇偶校验器的 Σ_{ODD} 作为输出端。若 $\Sigma_{\text{ODD}}=1$ ，则传送没错；若 $\Sigma_{\text{ODD}}=0$ ，则出现错误。同理也可作为 8 位偶校验检错，只是由 Σ_{ODD} 作为发送方的校验位，接收方由 Σ_{EVEN} 作为输出。

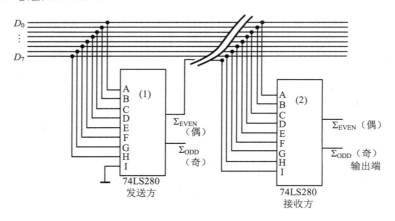

图 9.29　用两片 74LS280 芯片实现 8 位奇校验检错示意图

9.6　加法器

加法器（Adder）是指能够实现加法运算的逻辑电路。在计算机中两个二进制数之间的加、减、乘、除都要用到。在以后相关的计算机课程中将会看到，减法是通过加法运算来实现的[减去一个二进制数，相当于加上该数（包含该负号）的补码]；而更为复杂的乘、除运算，最后则是化作若干步相加（或相减）运算来实现的。所以，加法器是实现算术运算的最

基本部件。

9.6.1 半加器

如果不考虑由低位来的进位，只考虑两个 1 位二进制数本身加法的运算叫半加运算。能实现半加运算的电路称为半加器（HA，Half Adder）。

由半加运算的定义可知，输入端由被加数的某一位 A_n 和加数的某一位 B_n 组成；输出有两个：一个是半加和 S_n，另一个是向高位的进位 C_n。该输入、输出的真值表如表 9.12 所示。根据真值表可得出逻辑函数为

表 9.12 半加器真值表

输	入	输	出
A_n	B_n	S_n	C_n
0	0	0	0
0	1	1	0
1	0	1	0
1	1	0	1

$$S = \overline{A}\,B + A\,\overline{B} = A \oplus B$$
$$C = AB$$

可见，"半加和" S 是输入变量的"异或"，而"进位" C 则是输入变量的"与"。半加器的逻辑图及逻辑符号如图 9.30 所示。

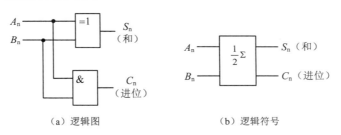

（a）逻辑图 （b）逻辑符号

图 9.30 半加器

9.6.2 全加器

在多位数加法运算中，既要考虑被加数和加数的某一位，又要考虑来自较低位的进位，这就是全加运算。此时，采用半加器就不行了。所谓全加运算，是指由两个加数及一个来自较低位的进位这三者相加的运算。能实现全加运算的逻辑电路叫做全加器（FA，Full Adder）。

1. 1 位全加器

1 位全加器的输入变量是：被加数的某一位 A_n、加数的某一位 B_n，以及来自较低位的进位 C_{n-1}；其输出变量为本位和 S_n 及向较高位的进位 C_n。我们知道，二进制数的加法运算法则极其简单：

$$0 + 0 = 0$$
$$0 + 1 = 1$$
$$1 + 0 = 1$$
$$1 + 1 = 0（同时产生向较高位的进位）$$

由加法运算法则及全加运算的定义，可以列出全加运算的真值表（见表 9.13）。

由该真值表出发，就可写出其逻辑函数式（由真值表写逻辑式的方法曾在第 8.4 节"逻辑函数的表示方法"之二"真值表"中作过说明，这里再强调一下其方法：将真值表输出一栏中的变量（例如 S_n）取值为"1"的所有各项都"或"起来即可），经过简单的化简，得

表 9.13 1 位全加器真值表

输　　入			输　　出	
A_n	B_n	C_{n-1}	S_n	C_n
0	0	0	0	0
0	0	1	1	0
0	1	0	1	0
0	1	1	0	1
1	0	0	1	0
1	0	1	0	1
1	1	0	0	1
1	1	1	1	1

$$C_n = \overline{A}_n B_n C_{n-1} + A_n \overline{B}_n C_{n-1} + A_n B_n \overline{C}_{n-1} + A_n B_n C_{n-1}$$
$$= C_{n-1}(A_n \oplus B_n) + A_n B_n$$

$$S_n = \overline{A}_n \overline{B}_n C_{n-1} + \overline{A}_n B_n \overline{C}_{n-1} + A_n \overline{B}_n \overline{C}_{n-1} + A_n B_n C_{n-1}$$
$$= \overline{C}_{n-1} \cdot (A_n \oplus B_n) + \overline{A_n \oplus B_n} \cdot C_{n-1}$$
$$= A_n \oplus B_n \oplus C_n$$

此逻辑函数式非常简洁、准确地反映出全加运算中的输出变量 S_n（本位和）、C_n（向高位的进位）和输入变量 A_n、B_n、C_{n-1} 之间的逻辑关系。按照此逻辑函数式，就可以很容易地画出 1 位全加器的逻辑图（见图 9.31）。这里给出了两种实现方案：①直接用逻辑门实现（见图 9.31（a））；②用半加器实现（见图 9.31（b））。1 位全加器的逻辑符号如图 9.31（c）所示。

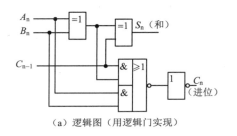

（a）逻辑图（用逻辑门实现）

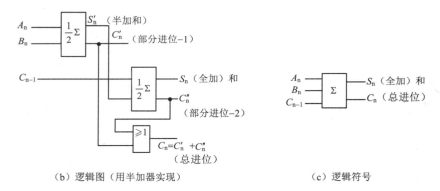

（b）逻辑图（用半加器实现）　　　　　　　　（c）逻辑符号

图 9.31　1 位全加器

2. 多位加法器

将多个 1 位全加器适当地组合就能构成多位加法器。例如，只要依次将低位的进位输出，接到高位的进位输入，就可以组成串行进位加法器（见图 9.32）。该图是 4 位二进制全加器，被加数、加数是并行输入，和数也是并行输出，但各位全加器间的进位却是串行传递。也就是说，最高位的进位数需经过 4 个全加器才能传递出去，耗费时间多。如果参与运算的两个数的位数（叫作"字长"）不是 4 位，而是更长（比如 16 位、32 位或 64 位）的话，则从最低位的进位开始出现到最高位的进位产生，势必需要更长的时间。所以，串行进位加法器速度较慢。

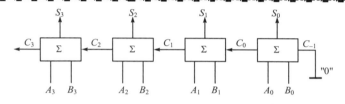

图 9.32　4 位二进制全加器

若要提高运算速度，必须直接由输入数码产生各位所需的进位信号，以便消除串行进位所耗费的时间，这时就要实行提前进位。能实现提前进位的加法器叫做超前进位加法器。在标准的 74LS 系列的集成电路中，74LS283 芯片是"带有快速进位的 4 位二进制全加器"，它能实现超前进位。其功能框图及引脚图分别如图 9.33（a）及（b）所示。其输入变量为：两个运算数 A 和 B，$A = A_3 A_2 A_1 A_0$，$B = B_3 B_2 B_1 B_0$，以及来自最低位的进位 C_{in}；输出变量为：各位和 $\Sigma = S_3 S_2 S_1 S_0$，向高位的进位 C_{out}。

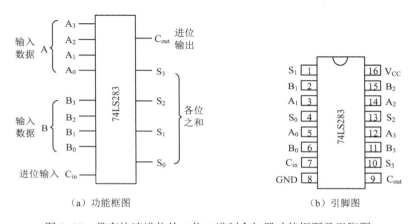

（a）功能框图　　　　　　　　　　　（b）引脚图

图 9.33　带有快速进位的 4 位二进制全加器功能框图及引脚图

该 4 位二进制全加器能够对两个 4 位二进制数实现加法运算，对每一位提供和的输出，而结果的进位则由第 4 位得到（中间级没有提供进位信号，因为无此需要）。这些加法器具有跨越全部 4 位的、完全内部的超前进位的特点。该 4 位加法器产生进位的典型时间是 10ns（纳秒)，可见其运算速度是很快的。

顺便提一下，在标准的 74LS 系列的集成电路中，还有一种非常著名的"多功能运算芯片"——74LS181 以及与其配套使用的 74LS182。74LS181 是"4 位算术逻辑单元（ALU）/函数发生器"，它能提供 16 种算术运算和 16 种逻辑运算（24 引脚 DIP 封装），其中当然也包括加、减运算。74LS182 是"超前进位发生器"（也叫"先行进位发生器"，16 引脚 DIP 封装），当用 74LS181 芯片组成多位（例如 32 位）二进制加法器时，利用 74LS182 芯片和 74LS181 芯片配合使用，可以实现全 32 位的"超前进位"，从而使整个 32 位的加法器的总进位时间大大缩短。

9.7　组合逻辑电路的分析

前面已经介绍了一些具体的组合逻辑电路。可以看出，组合逻辑电路的分析一般从逻辑图开始，求出描述该电路的逻辑函数，或列出其真值表，以便了解电路的逻辑功能。但是，有时分析的目的是要验证已知电路的逻辑功能是否正确。现将组合逻辑电路的一般分析步骤归纳如下：

（1）逐级写式。在给定的逻辑图中用文字或符号标出各个门的输入或输出，再从输入端到输出端逐级写出输出对输入变量的逻辑函数式。

（2）由以上所获得的原始逻辑函数式化简成最简函数式。此时，既可以用代数法化简，也可以用卡诺图化简，以使该逻辑函数变换成最简式。

（3）由最简函数式列出真值表（这一步不一定做）。

（4）根据逻辑函数式或真值表，阐述电路的逻辑功能。

实际上在分析时，也可以根据电路特点灵活分析。有时分析步骤是交叉进行的，而不是一成不变的。

【例 9.1】 试分析图 9.34 所示的电路，并说明其功能。

解：（1）写出逻辑函数式

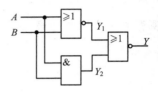

$$Y_1 = \overline{A+B}, \quad Y_2 = A \cdot B$$

$$Y = \overline{Y_1 + Y_2} = \overline{\overline{A+B} + AB}$$

（2）化简逻辑函数

图 9.34　逻辑电路

$$Y = \overline{\overline{A+B} + AB} = \overline{\overline{A}\,\overline{B} + AB} = \overline{A \odot B} = A \oplus B$$

（3）从逻辑函数式中可以看出，此电路具有"异或"功能，是一个"异或"电路。

【例 9.2】 试分析图 9.35 所示的电路，并说明其功能。

解　（1）写出逻辑函数式

$$Y_1 = \overline{A}\,C \quad Y_2 = A\,\overline{B} \quad Y_3 = B\,\overline{C}$$

$$Y = Y_1 + Y_2 + Y_3 = \overline{A}\,C + A\,\overline{B} + B\,\overline{C}$$

（2）该函数式已经是最简式了，列出其真值表，如表 9.14 所示。

表 9.14　图 9.35 所示电路的真值表

输　　入			输出
A	B	C	Y
0	0	0	0
0	0	1	1
0	1	0	1
0	1	1	1
1	0	0	1
1	0	1	1
1	1	0	1
1	1	1	0

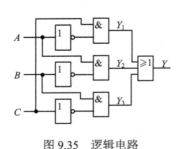

图 9.35　逻辑电路

（3）从真值表中可以看出，当输入逻辑变量取值不一致时，输出为 1；取值一致时，输出为 0，所以此电路是"逻辑不一致电路"。

【例 9.3】 图 9.36 所示是由 3 个 2 选 1 多路转接器组成的电路，试分析其逻辑功能。

解：（1）写出电路的逻辑函数式

根据 2 选 1 电路，有

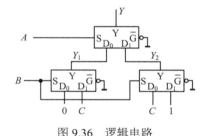

$$Y_1 = B \cdot C + \overline{B} \cdot 0 = B C$$

$$Y_2 = B \cdot 1 + \overline{B} \cdot C = B + \overline{B} C = B + C$$

$$Y = A Y_2 + \overline{A} Y_1 = A(B+C) + \overline{A} B C = AB + AC + \overline{A} B C$$

图 9.36　逻辑电路

（2）利用卡诺图化简上式，如图 9.37 所示。由卡诺图可以得出

$$Y = AB + AC + BC$$

（3）由最简函数式列出真值表，如表 9.15 所示。

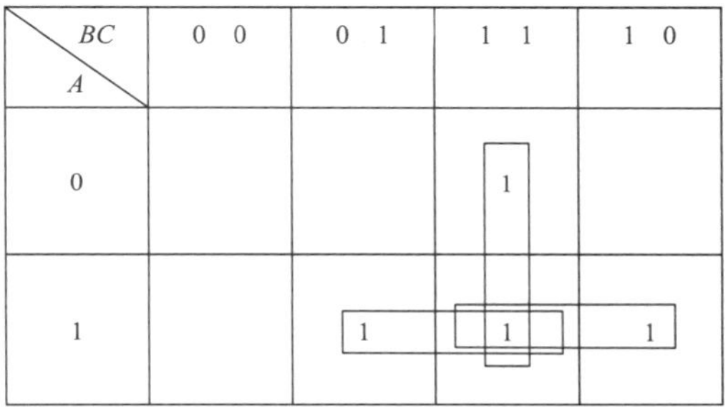

表 9.15　图 9.36 所示电路的真值表

输入			输出
A	B	C	Y
0	0	0	0
0	0	1	0
0	1	0	0
0	1	1	1
1	0	0	0
1	0	1	1
1	1	0	1
1	1	1	1

$\dfrac{\quad BC}{A}$	0 0	0 1	1 1	1 0
0			1	
1		1	1	1

图 9.37　图 9.36 的卡诺图化简

（4）从真值表中看到，只要有两个或两个以上为 1，则输出为 1；否则为 0，所以，此电路是一个"三人表决电路"（少数服从多数）。

本章要点

1．数字逻辑电路按逻辑功能的不同特点，可分为组合逻辑电路和时序逻辑电路。

2．组合逻辑电路由基本逻辑电路单元组成，其特点是不论任何时候输出信号都仅仅取决于当时的输入信号，而与电路原来所处的状态无关。组合电路中无记忆元件（触发器）。

3．编码器、译码器、多路转接器、多路分配器、数码比较器、奇偶校验器及加法器等，都是计算机中的重要部件，它们都具有组合逻辑电路的特征。本章通过对它们的分析，介绍了其基本原理、逻辑功能和使用方法。

以上器件都有现成的集成电路芯片（常用的是 74LS×× 系列 IC），无须自己搭片组成。

4．一个 $N-M$ 线的二进制编码器（$N = 2^M$），允许有 N 个独立的输入端，有 M 个输出端。当有且仅有一个输入端为低电平输入时，M 个输出端输出与其对应的编码。

5．一个 N 位二进制译码器有 2^N 个独立的输出端（常见的结构是：2—4 线、3—8 线、4—16 线译码）。对于 N 位二进制输入的 2^N 种组合状态中的每一种状态，译码器都有一个，并且仅有一个输出端输出一个特征电位（通常为低电平）与之相呼应。

BCD—七段译码器由于其输出端直接连接显示电路，所以输入端虽然只有 4 个（一般为 BCD 码），但输出是一组 7 个相关的信号（通常称为"七段码"），它有 10 种组合状态。

6. 多路转接器是从多个输入信号中，经过控制端的控制，选择其中一个输出的电路（也称"多——转接器"）。而多路分配器则是从一个输入端的信号，经过控制端的控制，分配到多个输出端的逻辑电路（也称"——多转接器"），它的作用正好与多路转接器相反。多路分配器和译码器可共用同一种芯片，但其用法不同。

7. 数码比较器是比较两个数码的逻辑电路。四位数码比较器有三个功能输出端（$P > Q_0$，$P = Q_0$，$P < Q_0$）。74LS85 芯片不需外接其他的门电路，就可任意扩展为多位数码比较器。

8. 奇偶校验器 74LS280 芯片，根据其输出端的含义，在发送方可作奇偶校验位产生电路，在接收方可作奇偶性判断电路。

9. 二进制加法器是完成两个二进制数中的某一位数字的加法运算的电路，按照是否考虑从较低位来的进位，可分为半加器和全加器。

多位数码的加法运算电路，可由多个全加器适当地连接起来组成。

10. 组合逻辑电路的分析方法是，从所给的逻辑图开始，逐级写出描述该逻辑电路的逻辑函数，并进行化简（用公式法或卡诺图法），然后分析其逻辑功能，得出必要的结论。

 小词典

香农（Claude Elwood Shannon，1916—2001）

美国应用数学家，信息论的奠基人。生于密歇根州盖罗特。1936 年获密歇根大学理学学士学位，1940 年获马萨诸塞理工学院理学硕士和哲学博士学位。1961 年获密歇根大学名誉理学博士称号。1941—1957 年任美国贝尔电话实验室数学家，1957 年任马萨诸塞理工学院电气工程学教授。美国全国科学院院士。1948 年发表题为《通信的数学理论》的论文，成为信息论的奠基性论文，其中关于无记忆信道的香农定理是最早的信息论基本定理。此外，在布尔代数和开关线路、计算机、编码理论、遍历理论等领域也都有重要贡献。

由于这些卓越的贡献，香农曾获得 1939 年的电气工程研究所优秀奖，1949 年的雷达工程研究所李普曼奖，1955 年的富兰克林研究所巴兰丁奖章，1972 年的哈维奖，1985 年日本颁发的依纳摩尔奖。

 思考与习题

（一）自我测验题

将 A 列中的每个表述与 B 列中的最相关的意义或表述适配起来（注意：A 列中的某些项可能有不止一个答案）。

A 列	B 列
1. 代码是指	a. 多位二进制数的排列组合
2. 编码是指	b. 能从多个输入数据中，选择一路输出的逻辑电路
3. 译码就是	c. 给每个代码赋予一定的含义
4. 多路转接器是指	d. 将代码原来的含义翻译出来
5. 数码比较器是	e. 数据发送端及校验位组成的代码组"1"的总个数为奇数
6. 奇校验是指	f. 比较两个数码大小的逻辑电路
7. 偶校验是指	g. 能实现全加运算的逻辑电路

8. 全加器是   h. 数据发送端及校验位组成的代码组 "1" 的总个数为偶数

（二）判断题（答案仅需给出"是"或"否"）

1. 只要是译码器都可用作多路分配器

2. 在二进制编码器中，若输出端有 5 个，则输入端的数目最多为 $2^5 = 32$ 个。

3. 二 – 十进制编码器中，有 12 个输出端，可对 10^3 个十进制数进行编码。

4. 在二进制译码器中，输入变量为 4 位二进制代码，能译出 8 个状态的输出信号。

5. 多路转接器的选择控制端，在计算机中一般接地址总线。

6. 用 74LS85 芯片，能实现 2 位二进制数码的比较。

（三）综合题

1. 用 74LS48 芯片显示字型 7，它的输入变量信号怎样输入？a、b、c、d、e、f、g 七段发光二极管哪些段亮？

2. 发送方采用 74LS280 芯片作为奇校验，所传送的代码是 10110110，问发送方的校验位应是什么？接收方也采用 74LS280 芯片，它的奇校验位应从 74LS280 芯片的哪端输出？如何判断所传送代码的正确与否？

3. 用全加器的逻辑符号，试画出 3 位二进制全加器的逻辑框图。

9.8 实验

9.8.1 BCD 码 – 七段译码显示器

【实验目的】

（1）掌握 BCD 码 – 七段译码器的使用。

（2）进一步理解 BCD 码 – 七段译码器的功能。

【实验原理】

在 WL – Ⅳ型数字实验箱中的 BCD 码 – 七段译码显示器，是 2 位十进制 BCD 码显示器。用 D_2、C_2、B_2、A_2 表示低四位的一组 BCD 码的输入端，用 D_1、C_1、B_1、A_1 表示高四位的一组 BCD 码的输入端。输出是由两个七段数码显示管组成的，能显示 00 ～ 99 共 100 个十进制数。

【实验器具】

WL – Ⅳ型数字实验箱一台。

【实验内容与方法】

1. 一位十进制 BCD 码译码显示

（1）使 $\overline{LT} = 0$，数码管七段全亮，说明七段数码管都是好的，然后使 $\overline{LT} = 1$（此插孔悬空即可）。

（2）将 BCD 码 – 七段译码器的 D_2、C_2、B_2、A_2 输入端依次分别接到数据逻辑电平上。

（3）按表 9.16 的要求，将实验结果填入表格内。

表 9.16

输			入	输						出		
D_2	C_2	B_2	A_2	a	b	c	d	e	f	g	字	型
0	0	0	0									
0	0	0	1									
0	0	1	0									
0	0	1	1									
0	1	0	0									
0	1	0	1									
0	1	1	0									
0	1	1	1									
1	0	0	0									
1	0	0	1									

2．二位十进制 BCD 码译码显示

（1）将 BCD 码 - 七段译码器的 D_1、C_1、B_1、A_1 和 D_2、C_2、B_2、A_2 输入端，依次分别接到数据逻辑电平上。

（2）按表 9.17 的要求，将实验结果填入表格内。

表 9.17

输							入	输 出
D_1	C_1	B_1	A_1	D_2	C_2	B_2	A_2	字 型
1	0	0	0	0	0	1	1	
0	1	1	1	0	1	0	1	
0	1	0	0	0	0	0	1	
0	0	1	0	1	0	0	1	

【思考与回答】

（1）若使输入端 D_2 C_2 B_2 A_2 =1011，输出显示将是什么样？是否能正常显示数字，为什么？

（2）通过实验完成下列填空：

① $D_1 C_1 B_1 A_1 D_2 C_2 B_2 A_2 = (00010010)_{BCD} = ($ 　　　　$)_{10}$

② $D_1 C_1 B_1 A_1 D_2 C_2 B_2 A_2 = (01101000)_{BCD} = ($ 　　　　$)_{10}$

9.8.2　数码比较器

【实验目的】

（1）学会正确使用 74LS85 芯片。

（2）掌握数码比较器的逻辑功能。

（3）学会用 74LS85 芯片进行 3 位、5 位数码的比较。

【实验原理】

74LS85 芯片是具有级联输入的数码比较器，级联输入主要用于扩展使用，其功能如表 9.10 所示。当进行两个 3 位数码比较时，不用的输入端应接地。当进行两个 5 位数码比较时，

级联输入的 $P < Q_1$ 和 $P > Q_1$ 端要分别作为此两个 5 位数码的最低位的输入端。

【实验器具】

（1）1WL-Ⅳ型数字实验箱一台。

（2）74LS85 芯片一块。

【实验内容与方法】

1. 两个 4 位数码的比较

（1）按图 9.23（b）74LS85 芯片的引脚图连线。

① 电源：8（管）脚接地，16 脚接+5V。

② 输入：输入的两个数 $P = P_3 P_2 P_1 P_0$ 和 $Q = Q_3 Q_2 Q_1 Q_0$。把管脚 15、13、12、10 依次分别接在数据逻辑电平的左边 4 个插孔，代表数 P。把管脚 1、14、11、9 依次分别从左到右接到数据逻辑电平剩余的 4 个插孔中。

③ 输出：将管脚 5、6、7 分别依次接到逻辑电平显示上，它们将分别代表 $P > Q_0$、$P = Q_0$、$P < Q_0$。

（2）按表 9.18 前 8 位的输入要求将实验结果填入表格内。

表 9.18

比较输入								级联输入			输　出		
P_3	P_2	P_1	P_0	Q_3	Q_2	Q_1	Q_0	$P < Q_1$	$P = Q_1$	$P > Q_1$	$P > Q_0$	$P = Q_0$	$P < Q_0$
1	0	0	0	0	1	1	1	×	×	×			
0	1	0	1	0	0	1	1	×	×	×			
0	0	1	1	0	1	0	0	×	×	×			
1	1	0	0	1	1	1	0	×	×	×			
1	0	1	0	1	1	0	0	×	×	×			
0	0	0	1	0	0	0	1	×	×	×			
0	1	1	0	0	1	0	1	×	×	×			
1	1	1	1	1	1	1	1	1	0	0			
1	1	1	1	1	1	1	1	0	1	0			
1	1	1	1	1	1	1	1	0	0	1			

2. 具有级联输入的数码比较

（1）上述连线不动，将级联输入的 2、3、4 管脚按表 9.18 后三个输入的要求连线。

（2）将实验的结果填入表 9.18 内。

【思考与回答】

（1）74LS85 芯片能否对两个一位数 BCD 码进行数码比较？

（2）按图 9.24 的要求，自行连线，做 3 位数码的比较。

（3）按图 9.25 的要求，完成 5 位数码的比较。

9.8.3　全加器

【实验目的】

（1）学会正确使用 74LS283 芯片。

（2）掌握 74LS283 芯片的逻辑功能。

【实验原理】

74LS283 芯片是一种具有超前进位的 4 位二进制全加器，两数分别用 $A=A_3A_2A_1A_0$ 和 $B=B_3B_2B_1B_0$ 表示，下角标号大的表示高位，下角标号小的表示低位。两数的和用 $\Sigma=S_3S_2S_1S_0$ 来表示。$C_{-1}(C_{in})$ 是低位来的进位，当低位没有进位时，C_{-1} 一般接地。$C_3(C_{out})$ 是向高位的进位，当有向高位的进位时，输出 $\Sigma=C_3S_3S_2S_1S_0$（74LS283 芯片的功能框图见图 9.33（a））。

【实验器具】

（1）WL‑Ⅳ型数字实验箱一台。

（2）74LS283 芯片一块。

【实验内容与方法】

（1）按图 9.33（b）所示的 74LS283 芯片的引脚连线。

① 电源：管脚 8 接地，管脚 16 接+5V。

② 输入：管脚 7（相当于从最低位来的进位 $C_{-1}(C_{in})$）接低电平。管脚 12、14、3、5（相当于数 $A=A_3A_2A_1A_0$）和管脚 11、15、2、6（相当于数 $B=B_3B_2B_1B_0$）依次分别从左至右接到逻辑电平上。

③ 输出：管脚 9（相当于向较高位的进位 $C_3(C_{out})$）、10、13、1、4（相当于每一位的输出和 $\Sigma=S_3S_2S_1S_0$）分别依次从左到右接到逻辑电平显示上。

（2）按表 9.19 的要求，将实验的结果填入表内。

表 9.19

输　　　入									输　　出				
A_3	A_2	A_1	A_0	B_3	B_2	B_1	B_0	C_{-1}	C_3	S_3	S_2	S_1	S_0
0	0	1	0	0	1	1	0	0					
1	0	1	0	0	1	0	1	0					
1	1	0	0	1	0	1	1	0					
0	1	0	1	0	1	1	1	0					
0	1	1	0	1	0	1	1	0					
1	0	0	1	1	1	0	0	0					

【思考与回答】

（1）74LS283 芯片能否作 3 位二进制全加器？

（2）74LS283 芯片能否作 2 位 BCD 码的全加？

（3）自行连线，作 2 位二进制全加运算。

第 10 章　时序逻辑电路

在计算机内部有许多能保存代码和信息的部件，它们的显著特点是具有记忆功能。与组合逻辑电路相比较，这种逻辑电路的输出不仅取决于当时的输入信号状态，而且还与信号作用之前的电路所处的状态有关。这些具有记忆功能的逻辑电路被称为时序逻辑电路。也就是说，时序逻辑电路要比组合逻辑电路复杂一些：为了决定其输出，不能只看当前的输入情况，还须看一看其过去的"历史"。这过去的"历史"在哪里？这"历史"就被保存在具有"记忆"功能的电路——触发器中。

所谓"触发器"是指能够存储一位二进制数字信号的电路。在数字电子计算机中，除了在第 8 章所讲述的各种门电路之外，触发器就是最重要的基本单元电路了。当然，从本质上说，触发器也是由各种逻辑门电路组成的；但是因为其中引入了"正反馈"，使得触发器具有了与普通的逻辑门完全不同的性质——具有记忆功能。所以，只有当我们在分析各种触发器的构成和它所具有的特性时，我们才最终将触发器归结为由逻辑门电路组成的电路；在一般情况下，我们总是将触发器作为一种独立的基本逻辑部件来看待。总之，触发器是构成其他时序逻辑电路的最基本的单元电路，虽然它本身也可以被看作是一种最简单的时序逻辑电路。

触发器有两个稳定状态：一个称为"0"态，另一个称为"1"态。在没有外来信号作用时，它将一直处于某一种稳定状态。只有在一定的输入信号控制下，才有可能从一种稳定状态转换到另一种稳定状态（翻转），并保持这一状态不变，直到下一个输入信号使它翻转为止。

触发器按逻辑功能分类，可分为：RS 触发器、D 触发器、T 触发器、JK 触发器等。按组成电路的器件分，有 TTL 型触发器和 CMOS 型触发器。本章还将介绍由触发器所构成的计算机中最常用的基本组成部件——代码寄存器、移位寄存器、计数器等时序逻辑电路。

10.1　RS 触发器

RS 触发器是触发器中最基本的组成环节之一。它之所以叫做"RS 触发器"，是按英文的术语"Reset Set Trigger/Flip-Flop"而来："Reset"是"复位"之意，而"Set"是"置位"之意；"触发器"一词在英文中有两个术语："Trigger"或"Flip-Flop"，但中文中只有一种称谓："触发器"。所以"RS 触发器"的中文全名应叫做"复位置位触发器"，但习惯上人们都把它叫做"RS 触发器"。RS 触发器按电路结构分类、有基本 RS 触发器，可控 RS 触发器和主从 RS 触发器。

10.1.1　基本 RS 触发器

1. 电路结构

基本 RS 触发器也叫做"锁存器"（latch），其电路结构最简单，它是构成其他触发器的一个基本组成部分，如图 10.1（a）所示，它由两个"与非"门 G_1 和 G_2 的输入端和输出端相互交叉连接构成（这种连接方式就是"正反馈"，从而使该电路具有了两种稳定状态）。它有两个信号输入端 $\overline{S}_d$ 和 $\overline{R}_d$，$\overline{S}_d$ 叫置"1"输入端或"置位端"，$\overline{R}_d$ 叫置"0"输入端或"复位端"；$\overline{R}_d$ 和 $\overline{S}_d$ 上面加"—"表示以"低电平有效"，为置"0"、置"1"的输入信号。在其逻辑符号的边框外加有小圆圈表示低电平有效，如图 10.1（b）所示。此外，它有两个以互补信号形式为输出的 Q 和 $\overline{Q}$ 端。

一般规定，当 $Q=1$，$\overline{Q}=0$ 时称触发器处于"1"态；当 $Q=0$，$\overline{Q}=1$ 时称触发器为"0"态。将触发器信号（$\overline{R}_d$、$\overline{S}_d$）输入前触发器所处的稳定状态叫做"现态"，用 Q_n 表示；触发信号输入后触发器所处的稳定状态叫做"次态"，用 Q_{n+1} 表示。

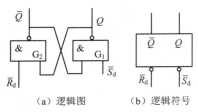

图 10.1　基本 RS 触发器

（a）逻辑图　　（b）逻辑符号

2．逻辑功能分析

触发器逻辑功能的分析方法，是根据电路结构来建立输入、输出之间的逻辑关系，然后分析其逻辑功能。几种情况分析如下：

（1）当 $\overline{S}_d=0$、$\overline{R}_d=1$ 时，根据"与非"门的逻辑功能可知，G_1 门的输出为 1，G_2 门的输出为 0，即 $Q=1$，$\overline{Q}=0$，触发器处于"1"态。注意，在 $\overline{S}_d$ 的低电平消失后，由于 $\overline{Q}$ 端的低电平反馈到 G_1 门的另一输入端，故触发器置"1"的状态保持不变，"1"态被存储起来。

（2）当 $\overline{S}_d=1$、$\overline{R}_d=0$ 时，根据"与非"门的逻辑功能可知，$Q=0$，$\overline{Q}=1$，触发器处于"0"态，且在 $\overline{R}_d$ 的低电平消失后，由于反馈作用使 $\overline{Q}=1$（$Q=0$），故触发器的置"0"状态被存储下来，保持不变。

（3）当 $Q_n=1$，即现态为"1"态，而触发信号 $\overline{R}_d=\overline{S}_d=1$ 时，由于反馈作用，$Q_{n+1}=1$，保持触发器原状态不变。反之，当 $Q_n=0$，即现态为"0"态，而 $\overline{R}_d=\overline{S}_d=1$ 时，$Q_{n+1}=0$，即触发器的次态等于现态，原状态也被触发器存储起来。

（4）当 $\overline{S}_d=\overline{R}_d=0$ 时，由电路得 $Q=1$、$\overline{Q}=1$，这破坏了触发器的逻辑关系（输出为互补信号），而且当 $\overline{S}_d$、$\overline{R}_d$ 的低电平同时消失后（$\overline{R}_d=\overline{S}_d=1$），触发器处于什么状态是随机性的，因为输入信号经 G_1 和 G_2 门传输所需的时间（传输延迟时间）不可能绝对相等，所以触发器是处于"0"态还是"1"态无从判断，可以把触发器的这种状态叫做不定态。因此，触发器正常工作时不允许出现 $\overline{S}_d=\overline{R}_d=0$ 的这种输入状况，对基本 RS 触发器的输入信号来说，应遵守 $\overline{R}_d+\overline{S}_d=1$ 的约束。

根据上面的分析可以知道，输入变量不仅有 $\overline{S}_d$ 和 $\overline{R}_d$，还有 Q_n。将输入、输出的逻辑关系列成真值表，如表 10.1 所示。从真值表中可以看出基本 RS 触发器的逻辑功能是，具有保持记忆、置"1"、置"0"的功能。用表格的形式描述可以列出其逻辑功能表，如表 10.2 所示。

基本 RS 触发器的输入信号是以电平信号直接控制触发器的翻转的。在实际应用中，当采用多个触发器工作时，往往要求各触发器的翻转在某一时刻同时进行，这就需要引入一个时钟控制信号，简称时钟脉冲，用 CP 表示。这种触发器只有当时钟脉冲信号到达时，才能根据输入信号的条件一起翻转。可以将这种具有时钟信号控制的触发器称为可控触发器。

表 10.1　基本 RS 触发器的真值表

$\overline{S}_d$	$\overline{R}_d$	Q_n	Q_{n+1}
0	0	0	不定
0	0	1	不定
0	1	0	1
0	1	1	1
1	0	0	0
1	0	1	0
1	1	0	0
1	1	1	1

表 10.2　基本 RS 触发器的逻辑功能表

$\overline{S}_d$	$\overline{R}_d$	Q_{n+1}	说明
0	0	不定	不定
0	1	1	置 "1"
1	0	0	置 "0"
1	1	Q_n	保持

可控触发器按触发方式分类，有脉冲触发的触发器和边沿触发的触发器。脉冲触发是指在 CP 脉冲全部作用时间内触发器的输入信号都可能影响输出状态；边沿触发是指触发器的输出状态仅仅取决于 CP 脉冲边沿到达时刻的输入信号的状态。边沿触发又分正边沿（上升沿）触发和负边沿（下降沿）触发。

10.1.2　可控 RS 触发器

1. 电路结构

可控 RS 触发器也叫做"可控 RS 锁存器"，它是在基本 RS 触发器中又增加两个"与非"门 G_3、G_4 组成时钟控制门构成的。其逻辑图如图 10.2（a）所示，图 10.2（b）所示是其逻辑符号。在可控 RS 触发器中含有基本 RS 触发器，由于它不受时钟脉冲的控制，所以可控 RS 触发器所具有的置位（置"1"）、复位（置"0"）的功能，只有当 $\overline{R}_d = \overline{S}_d = 1$ 时，才能反映输入变量 R、S 在 CP 脉冲的控制下的输出状态。现将其逻辑功能分析如下。

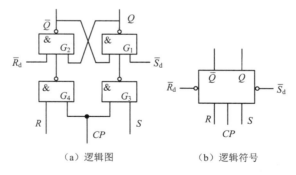

（a）逻辑图　　　　　　　（b）逻辑符号

图 10.2　可控 RS 触发器

2. 逻辑功能分析

（1）当 $CP = 0$，门 $G_3 = G_4 = 1$，输入信号 R、S 不起作用，即门 G_3、G_4 被封锁。此时相当于基本 RS 触发器的输入为 1，所以触发器的状态保持不变，输出 $Q_{n+1} = Q_n$。

（2）当 $CP = 1$，$S = 0$，$R = 0$ 时，$G_3 = 1$，$G_4 = 1$，$Q_{n+1} = Q_n$。

（3）当 $CP = 1$，$S = 0$，$R = 1$ 时，$G_3 = 1$，$G_4 = 0$，根据基本 RS 触发器的逻辑功能可知，$Q_{n+1} = 0$。

（4）当 $CP = 1$，$S = 1$，$R = 0$ 时，$G_3 = 0$，$G_4 = 1$，由基本 RS 触发器的逻辑功能可知，$Q_{n+1} = 1$。

（5）当 $CP=1$， $S=R=1$ 时， $G_3=G_4=0$，触发器处于不定状态，所以可控 RS 触发器应该遵循 $R \cdot S=0$ 的约束条件。

从 $CP=1$ 的分析过程可以看出，在 $CP=1$ 的时间间隔内，因门 G_3、 G_4 未被封锁，输入信号 R、 S 的改变会引起触发器输出状态的改变，所以，正常情况下触发器的工作要求在 $CP=1$ 期间， R、 S 的输入状态不应改变。这种触发就是脉冲触发，在应用时往往受到限制。

列出上述关系的真值表，如表 10.3 所示。从真值表可以总结出可控 RS 触发器的逻辑功能，如表 10.4 所示。

表 10.3　可控 RS 触发器的真值表

输　　入				输　出
CP	S	R	Q_n	Q_{n+1}
0	×	×	×	Q_n
1	0	0	0	0
1	0	0	1	1
1	0	1	0	0
1	0	1	1	0
1	1	0	0	1
1	1	0	1	1
1	1	1	0	不定
1	1	1	1	不定

表 10.4　可控 RS 触发器的逻辑功能表

CP	S	R	Q_{n+1}	说明
0	×	×	Q_n	保持
1	0	0	Q_n	保持
1	0	1	0	置 "0"
1	1	0	1	置 "1"
1	1	1	不定	不定

为了解决"在 CP 脉冲一个周期内输出状态只改变一次"这一难题，人们想出了采用"边沿触发"的方法。主从结构的 RS 触发器是负边沿触发的触发器。

10.1.3　主从 RS 触发器

1. 电路结构

主从 RS 触发器是由两个"可控 RS 触发器（锁存器）"组成，如图 10.3（a）所示，图 10.3（b）所示是它的逻辑符号。 $G_1 \sim G_4$ 门组成主触发器， $G_5 \sim G_8$ 门组成从触发器，它们在一个时钟脉冲控制下，但是相位相反。逻辑符号中的"∧"表示正边沿触发，即当 CP 由"0"变"1"的时刻，触发器才能被触发翻转。在"∧"下边又加个小圆圈表示负边沿触发，即当 CP 由"1"变"0"的时刻，触发器才能被触发翻转。

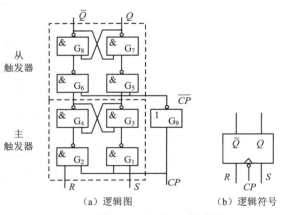

（a）逻辑图　　　　　　（b）逻辑符号

图 10.3　主从 RS 触发器

2. 逻辑功能分析

（1）当 $CP=1$ 时，门 G_1、G_2 被打开，但 G_5、G_6 门被封锁，虽然主触发器可随 R、S 的输入而改变，但是从触发器仍保持原状态不变。

（2）当 CP 由 1 变 0 时刻（下降沿），G_5、G_6 门被打开，从触发器按主触发器的状态翻转，而门 G_1、G_2 则被封锁。

（3）在 $CP=0$ 期间，主触发器状态不变，所以从触发器的输出状态也不会变化，这就保证了 CP 在一个周期内，触发器的输出状态只改变一次，而且是在 CP 由 $1\to0$ 的时刻改变的状态，因而主从 RS 触发器为负边沿触发。从这里可以非常明显地看出，"主从式"结构的价值所在。该触发器的逻辑功能表如表 10.5 所示，读者可以自己分析得到。

【例 10.1】　在图 10.3（a）所示的电路中，若 CP、S、R 的输入电压如图 10.4 所示，且主从 RS 触发器的现态 $Q_n=0$，试画出 Q、$\overline{Q}$ 的输出电压波形。

解： 首先根据主从 RS 触发器的触发特点，只有在 CP 由 1 变 0 时刻，才能使触发器翻转，所以对准 CP 脉冲的下降沿向下画虚线，看此时该 R、S 所输入的状态。然后根据主从 RS 触发器的逻辑功能，画出对应的输出状态 Q 和 $\overline{Q}$ 的电压波形，如图 10.4 所示。

表 10.5　主从 RS 触发器的逻辑功能

CP	S	R	Q_{n+1}	说明
0	×	×	Q_n	保持
⌐⌐	0	0	Q_n	保持
⌐⌐	0	1	0	置 "0"
⌐⌐	1	0	1	置 "1"
⌐⌐	1	1	不定	不定

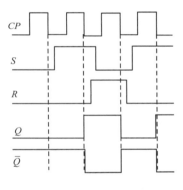

图 10.4　例 10.1 的电压波形

按触发器的输入及在序列时钟脉冲作用下，触发器的输出状态随时间变化的波形图称为时序图。图 10.4 所示的例 10.1 中的电压波形就是时序图。

主从结构的 RS 触发器克服了在一个 CP 脉冲周期内可能翻转多次的缺点，在性能上有很大改进。但在 $CP=1$ 的期间，输入信号的变化还会影响主触发器的输出状态（从而也将影响从触发器的状态）。也就是说，这种电路结构的抗干扰性仍不够理想，厂家也不生产这种类型的触发器。为提高触发器工作的可靠性，增强其抗干扰性，克服其不定态，下面将介绍几种性能良好的、具有边沿触发的触发器。

10.2　D 触发器

10.2.1　电路结构

图 10.5（a）所示是维持阻塞式 D 触发器的逻辑图，它的逻辑符号如图 10.5（b）所示。维持阻塞式 D 触发器的次态输出仅取决于 CP 上升沿到达时 D 端输入信号的状态，而与此时刻以前和以后的 D 输入状态无关，为正边沿触发的边沿触发器。其之所以能具有这样卓越的

逻辑功能，是靠其内部的特殊结构（具有所谓"置'1'/置'0'维持线""置'1'/置'0'阻塞线"）决定的。为增加使用的灵活性，D触发器还设有$\overline{S}_d$、$\overline{R}_d$两个"预置'1'"端和"复位（置'0'）"端，如图10.5（a）中虚线所示。$\overline{S}_d$、$\overline{R}_d$表示低电平有效，其置"1"和置"0"不受CP脉冲的限制（$\overline{S}_d$、$\overline{R}_d$这两个符号的下标d — direct，即"直接"之意，表示它"不受CP脉冲的限制"）。这里顺便提一下"D触发器"这个名称的由来：D触发器只有一个数据输入端，而"数据"在英文中叫做"data"，因此，D = 数据（data）；另外一层意思是，D触发器必须要有时钟脉冲控制，从数据的"写入"到其输出端（Q端）可供下一级触发器使用，正好延迟了一个时钟周期，"延迟"在英文中叫做"delay"，所以，D = 延迟（delay）。这样，"D触发器"中的"D"就具有双重含义了。

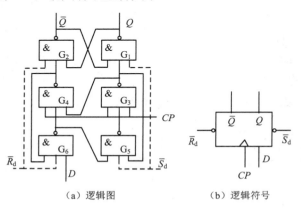

（a）逻辑图　　　　　（b）逻辑符号

图 10.5　维持阻塞式 D 触发器

10.2.2　逻辑功能分析

维持阻塞式 D 触发器的逻辑功能如表 10.6 所示。在此不作具体分析，有兴趣的读者可以自己分析。它的功能是正边沿触发，输出状态等于输入状态，即 $Q_{n+1} = D$。D 触发器可用来做数据寄存器、移位寄存器、计数器等，此外还有信号延迟和锁存等作用，是一种功能齐全的触发器。因此，在计算机系统中，它是最广泛使用的触发器之一。

根据 D 触发器的逻辑功能，可以画出其时序逻辑图，如图 10.6 所示。

表 10.6　D 触发器的逻辑功能表

CP	D	Q_{n+1}	说　明
⌐	0	0	写入"0"
⌐	1	1	写入"1"

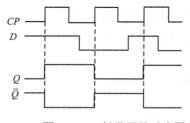

图 10.6　D 触发器的时序图

10.2.3　常用 D 触发器的集成芯片介绍

D 触发器的集成电路产品有许多，下面将最常用的几种产品分类加以介绍。

1. 双 D 触发器

最常用的双 D 触发器是 74LS74，它是上升沿（正边沿）触发的 D 触发器，带"预置'1'"

端和"清除"端（"预置'0'"端）。这两个 D 触发器是完全独立的，即：它们的引出脚之间没有任何内部连接。该芯片的最大时钟工作频率为 25MHz，典型功耗为 20mW，DIP14 引脚封装。其引脚图如图 10.7 所示，其功能表如表 10.7 所示。

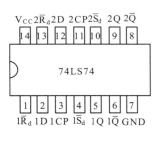

图 10.7　74LS74 芯片引脚图

表 10.7　74LS74 芯片功能表

输		入		输	出	说　　明	
$\overline{S}_d$	$\overline{R}_d$	CP	D	Q_{n+1}	$\overline{Q}_{n+1}$		
0	1	×	×	1	0	预置 "1"	
1	0	×	×	0	1	预置 "0"	
0	0	×	×	×	×	不定	
1	1	↑	1	1	0	写入 "1"	
1	1	↑	0	0	1	写入 "0"	
1	1	0	×	Q_n	$\overline{Q}_n$	保持	

2. 四 D 触发器

常见的四 D 触发器有：74LS173、74LS175（互补输出、共直接清除端、共时钟）、74LS379（互补输出、共使能端、共时钟）等。

74LS173 是最常用的四位 D 型触发器，它具有：共直接清除端（R_d）、共时钟（CP）、带有数据使能（选择）端（$\overline{G}_1$、$\overline{G}_2$）、输出控制端（$\overline{M}$、$\overline{N}$）和三态输出（这是最有用的功能之一）。

该触发器的显著特点是：第一，输出端的驱动能力较强，它能驱动大电容或较低阻抗的负载；由于具有三态输出，所以，其高阻态的第三态和增大了的高电平驱动能力，使这些触发器在计算机的总线系统中能够直接和总线相连并能驱动总线，而不需要外加接口线路，为使用提供了便利。第二，具有数据使能（选择）端（$\overline{G}_1$、$\overline{G}_2$），以控制数据进入触发器。当这两个数据使能输入端均为低电平时，经缓冲的下一个时钟正跳变到来时，D 输入端上的数据就被置入到它的相应的触发器。第三，具有输出控制端（$\overline{M}$、$\overline{N}$），当这两个输入端均为低电平时，四个输出端处于正常的逻辑状态（高或低电平），可用来驱动负载或总线。当其中有一个控制输出的输入端处于高电平时，不管时钟的电平如何，输出均被禁止。此时，输出呈高阻态，既不加负载，也不驱动负载，其详细操作参见功能表。该芯片的最大时钟工作频率为 50MHz，典型功耗为 85mW，DIP16 引脚封装。

74LS173 的引脚图如图 10.8 所示，其功能表如表 10.8 所示。

3. 八 D 触发器

八 D 触发器对于计算机系统具有特殊的实用价值：因为在计算机中，数据常常是以一个"字节"（byte，等于 8 位二进制数字，即 8 比特 — bit）为单位来传送的。常见的八 D 触发器有：74LS273、74LS373（上升沿触发、公共输出控制、公共时钟、三态输出）、74LS574（同 74LS373）等。

最常用的是 74LS273，其电路结构特点是：装有 8 个单输出的触发器、共时钟缓冲输入（所谓"缓冲"是指：时钟信号虽然要驱动内部的 8 个 D 触发器，但是对于外部来讲，它只相当于带一个标准的 LS-TTL 负载，这是因为其内部具有时钟驱动放大器的缘故）和共直接清除输入。其工作特点是：用时钟脉冲的正边沿触发，D 输入端的信息（该输入端的信号需要满足一定的建立时间，以确保电路能正确工作）在时钟脉冲的作用下被传送到 Q 输出端，该触发系发生在一个特定的电平上，它不直接和该正脉冲的过渡时间有关。换句话说，当时钟输入为高电平或低电平时，D 输入信号对输出无任何影响。该性能对 D 触发器在具体电路中的正确工作（例如用作移位寄存器等）具有重要意义。该芯片的最大时钟工作频率为 40MHz，每个触发器的功耗典型值为 10mW，DIP20 引脚封装。其引脚图如图 10.9 所示，其功能表如表 10.9 所示。

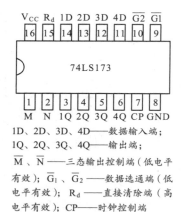

1D、2D、3D、4D——数据输入端；
1Q、2Q、3Q、4Q——输出端；
$\overline{M}$、$\overline{N}$——三态输出控制端（低电平有效）；$\overline{G_1}$、$\overline{G_2}$——数据选通端（低电平有效）；R_d——直接清除端（高电平有效）；CP——时钟控制端

图 10.8　74LS173 芯片引脚图

表 10.8　74LS173 芯片功能表

输		入		输	出	说　明
R_d	CP	$\overline{G_1}$	$\overline{G_2}$	D	Q_{n+1}	
1	×	×	×	×	0	总清除
0	0	×	×	×	Q_n	保持
0	↑	1	×	×	Q_n	保持
0	↑	×	1	×	Q_n	保持
0	↑	0	0	0	0	写入"0"
0	↑	0	0	1	1	写入"1"

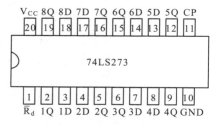

图 10.9　74LS273 芯片引脚图

表 10.9　74LS273 芯片功能表（每个触发器）

输	入		输　出	说　明
$\overline{R_d}$	CP	D	Q_{n+1}	
0	×	×	0	总清除
1	0	×	Q_n	保持
1	↑	0	0	写入"0"
1	↑	1	1	写入"1"

10.3　JK 触发器

10.3.1　电路结构

JK 触发器大多采用"主从式"结构。主从式 JK 触发器的逻辑图如图 10.10（a）所示。由图可知，它是在两个相同的可控 RS 触发器组成的主从 RS 触发器基础上，又加上两条反馈线构成的。为了和主从 RS 触发器区别开，把两个信号输入端称做 J 和 K（J 和 K 没有特殊的含义，仅仅为了与 RS 触发器相区别）。增加两条反馈线的目的，是使电路克服存在不定态的缺点（这在主从 RS 触发器中是存在的，是该种触发器的一个致命性缺点）。它的逻辑符号如图 10.10（b）所示。

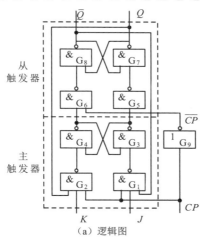

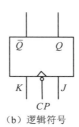

（a）逻辑图　　　　　　　　　　（b）逻辑符号

图 10.10　主从 JK 触发器

10.3.2　逻辑功能分析

在 $CP=1$ 期间，门 G_1、G_2 被打开，主触发器的状态根据 J、K 输入信号的变化而改变，并存储在主触发器中等待输出；因为门 G_5、G_6 被封锁，因而从触发器保持原状态不变。

在 CP 由 1 变 0 时刻，G_5、G_6 门被打开，从触发器按照主触发器的状态翻转，门 G_1、G_2 被封锁，此后 J、K 输入状态的改变不会引起主触发器的变化，而从触发器状态也不会改变，这就保证了在 CP 脉冲的一个周期内，触发器的输出状态只改变一次，而且是在 CP 脉冲下降沿时刻改变状态。具体分析如下：

（1）无论触发器的现态是 0 还是 1，在 $CP=1$ 期间，如果 $J=1$，$K=0$，根据可控 RS 触发器功能，主触发器置 1 态。当 CP 脉冲下降沿到来时，从触发器也置 1 态，即 $Q_{n+1}=1$。在 $CP=0$ 期间，门 G_1、G_2 被封锁，主触发器的状态保持不变，因而从触发器的状态也不变，即主从 JK 触发器在 $CP=0$ 期间保持不变。

（2）无论触发器的现态是 0 还是 1，在 $CP=1$ 期间，如果 $J=0$，$K=1$，根据可控 RS 触发器功能，主触发器置 0 态。当 CP 下降沿到来时，从触发器也置 0 态，即 $Q_{n+1}=0$。且在 $CP=0$ 期间触发器的状态保持不变。

（3）无论触发器的现态是 0 还是 1，在 $CP=1$ 期间，如果 $J=0$，$K=0$，门 G_1、G_2 被封锁，主触发器的状态不变；当 CP 下降沿到来时，从触发器状态也不变，即 $Q_{n+1}=Q_n$。

（4）如果触发器的 $Q_n=0$，在 $CP=1$ 期间，当 $J=K=1$ 时，$G_1=0$，$G_2=1$，根据基本 RS 触发器功能，主触发器置 1 态；当 CP 下降沿到来时，从触发器也置 1 态，即 $Q_{n+1}=1$，$Q_{n+1}=\overline{Q}_n$（原来的状态翻转了）。

（5）如果触发器的 $Q_n=1$，在 $CP=1$ 期间，当 $J=K=1$ 时，$G_1=1$，$G_2=0$，根据基本 RS 触发器功能，主触发器置 0 态；当 CP 下降沿到来时，从触发器也置 0 态，即 $Q_{n+1}=0$，$Q_{n+1}=\overline{Q}_n$（原来的状态翻转了）。

综上所述，JK 触发器的逻辑功能如表 10.10 所示。需要着重强调的是，当 CP 由 1→0，$J=K=1$ 时，$Q_{n+1}=\overline{Q}_n$，这说明此触发器具有计数功能（0→1 或 1→0）。一个 JK 触发器能计一位二进制数，所以 JK 触发器不仅有保持记忆功能，置"1"、置"0"功能，还有计数功能和移位功能。当一种触发器具有"置数""记忆""移位"和"计数"功能时，就能满足计算机和其他数字电路中的各种需要，被人们称做"万能型触发器"。JK 触发器就是这种类型的触发器（D 触发器也是这种类型的触发器），因此目前得到广泛使用。

表 10.10　JK 触发器的逻辑功能表

输　　入			输　　出	说　　明
CP	J	K	Q_{n+1}	
⌐↓	0	0	Q_n	保持
⌐↓	0	1	0	写入"0"
⌐↓	1	0	1	写入"1"
⌐↓	1	1	$\overline{Q}_n$	计数（状态翻转）

　　集成的 JK 触发器产品有很多种，但多为双 JK 触发器封装在一个集成芯片中。例如 74LS107（双 JK 主从触发器，负边沿触发，带清除端）、74LS109（双 JK 正边沿触发器，带预置端和清除端）、74LS112（双 JK 负边沿触发器，带预置端和清除端）、74LS113（双 JK 负边沿触发器，带预置端）、74LS114（双 JK 负边沿触发器，带预置端、共清除端及共时钟端）。在 74LS 系列的标准集成电路中，尚未见到有八 JK 触发器的芯片（八 D 触发器的芯片则很多，也很常用）。读者在需要时，可查阅有关手册。

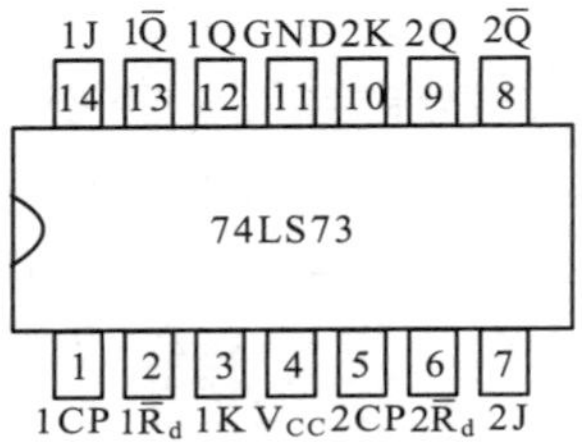

图 10.11　74LS73 芯片引脚图

　　这里重点介绍一下 74LS73 型双 JK 触发器（带有清除端），这两个 JK 触发器是完全独立的，其相应的输入端和输出端都有引出线引到外部管脚上。该芯片的一个值得注意之点是，其封装引脚并不规范，即：电源和地线引出脚不在封装的左上角和右下角（从封装上面看，左下角为引出脚 1），而在封装的中部，这在使用时需要加以注意（这样的"不规范"引出脚并不多见，只出现在个别早期产品中）。74LS73 的引脚图如图 10.11 所示，它的功能表如表 10.11 所示。

表 10.11　74LS73 芯片功能表

输　　入				输　　出		说　　明
$\overline{R}_d$	CP	J	K	Q_{n+1}	$\overline{Q}_{n+1}$	
0	×	×	×	0	1	清除（清"0"）
1	↓	0	0	Q_n	$\overline{Q}_n$	保持
1	↓	1	0	1	0	写入"1"
1	↓	0	1	0	1	写入"0"
1	↓	1	1	$\overline{Q}_n$	Q_n	翻转（计数）
1	1	×	×	Q_n	$\overline{Q}_n$	保持

10.4　T、T′触发器和触发器逻辑功能的转换

10.4.1　T 触发器

　　T 触发器（Toggle Flip-Flop）也称"可控计数触发器""翻转触发器"等。其工作特点是，在 CP 脉冲作用时，如果 $T=0$，则触发器输出状态保持不变，即次态等于现态，即 $Q_{n+1}=Q_n$。当 $T=1$ 时，CP 脉冲每作用一次，触发器输出状态就翻转一次，即次态总等于现态的反，即 $Q_{n+1}=\overline{Q}_n$。因此 T 触发器具有保持记忆功能和计数功能。它的逻辑符号如图 10.12 所示，逻辑功能表如表 10.12 所示。

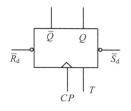

图 10.12　T 触发器的逻辑符号

表 10.12　T 触发器的逻辑功能表

CP	T	Q_{n+1}
↗	0	Q_n
↗	1	$\overline{Q}_n$

10.4.2　T′ 触发器

T′ 触发器又称"计数触发器"。其工作特点是，CP 脉冲每作用一次，触发器的输出状态就翻转一次。这相当于 T 触发器的输入端 $T = 1$ 时的情况。即 $T = 1$ 时，始终有 $Q_{n+1} = \overline{Q}_n$，此时，T 触发器就是 T′ 触发器。

T、T′ 触发器在市场中没有产品销售（因没有此必要），通常是由 D 和 JK 触发器转换得到的。

10.4.3　触发器逻辑功能的转换

不同类型的触发器之间可以根据需要进行适当的转换。一般的转换原则是：功能复杂的可转换为功能较简单的。所以，JK 触发器和 D 触发器常常是首选对象。下面介绍几种常见的触发器逻辑功能转换的例子。

1. D 触发器转换为 T′ 触发器

D 触发器的次态与输入信号的关系为 $Q_{n+1} = D$，而 T′ 触发器则是 $Q_{n+1} = \overline{Q}_n$，因此，只要使 $D = \overline{Q}_n$，就能将 D 触发器转换成 T′ 触发器。逻辑图如图 10.13 所示。

2. JK 触发器转换为 D 触发器

从图 10.14 中可知，当 $D = 0$ 时，则 $J = 0$，$K = 1$，根据 JK 触发器的逻辑功能有 $Q_{n+1} = 0$，即 $D = 0$，$Q_{n+1} = 0$；当 $D = 1$ 时，则 $J = 1$，$K = 0$，则有 $Q_{n+1} = 1$，即 $D = 1$，$Q_{n+1} = 1$。所以图 10.14 中的逻辑图就是 JK 触发器转换成 D 触发器的转换图，只是 D 触发器的触发边沿为后沿触发了。要想转换成前沿触发，再加一个反相器就可以了，见图 10.14 虚线框内。

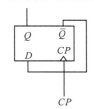

图 10.13　D 触发器转换为 T′ 触发器的转换图

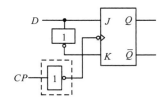

图 10.14　JK 触发器转换为 D 触发器的转换图

3. JK 触发器转换为 T 触发器

由图 10.15 可得，当 $T = 0$ 时，则 $J = K = 0$，触发器的次态等于现态，即 $Q_{n+1} = Q_n$；当 $T = 1$ 时，则 $J = K = 1$，根据 JK 触发器的逻辑功能，有 $Q_{n+1} = \overline{Q}_n$。可见，图 10.15 所示的电路具有

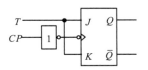

图 10.15　JK 触发器转换为 T 触发器的转换图

T触发器的逻辑功能，所以图 10.15 就是 JK 触发器转换为 T 触发器的转换图。其他各触发器之间也可以互相转换，在此就不作介绍了。

以上介绍了几种触发器的基本电路结构，实际上，同一逻辑功能的触发器还有其他的结构形式，限于篇幅，这里不再详述。

10.5 寄存器

10.5.1 寄存器的组成和分类

寄存器（register）被广泛用于数字系统和计算机中。它由触发器组成，是一个具有暂时存放、取出数据或代码功能的部件。一个触发器可以存储一位二进制代码，因此 n 位代码寄存器应由 n 个触发器组成。凡具有置"1"、置"0"功能的触发器都可作寄存器。本节主要介绍由 D、JK 触发器组成的寄存器。有些寄存器由门电路构成控制电路，以保证信号的接收和清除。

寄存器接收代码的方式有两种：一种是双拍接收方式，另一种是单拍接收方式。所谓双拍接收方式就是：第一拍清零，第二拍存放代码；而单拍接收方式则是：它不需要事先做"清零"工作，只用一拍即可完成寄存代码的过程。

寄存器除代码寄存器外，还有移位寄存器。所谓"移位"是指代码在寄存器中移动位置。在计算机中，代码在寄存器中的移动（特别是有规则的移动）是一种极常见的操作。具有移位功能的寄存器称为移位寄存器。按照代码移动方向的不同，移位寄存器分左移寄存器、右移寄存器和双向移位寄存器。

按代码输入、输出方式的不同，移位寄存器有四种工作方式：串行输入－串行输出；串行输入-并行输出；并行输入-串行输出；并行输入-并行输出。

为了扩展寄存器的逻辑功能，增加使用的灵活性，TTL 型和 CMOS 型中规模集成电路产品种类很多，除有寄存、移位功能外，又附加保持、异步清零、同步清零等功能。下面将介绍 TTL 型 74LS 系列的几个有代表性的产品。

10.5.2 代码寄存器

1. 双拍接收方式的寄存器

图 10.16 所示是由 3 个 D 触发器组成的 3 位双拍代码寄存器。D_3、D_2、D_1 端为代码寄存器的信号输入端，寄存的一组代码被存放在 Q_3、Q_2、Q_1 中。其工作过程如下：

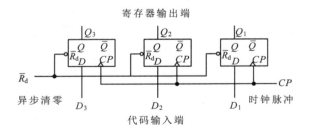

图 10.16 3 位双拍代码寄存器

（1）异步清除（直接清零）。只要 $\overline{R}_d = 0$，则寄存器中 $Q_3 Q_2 Q_1 = 000$。

（2）接收。当 $\overline{R}_d = 1$ 时，寄存代码送入 D_3、D_2、D_1 端，且在 CP 脉冲上升沿的作用下，完成存放代码的工作，使 Q_3 Q_2 $Q_1 = D_3$ D_2 D_1。

（3）保存。当 $\overline{R}_d = 1$，$CP = 0$ 时，因为没有时钟脉冲，所以各触发器保持原状态。

2．单拍接收方式的寄存器

图 10.17 所示是由 3 个 D 触发器组成的 3 位单拍代码寄存器。它无须先清零。例如要存放代码 101，则将 $D_3 = 1$，$D_2 = 0$，$D_1 = 1$ 送入各触发器的输入端，当 CP 脉冲上升沿到来时，直接将代码存放在寄存器中，即 Q_3　Q_2　$Q_1 = D_3$　D_2　$D_1 = 101$，完成了代码存储工作。

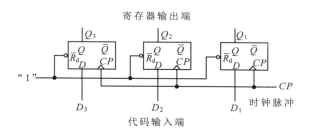

图 10.17　3 位单拍代码寄存器

寄存器也可用 JK 触发器组成，如图 10.18 所示，4 个 JK 触发器组成 4 位单拍寄存器，只是要将 JK 触发器转换成 D 触发器才具有单端输入的寄存功能。以上各代码寄存器属于并行输入 - 并行输出方式。

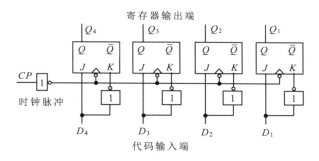

图 10.18　4 位单拍 JK 触发器组成的寄存器

10.5.3　移位寄存器

移位寄存器应用很广，可用于代码寄存，脉冲分配，实现数据的串行 - 并行或并行 - 串行转换等。在数字系统中，信息在线路上传送通常是串行的，而处理加工时又往往是并行的，故需要作串行 - 并行转换。

1．单向移位寄存器

如图 10.19 所示，它是由 D 触发器组成的 3 位串入-并出或串入-串出的右移寄存器。代码由 D_1 送入，其余各触发器的输入由前一个触发器的输出提供，即 $D_2 = Q_1$，$D_3 = Q_2$。

工作过程：

（1）异步清除。$\overline{R}_d = 0$，则 Q_3　Q_2　$Q_1 = 000$。不需清零时，应使 $\overline{R}_d = 1$。

（2）移位寄存。若要存放数据 110 时，其做法是：第一步，送数据使 $D_1 = 1$，因 $D_2 = Q_1 = 0$，$D_3 = Q_2 = 0$，所以，在第一个 CP 脉冲作用下，使输入信号向右移动一位，$Q_1 = 1$，$Q_2 = 0$，$Q_3 = 0$，即 Q_3　Q_2　$Q_1 = 001$。第二步，送数据使 $D_1 = 1$，因 $D_2 = Q_1 = 1$，$D_3 = Q_2 = 0$，

在第二个 CP 脉冲作用下，信号向右又移动一位，$Q_1 = 1$，$Q_2 = 1$，$Q_3 = 0$，即 Q_3　Q_2　$Q_1 = 011$。第三步，送数据使 $D_1 = 0$，因 $D_2 = Q_1 = 1$，$D_3 = Q_2 = 1$，在第三个 CP 脉冲作用下，信号依次再向右移动一位，使 $Q_1 = 0$，$Q_2 = 1$，$Q_3 = 1$，即 Q_3　Q_2　$Q_1 = 110$。这样，在三个 CP 脉冲作用后，代码 110 恰好全部右移位进入寄存器，从三个触发器的输出端并行读出，完成串入-并出的代码寄存。它的时序图如图 10.20 所示。

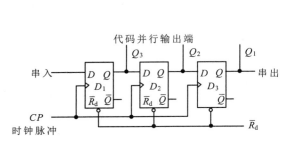

图 10.19　单向右移寄存器

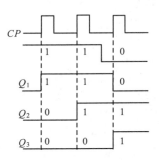

图 10.20　3 位单向移位寄存器的时序图

如果要完成向右移位的串入-串出的寄存功能，还需继续加入三个时钟脉冲，才能使寄存器中的 110 状态依次移出。同理，也可组成左移移位寄存器。

2. 双向移位和多功能移位寄存器

双向移位寄存器是指在控制信号作用下，代码既能左移又能右移的寄存器。多功能寄存器除具有左移、右移功能外，还具有置数、保持、清除等功能。中规模移位寄存器类型多，产品规格全，不同规格的产品工作特点也不尽相同。表 10.13 列出几种 TTL 型中规模移位寄存器的性能。

表 10.13　几种常用的 TTL 型移位寄存器

型号	输入、输出方式	位数	触发器输入方式	右移	左移	置数	保持	清　除	置数方式
74LS91	串入 - 串出	8	门控 D	√				无	无
74LS164	串入 - 并出	8	门控 D	√				异步、低	无
74LS95	串/并入 - 并出	4	D	√	√	√	√	无	异步
74LS165	串/并入 - 串出	4	D	√		√	√	无	异步、低
74LS166	串/并入 - 串出	8	D	√		√	√	异步、低	同步、低
74LS195	串/并入 - 并出	4	JK	√		√	√	异步、低	同步、低
74LS194	串/并入 - 串/并出	4	D	√	√	√	√	异步、低	同步
74LS323	并入 - 串出	8	D	√	√	√	√	异步、低	同步、高

从表 10.13 中可以看出：它们的输入、输出方式有多种；寄存的位数不同，功能也不相同；触发器的类型有 D 型和 JK 型。D 触发器输入方式是单端输入，门控 D 也一样，只是有两个输入端，两者是"与"的关系；JK 触发器的输入方式是双端输入。清除、置数操作分同步、异步两种方式。表中"低"表示低电平有效，否则是边沿触发。所谓异步清除，即直接清除，表示只要清除信号有效，则输出立即无条件清 0，与时钟脉冲无关。同步清除则要受到时钟脉冲的控制，在清除信号有效时，还必须等待有效时钟边沿的到达才能将寄存器清 0。同样，异步置数只要"置入信号"有效，寄存器就立即将输入数据置入。同步置数除"置入信号"有效外，

还必须等待有效时钟边沿到达时才能置数。这些特点在选择和使用器件时应特别注意。

74LS194 芯片是 4 位双向通用移位寄存器。具有左移、右移、并行置数、保持、清除等多种功能。它的引脚图如图 10.21 所示，各引出管脚功能如下。

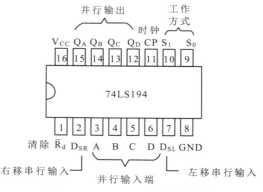

图 10.21　74LS194 芯片引脚图

管脚 1（$\overline{R_d}$）：异步清除端，低电平有效。

管脚 2（D_{SR}）：右移串行代码输入端。

管脚 3～6（A～D）：并行代码输入端。

管脚 7（D_{SL}）：左移串行代码输入端。

管脚 8（GND）：电源负极、接地。

管脚 9、10（S_0、S_1）：工作方式控制端。

其具体控制方式如下。

$$S_1S_0 = 00 \text{——4 位寄存器保持原来的状态}$$

$$S_1S_0 = 01 \text{——同步右移（时钟脉冲上升沿到来）}$$

$$S_1S_0 = 10 \text{——同步左移（时钟脉冲上升沿到来）}$$

$$S_1S_0 = 11 \text{——并行置数（时钟脉冲上升沿到来）}$$

管脚 11（CP）：移位脉冲输入端，上升沿触发。

管脚 12～15（$Q_D \sim Q_A$）：并行代码输出端。

管脚 16（V_{CC}）：电源正极，接 +5V。

其功能简化表如表 10.14 所示。从表中可以看出，74LS194 芯片功能全，使用方便灵活，且 4 种输入、输出方式都能由它实现，因而应用较广。

表 10.14　74LS194 芯片功能简化表

$\overline{R_d}$ 清除	方　式		CP 时钟	串　行		并　行				输　出			
	S_1	S_0		D_{SL} 左	D_{SR} 右	A	B	C	D	Q_A	Q_B	Q_C	Q_D
0	×	×	×	×	×	×	×	×	×	0	0	0	0
1	×	×	0	×	×	×	×	×	×	Q_{A0}	Q_{B0}	Q_{C0}	Q_{D0}
1	1	1	↑	×	×	a	b	c	d	a	b	c	d
1	0	1	↑	×	1	×	×	×	×	1	Q_{An}	Q_{Bn}	Q_{Cn}
1	0	1	↑	×	0	×	×	×	×	0	Q_{An}	Q_{Bn}	Q_{Cn}
1	1	0	↑	1	×	×	×	×	×	Q_{Bn}	Q_{Cn}	Q_{Dn}	1
1	1	0	↑	0	×	×	×	×	×	Q_{Bn}	Q_{Cn}	Q_{Dn}	0
1	0	0	×	×	×	×	×	×	×	Q_{A0}	Q_{B0}	Q_{C0}	Q_{D0}

10.6　计数器

任何一个数字系统几乎都含有计数器。计数器不仅可以用来计数，也可用于定时、分频和进行数字运算。所谓计数就是计算输入脉冲的个数，计数器是一种累积输入脉冲个数的逻辑部件。

计数器的种类很多。按触发器翻转的先后次序分类，可以把计数器分为同步计数器和异步计数器。同步计数器中的"同步"是指，当时钟脉冲输入时各触发器的翻转是同时发生的。

异步计数器中的"异步"是指，当时钟脉冲输入时各触发器的翻转有先、有后。

按照计数器计数的增减情况分类，有加法计数器、减法计数器和可逆计数器。加法计数器就是随着 CP 脉冲的不断输入而做递增的计数器。减法计数器就是随着 CP 脉冲的不断输入而进行递减的计数器。还有一种可逆计数器，就是既能进行加法计数，又能进行减法计数的计数器。可逆计数器按电路形式可分为加/减控制式和双时钟式计数器。

10.6.1 同步二进制加法计数器

同步计数器有统一的时钟脉冲控制，当计数状态更新时，所有需要翻转的触发器能够同时翻转。它能提高计数器的工作频率，缩短总的传输延迟时间。

用 T 触发器和 JK 触发器都可以组成计数器。图 10.22 所示是由 T 触发器组成的 3 位同步二进制加法计数器。从图中可以看出，各触发器的时钟脉冲端连在一起并加到了计数时钟（CP）上，组成了同步计数器，且 $T_1 = 1$，$T_2 = Q_1$，$T_3 = Q_1 \ Q_2$。根据 T 触发器的功能来分析加法计数过程。

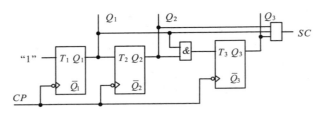

图 10.22　3 位同步二进制加法计数器

对触发器 T_1 来说，因为 $T_1 = 1$，所以只要每个 CP 脉冲下降沿到来时，触发器就翻转一次，它在序列时钟脉冲（CP）作用下的输出波形 Q_1 如图 10.23 所示。

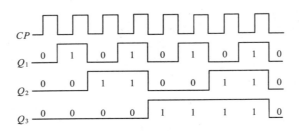

图 10.23　3 位同步二进制加法计数器的时序图

对触发器 T_2 来说，由于 $T_2 = Q_1$，所以在 $Q_1 = 1$ 时，当计数时钟脉冲下降沿到来时，触发器 T_2 就会发生触发翻转，而当 $Q_1 = 0$ 时，触发器 T_2 的状态保持不变，Q_2 的输出波形如图 10.23 所示。

同理，触发器 T_3 的输入端 $T_3 = Q_1 Q_2$，只有当 $Q_1 = Q_2 = 1$ 时，当计数时钟脉冲下降沿到来时，触发器 T_3 才能发生翻转，否则它将保持原状态不变，T_3 的输出波形如图 10.23 所示 Q_3 的波形。

从图 10.23 所示时序图中可以看出，计数器从 $Q_3 Q_2 Q_1 = 000$ 开始计数，当第 1 个计数时钟下降沿到来时，计数输出为 $Q_3 Q_2 Q_1 = 001$，第 2 个计数时钟下降沿到来时，计数输出为 $Q_3 Q_2 Q_1 = 010$，以此类推，当第 7 个计数时钟下降沿到来时，计数输出 $Q_3 Q_2 Q_1 = 111$，同时有向高位的进位，使 $SC = Q_3 Q_2 Q_1 = 1$，当第 8 个计数时钟脉冲下降沿到来时，计数器回

到 $Q_3\,Q_2\,Q_1 = 000$ 状态，完成了 $0\sim7$ 的 8 个加法计数过程。

从图 10.23 中不难看到，Q_1 端输出脉冲的频率为计数时钟频率的 1/2，Q_2 端输出脉冲的频率为计数时钟频率的 1/4，Q_3 端输出脉冲的频率为计数时钟频率的 1/8。所以有时把计数器又叫分频器，把 Q_1、Q_2、Q_3 端分别叫二分频、四分频、八分频的输出端。

10.6.2　同步二进制减法计数器

图 10.24 所示是由 JK 触发器转换成 T 触发器组成的 3 位同步二进制减法计数器。各触发器的 CP 脉冲端连在一起，并接到同一计数时钟上，实现了同步计数。根据 $J = K = 1$ 时，$Q_{n+1} = \overline{Q}_n$（触发器状态翻转），$J = K = 0$ 时，$Q_{n+1} = Q_n$（触发器状态保持），来分析减法计数过程。

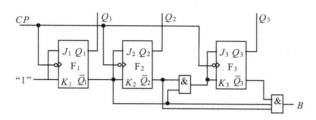

图 10.24　3 位同步二进制减法计数器

对触发器 F_1 来说，由于 $J_1 = K_1 = 1$，因此只要时钟脉冲下降沿到来一次，触发器 F_1 就翻转一次，它在序列时钟脉冲作用下的输出波形 Q_1 如图 10.25 所示。

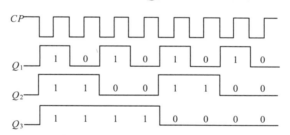

图 10.25　3 位同步二进制减法计数器的时序图

对触发器 F_2 来说，$J_2 = K_2 = \overline{Q}_1$，当 $Q_1 = 0$，$\overline{Q}_1 = 1$，而且时钟脉冲下降沿到来时，触发器 F_2 就能触发翻转，它的输出波形 Q_2 如图 10.25 所示。

对触发器 F_3 来说，由于 $J_3 = K_3 = \overline{Q}_1\overline{Q}_2$，当 $Q_1 = 0$，$Q_2 = 0$，即 $\overline{Q}_1 = 1$，$\overline{Q}_2 = 1$ 且在时钟的下降沿到来时，触发器 F_3 就能触发翻转，Q_3 的输出波形如图 10.25 所示。

从图 10.25 所示的时序图中可以看出，当计数器 $Q_3\,Q_2\,Q_1 = 000$ 时，$\overline{Q}_3\,\overline{Q}_2\,\overline{Q}_1 = 111$，使 $B = \overline{Q}_3\,\overline{Q}_2\,\overline{Q}_1 = 1$，产生了向高位的借位 B。3 位二进制减法计数器是从第 1 个时钟脉冲下降沿到来，从 $\overline{Q}_3\,\overline{Q}_2\,\overline{Q}_1 = 111$ 的状态开始计数的；此后每来一次时钟脉冲，计数器就按二进制减法减 1 计数，直到第 8 个时钟脉冲下降沿到来使 $Q_3\,Q_2\,Q_1 = 000$ 为止。

10.6.3　N 进制计数器

利用触发器和门控电路，可以构成计数长度为 N 的任何整数的任意进制计数器，简称 N 进制计数器或称为模 N 计数器。

1. 模 8 计数器

图 10.26 所示是由 JK 触发器组成的 3 位异步二进制加法计数器。三个 JK 触发器分别用 F_1、F_2、F_3 表示。$J = K = 1$，图中省略未画。图中前一个触发器的输出信号端，接后一个触发器的 CP 脉冲端，组成异步计数器，共能计 0～7 的 8 个数，故也称模 8 计数器。

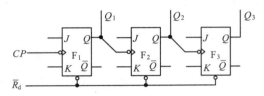

图 10.26　3 位异步二进制加法计数器（模 8 计数器）

模 8 计数器的计数功能是根据 $J = K = 1$ 时，JK 触发器具有计数功能来实现的。它的计数过程与前面介绍过的 3 位同步二进制计数器的计数过程相同，读者可以参照，自行分析。它的时序图与图 10.23 所示的波形相同，只是时钟脉冲输入时（注意：时钟脉冲只送到第一级触发器），各触发器翻转的先后次序不同。同步计数器有统一的时钟信号，各级触发器同步翻转；而对于异步计数器来说，当时钟信号输入时，各触发器的翻转有先、有后。以上所讲的异步计数器的特点，在其仿真波形中充分地反映出来（请参见图 10.29）。但异步计数器也有一个显著的优点，就是其电路较同步计数器电路简单。所以，在仅仅要求计数的情况下（不要求对其后面的电路进行控制），采用异步计数器就足够了。

2. 模 10 计数器

因为 $10 < 2^4 = 16$，所以只要用 4 位二进制异步加法计数器，加适当的门控电路就可以实现十进制计数，如图 10.27（a）所示。由图可见，$\overline{R_d} = \overline{Q_4 \overline{Q_3} Q_2 \overline{Q_1}}$，当 $Q_4 = 1$，$Q_3 = 0$，$Q_2 = 1$，$Q_1 = 0$ 时，则 $\overline{R_d} = \overline{Q_4 \overline{Q_3} Q_2 \overline{Q_1}} = 0$。这时，计数器回到 $Q_4 Q_3 Q_2 Q_1 = 0000$ 状态，也就是说，该计数器不能计数到 $Q_4 Q_3 Q_2 Q_1 = 1010$（十进制的"十"），只能计数到它的前一个数 $Q_4 Q_3 Q_2 Q_1 = 1001$（十进制的"九"）。即此计数器能对 0～9 的 10 个数进行计数，所以称为模 10 计数器或称十进制计数器。

我们对此电路进行了计算机仿真，电路中的触发器采用 74LS112 双 JK 负边沿触发器，计数用的主时钟频率为 1MHz，脉冲宽度为 500ns。仿真波形如图 10.27（b）所示，可以看出，它与理论符合得很好（仿真波形中的字母均用小写，这是由仿真软件的限制决定的）。从带有"a"标志的垂直基准线开始计数，起始状态为 $Q_4 Q_3 Q_2 Q_1 = 0000$，然后开始"加 1"计数，当计数到第 9 个计数脉冲结束时，电路状态为 $Q_4 Q_3 Q_2 Q_1 = 1001$；当再来一个计数脉冲（第 10 个脉冲）时（图中用带"b"标志的垂直基准线来标明），在其下降沿处，"与非"门的输出端 SC 将产生一个负脉冲突变信号，该信号将迫使 4 个 JK 触发器置"0"，从而使这 4 个触发器只能计数到 9，完成了 0～9 的计数任务。顺便提一下，进位信号 SC 平时总为高电平，只有当 $Q_4 Q_3 Q_2 Q_1 = 1001$ 之后再来一个计数脉冲时（在其下降沿处），才出现一个负脉冲突变信号。不言而喻，这正是我们所需要的。

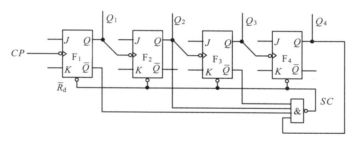

（a）电路图

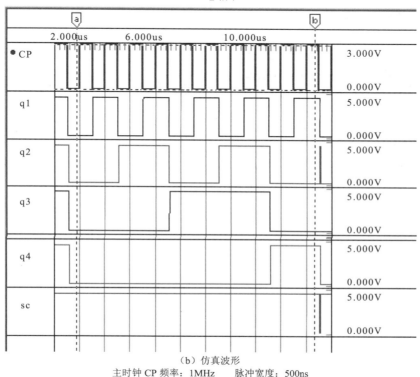

（b）仿真波形

主时钟 CP 频率：1MHz　　　脉冲宽度：500ns

图 10.27　十进制异步加法计数器（模 10 计数器）

10.6.4　同步计数器和异步计数器的性能比较

前面已对两大类型计数器（同步计数器和异步计数器）的一些情况作了简要介绍，这里，将更加详细地将它们的性能作一比较，借以看出其中某些值得注意之处。在计算机中，计数器的应用有三大特点：第一，计数器的位数可能很多（如 8 位、16 位等），以便能计足够大的数；第二，计数器的工作频率很高，常常达到其最大工作频率的 80%（例如几十兆赫）；第三，计数器的各个触发器的输出端往往要连接译码器，以便对后面的电路进行控制。此时，"同步"和"异步"这两种工作方式的特点，将会极明显地显露出来。

前面已经讲过，同步计数器的各位触发器都有统一的时钟脉冲控制，因此，不论它有多少位，都会"几乎"同时翻转（即使对于同一型号的触发器，其动作时间总会存在一些差异，所以这里说它是"几乎"同时翻转）；而对于异步计数器来说，情况则完全不同：它的各位触发器均"首尾相接"，后一位触发器的动作，要等到前一位的触发器动作完了之后才能发生。

计数器的位数越多，这种现象也越严重。计数频率越高，这两种计数器的差别越能显现出来。在上面所示的十进制异步加法计数器的工作频率为 1MHz（工作频率不算高），在仿真波形中，四个触发器的翻转时间看不出有多大的差别。如果工作频率提高十倍（例如 10MHz），则情况将与此有很大的不同。

为此，对图 10.22 所示的 "3 位同步二进制加法计数器" 和图 10.26 所示的 "3 位异步二进制加法计数器" 进行了计算机仿真：这两个计数器电路中的触发器均采用 74LS112 双 JK 负边沿触发器，计数用的主时钟频率提高到 10MHz，脉冲宽度为 50ns。图 10.22 所示的 "3 位同步二进制加法计数器" 的仿真波形如图 10.28 所示；图 10.26 所示的 "3 位异步二进制加法计数器" 的仿真波形如图 10.29 所示。

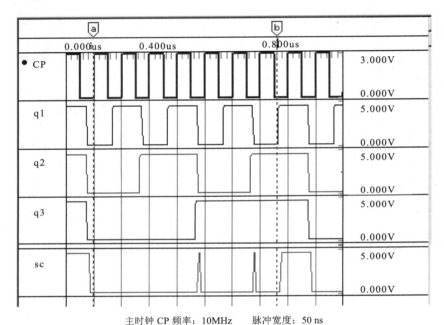

主时钟 CP 频率：10MHz   脉冲宽度：50 ns

图 10.28 3 位同步二进制加法计数器的仿真波形

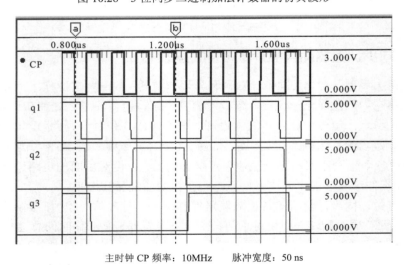

主时钟 CP 频率：10MHz   脉冲宽度：50 ns

图 10.29 3 位异步二进制加法计数器的仿真波形

从这两个仿真波形可以明显地看出：第一，它与理论符合得很好（仿真波形中的字母均用小写），各位触发器的翻转规律按二进制的要求进行。第二，异步计数器的"特征"（各位触发器不同时翻转，越是处在后面的触发器，其翻转时间越靠后）显示得很明显。第三，在图 10.28 所示的"3 位同步二进制加法计数器的仿真波形"中的"进位输出信号"SC 中，除了在第 7 个计数脉冲完了时应当出现的"1"电平以外，在其他时刻还出现了一些本不该出现的"毛刺"，这在实践中是会常常碰到的。其原因是各个触发器的翻转时间存在一些差异，为了消除这种情况，除了适当选择触发器的有关参数（各个触发器的"开关特性"应尽可能一致）之外，还可以在后面的电路中采取适当的措施。

因此，可以得出这样的结论：当要求计数器中各位触发器必须同时翻转时（计数器不仅仅是用来计数，而且是用来对后面的电路进行控制的），应采用同步计数器；否则，可采用异步计数器（计数器主要是用来计数，而不是用来对后面的电路进行控制的）。异步计数器由于其结构相对比较简单，在单纯要求计数的场合，特别是当计数的位数很多时，仍有广泛的应用。

10.6.5　常用的计数器集成电路简介

中规模计数器的类型很多，TTL 型和 CMOS 型都有多种规格的产品，各种规格的产品在时钟输入、清除、置位、使能控制等方式上各有不同。表 10.15 列出了几种常用的 TTL 型 74LS 系列产品的计数器，从中可知它们的工作特点。

表 10.15　几种常用的 TTL 型计数器

型　号	工作方式	计数顺序	位数、进制（分频）	有效脉冲	清　除	预　置
74LS90		加	十进制	↓	异步、高	异步置 9、高
74LS93	异	加	4 位二进制	↓	异步、高	无
74LS92		加	12 分频	↓	异步、高	无
74LS290	步	加	二、五、十进制	↓	异步、高	异步置 9、低
74LS293		加	4 位二进制	↓	异步、高	无
74LS161		加	4 位二进制	↑	异步、低	异步、低
74LS190	同	加 / 减	4 位十进制	↑	无	异步、低
74LS191		加 / 减	4 位二进制	↑	无	异步、低
74LS192		双 CP 可逆	4 位十进制	↑	异步、高	异步、低
74LS193	步	双 CP 可逆	4 位二进制	↑	异步、高	异步、低
74LS568		加 / 减	4 位十进制	↑	异（同）低	无
74LS569		加 / 减	4 位二进制	↑	异（同）低	无

一种应用颇为广泛的计数器芯片是 74LS161，它是 4 位二进制同步加法计数器，具有计数、预置、保持、清零的功能。其功能表如表 10.16 所示，它的引脚图如图 10.30 所示。

表 10.16　74LS161 芯片功能表

输　　　入					输　　出
CP	$\overline{LD}$	$\overline{R}_d$	EP	ET	Q
×	×	0	×	×	全 "0"
↑	0	1	×	×	预置数据
↑	1	1	1	1	计　数
×	1	1	0	×	保　持
×	1	1	×	0	保　持

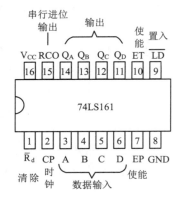

图 10.30　74LS161 芯片引脚图

其引出管脚的功能如下：

管脚 1（$\overline{R}_d$）：异步清除，低电平有效。

管脚 2（CP）：计数脉冲输入端，上升沿有效。

管脚 3~6（A~D）：并行数据输入端，D 为最高位。

管脚 7、10（EP、ET）：计数使能端，高电平有效。

管脚 8（GND）：电源的负极，接地。

管脚 9（$\overline{LD}$）：同步使能预置端，低电平有效。

管脚 11~14（Q_D~Q_A）：并行数据输出端。

管脚 15（RCO）：串行进位输出端。

管脚 16（V_{CC}）：电源正极，接 +5V。

还需说明，EP、ET 和 RCO 主要用于级联扩展。使用多片级联可扩大计数范围。此芯片可直接用来做二、四、八、十六进制的计数器，利用清除、置位功能，引入适当反馈，还可以构成 N 进制计数器（N＜16）。

 本章要点

1．时序逻辑电路是一种重要的逻辑电路，与组合电路相比，它的显著特点是具有记忆功能（它的电路中含有记忆部件——触发器），其输出信号不仅与当时的输入信号有关，而且还与电路原来所处的状态有关。

2．触发器是时序逻辑电路中的基本逻辑单元，它的各种组合构成计算机中最常用的部件（如寄存器、计数器等）。按逻辑功能分，触发器可分为 RS、D、T、JK 型触发器；从电路结构分，有主从式和维持阻塞式触发器。

3．RS 型触发器由于对输入信号有一定的要求，故使用上有一定的局限性，使用厂家也不生产此类触发器。当设计电路需要它时，可用 JK 触发器代替。

需要指出的是：由于基本 RS 触发器（也称"锁存器"）不受脉冲信号的控制，故常用来直接置位/复位；T 触发器由于逻辑功能简单，可用 D 触发器或 JK 触发器代替，故也无该产品销售；D 触发器和 JK 触发器是最常用的触发器，它们的型号很多，可根据不同用途选择合适的型号来制作电路。

4．寄存器是计算机中大量使用的部件，它既能保存各种数据，又能对数据作一定的处理（如原码传送、反码传送、左移、右移等）。

寄存器的"写入"是指新的数据输入，新数据覆盖了寄存器原来所保存的数据。寄存器的"读出"是指数据的输出，读出过程不破坏原来的数据，即可反复读出。寄存器的"清零"是指在清除信号有效时，强制寄存器的各个触发器"复位"（所谓"复位"是指寄存器中的所有触发器的状态均被置为"0"）。

移位寄存器是寄存器附加了移位功能。移位分左移、右移等。移位寄存器通常带有并行输入（置数）、并行输出功能。这样，移位寄存器可以实现"串行输入/串行输出""串行输入/并行输出""并行输入/串行输出""并行输入/并行输出"等操作，从而实现串-并行之间的转换。

　　5. 计数器是用来对输入脉冲个数进行计数的电路，也是计算机中最常用的部件之一。从触发方式来分，可分为同步式和异步式计数器；按计数器计数的增减情况，可分为加计数器和减计数器；按计数器的模，可分为二进制计数器和非二进制（N 进制）计数器等。

　　计数器具有保存、计数、定时及分频等功能。

小词典

维纳（Norbert Wiener，1894—1964）

　　美国数学家，控制论（cybernetics）的创立者。生于密苏里州哥伦比亚，卒于瑞典斯德哥尔摩。14 岁入哈佛大学研究生院，1913 年以数理逻辑的论文获哲学博士学位，同年赴英国跟罗素学习，并师从 H.G.哈代和 J.E.李特伍德。1914 年去德国格丁根大学学习。1915 年回美国，1919 年任马萨诸塞理工学院数学讲师，1929 年任副教授，1932 年任教授。1931 年任美国数学会会长。1933 年当选美国全国科学院院士。对数理逻辑、概率论、调和分析等都进行过十分重要的研究，还研究过湍流、布朗运动，改进了吉布斯的统计力学。1925 年后在调和分析的研究中取得突破性成果，后来成为巴拿赫代数理论的基础。1932 年同E.霍普夫共同研究了积分方程，现称维纳-霍普夫方程。20 世纪30 年代起开始转向应用研究，研究了大脑对肢体的控制过程。第二次世界大战开始后，开始了对控制论的研究，战后又和工程师、生物学家、数理逻辑学家、心理学家、经济学家等各学科的专家进行了广泛的接触交流，对控制论及有关问题进行了深入探讨。所著《控制论》（1948）标志着控制论的创立，现称为"经典控制论"，对科学界和整个社会产生了深刻的影响。20 世纪60 年代初，在此基础上发展了现代控制理论，并已广泛地应用于工业、经济、生物等各方面。1933 年获美国数学会博谢奖，1963 年获美国国家科学奖。还著有两本自传《昔日神通》（1953）、《我是一个数学家》（1956），其数学论文收入《数学论文集》（1980）。

思考与习题

（一）自我测验题

将 A 列中的每个表述与 B 列中的最相关的意义或表述适配起来（注意：A 列中的某些项可能有不止一个答案）。

A 列	B 列
1. 具有记忆功能的逻辑电路称为	a. 计数器
2. 触发器的两个稳定状态是	b. 脉冲触发和边沿触发
3. 输入端 $\overline{S}_d$ 和 $\overline{R}_d$ 分别称为触发器的	c. 时序逻辑电路
4. 可控触发按触发方式分类有	d. "0" 态和 "1" 态
5. JK 触发器可以用来做	e. 寄存器
6. D 触发器可以用来做	f. 置位端和复位端
7. T 触发器可以用来做	g. 加（法）计数器和减（法）计数器
8. 触发器按电路结构分为	h. 同步式和异步式

9. 按触发器有无统一的时钟脉冲控制，计数器分　　　i. 主从式和维持阻塞式

10. 按计数的增减情况，计数器分

（二）判断题（答案仅需给出"是"或"否"）

1. $\overline{R}_d = 1$，$\overline{S}_d = 1$ 是基本 RS 触发器允许的输入信号。

2. $R = 1$，$S = 1$ 是可控 RS 触发器允许的输入信号。

3. 主从结构的触发器有上升沿触发的，也有下降沿触发的。

4. 4 位串入－串出寄存器，只要用四个 CP 脉冲信号，就能完成存储工作。

5. 时序逻辑电路中不必包含触发器。

6. 异步计数器中各位触发器在计数时同时翻转。

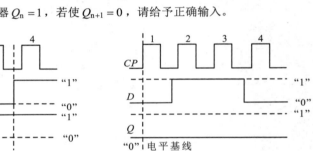

（三）综合题

1. 试分析图 10.31 所示由"或非"门构成的触发器的逻辑功能。

2. 试分析图 10.3 主从 RS 触发器的逻辑功能。

3. 试分析图 10.5 维持阻塞 D 触发器的逻辑功能。

图 10.31

4. 按图 10.32 给出的各触发器的输入变量，画出当 $Q_n = 0$ 时的输出状态波形。

5. 如图 10.33 所示，各触发器 $Q_n = 1$，若使 $Q_{n+1} = 0$，请给予正确输入。

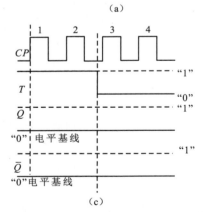

（c）

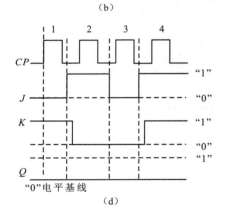

（d）

图 10.32

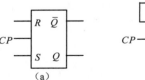

（a）

（b）

（c）

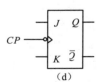

（d）

图 10.33

10.7　实验

10.7.1　D 触发器

【实验目的】

（1）学会正确使用 74LS74 芯片。

（2）学会用 D 触发器转换成 T' 触发器。

（3）掌握 74LS74 芯片的功能。

【实验原理】

74LS74 芯片是双 D 触发器（上升沿触发），且有预置、清除功能。在 $\overline{R}_d$ 或 $\overline{S}_d$ 接低电平时，D 触发器用于直接预置（预置为 "0" 或 "1"）；当 $\overline{R}_d = 0$ 时，用于清除；在上述几种情况时，时钟脉冲不起作用；在 $\overline{R}_d = \overline{S}_d = 1$ 时，D 触发器按其功能工作。

D 触发器转换成 T' 触发器的转换图如图 10.13 所示。

【实验器具】

（1）WL - Ⅳ型数字实验箱一台（清华大学产）。

（2）74LS74 芯片一块。

【实验内容与方法】

1．D 触发器功能

（1）74LS74 芯片的引脚图连线如图 10.7 所示。

① 电源：管脚 7（GND）是电源负极应接地，管脚 14（V_{CC}）是电源正极，应接 +5V 电源的正极。

② 输入：管脚 1、4（$1\overline{R}_d$、$1\overline{S}_d$），管脚 2（$1D$）为输入端，依次分别接数据逻辑电平，管脚 3（$1CP$）为脉冲输入端，接到单次脉冲上。

③ 输出：管脚 5、6 为 Q、$\overline{Q}$ 端，接到逻辑电平显示端。

（2）将实验结果填入表 10.17 内。

2．将 D 触发器转换成 T' 触发器

（1）连线：上述实验连线不变，只要把管脚 2、6 连在一起就可以了，不用接到数据逻辑电平上。

（2）将实验结果填入表 10.18 内。

表 10.17

输　　入				输　出
$1\overline{R}_d$	$1\overline{S}_d$	$1CP$	$1D$	Q_{n+1}
0	0	×	×	
0	1	×	×	
1	0	×	×	
1	1	0	×	
1	1	↑	1	
1	1	↑	0	

表 10.18

输　　入			输　出
$1\overline{R}_d$	$1\overline{S}_d$	$1CP$	Q_{n+1}
0	1	×	
1	0	×	
1	1	↑	

【思考与回答】

（1）若 $\overline{R}_d = \overline{S}_d = 0$，当 $\overline{R}_d$ 先消失（$\overline{R}_d = 1$）时，$Q_{n+1} = $ ____；当 $\overline{S}_d$ 先消失（$\overline{S}_d = 1$）时，$Q_{n+1} = $ ____。

（2）用 74LS74 芯片能否知道基本 RS 触发器的逻辑功能？

10.7.2 JK 触发器

【实验目的】

（1）正确使用 74LS73 芯片。

（2）学会将 JK 触发器转换成 T 触发器。

（3）掌握 74LS73 芯片的逻辑功能。

【实验原理】

74LS73 芯片是双 JK 下降沿触发器，当 $\overline{R}_d = 0$ 时有清除功能；当 $\overline{R}_d = 1$ 时，能在时钟脉冲的作用下，按 JK 触发器的功能工作。

JK 触发器转换成 T 触发器的转换图如图 10.15 所示。

【实验器具】

（1）WL－Ⅳ型数字实验箱一台。

（2）74LS73 芯片一块。

【实验内容与方法】

1. JK 触发器的功能

（1）74LS73 芯片引脚图如图 10.11 所示。

① 电源：管脚 4 接电源 +5V，管脚 11 接地。

② 输入：管脚 1 接单次脉冲，管脚 2、14、3 依次接数据逻辑电平。

③ 输出：管脚 12、13 依次接逻辑电平显示。

（2）将实验结果填入表 10.19 内。

2. JK 触发器转换成 T 触发器

（1）连线：上述电路连线保持不动，只要将管脚 3、14 相连后，接到数据逻辑电平上。

（2）将实验结果填入表 10.20 内。

表 10.19

输　　入				输　出
$1\overline{R}_d$	$1CP$	$1J$	$1K$	Q_{n+1}
0	×	×	×	
1	⊓	0	0	
1	⊓	0	1	
1	⊓	1	0	
1	⊓	1	1	

表 10.20

输　　入			输　出
$\overline{R}_d$	CP	T	Q_{n+1}
0	×	×	
1	⊓	0	
1	⊓	1	

【思考与回答】

（1）$\overline{R}_d$ 在电路中的作用是什么？

（2）在 $CP = 1$ 期间，改变 J、K 状态，输出结果会怎样？

10.7.3 移位寄存器

【实验目的】

（1）学会正确使用 74LS194 芯片。

（2）掌握 74LS194 芯片的功能。

【实验原理】

74LS194 芯片是 4 位双向通用移位寄存器，当 $\overline{R}_d = 0$ 时，具有清除功能，只有 $\overline{R}_d = 1$，CP 脉冲前沿到来时，才能进行工作，这时选择不同的方式控制和不同的串行左移、右移方法，就可以完成代码的左移或右移寄存。如果要完成并入–并出的寄存方式，只要使 $\overline{R}_d = S_1 = S_0 = 1$ 就可以了，其功能表如表 10.14 所示。

【实验器具】

（1）WL–Ⅳ型数字实验箱一台。

（2）74LS194 芯片一块。

【实验内容与方法】

1. 实现 4 位并入–并出寄存器

（1）根据 74LS194 芯片引脚图 10.21 所示进行连线。

① 电源：管脚 8 接地，管脚 16 接电源+5V。

② 输入：管脚 11 接单次脉冲，管脚 1、9、10、3、4、5、6 依次接数据逻辑电平。

③ 输出：管脚 15、14、13、12 依次接逻辑电平显示。

（2）将 74LS194 芯片的并入–并出寄存功能的实验结果填入表 10.21 内。

表 10.21

输　　入								输　　出			
$\overline{R}_d$	S_1	S_0	CP	A	B	C	D	Q_A	Q_B	Q_C	Q_D
0	×	×	×	×	×	×	×				
1	1	1	↑	1	0	0	1				
1	1	1	↑	0	1	1	0				
1	1	1	↑	1	1	0	0				
1	1	1	↑	0	1	0	1				
1	1	1	↑	0	1	1	1				

2. 4 位右移串入–并出寄存功能

（1）连线

① 电源：连线同本[实验内容与方法]之 1。

② 输入：管脚 11 接单次脉冲（同本[实验内容与方法]之 1），管脚 1、10、9、2 依次接数据逻辑电平。

③ 输出：管脚 15、14、13、12 依次接逻辑电平显示（同本[实验内容与方法]之 1）。

（2）将 74LS194 芯片的 4 位右移串入–并出寄存的实验结果填入表 10.22 内。

表 10.22

输　　入						输　　出			
$\overline{R}_d$	S_1	S_0	CP	D_{SL}	D_{SR}	Q_A	Q_B	Q_C	Q_D
0	×	×	×	×	×				

续表

输　　入						输　　出
1	0	1	↑	×	1	
1	0	1	↑	×	1	
1	0	1	↑	×	0	
1	0	1	↑	×	0	

【思考与回答】

根据 74LS194 芯片功能（见表 10.14），按上述实验的方法和步骤，完成 4 位左移串入 - 并出的寄存工作。

10.7.4　计数器

【实验目的】

（1）学会正确使用 74LS161 芯片。

（2）掌握 74LS161 芯片的逻辑功能。

【实验原理】

74LS161 芯片是 4 位二进制同步加法计数器。只要 $\overline{R_d}=0$，就可完成清零的工作。当 $\overline{R_d}=1$，$\overline{LD}=0$ 且时钟脉冲上升沿到来时，具有预置数据的功能；只有在 $\overline{LD}=\overline{R_d}=EP=ET=1$，并且当时钟脉冲上升沿到来时，才有计数功能。

【实验器具】

（1）WL - Ⅳ型数字实验箱一台。

（2）74LS161 芯片一块。

【实验内容与方法】

（1）按 74LS161 芯片引脚图 10.30 所示连线。

① 电源：管脚 8 接地，管脚 16 接电源 +5V。

② 输入：管脚 2 接单次脉冲。管脚 1、9、7、10、3、4、5、6 依次接数据逻辑电平。

③ 输出：管脚 15、14、13、12、11 依次接逻辑电平显示。

（2）将 74LS161 芯片功能实验结果填入表 10.23 内。

表 10.23

输　　入									输　　出				
$\overline{R_d}$	$\overline{LD}$	CP	EP	ET	A	B	C	D	RCO	Q_A	Q_B	Q_C	Q_D
0	×	×	×	×	×	×	×	×					
1	0	↑	×	×	0	1	0	1					
1	1	↑	1	1	×	×	×	×					
1	1	×	0	×	×	×	×	×					
1	1	×	×	0	×	×	×	×					

【思考与回答】

（1）若预置 $ABCD=1001$，则 $Q_A\,Q_B\,Q_C\,Q_D=$ ＿＿＿＿＿＿。

（2）在什么情况下，输出 $RCO=1$？

（3）74LS161 芯片是否是循环计数器？共能计多少个二进制数？

第 11 章　调制解调器

在计算机的应用日益普及、网络时代已经到来的今天，计算机已不仅仅是一台台独立工作的信息机器，而是彼此互联、进行机间通信、形成了各种各样的网络中的一个节点。这些网络有局域网（LAN，Local Area Network）、广域网（WAN，Wide Area Network）和国际互连网——因特网（Internet）。两台或多台计算机往往处于地理上十分分散的位置，它们如何能够连接在一起彼此进行通信，形成一个有机的整体呢？这就要靠一个重要的数据通信设备（DCE）——调制解调器来实现。

本章将简要介绍通信的某些基本知识——调制和解调，并在此基础上介绍目前国内上网的几种主要方式（普通 MODEM 拨号方式、局域网接入方式、ISDN 接入方式及 ADSL 宽带接入方式），所使用的设备（主要是调制解调器——MODEM）和它们各自的特点，以及其连接方法。这些知识对广大的上网用户来说，都是非常有用的。

11.1　电磁波的频谱划分

在计算机发明之前，人们已经广泛地利用电磁波进行广播和通信。随着科学技术的飞速发展，广播、通信的种类日益丰富多彩（长波、中波、短波；调幅、调频；黑白电视、彩色电视、高清晰度电视；移动通信、卫星广播、通信等）。在进行广播和通信时，人们除了利用电磁波在空间的传播特性（无线电波的传播特性）之外，还利用电磁波在各种介质（电话线路、同轴电缆、光缆……）中的传播特性。总之，电磁波是人类文明所利用的又一宝贵的自然资源。

以前，从事电子技术工作的人员，很少接触到与光有关的问题，他们一般对光学也很少有兴趣。但是近年来，由于光缆（由光导纤维组成）及光通信的日益广泛应用，人们对光（包括可见光和不可见光）在不同介质（特别是在特定介质——光导纤维）中的传播变得非常感兴趣。利用光导纤维作为传输介质的光通信，由于其具有极宽的通频带（所谓的"带宽"），在一条光导纤维中所传输的信息，要比在一条普通的铜导线中所能传送的信息多得多，所以，光通信是信息时代理想的通信工具。那么，"光"究竟是什么呢？从现代物理学的观点来看，光（包括可见光和不可见光）也是一种电磁波，只不过其波长比普通的电磁波的波长更短一些罢了。此外，比光的波长更短的射线还有 X-射线、γ-射线和宇宙线，它们也都属于电磁波的范畴。表 11.1 列出了（广义的）电磁波谱表（按波长划分）；表 11.2 列出了无线电频谱表；表 11.3 列出了普通广播所用的波段。

表 11.1 （广义的）电磁波的波谱（按波长划分）

电磁波种类		波长（λ）范围（厘米——cm）（为了理解方便，圆括号内注出了其他的单位）
无线电波	超长波	$>10^6$（$>10^4$ m）
	长波	$10^5 \sim 10^6$（$10^3 \sim 10^4$ m）
	中波	$10^4 \sim 10^5$（$10^2 \sim 10^3$ m）
	短波	$10^2 \sim 10^4$（$1 \sim 10^2$ m）
	超短波	$0.1 \sim 10^2$（$0.001 \sim 1$ m）
热射线	远红外线	$10^{-3} \sim 10^{-2}$（$10 \sim 100$ μm）
	近红外线	$7.5 \times 10^{-5} \sim 10^{-3}$（$0.75 \sim 10$ μm）
可见光	红光	$6.5 \times 10^{-5} \sim 7.5 \times 10^{-5}$（$650 \sim 750$ nm）
	橙光	$5.9 \times 10^{-5} \sim 6.5 \times 10^{-5}$（$590 \sim 650$ nm）
	黄光	$5.3 \times 10^{-5} \sim 5.9 \times 10^{-5}$（$530 \sim 590$ nm）
	绿光	$4.9 \times 10^{-5} \sim 5.3 \times 10^{-5}$（$490 \sim 530$ nm）
	蓝光	$4.2 \times 10^{-5} \sim 4.9 \times 10^{-5}$（$420 \sim 490$ nm）
	紫光	$4.0 \times 10^{-5} \sim 4.2 \times 10^{-5}$（$400 \sim 420$ nm）
紫外线		$1.8 \times 10^{-5} \sim 4.0 \times 10^{-5}$（$180 \sim 400$ nm）
X-射线	软 X-射线	$10^{-8} \sim 2.0 \times 10^{-7}$（$0.1 \sim 2$ nm）
	硬 X-射线	$10^{-9} \sim 10^{-8}$（$0.01 \sim 0.1$ nm）
γ-射线		$5 \times 10^{-10} \sim 5 \times 10^{-9}$（$0.005 \sim 0.05$ nm）
宇宙线		$5 \times 10^{-12} \sim$ ？（0.00005 nm $\sim$ ？）

表 11.2 无线电（射频）频谱表

名 称	符号	频率范围（Hz）	波长（m）	应用领域
甚低频（超长波）	VLF	<30k	$>10^4$（万米波）	音响、电影、电话、导航
低频（长波）	LF	$30 \sim 300$k	$10^4 \sim 10^3$（千米波）	长波广播、导航
中频（中波）	MF	300k ~ 3M	$10^3 \sim 10^2$（百米波）	中波广播、通信
高频（短波）	HF	$3 \sim 30$M	$10^2 \sim 10$（十米波）	短波广播、通信
甚高频（超短波）	VHF	$30 \sim 300$M	$10 \sim 1.0$（米波）	电视（无线和有线）、调频广播、微波中继通信、移动通信、卫星通信、雷达、导航、微波加热等
特高频	UHF	$300 \sim 3000$M	$1.0 \sim 0.1$（分米波）	
超高频	SHF	$3 \sim 30$G	$0.1 \sim 0.01$（厘米波）	
极高频	EHF	$30 \sim 300$G	$0.01 \sim 0.001$（毫米波）	
超极高频	SEHF	$300 \sim 3000$G	<0.001（亚毫米波）	

注：$1\,\text{kHz} = 10^3\,\text{Hz}$（千赫），$1\,\text{MHz} = 10^6\,\text{Hz}$（兆赫），$1\,\text{GHz} = 10^9\,\text{Hz}$（吉赫）。

表 11.3 普通广播所用的波段

名 称	符 号	频率范围（Hz）	波长（m）	传播特性
长 波	LW	$155 \sim 265$k	$1935 \sim 1132$	地波
中 波	MW	$535 \sim 1605$k	$560 \sim 187$	白天：以地波为主；夜间：天波地波皆起作用
短 波	SW	$2.3 \sim 26$M	$130 \sim 11.5$	以天波（靠电离层反射）为主，地波很弱
调 频	FM	$88 \sim 108$M	$3.4 \sim 2.78$	直线传播

注：电视广播（含有线电视）所采用的频率要高得多，除了采用 VHF 之外，目前还采用 UHF。

11.2 调制解调的概念及种类

人们在利用电磁波进行广播和通信时，常常要对信号进行各种变换。为了便于说明，让我们首先观察一下普通广播（中波、短波，它们均为调幅广播）的发送和接收过程的方框图（见图 11.1）。

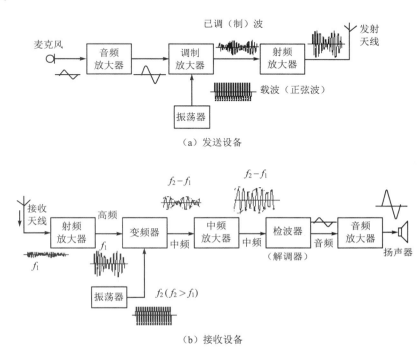

（a）发送设备

（b）接收设备

图 11.1 调制和解调（检波）在调幅广播的发送设备和接收设备中的地位

由 11.1 图可见，声音信号（20Hz ～ 20kHz）要想发送到远方，必须"骑"在一个更高频率的信号（载波）之上，即声音信号要对此高频信号进行某种加工（所谓的"调制"），而被加工过后的高频信号（称"已调信号"）则带有声音信号（称"调制信号"）的信息。

根据调制信号对载波信号调制方式的不同，调制可分幅度调制、频率调制和相位调制。

1. 幅度调制（简称"调幅"，AM）

载波信号的振幅按照调制信号的振幅变化的强弱来变化，而其频率和相位均保持不变。换言之，已调幅的信号其幅度的包络线反映了原信号的变化情况。

2. 频率调制（简称"调频"，FM）

载波信号的频率按照调制信号的振幅变化的强弱来变化。即：当调制信号的幅度大时，载波的频率变高；而当调制信号的幅度小时，载波的频率变低。载波信号的幅度、相位均保持不变。

3. 相位调制（简称"调相"，PM）

载波信号的相位按照调制信号的振幅变化的强弱来变化，而载波信号的振幅和频率均保持不变。

当调制信号是脉冲方波信号时，也可以有调幅、调频及调相三种情况。

图 11.2 和图 11.3 分别给出了正弦波调制和脉冲波调制的示意图，两图中给出了最常用的调幅和调频的情况。

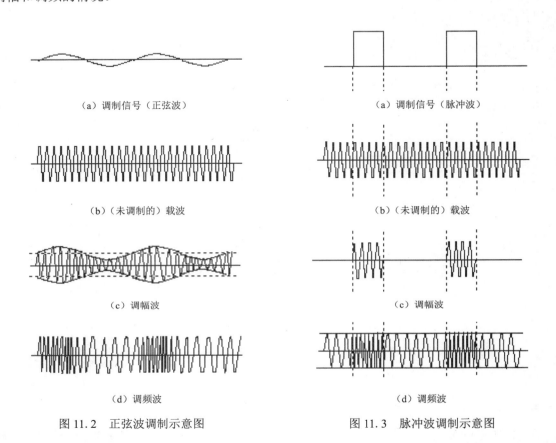

（a）调制信号（正弦波）　　　　　　　　　（a）调制信号（脉冲波）

（b）（未调制的）载波　　　　　　　　　（b）（未调制的）载波

（c）调幅波　　　　　　　　　　　　　（c）调幅波

（d）调频波　　　　　　　　　　　　　（d）调频波

图 11.2　正弦波调制示意图　　　　　　　　图 11.3　脉冲波调制示意图

这里要强调指出的是，广播和通信系统之所以要调制是因为：① 任何无线电广播或通信系统，必须采用某种方法将同时存在的各种信号分开。在实践中是用每一个信号去调制相应的、具有不同频率的载波来实现的（用无线电电子学的术语说，这叫做"频分复用"）。② 在无线电广播和通信中，只有通过调制，将信号附加在频率较高的载波上，才能将信号发射到远方。③ 在近代通信系统中，所传输的各种信息（音频、视频或其他）常常占有相当的"带宽"（"频带宽度"的简称），由于其频率范围很宽（例如视频信号的"带宽"为 0～6MHz），所以当这些信号通过各种传输介质时，其传输特性将会有极大的变化，通过载波则可以改善这种情况。

从目前世界上所存在的广播系统来看，中波、短波均采用调幅制，近年来逐渐普及的调频（立体声）广播则采用调频制（调频制比调幅制具有许多优点，例如：音质好、抗干扰性强、可实现"立体声"传送等）。至于电视广播，它采用调幅–调频制：其中的视频信号采用调幅制，而伴音则采用调频制。

不言而喻，在一个广播–通信系统中，在接收端对信号的还原处理必须正好与其发送端中的处理相反，这叫做"解调（制）"，但通常均称之为"检波"（其含义为：从带有所需信息的已调信号中，"检"出所需要的"波"）。因此，检波相应地有"幅度检波""频率检波"和"相位检波"。调制和解调的对应关系如表 11.4 所示。

表 11.4　调制和解调的对应关系

发送系统	已调波的种类	接收系统	应用范围
调幅	调幅波	幅度检波	中波、短波广播
调频	调频波	频率检波	调频（立体声）广播
调幅－调频	调幅－调频波	幅度检波和频率检波	电视广播
调相	调相波	相位检波	雷达、测量技术

11.3　计算机通信的基本原理

11.3.1　计算机通信的基本概念

1．并行通信和串行通信

两台或两台以上的计算机进行信息交换称之为通信。从原则上说，有两种可能的基本通信方式：并行通信——数据的各位同时进行传送；串行通信——数据的各位逐位依次进行传送。

当两台计算机相距较远，且位数较多（如 8 位、16 位、32 位等）时，只能采用串行通信方式。

2．通信中的编码

在计算机中，不论数、文字和各种符号，统称为"字符"。字符是用二进制的"0"和"1"以一定的格式进行编码的，常用的编码有：

（1）扩展的 BCD 交换码（EBCDIC 码）。这是一种扩充了的用二进制数编码的十进制交换码，主要用于 IBM 公司的大、中型计算机（IBM－360，370，390 系统）中。这种代码由 8 位二进制数字（8 比特）组成，最多可组合出 256 个代码，用以表示各种不同的图示符或控制符，也常用在同步通信中。

（2）美国国家信息交换用标准代码（ASCII 码）。ASCII 码是计算（机）技术、信息产业中广泛使用的一种标准代码，其中的每个字符（包括图示符和控制符）是用一个 7 位二进制数的代码（7-bit）来表示（如加上奇偶校验位，则每个字符由 8 个 bit 组成），所以最多可以组合出 128 种代码。每个代码对应一个"图示符"（书写或印刷时最小不可分割的符号），或者对应一个"控制符"（仅供设备使用）。该标准代码用于数据处理系统、数据通信系统及其相应的设备中进行信息交换。

3．异步通信和同步通信

（1）异步通信

所谓"异步"，是指发送端和接收端没有统一的时钟进行同步。为了在接收端能够较方便地识别发送端所发出的信号，对字符的格式做了一些规定（约定），如图 11.4 所示。

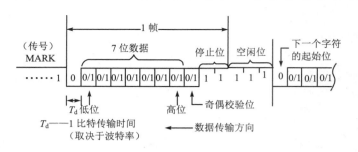

图 11.4　异步通信的字符帧格式

由图 11.4 可见，平时当无信号传送时，线路处于高电平（术语叫做"传号"）状态；当有数据需要传送时，线路突然变成低电平，这意味着在发送方有数据需要传送。这个指定宽度的低电平就是"起始位"。换句话说，"起始位"用来表示字符的开始，而"停止位"则用来表示字符的结束。起始位占用 1 位，字符编码 7 位（ASCII 码），第 8 位为奇偶检验位（这一位与字符合在一起，使总的"1"的个数为奇数或偶数，分别对应于"奇校验"或"偶校验"），以便在接收端进行奇偶检查，以提高信号传输的可靠性。停止位可以是 1 位、1.5 位或 2 位。这样一来，一个字符就由 10、10.5 或 11 个比特（二进制位）构成，这叫做"1 帧"。用这种方式表示的字符，字符可以一个接一个依次传送（传送时，每个字符是从低位到高位逐位顺序传送的）。这里顺便提一下，采用"起始位"的另一个理由：如果发送端发送一个 8 位字符 10000000 或者 00000001，如无"起始位"作为"标志"，则接收端将无法加以鉴别（接收端只能收到一个"1"）。

进行通信时，描述数据传送快慢的指标是数据传送速率，其单位叫"波特"（Baud）。1 个波特，是指每秒传送 1 个比特（1bps—bit per second），即

$$1 \text{ 波特} = 1 \text{ 比特／秒}（= 1\text{bps}）$$

例如，数据传送速率是 360 字符／秒，而每个字符含 10 个比特（1 帧），则其波特率（每秒传送的比特数）为

$$360 \times 10 = 3600\text{bps}（波特）$$

波特率的倒数表示每个比特的传输时间，即

$$T_d = \frac{1}{3600} = 0.277\,\text{ms}\ （毫秒）$$

波特率也是衡量传输信道的频带宽度（通称"带宽"）的指标，一个传输信道的带宽越宽，则其可能传送的数据速率也就越高。

异步通信的传送速率有一定的标准，如 50、75、110、150、300、600、1200、2400、4800、9600、19200 波特等。

（2）同步通信

在异步传送中，每个字符的起始和终了均要用起始位和停止位作为字符开始和结束的标志，这就占用了一些时间。为了提高传送速率，可以去掉这些标志，采用同步传送。但在数据块的开始处，仍需要用同步字符来指示（见图 11.5）。

同步传送字符的速率是高于异步的，可达 56 k 波特或更高。为了实现同步传送，在接收端和发送端均需要精密的时钟进行同步，故其硬件控制较复杂。

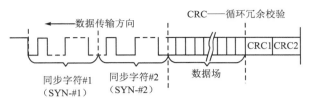

图 11.5　同步通信的字符帧格式（"双同步"格式）

11.3.2　串行通信中的几个问题

1．数据传送的方向

数据从甲地传送到乙地，必须使用通信线路（如普通电话线路、专用通信线路、微波中继线路、光缆等），数据是在通信线路两端，即两个"工作站"（A 站和 B 站）之间进行传送的。通常，A 站可以作为"发送站"，B 站可以作为"接收站"，反之亦然。按照通信的工作方式，可以将通信线路分成三种类型。

（1）单工方式

该方式只允许数据按照一个固定的方向传送，如图 11.6（a）所示。在该传输方式中，数据只能从 A 站向 B 站传送，反方向则不可。即：一方只能发送，而另一方只能接收（广播、电视、有线电视都是单工传送的典型例子，尽管它们传送的并不是"数据"）。

（2）半双工

在该种通信方式中，每次只能有一个站发送，一个站接收，不能同时收、发，如图 11.6（b）所示（普通电话线路是半双工通信的典型例子）。

（3）全双工

在该种通信方式中，两个站可以同时进行收、发。全双工传输方式相当于将两个方向相反的单工方式组合在一起，如图 11.6（c）所示。

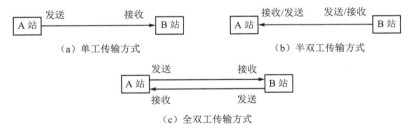

图 11.6　单工、半双工和全双工通信示意图

这里要强调指出的是，虽然"单工""半双工"和"全双工"通信指的是数据信号在通信线路上的传输方向，但这并不意味着通信线路本身在传送信号时有什么方向（须知，普通的电话线路——铜导线在传送电信号时并无方向性），而仅仅是意味着在通信线路两端是仅仅备有发送器或者接收器呢，还是二者全具备。

2．信号的调制和解调

普通的通信（电报、电话、传真等）是模拟通信，它们所传送的信号是模拟信号（随时间连续变化的信号）。与此完全不同，计算机之间的通信是数字通信，它所传送的是数字信号（随时间离散变化的信号）。

　　在远距离计算机通信时，为了方便起见，常常借用已有的电话通信线路进行通信。一般情况下，铜线电缆是架空线路或者是埋在地下的，它们不是屏蔽和双绞的，许多电话线对共同装于同一电缆中。众所周知，这样的线对是由电阻、电感和分布电容等分布参数组成的。随着频率和传输距离的增加，其线路的损耗会显著增加。普通铜质导线电话线路的理论带宽为 0～2MHz，由于各地的线路情况有好有坏，所以带宽的上限值为 1～1.5MHz（参见图 11.7（a））。具有这样带宽的通信线路，在传送话音信号（普通电话的话音带宽被限制为 0～4kHz）或低速电报信号时，是没有任何问题的（电话线路是专为传送话音信号而设计的），而计算机所传送的数字信号（实际上是脉冲信号），由于其频谱很宽（所传送的脉冲信号的宽度越窄，其重复频率越高，其频带也就越宽），很难在电话线路上不失真地远距离传输。如果用电话线路直接传送这种数字信号，会产生极大的畸变。图 11.7（b）示出了当数字信号通过电话线路传送时所产生的畸变情况。

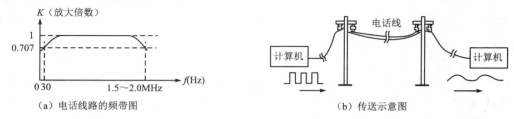

（a）电话线路的频带图　　　　　　　　　　　（b）传送示意图

图 11.7　电话线路的频带及数字信号通过电话线路传送时所产生的畸变

　　所以，在利用现有的电话线路传送数字信号时，在发送端必须用调制器（Modulator）把数字信号转换为模拟信号（称做"调制"）；而在接收端则要用解调器（Demodulator）对此模拟信号进行检测，并把它还原成数字信号（称做"解调"），如图 11.8 所示。目前常常把调制器和解调器做在一起，形成一个整体部件，称做"调制解调器"（按：英文中的 MODEM——"调制解调器"，是由 MOdulator——"调制器"的前两个字母和 DEModulator——"解调器"的后三个字母组成的）。

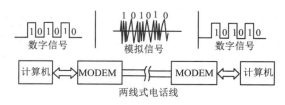

图 11.8　调制与解调示意图

　　频移键控（FSK，Frequency Shift Keying）是一种常用的调制方法，它把数字信号的"1"与"0"调制成易于鉴别的两种不同的频率，如图 11.9 所示。FSK 是一种典型的调频制法。

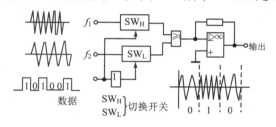

图 11.9　频移键控调制法原理图

3．EIA RS－232－C 接口标准

在进行串行通信时，计算机是通过接口与外部（外部设备、计算机）进行通信的（微机一般有两个串行通信口 Com1，Com2），此时，需遵守一定的通信标准。常用的标准是 EIA RS-232-C 标准。EIA 是"美国电子工业协会"（Electronic Industries Association）的英文缩写，RS 代表推荐标准，232 是标准的代号，C 是 A、B 的改进版（A、B 已不用）。该标准规定了如下的主要内容。

（1）字符传输格式（如前面所示）。

（2）信号名称及电平规定（"0" = +3～+15 V，"1" = −3～−15 V。高于 +15 V 或低于 −15 V 的电压无意义；介于 +3 V 和 −3 V 之间的电压也无意义）。

（3）专用 D 型 25 针连接器（插座、插头）的信号与引出脚的对应关系。

一个完整的 RS－232－C 标准串行接口由 25 根信号线组成（其中有空引出脚作为"保留用"），但常用的也不过 9 根信号线，分别参见表 11.5 和表 11.6。

表 11.5　RS－232－C 的信号定义

引脚号	信号名称	中文含义
1	保护地	设备的接地端
2	发送数据 TD (TxD)	将数据送到 DCE（到 DCE）
3	接收数据 RD (RxD)	从 DCE 接收数据（来自 DCE）
4	请求发送 RTS	在半双工方式下，控制发送器的开或关（到 DCE）
5	允许发送 CTS	指明 DCE 准备好发送（来自 DCE）
6	数据设备就绪 DSR	指明 DCE 不处于测试模式，可以工作（来自 DCE）
7	信号地　（公共回线）	所有信号的公用地
8	载波检测 CD	指明 DCE 正在接收另一端送来的信号（来自 DCE）
9	空（NC）	
10	空（NC）	
11	空（NC）	
12	第二通道接收信号检测	指明在第二通道上检测到信号（来自 DCE）
13	第二通道允许发送	指明第二通道准备好发送（来自 DCE）
14	第二通道发送数据	往 DCE 以较低速率输出（到 DCE）
15	发送器信号元定时 TC	从 DCE 提供发送器定时信号（来自 DCE）
16	第二通道接收数据	从 DCE 以较低速率输入（来自 DCE）
17	接收器信号元定时 RC	为接口和终端接收器提供定时信号（来自 DCE）
18	空（NC）	
19	第二通道请求发送	闭合第二通道的发送器（到 DCE）
20	数据终端就绪 DTR	DCE 连接到链路，并开始发送（到 DCE）
21	空（NC）	
22	振铃指示 RI	指明在链路上检测到音响（振铃）信号（到 DCE）
23	数据信号速率选择	可选择两个同步数据速率之一（来自 DCE）
24	发送器信号元定时	为接口和终端发送器提供定时信号（到 DCE）
25	空（NC）	

表 11.6　MODEM 常用的信号线

引出脚	信号名称（英文缩写）	中文名称	方　　向	作　　用
1		保护地		安全地线
2	TD (TxD)	发送数据	DTE→DCE	DTE 发送数据
3	RD (RxD)	接收数据	DCE→DTE	DTE 接收数据
4	RTS	请求发送	DTE→DCE	DTE 希望发送数据
5	CTS	允许发送	DCE→DTE	DCE 准备接收数据
6	DSR	数据设备就绪	DCE→DTE	DCE 已上电准备好运行
7		信号地		公共回线
8	CD	载波检测	DCE→DTE	DCE 检测到载波
20	DTR	数据终端就绪	DTE→DCE	DTE 已上电并准备好发送/接收数据

注：DTE ——数据终端设备（Data Terminal Equipment）。任何一个位于用户、网络接口作为目的地、源或两者的用户端的设备。通常，DTE 包括多路复用器、协议转换器以及计算机之类的设备，通常指计算机。

DCE ——数据通信设备（Data Communication Equipment）。构成用户到网络接口（如 MODEM）的一个通信网络的机制和链路。DCE 提供到网络的物理连接、转发通信量并为 DTE 和 DCE 之间的同步数据传输提供一个时钟信号。通常指 MODEM（也可以是数传机等）。

11.3.3　MODEM 在数据通信中的连接

用于通信方面的信息处理设备为"数据终端设备"（DTE），常为计算机；用于将 DTE 和通信线路连接起来的设备称为"数据通信设备"（DCE），常为 MODEM。

图 11.10（a）给出了 DTE（数据终端设备——计算机）与 DCE（数据通信设备——MODEM）在传送数据时的信号呼应关系。其中"DTR（数据终端就绪）— DSR（数据设备就绪）"和"RTS（请求发送）— CTS（允许发送）"各为两对"握手"信号（也称"联络"信号）。通过这两对"握手"信号，DTE（数据终端设备——计算机）就可以向/从 DCE（数据通信设备——MODEM）发送/接收数据了[TD (TxD)——发送数据/RD（RxD）——接收数据]。

图 11.10（b）给出了使用适配器的示意图，适配器将 DTE 和 DCE 连接起来。该适配器可以是"串行通信接口卡"，也可以是"以太网卡"等。

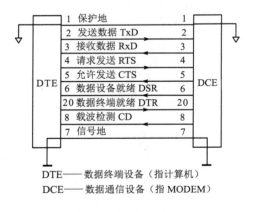

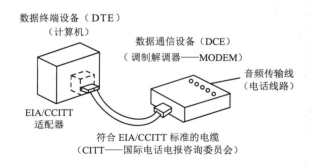

（a）DTE 与 DCE 在连接时的信号呼应关系　　　　　（b）DTE 与 DCE 使用适配器的示意图

图 11.10　DTE 和 DCE（MODEM）在连接时的信号呼应关系及使用适配器的示意图

本章要点

1. 电磁波是一种极其重要的资源，其频率范围从几千赫（kHz）到几千吉赫（GHz），而其波长则从几万米到几纳米（nm），或更小。在空间传播的电磁波也叫无线电波。按照现代物理学的观点，光（包括可见光和不可见光）、X –射线、γ –射线、宇宙线等，都属于电磁波的范畴。

2. 在现代广播和通信系统中，调制和解调是必不可少的重要的信号处理手段。

3. 根据调制信号对载波信号调制方式的不同，调制可分幅度调制、频率调制和相位调制，分别简称为调幅、调频和调相。

4. 解调也叫做检波。与调制相对应，它也分幅度检波、频率检波和相位检波。

5. 计算机通信实质上是一种数字通信。在利用电话线路传输数字信号时，必须通过调制手段将数字信号变换为模拟信号；在接收端则需要进行相反的变换。完成这种信号变换的数据通信设备（DCE）叫调制解调器（MODEM）。

6. 通信分为并行通信和串行通信。串行通信又分为异步通信和同步通信。串行通信有单工、半双工和全双工三种通信形式。

7. 串行通信的常用标准是 EIA RS-232-C。它规定了通信的数据格式、信号电平和连接器（插头、插座）的信号名称与引脚的关系。

思考与习题

（一）自我测验题

将 A 列中的每个表述与 B 列中的最相关的意义或表述适配起来（注意：A 列中的某些项可能有不止一个答案）。

A 列	B 列
1．MODEM 是一种	a．数据终端设备（DTE）
2．计算机间的通信分	b．同步通信和异步通信
3．计算机是一种	c．调幅制
4．串行通信按发送端和接收端有无统一时钟分	d．调频制
5．串行通信的两种通信制式是	e．串行通信和并行通信
6．普通中波广播是	f．数据通信设备（DCE）
7．普通短波广播是	g．单工、半双工和全双工
8．普通电视广播是	h．EIA RS-232-C
9．串行通信的常用标准是	i．内置式和外置式
	j．信息处理设备
	k．调相制

（二）判断题（**答案仅需给出"是"或"否"**）

1．调制解调器（MODEM）是调制器和解调器的统称。

2．在同样的通信线路（如电话线路）的情况下，异步通信比同步通信速度快。

3．所谓波特率，是指每秒所传送的字符数。

4．所谓波特率，是指每秒所传送的比特数。

5．波特和 bps（每秒比特数）是等价的。

6．中波广播采用调频制。

7．短波广播采用调幅制。

8．电视广播采用调频、调幅制。

9．两台计算机近距离通信也必须采用 MODEM。

10．两台计算机远距离通信必须采用 MODEM。

（三）综合题

1．电视广播中，1 频道的频率范围是 48.5～56.5 MHz，频道中心频率为 52.5 MHz，试求频道中心波长为多少？它属于哪个频率范围（是 VHF 还是 UHF）？

2．在有线电视广播中，某个电视台的传送频率（中心频率）为 320 MHz，其波长是多少？它属于哪个频率范围？

3．在某异步通信系统中，调制解调器的工作速率为 14.4 kbps。每个字符的帧格式为：起始位 1 位，字符位 7 位，奇偶校验位 1 位，停止位为 2 位。试求该 MODEM 每秒能传送多少个字符？

4．在某异步通信系统中，希望每秒钟能传送 3000 个字符（字符的帧格式如上题），试问 MODEM 的传输速率不能低于多少 kbps？

5．在一个异步通信系统中，字符的帧格式与第 3 题中的相同，每秒能传送 2000 个字符，试求该通信系统中每比特的传送时间 $T_d = ?$

参考文献

1　张晓明, 吕旭东, 邵永海. 微型计算机电路基础[M]. 北京：电子工业出版社, 1992.

2　李小平, 刘志平, 王军伟. 模拟电路. 北京：电子工业出版社, 1991.

3　清华大学电子学教研组. 模拟电子技术基础简明教程. 北京：高等教育出版社, 1993.

4　清华大学电子学教研组. 阎石. 数字电子技术基础. 北京：人民教育出版社, 1985.

5　冯秉铨. 今日电子学. 北京：科学普及出版社, 1981.

6　陈厚云, 王行刚, 等. 计算机发展简史. 北京：科学出版社, 1985.

7　中国人民解放军京字 183 部队. 半导体技术名词（内部参考）, 1971.

8　何绪笕, 曾发祚. 脉冲与数字电路. 成都：电子科技大学出版社, 1995.

9　李中震, 夏蠹, 顾藏知. 数字电路与逻辑设计. 成都：成都电讯工程学院出版社, 1989.

10　周明德, 白晓笛, 田开亮. 微型计算机接口电路及应用. 北京：清华大学出版社, 1987.

11　吴立新. 实用电子技术手册. 北京：机械工业出版社, 2002.

12　张奠宙, 等. 科学家大辞典. 上海：上海辞书出版社, 上海科技教育出版社, 2000.

13　王大珩, 王淦昌, 杨嘉墀, 陈芳允. 高技术词典. 北京：清华大学出版社, 科学出版社, 2000.

14　毕克允. 微电子技术——信息装备的精灵. 北京：国防工业出版社, 2000.

15　魏庆福, 等. STD 总线工业控制机的设计与应用. 北京：科学出版社, 1991.

16　王而乾, 梁鹿亭, 刘和益, 等译. TTL 集成电路设计和应用手册. 北京：中国计算机技术服务公司, 北京市半导体器件二厂, 1984.

17　PC 丛书编辑部. IBM PC/XT 硬件手册. 3, 1989.

18　《计算机科学技术与应用》编辑部. IBM AT 286 维修丛书.

19　吕广平, 徐笑貌. 集成电路应用 500 例. 北京：人民邮电出版社, 1991.

20　《无线电》编辑部. 电子爱好者实用资料大全. 北京：电子工业出版社, 1989.

21　[日]　藤井信生. なっとくする電子回路. 日本東京講談社, 1994.

22　[日]　藤井信生. アナログ電子回路. 日本東京昭晃堂, 1984.

23　Jacob Millman. Microelectronics: Digital and Analog Circuits and Systems. McGraw-Hill International Publishing Company (International Student Edition), 1982.

24　Г.Г. Гинкин ЛОГАРИФМЫ, ДЕЦИБЕЛЫ, ДЕЦИЛОГИ. ГОСУДАРСТВЕННОЕ ЭНЕРГЕТИЧЕСКОЕ ИЗДАТЕЛЬСТВО, МОСКВА—ЛЕНИНГРАД, 1962.

25　У. ЧАЙЛДС　ФИЗИЧЕСКИЕ ПОСТОЯННЕ. ФИЗМАТГИЗ,　МОСКВА, 1961.

译自英文：

26　W. H. J. Childs Physical Constants. London, Methuen & CO. Ltd New York. John Wiley & Sons, Inc.

27　Fredrick W Hughes. OP Amp handbook. Prentice-Hall,Inc., Englewood Cliffs, New Jersey, 1981.

28　RP Jain, MMS Anand. Digital Electronics Practice Using Integrated Circuits. Tata McGraw-Hill Publishing Company Ltd., New Delhi, 1983.

29　Mohamed Rafiquzzaman. Microcomputer Theory and Applications. John Wiley & Sons, New York,1982.

30　Jerome E. Oleksy, George B. Rutkowski Microprocessor and Digital Computer Technology. Prentice- Hall, Inc., Englewood Cliffs, New Jersey, 1981.

31　E. A. PARR. Logic Designer's Handbook, London: Granada Publishing Ltd.,1984.

读者意见反馈表

书名：微型计算机电路基础（第 3 版）　　　　　　　　　　　责任编辑：　李　影

> 　　谢谢您关注本书！烦请填写该表。您的意见对我们出版优秀教材、服务教学，十分重要。如果您认为本书有助于您的教学工作，请您认真地填写表格并寄回。我们将定期给您发送我社相关教材的出版资讯或目录，或者寄送相关样书。

个人资料

姓名_____年龄_____联系电话_____（办）_____（宅）_____（手机）

学校_____专业_____职称/职务_____

通信地址_____ 邮编_____E-mail_____

您校开设课程的情况为：

本校是否开设相关专业的课程　□是，课程名称为_____　□否

您所讲授的课程是_____课时_____

所用教材_____出版单位_____印刷册数_____

本书可否作为您校的教材？

□是，会用于_____课程教学　　□否

影响您选定教材的因素（可复选）：

□内容　　　　□作者　　　　□封面设计　　□教材页码　　　□价格　　　　□出版社

□是否获奖　　□上级要求　　□广告　　　　□其他_____

您对本书质量满意的方面有（可复选）：

□内容　　　　□封面设计　　□价格　　　□版式设计　　　□其他_____

您希望本书在哪些方面加以改进？

□内容　　　　□篇幅结构　　□封面设计　　□增加配套教材　　□价格

可详细填写：_____

_____

您还希望得到哪些专业方向教材的出版信息？

_____

　　谢谢您的配合，请将该反馈表寄至以下地址。如果需要了解更详细的信息或有著作计划，请与我们直接联系。

通信地址：北京市万寿路 173 信箱　中等职业教育教材事业部　　　　邮编：100036

http://www.hxedu.com.cn　　　E-mail:ve@phei.com.cn　　　电话：010-88254600；88254591